准噶尔盆地南缘
深层下组合物源—沉积体系演化及优质储层特征

王剑　高宗龙　刘明　鲁锋　周妮　等著

中国石化出版社

图书在版编目（CIP）数据

准噶尔盆地南缘深层下组合物源—沉积体系演化及优质储层特征 / 王剑等著 .—北京：中国石化出版社，2022.4
ISBN 978-7-5114-6641-9

Ⅰ. ①准… Ⅱ. ①王… Ⅲ. ①准噶尔盆地 - 沉积体系 - 研究 ②准噶尔盆地 - 油气 - 储集层 - 研究 Ⅳ. ① P618.130.2

中国版本图书馆 CIP 数据核字（2022）第 059679 号

中国石化出版社出版发行

地址：北京市东城区安定门外大街 58 号
邮编：100011 电话：(010) 57512500
发行部电话：(010) 57512575
http：//www.sinopec-press.com
E-mail：press@sinopec.com
北京科信印刷有限公司印刷
全国各地新华书店经销
*
787×1092 毫米 16 开本 18.5 印张 442 千字
2022 年 8 月第 1 版 2022 年 8 月第 1 次印刷
定价：158.00 元

编委会

前　言

深层油气是当今全球油气资源勘探开发的前缘领域之一，其一般是指埋深在3500m以下地层内部所赋存的油气资源。在全球范围内，深层储层内部所赋存的油气待发现资源量及勘探潜力巨大，特别在中国，近年来深层油气已成为油气储量的重要增长点，但其总体探明率仍相对较低。准噶尔盆地南缘（简称准南）位于北天山山前冲断带，作为典型的陆相多旋回叠合盆地其内部发育成排成带的构造带和多套成藏储盖组合及烃源岩层系，油气资源量巨大。准噶尔盆地南缘早期油气勘探以浅层古近系和新近系为主要目的层系，自2008年开始，深层下组合（即侏罗系和下白垩统清水河组）的油气勘探逐步深入。特别是在2019年，随着准南西段四棵树凹陷内部日产千方油气流的高产油气井即高探1井的发现，准南下组合深层油气勘探取得了重大突破，开创了准噶尔盆地油气勘探的里程碑，并创造了陆上碎屑岩单井直井产量之最，充分揭示了准噶尔盆地南缘深层油气优越的勘探潜力与前景。但就目前而言，准噶尔盆地南缘深层下组合油气勘探程度相对较低，并且由于受多期强烈构造运动的叠加改造，深层构造特征及地层沉积展布极其复杂。此外，深层储层由于埋深大、成岩演化及成岩环境较浅层更为复杂，使得深层优质储层成因、物性控制因素及其油气高产成因也更为多样。因此，本书的编写不仅能有效推进准噶尔盆地南缘深层油气勘探的理论发展，同时也为国内外各相关或相似地质背景下的陆相深层碎屑岩储层评价及油气分布预测提供理论依据和详实的数据资料。

本书首先对目前国际上有关深层油气及深层碎屑岩储层的研究现状和进展进行了较为系统和全面的总结。而全书内容的重点在准噶尔盆地南缘深层下组合物源体系特征及其变迁、沉积体系与沉积相、沉积期原型盆地恢复、地层温压场特征及演化、储层岩石学及储集特征、储层成岩作用类型及成岩演化、深层优质储层成因机制和深层储层油气高产成因这八个方面。在准南深层下组合物源体系厘定方面，主要介绍了下组合在沉积期潜在的物源分区，并结合各物源参数对物源体系及其演化进行了综合分析。在沉积体系与沉积相方面，主要介绍了下组合所发育的各沉积相类型及沉积特征和气候背景。在沉积期原型盆地恢复方面，主要从定性及定量角度综合恢复了沉积期原盆边界位置及物源–沉积体系综合演化过程。在下组合地层温压场特征及演化方面，主要对准南下组合现今地层温度及地层压力特征进行厘定，并定量恢复地层古温度及古压力演化过程。在下组合储层岩石学及储集特征方面，主要对准南下组合各组段储层各基本特征进行对比分析。在下组合储层成岩作用及成岩演化方面，主要从微观角度揭示下组合各组段储层成岩作用类型、特征及成岩阶段和成岩演化过程。在深层优质储层成因机制方面，主要介绍下组合深层优质储层类型，并在储层古孔隙度恢复基础上，从沉积条件、成岩作用及地层各外部条件等因素上详细探讨深层优质储层物性控制因素及其形成过程。而在深层储层油气高产成因方面，主要综合前述各方面研究成果认识和实际油气生产数据对深层油气分布、油藏类型及成藏过程进行综合分析，详细探讨了准南深层下组合油气高产成因。

本书第一章由王剑、高崇龙、罗正江、任影、王柯、刘可主笔，第二章由刘明、鲁锋、周妮、廖健德、周基贤、邓毅主笔，第三章由高崇龙、周波、王柯、刘金、陈俊、马聪、张晓刚主笔，第四章由王剑、罗正江、连丽霞、雷海燕、刘向军、周新艳主笔，第五章由鲁锋、李二庭、米巨磊、马万云、齐婧、李际、王柯主笔，第六章由高崇龙、任影、刘可、尚玲、何丹、潘越扬、邓毅主笔，第七章由周妮、孟颖、肖继南、王明、谢礼科、师天明、高秀伟主笔，第八章由刘明、张锡新、廖元淇、王桂君、杨红霞、蒋欢、陈锐兵主笔，第九章由王剑、高崇龙、刘可、王海静、阿丽亚·阿木提、张宇、刘振主笔，第十章由高崇龙、王剑、迪丽达尔·肉孜、张娟、刘淼、郑雨、艾尼·阿不都热依木主笔。王剑、高崇龙、刘明、鲁锋、周妮、任影等对全书进行了统稿和审核。

本书的出版得到了中国石油新疆油田公司实验检测研究院、国家自然科学基金（No.41902118）、东北石油大学青年科学基金（2019QNL–12）、黑龙江省博士后基金（LBH–Z20045）的资助。本书是在结合前人对准噶尔盆地南缘下组合沉积、构造、储层及油气成藏等方面的研究基础上，充分应用目前最新的钻测井、岩心、野外露头、实验分析测试及油气生产实际数据，经过系统分析、总结和提炼而完成的。目的不仅是要全面展示目前新疆油田在准噶尔盆地南缘深层下组合的研究成果，更重要的是向广大石油工作者系统介绍深层储层及油气分布的研究进展，为广大地质学科研究者提供一部可借鉴的参考书，并为准噶尔盆地深层油气下一步勘探开发提供理论依据和数据支撑。

由于作者水平有限，书中难免存在不足和不当之处，敬请读者批评指正。

目录

第一章 深层油气及碎屑岩储层研究现状及进展

深层油气、深水油气、非常规油气是当今全球油气资源勘探开发的前缘领域（孙龙德等，2013；邹才能等，2013）。其中深层油气一般指埋深在3500m以下地层内部所赋存的油气资源，其全球待发现资源量可达345×10^8t，勘探潜力巨大，但总体探明率较低（远光辉等，2015；何登发等，2019）。特别在中国，近年来深层油气已成为油气储量的重要增长点。统计资料表明，全球深层油气总储量中碎屑岩储层占比达63.3%（张功成等，2019），是深层油气勘探的核心。值得注意的是，深层碎屑岩储层由于埋深大，成岩周期历经时间长及成岩作用过程多样，使得深层碎屑岩储层特征、演化过程及物性控制因素较中浅层储层而言更为复杂。

第一节　全球深层油气分布特征及聚集规律

一、含油气盆地深层标准界定

由于不同含油气盆地的地温梯度、勘探目的层系及实际勘探技术条件的不同，因此有关深层油气或深层储层的定义目前也不尽相同。俄罗斯将勘探深度大于4000m定义为深层，美国和巴西将勘探深度超过4500m定义为深层，道达尔公司将勘探深度超过5000m定义为深层（Dyman等，2002；张光亚等，2015）。2005年全国矿产储量委员会颁布的《石油天然气储量计算规范》（行业标准DZ/T 0217—2005）将埋深3500~4500m的地层作为深层，大于4500m的地层作为超深层。在我国油气勘探开发实践中，结合东、西部含油气盆地地温场与油气分布特点，对深层的定义进行了进一步细化。其中，东部地区含油气盆地以埋深3500~4500m为深层，超过4500m为超深层；西部地区含油气盆地以埋深4500~6000m为深层，超过6000m为超深层。但还需注意的是，我国常规钻井工程将钻探深度4500~6000m作为深层，超过6000m为超深层。而对于页岩油气，深层与超深层领域分别定义为埋深3500~4500m和4500~6000m的地层（孙龙德等，2013；张光亚等，2015；李阳等，2020）。

尽管依据不同的油气勘探开发需求，国际上有关含油气盆地深层标准的界定仍存在一定的差异，但根据实际油气生产要求及油气储层演化条件差异，并考虑到油气产业的经济效益，大部分学者仍将3500m作为深层油气及深层储层的埋深划分标准。

二、全球深层油气勘探历程及现状

随着中浅层油气勘探开发程度的不断提高，油气发现难度越来越大，深层油气勘探开发备受关注，并且全球深层油气的储量也呈明显增长趋势。勘探开发盆地的深层油气资源，对老油气区（田）扩大储量、稳定产量具有重要意义（白国平等，2014）。截至2012年，在全球349个含油气盆地中的87个盆地内，发现了1595个深层油气藏（图1-1）。

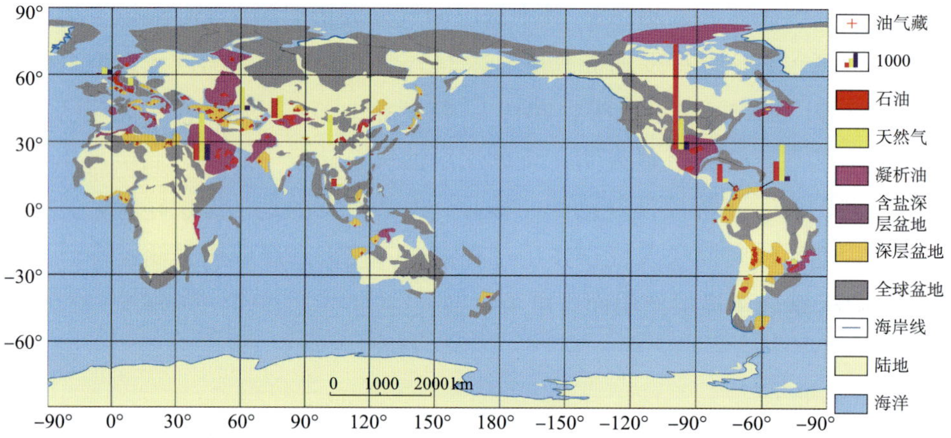

图1-1 全球深层含油气盆地和深层油气藏分布（白国平等，2014）

深层油气勘探可追溯至20世纪50年代。1956年，在美国阿纳达科盆地Carter-Knox气田埋深4663m的中奥陶统Simpson群碳酸盐岩内发现了世界上第一个深层气藏（Reedy，1968）。之后伴随着深层钻井和完井等技术的突破，油气勘探向超深层领域迈进（Dyman等，2002）。如1977年，在阿纳达科盆地Mills Ranch气田8097m深处的寒武系—奥陶系Arbuckle群白云岩内发现了气藏（Jemison，1979）。1984年，在意大利Villifortuna-Trecate油田6400m深处的三叠系白云岩内发现了油藏（Cerruti，1994）。自1980年起，深层油气勘探由陆上逐渐向海域拓展，在阿拉伯盆地Fatech气田埋深4500m的二叠系Khuff组灰岩内发现气藏（白国平等，2014）。此外，在北极地区（如俄罗斯蒂曼—伯朝拉盆地），深层油气勘探也有一定的突破。而中国深层油气勘探始于20世纪60年代，大致经历了三大发展阶段（李阳等，2020）：①初步探索阶段：1966~1980年，受油气地质理论与工程技术的限制，没有获得实质性突破。②突破发现阶段：20世纪80~90年代，以塔里木盆地海相突破为标志，先后在塔里木、四川等盆地实现多层系、多类型突破发现，拉开了深层油气勘探开发的序幕。③规模发展阶段：20世纪90年代末至今，以塔河等海相油田、库车山前克拉2气田的开发为标志，深层油气勘探开发进入了规模增储上产阶段（图1-2）。值得一提的是，2019年准噶尔盆地南缘钻探的高探1井，在深层（6000m以下）白垩纪清水河组试油获日产油1213 × 10^4m^3、日产气32.17 × 10^4m^3的高产油气流，并成为中国陆上碎屑岩勘探产量最高的深层—超深层探井（杜金虎等，2019；何海清等，2019），具有重要的里程碑意义，同时也极大促进了准噶尔盆地南缘深层—超深层油气勘探开发的进程。

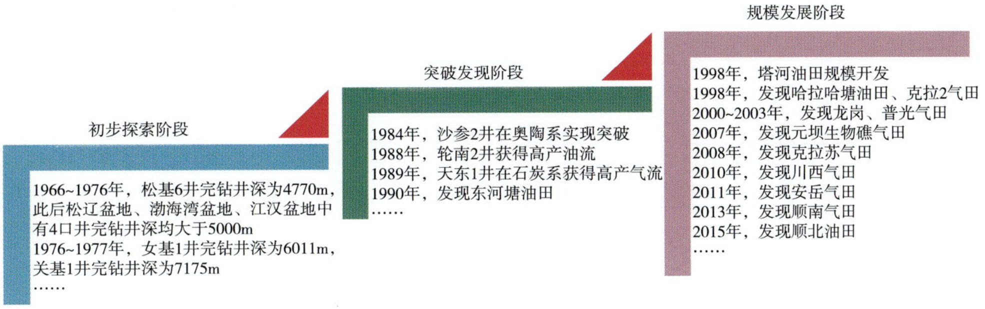

图1-2　中国深层油气勘探开发发展阶段（李阳等，2020）

目前，世界各国开展了大量的深层油气钻探工作，发现了大量的深层油气。当前的深层钻探资料统计表明，世界深层油气主要分布在北美洲的Gulf Coast盆地、Permian盆地、Anadarko盆地、Rocky Mountain盆地、California盆地和Alaska盆地等；中南美洲的Maracaibo盆地、Santa Cruz-Tariji盆地和Sureste盆地；俄罗斯地区Dnieper-Donets盆地、Vilyuy盆地、North Caspian盆地、South Caspian盆地、Middle Caspian盆地、Amu-Darya盆地、Azov-Kuban盆地和Aquitaine盆地；中东的Oman盆地以及非洲的Sirte盆地等（Dyman等，1997；Halbouty，1999；Simmons，2002；妥进才等，1999；王宇等，2012）。我国深层油气藏主要分布在四川盆地、塔里木盆地和准噶尔盆地等（图1-3）。目前已发现的最深油气田为墨西哥湾深水盆地Tiber油田，水深为1259m，储层埋深大于10000m，储层最高温度为126.7℃，地层压力为137.9MPa（马安来等，2015；李阳等，2020）。

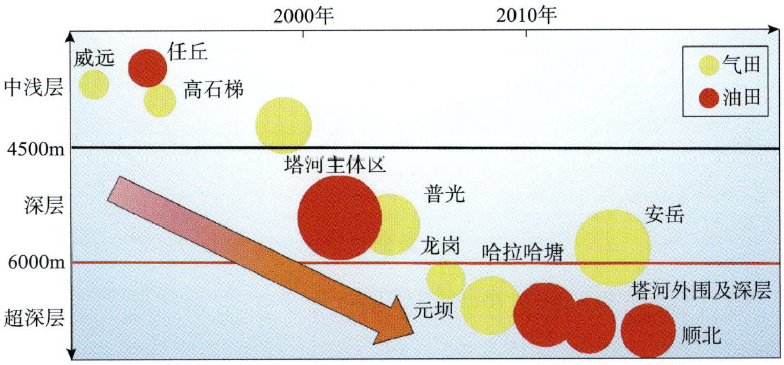

图1-3　中国深层—超深层油气田发现时间序列示意（何治亮等，2020）

就深层油气储量及产量而言，据2013年HIS统计，全球已发现深层油气田861个，其中超深层油气田122个。深层探明储量中原油为115.5 × 10^8t、天然气为76 × 10^8t

（油当量），分别占全球油、气总储量的3.3%和3.2%；其中超深层探明储量中原油为15×10^8t、天然气为6.2×10^8t（油当量），分别占深层油、气总储量的13%和8.2%。而据2013年Wood Mackenzie等统计数据，2012年全球在深度大于4500m产层的原油年产量为1.1×10^8t，占全球原油总产量的2.7%（张光亚等，2015）。目前全球深层油、气探明储量和产量虽然所占比例均较小，但增长速度较快（图1-4）。AAPG将原油储量大于5×10^8bbl（6820×10^8t）或天然气储量大于$3\times10^{12}ft^3$（$849\times10^8m^3$）的油气田定义为大油气田。截至2012年，全球深层中发现大油气田45个，其中超深层5个，深层大油气田数占全球总数的4.2%；深层大油气田探明原油储量74×10^8t、天然气储量46×10^8t，占大油气田总油气当量的2.6%，其中超深层大油气田探明储量中原油为2.3×10^8t、天然气为2.8×10^8t，分别占深层油气总储量的2.0%和3.7%。由此可见全球深层大油气田发现个数和储量占全球大油气田比例仍较低，深层大油气田发现潜力依然很大（张光亚等，2015；李阳等，2020），并且全球深层油气新增储量呈明显增长趋势（图1-5）。

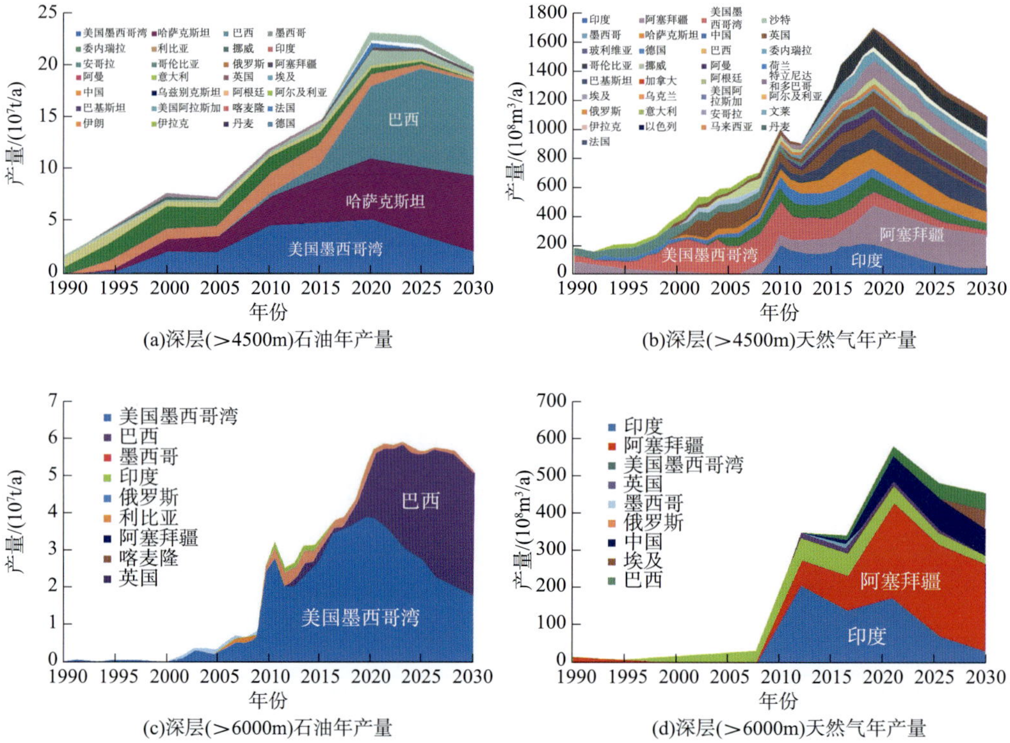

图1-4　全球深层油、气产量变化预测（张光亚等，2015）

近年来，深层已成为我国油气勘探开发增储上产的重要领域，先后在塔里木盆地、四川盆地、渤海湾盆地、鄂尔多斯盆地、松辽盆地、准噶尔盆地等地区取得一系列重大发现（翟光明等，2012；陈建平等，2019；何治亮等，2020）。据2018年全国油气矿产储量通报数据统计，截至2018年年底，我国已发现深层油田20余个，累计探明石油地质储量超过40×10^8t，累计产量超过5.7×10^8t；已发现深层气田10余个，累计探明天然气地质储量近$5\times10^{12}m^3$，累计产量超过$4300\times10^8m^3$。

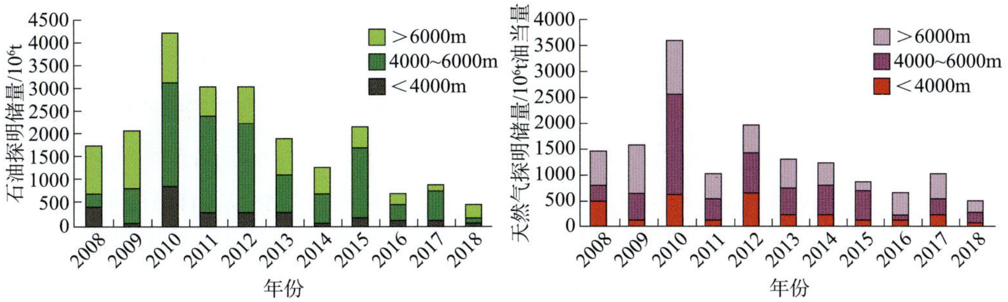

图 1-5　全球 2008~2018 年石油、天然气新增探明储量深度分布（李阳等，2020）

三、全球深层油气勘探主要领域

全球87个深层含油气盆地可划分为7种类型，即大陆裂谷、被动陆缘、前陆、克拉通、弧前、弧后和走滑盆地。其中，被动陆缘盆地（25个）和前陆盆地（41个）是深层油气最富集的盆地类型，其次为裂谷盆地（12个）（图1-6），它们分别聚集了全球深层油气总可采储量的47.7%、46.4%和5.6%。弧后盆地（2个）、走滑盆地（3个）、内克拉通盆地（1个）和弧前盆地（3个）内发现的深层油气藏可采储量仅占全球总量的0.3%（Perry，1997；白国平等，2014）。

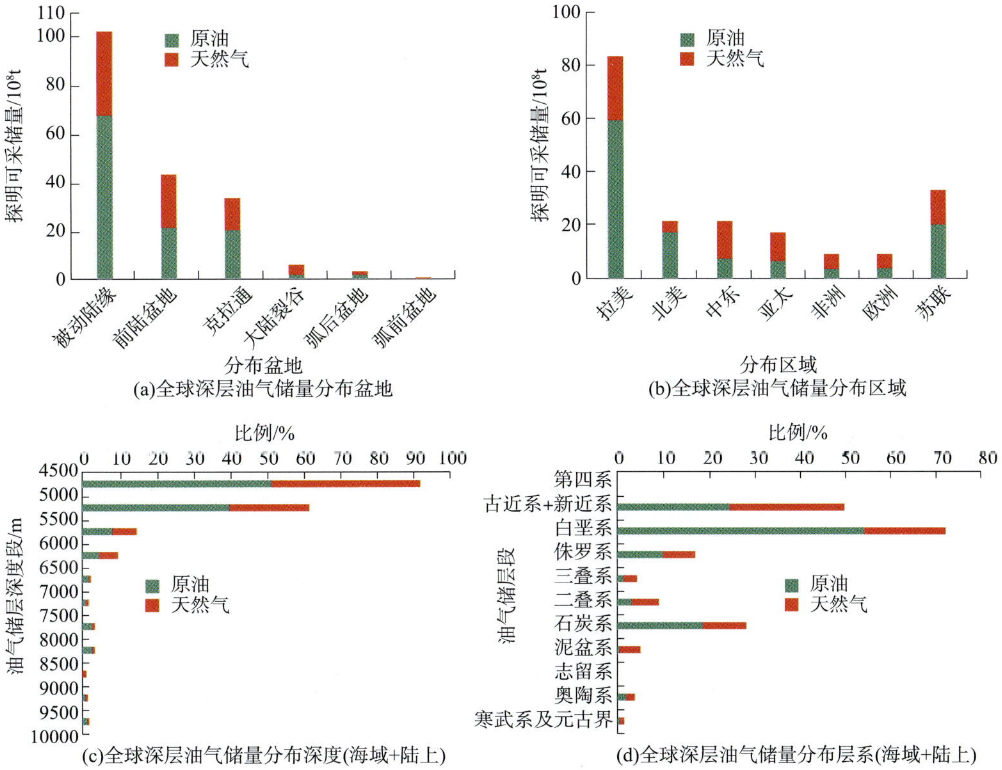

图 1-6　全球深层油、气储量分布区域、盆地、深度和层系（张光亚等，2015）

1. 被动陆缘盆地

全球被动陆缘盆地深层油气田主要发育于墨西哥湾陆上、墨西哥湾深海盆地、墨西哥苏雷斯特盆地、巴西桑托斯盆地、东地中海列维坦盆地、澳大利亚西北陆架布劳斯盆地、尼日尔三角洲盆地、印度东部海域克里希达—格达瓦里盆地等（张光亚等，2015）。这些深层油气田主要分布在深水和超深水区，以白垩纪—古近系—新近系砂岩油气藏为主。被动陆缘盆地发育裂谷期、过渡期和漂移期3套层序，处在深层的裂谷期和漂移期层序均可形成大油气田。储层以砂岩为主，亦有碳酸盐岩（张光亚等，2014）。

2. 克拉通盆地

全球克拉通深层油气田主要发现于中东阿拉伯台盆、滨里海盆地盐下、阿姆河盆地盐下、美国二叠盆地、塔里木盆地台盆区、四川盆地、鄂尔多斯盆地等。上述克拉通区深层油气田以生物礁碳酸盐岩储层和地层—构造型圈闭为主，成藏多与盐岩密切相关（张光亚，2000；张光亚等，2015）。克拉通深层油气田主要发育在盆地的中下组合，受大型正向构造及古隆起控制。同时，溶蚀作用、白云石化、裂缝作用为深部储层改善提供有利条件。但受深部地温梯度和有机质类型控制，深层油气富集具有一定的选择性。

3. 前陆盆地

全球前陆盆地深层油气田主要发现于扎格罗斯褶皱带、安第斯前陆马拉开波盆地、东委内瑞拉盆地、查科盆地、南里海盆地、阿纳达科盆地、库车冲断带、塔西南南缘、川西北冲断带、酒泉盆地南缘及准噶尔盆地南缘等地区，以与褶皱—逆冲断层相关的构造圈闭为主，碳酸盐岩和砂岩储层均发育（杜金虎等，2012；张光亚等，2015）。前陆盆地从近克拉通的简单褶皱带到近造山带的复杂叠瓦状构造带均可形成深层油气藏。

前陆盆地深层油气田形成有3方面优势条件：①前陆盆地具双层结构，下部普遍发育优质烃源岩，生成的油气可优先在深部与烃源岩同层或邻层的储层中聚集。②前陆冲断带以挤压应力为主，在深层可形成大量背斜、断背斜圈闭。③前陆盆地深层由于快速埋藏，砂岩储层高压现象普遍，压实作用滞后，有利于原始孔隙保存（Perry，1997；王宇等，2012；张光亚等，2015）。

4. 裂谷盆地

全球裂谷盆地深层油气田主要分布在北海中部地堑、维也纳盆地、松辽盆地深层、渤海湾盆地等。这些裂谷盆地深层砂岩油气藏普遍具高温高压特征（孟元林等，2012；王宇等，2012；张光亚等，2015）。但在裂谷盆地内部有利于大量构造圈闭的形成，尤其是与断层相关的和与背斜相关的构造发育，具备良好的圈闭条件。

整体而言，发育深层油气藏的各类盆地一般具有以下特征：①沉积厚度大，一般超过8km，有的盆地沉积厚度甚至可达20~25km，如North Caspian盆地和South Caspian盆地（Dyman等，2001）。②多为老油气区，多数盆地也发育大量中浅层的油气藏，如美国Gulf Coast盆地、前苏联的滨里海盆地等均已经过多年的开发（Dyman等，2001；王宇等，2012）。③深部储层多发育在5500~6000m以下，其中Anadarko盆地Mills Ranch

气田是目前世界上最深的气田。其最深产气层为寒武系—志留系阿巴克尔组的白云岩层，深度达7965m（Dyman等，2001）。④地温梯度较低，并具有较高的异常地层压力（Osborne和Swarbrick，1997；冯佳睿等，2016）（图1-7）。

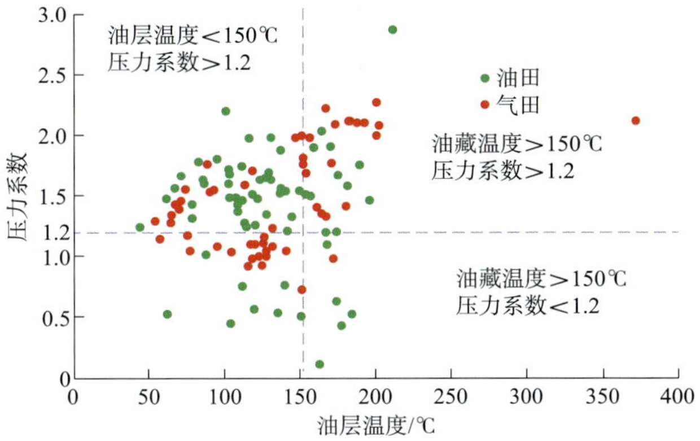

图 1-7 全球埋深 >5000m 的深层油气田温度与压力系数关系（张光亚等，2015）

四、全球深层油气藏主要特征

1. 深层油气来源和相态特征

世界深层主要含油气盆地源岩一般为泥岩或黑色页岩，层位主要为古生界和中生界，干酪根类型以Ⅰ型为主，Ⅱ型和Ⅲ型次之（Dyman等，2001，2002；王宇等，2012）。深层烃源岩TOC值多为0.25%~6%，深埋的烃源岩一般均达到高成熟或生气阶段，仅少量仍处于生油窗范围内（石昕等，2005）。而在深层天然气含量远远多于液态石油［图1-6（c）］，以美国为例，6000m深度以下的井中，产天然气井占比达90%（王宇等，2012）［图1-8（b）］，这与传统干酪根晚期生油理论认为随埋深及地温增大，干酪根及液态石油裂解生干气是一致的（Braun和Burnham，1990）。然而不少盆地深层仍发现大量液相油藏或凝析气藏，这种情况常是由于地层温度偏低，使得原油还未到裂解门限温度（王宇等，2012；何治亮等，2020；任战利等，2020）。

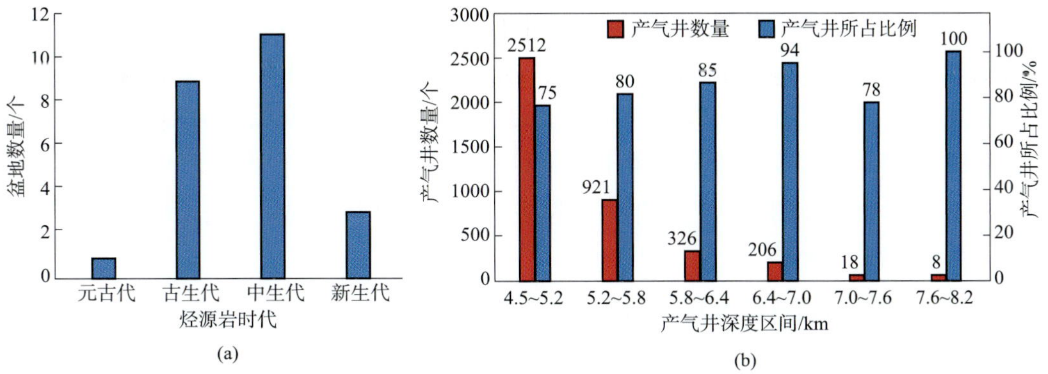

图 1-8 全球深层油气烃源岩时代分布（a）及美国境内深层产气井统计（b）（王宇等，2012）

2. 深层油气层系分布及储层类型

统计研究发现，层系上，深层油气主要聚集于5套储集层系：新近系、上古生界、白垩纪、古近系和侏罗系［图1-9（a）］，其油气可采储量分别占全球总量的22.3%，22.2%，18.3%，12.8%和12.8%（白国平等，2014）。同时，随储集层时代变老，深层天然气在深层油气总量中所占的比例增大。具体而言，全球深层油气可采储量的66.2%分布于侏罗系—新近系，与这些层系内烃源岩的广泛分布密切相关（Klemme和Ulmishek，1991）。而深层储集岩可分为三大类：碎屑岩、碳酸盐岩和结晶岩（岩浆岩和变质岩）。世界深层油气可采储量的63.3%分布于碎屑岩储集层，而碳酸盐岩和结晶岩分别占35%和1.7%（白国平等，2014）。但对于埋深大于7300m的深层油气藏而言，储集层基本全是碎屑岩。

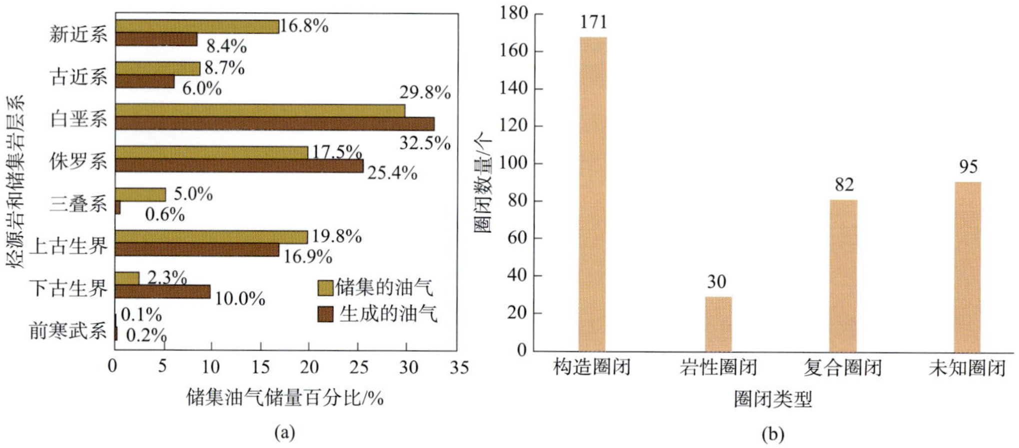

图1-9　全球各层系油气储量占比（a）及美国深层圈闭类型统计（b）
（白国平等，2014；王宇等，2012）

3. 深层油气圈闭特征

深层油气圈闭包括构造圈闭、岩性圈闭以及构造岩性复合圈闭［图1-9（b）］。其中，构造圈闭最为发育，且多与断层有关。油气藏类型也以构造油气藏和复合油气藏为主，岩性油气藏不甚发育。构造圈闭聚集了全球深层油气可采储量的73.7%，而复合圈闭和地层圈闭（包括岩性圈闭）分别占21.9%和4.4%（白国平等，2014）。一般在裂谷盆地和前陆盆地有利于大量构造圈闭的形成，尤其是与断层相关的或与背斜相关的构造最为发育，形成良好的圈闭条件。尽管全球已发现的深层油气储量绝大部分分布于构造圈闭和复合圈闭，但近年来陆续发现了与地层圈闭或不整合面相关的深层油气藏（朱光有等，2009）。

4. 深层油气运聚成藏及保存机制

在深层—超深层高温高压条件下，深层—超深层油气赋存状态将会发生重大改变，具体表现为石油开始或完全裂解，储层致密程度和非均质性增加，油气运移阻力变大，浮力对油气聚集影响变小，且部分流体进入超临界状态（妥进才等，1999；孙龙德等，2013；何治亮等，2020）。由于深层油气储层埋深大，孔、渗性总体较差，而且非均质性很强，导致地层水动力不活跃，浮力对油气运移充注的影响较小，异常压力、断裂、裂缝在深层油气运移中起到重要作用（何治亮等，2020）。异常压力，即源—储间的剩余压差驱动着油气短距离运移和充注，或者通过断层发生较大距离的垂向运移。无论是初次运移还是二次运移，超压的作用都不容忽视（Sverjensky和Garven，1992；Garven，1995；包友书，2018）。深层油气系统的静态要素中，源岩、储层、盖层相比于中浅层差别不大，但运移通道和圈闭差别明显。动态要素中，特殊热源和热流体作用下的生烃机理需要特别重视（何治亮等，2020）。具体而言，深层—超深层油气保存受地层温度、流体压力、扩散系数与成藏时间、源盖动态匹配关系、储层岩石矿物学特征、烃—水—岩相互作用以及构造作用等因素控制（Eichhubl等，2009；袁玉松等，2019）。

第二节　全球深层碎屑岩储层特征及物性控制因素

碎屑岩储集层是一个具有孔隙空间并能渗滤流体的地质体，其形成一般经历了从沉积到成岩等一系列的地质作用。这一漫长的地质过程伴随着各种物理、化学反应的进行，导致储层孔隙不断地发生变化，而孔隙及物性特征是决定储层储集性能的主要因素。因此，研究地史过程中孔隙演化的特征、规律及主控因素成为沉积盆地储层研究的重点（朱如凯等，2011；何治亮等，2020）。

一、国内外深层碎屑岩储层发育基本特征

世界深层储层从寒武系到古近系—新近系均有发育，其中以上古生界和中生界储层最为发育（王宇等，2012；白国平等，2014）。储层岩性主要以砂岩和灰岩为主，还常有白云岩、礁灰岩等类型储层。世界深层含油气盆地内部深层储层孔隙度多为3%~17%（图1-10），总体以中低孔渗为主，仅在部分深部储层中具有较高孔渗。随深度增加，储层一般具有储集性能变差的趋势，但在深部往往也可发育异常高孔带（Ramm，1992；Ehrenberg，1993；远光辉等，2015）。并且根据异常高孔带内异常高孔隙度储层的储集空间类型及其丰度，将异常高孔带划分为原生孔隙型异常高孔带和次生孔隙型异常高孔带（操应长等，2013）。定义储层中原生孔隙相对含量大于50%的异常高孔带为原生孔隙型异常高孔带，储层中次生孔隙相对含量大于50%的异常高孔带为次生孔隙型异常高孔带。在深部，碎屑岩储层以分选较好的石英砂岩储集物性最好，孔隙度常可达15%以上。而对于碳酸盐岩储层来说，一般具有刚性大、抗压实作用强

和易溶蚀的特点，储集物性通常随深度增加而未降低，反而由于裂缝和溶洞等的发育使次生孔隙增加而形成优质储层（石昕等，2005；赵文智等，2013）。

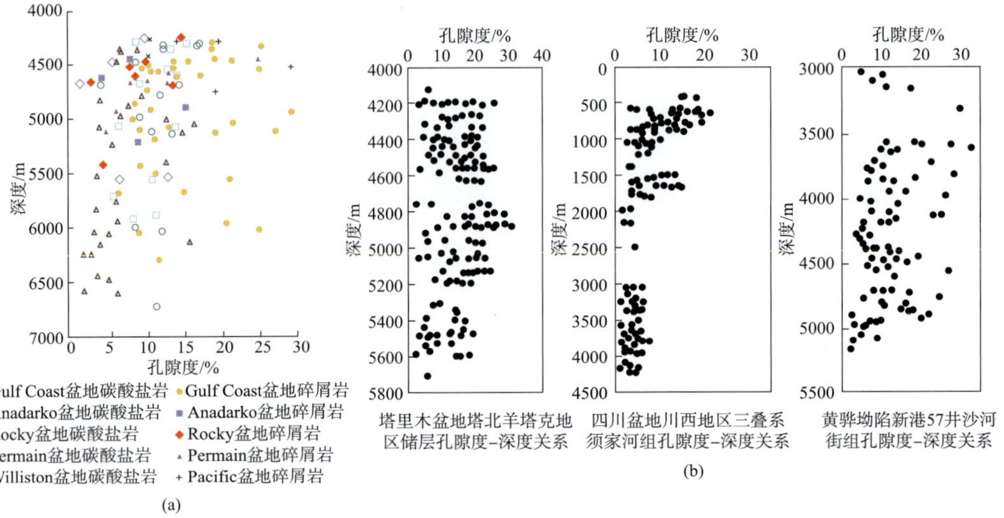

图1-10　美国（a）及我国（b）主要深层盆地储层孔隙度分布（钟大康等，2008；王宇等，2012）

自21世纪初期到现今，我国油气勘探在深层—超深层领域获得了一系列重大突破，如在塔里木发现轮南塔河、塔中等海相碳酸盐岩大油气区及大北、克深、准噶尔盆地南缘等陆相碎屑岩大油气田（王招明，2014；杜金虎等，2019）。纵观中国不同地区深层碎屑岩储层发育与分布状况，可将中国深层碎屑岩储层总结出以下基本特征。

1. 分布的深度范围广

我国深层碎屑岩储层的深度分布范围较广，从3000~7000m均有发育，但大部分分布于3500~4000m（钟大康等，2008；冯佳睿等，2016）。东部断陷盆地深层储层分布较浅，多为3500m左右；中部克拉通盆地深层碎屑岩储层发育深度较大，在3000~4500m之间；而西部挤压型盆地内深层碎屑岩储层发育的深度最大，大多在4000m以上，尤其是塔里木盆地，深度可达7000m以上（冯佳睿等，2016）。

2. 发育的时代跨度大

我国深层、超深层碎屑岩储层时代跨越古生代、中生代到新生代（Cao等，2013；Wu等，2015；冯佳睿等，2016），总体表现为东新西老的特点，其中东部断陷盆地发育的时代相对集中，主要是新生代古近纪；中西部盆地发育时代跨度较大，既有古生代也有中生代，古生界如志留纪—泥盆纪、石炭纪，中生代如三叠纪—侏罗纪、白垩纪，还有少部分新生代如古近纪（钟大康等，2008）。

3. 沉积相和岩石类型多样

中国深层碎屑岩储层以三角洲（包括扇三角洲、辫状河三角洲和正常三角洲）以及河流相成因为主，少部分为滨岸、滨浅湖、重力流水道和浊积扇沉积（表1-1；钟大康

表 1-1　中国深层优质碎屑岩储层分类及特征（钟大康等，2008）

分区	代表盆地及地区		大地构造背景	古地温梯度/（℃/100m）	埋藏方式 老 时代 新	埋藏时间/Ma	成岩演化程度	优质储层主控因亲								储层规模及储量丰度
								埋藏方式	溶蚀	异常高压	膏盐效应	烃炎注入	沉积相	构造裂缝	其他	
西部	塔里木	塔北库车	挤压环境	2.7		100	+	+++	+	+	+					大
		塔北羊塔克		2.7		100	+	+++	+							大
		塔北东河塘		2.9~3		350	+	+++				+	+			大
		塔中C		2.9~3		350	+++	++	+			+	+			中等
		塔中S		2.9		330	+++	++	++				+			中等
	准噶尔			2.6		170	++	++	+				+			中等
	柴达木			3		50	++	+	+				++			中等
中部	鄂尔多斯		克拉通环境	<3		270	+++	++	+			+	+			中等
	四川川西			3		220	+++	++	+					+		中等
东部	坳陷	松辽	拉张环境	4.5		120	++	++	++							中—小
	断陷	辽河		4.5~3		50	++	+	++							中—小
		济阳		4.5~3.5		50	++	+	++	+	+				+	中—小
		黄骅		4.5~3.5		50	++	+	++	++					+	中—小
		东濮		4.5~3		50	+	+	++	++	+				+	中—小
		辽东湾		4.5~3.5		50	+	+	++							中—小

注：+++：成岩作用强；++：成岩作用中等；+：成岩作用一般。

等，2008；张光亚等，2015）。在各种三角洲环境中，以三角洲前缘水下分流河道、河口坝微相砂岩为主，这是形成深层优质碎屑岩储层的主要沉积微相类型（张功成等，2019）。其中东部断陷盆地的深层优质碎屑岩储层主要发育于三角洲、扇三角洲、滨浅湖、重力流水道和浊积扇等几种环境，岩石类型主要为岩屑砂岩、长石岩屑砂岩、长石质石英砂岩；西部挤压型盆地的优质碎屑岩储层主要发育于滨岸和三角洲环境；中部克拉通盆地深层优质碎屑岩储层形成于河流-三角洲之中。中西部盆地储层岩石类型以石英砂岩为主，同时也包括少量岩屑砂岩。

4. 物性条件存在差异，储集空间类型多样

由于储层埋深较大，我国深层—超深层碎屑岩储层物性整体上存在一定差异［图1-10（b）］。西部挤压型盆地物性整体相对较好，东部断陷盆地较低，而中部克拉通盆地介于两者之间，但不同地区深层碎屑岩储层孔隙度整体基本均可达到10%（沈卫兵等，2015；冯佳睿等，2016）。储层孔隙类型以残余粒间孔为主，并发育溶蚀孔和微裂缝，溶蚀孔以粒内溶孔最为常见，如果溶蚀程度大可形成铸模孔。整体而言，深层碎屑岩储层内部既保留有原生孔隙，也可发育一定比例的次生孔隙（李会军等，2004；操应长等，2013；冯佳睿等，2016）。

二、深层碎屑岩储层物性控制因素及影响机制

深层—超深层储层在埋藏演化过程中往往遭受了盆地多阶段的构造运动改造和多期次成岩流体活动影响，并且深层条件下地层条件（地层温—压等）更为复杂，与中浅层存在明显差异。一般而言，由于埋藏深度大，深层储层往往具有低孔、低渗的特征。而深层油气的富集首先取决于优质储层的形成，即物性的有效保存，但深层特殊的地质环境使得储层物性保存的控制因素极其复杂（Taylor等，2010；Ozkan等，2011；朱如凯等，2011）。因此，作为深层油气勘探中的甜点，普遍低孔-低渗背景下的异常高孔带是勘探开发的重要目标（远光辉等，2015；何治亮等，2020），而其形成机制和物性控制因素也是深层储层研究的热点和难点。目前，国内外众多学者针对上述问题开展过长期而深入的研究，概括来说主要包括以下几个方面。

1. 原始沉积条件

沉积条件是影响储层孔隙演化的“先天因素”。早在1985年裘怿楠便认识到，不同沉积条件下储层非均质性的响应特征不同。Morad等（2000）认为沉积条件控制了水动力条件，从而控制了碎屑颗粒的成分、粒度、分选、磨圆、杂基含量以及原始孔渗大小等，而这些因素又直接或间接地制约着后期成岩过程中的孔隙演化。

其中，碎屑颗粒成分特征直接影响着储层的物理及化学稳定性（De Ros等，1994），若储层砂岩中石英含量高，则岩石抗压实能力强，有利于原生孔隙的保存（纪友亮等，2014；高崇龙等，2017）；若长石含量高，在后期成岩过程中可能形成长石溶蚀孔隙，

从而有利于次生孔隙的形成（远光辉等，2015；冯佳睿等，2016）；若岩屑含量高，尤其是富含黑云母及塑性岩屑的储层，其抗压实能力差，孔隙往往不发育（纪友亮等，2014；潘荣等，2014）。粒度和分选对于原始孔渗的影响最为重要，通常水动力条件较强时，碎屑颗粒的粒径较粗，分选也较好，若后期的改造作用影响不大，储层孔隙度一般比较高。例如，分选好的砂粒压实实验表明，粒度偏粗的砂粒更易被压实，颗粒更易被压碎；分选差的砂粒比分选好的砂粒初始孔隙度低，且机械压实减孔率更快（Chuhan等，2002；Fawad等，2010；潘荣等，2014）（图1–11）。杂基含量对储层孔隙演化的影响也较为明显，杂基含量越高，储层物性越差（Worden和Morad，2000；钟大康等，2008）。此外，沉积条件还决定了储层孔隙水的地球化学特征，从而影响着早成岩期胶结物的形成与分布，而早成岩期的胶结物势必会对后期的成岩作用及孔隙演化造成影响（Morad，1998）。值得一提的是，沉积条件对储层孔隙演化的控制作用是否显著在一定程度上取决于后期成岩作用的改造强弱（黄洁等，2010）。

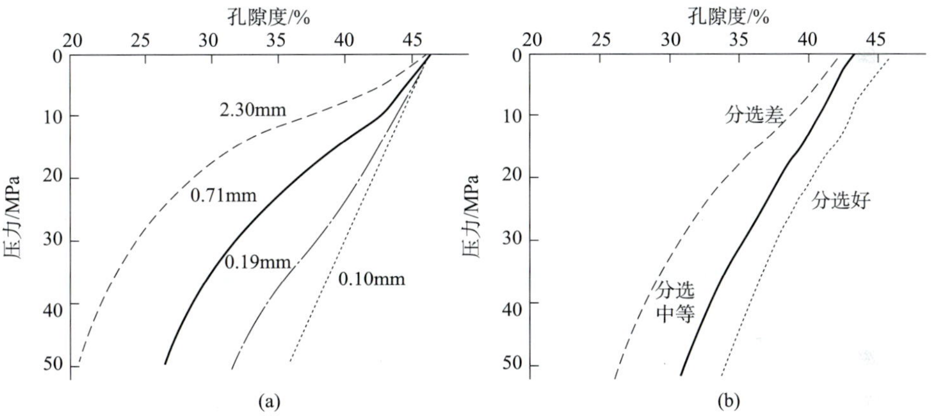

图1–11　分选好的不同粒径砂粒压实模拟实验（a）和不同分选砂粒压实模拟实验（b）（潘荣等，2014）

2. 成岩作用

成岩作用是决定储层孔隙演化和最终定型的关键性因素，因此有学者将其称为控制储层孔隙演化的"后天"因素（寿键峰等，2005）。这种"后天"控制作用往往可以归结为压实作用、胶结作用和溶解作用（纪友亮，2009）。其中，压实作用、胶结作用的强度及特征主要关系到原生孔隙的保存与破坏，而溶解作用主要是影响着次生孔隙的发育，这些"后天"因素一般会改变原始孔隙的分布规律，甚至使其变得面目全非（图1–12）。

压实作用对储层孔隙的影响通常在早成岩期表现得比较显著，主要导致碎屑颗粒的滑动和紧密排列、塑性颗粒的变形以及粒间压溶作用的发生，是储层物性变差的主要因素，属于破坏性成岩作用（寿键峰等，2005；张丽媛等，2013；高崇龙等，2017）。早在1987年Housknecht便提出了定量化表征压实作用及胶结作用对储层孔隙演化影响的方法，并得到了广泛应用（Rossi等，2002；Dutton和Loucks，2010），也有学者将其用来估算早成岩期渗透率的损失量（Melzer和Budd，2008）。

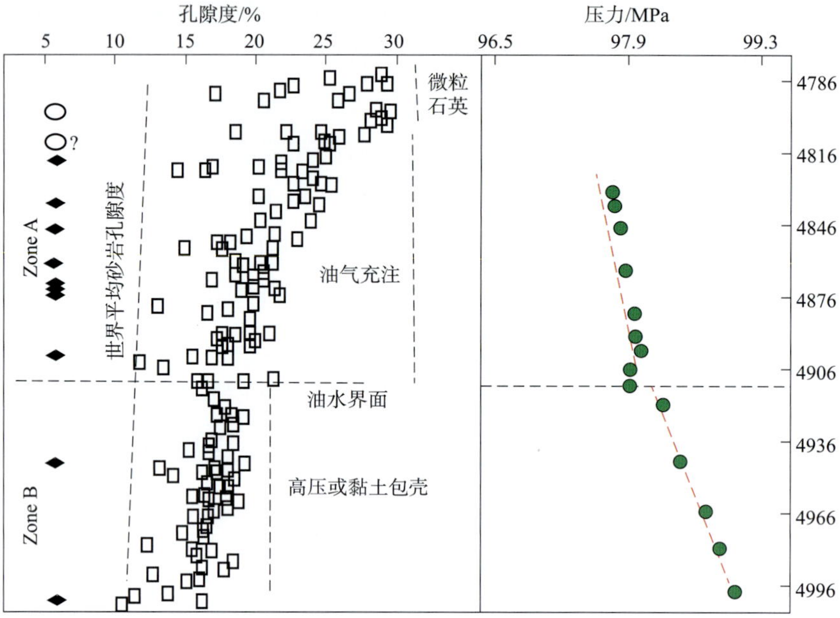

图 1–12　英国北海 Shearwater 油田储层孔隙度保存机制（张功成等，2019）

胶结作用是降低储层孔隙度的重要因素之一。胶结物的数量、成分及胶结方式都是影响储层孔隙演化的重要因素。从胶结物的数量来看，一般胶结物含量越高，储层物性越差，二者通常呈负相关关系；对于胶结物成分，一般来说纯硅质胶结、钙质胶结、硅–铁质胶结或铁质胶结的储层较致密，储层物性较差；对于胶结方式来说，接触式胶结或接触–孔隙式胶结的储层物性好于基底式胶结或孔隙–基底式胶结的储层（纪友亮，2009）。然而，胶结作用也可以表现出有利的一面，成岩早期的部分胶结作用可以在一定程度上抑制压实作用的进行，从而有利于粒间孔隙的保存（高崇龙等，2017）；另一方面，颗粒包壳或包膜（包括微晶石英包膜、绿泥石包膜和伊利石包膜）可以抑制次生加大石英的形成，从而有利于粒间孔隙的保存（潘荣等，2014；Gao等，2021）；此外，早期的碳酸盐胶结物或沸石类胶结物等在后期孔隙水演化为酸性的条件下可以形成次生孔隙（朱世发等，2011）。

在低成分成熟度的砂岩中溶解作用可以形成较发育的次生孔隙，从而改善储层物性（潘荣等，2014；高崇龙等，2017）。次生孔隙的成因是多样的，而溶解作用是产生的次生孔隙最普遍、最主要的原因（图1–13），目前绝大多数学者围绕次生孔隙所展开的一系列研究都是以溶解作用所产生的次生孔隙作为研究对象。早在20世纪30年代便有学者针对碎屑岩次生孔隙开展了研究，但并未受到重视，直到20世纪80年代人们才意识到碎屑岩次生孔隙的普遍性和重要性，并从此展开了广泛而深入的研究（Surdam

等，1984）。近年来的研究表明，形成次生孔隙的主要机制包括有机质热演化过程中所产生的有机酸、大气水的淋滤作用、碳酸水溶液、黏土矿物转化以及硫酸盐热化学反应等（Franca等，2003；钟大康等，2008；纪友亮，2009）。易溶组分通常包括长石、部分岩屑、碳酸盐胶结物以及沸石类胶结物等。

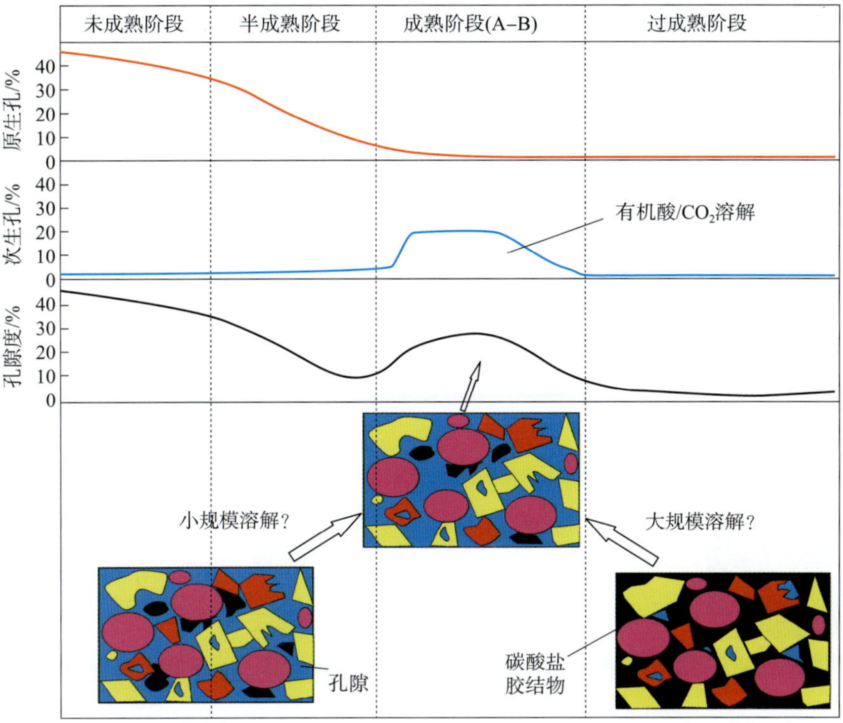

图 1–13 Schmidt 次生孔隙演化模式（远光辉等，2015）

3. 构造作用

有关构造作用对储层影响方面的研究国外起步较早，1948年Dapples等便认识到构造作用对岩性的控制作用；1979年Siever较全面地阐述了板块构造对成岩作用的控制，认为区域构造通过影响原始碎屑的化学成分、孔隙水特征、埋藏特征、古地温、压力等来控制成岩作用及孔隙的演化；到了20世纪80年代，部分学者注意到砂岩的应变作用（Jamison和Steams，1982；Gabrielsen和Koestler，1987）；20世纪90年代以来，越来越多的学者们开始认识到构造作用不但可以通过影响原始碎屑组分、埋藏、温度、压力等参数来间接地控制储层成岩作用，而且还可以直接造成储层物性的差异（李忠等，2009；Charalampidou等，2011；Wong 和 Baud，2012）。国内针对构造作用对储层影响方面的研究起步相对较晚，1992年王留奇等较全面地总结了构造作用对成岩作用的控制作用，认为构造作用可以通过控制沉积作用、火山喷发、地温、裂缝的产生及流体的运移等从而控制成岩作用的进行；1997年于兴河等认为构造作用是控制储层孔隙演化的主控因素之一，并建立了构造、沉积、成岩综合一体化模式；2001年寿建峰等在研究库车坳陷下侏罗统储层物性控制因素时发现，构造侧向挤压是引起库车坳陷东、西两区成岩作用及储层物性显著差异的主要原因；此后，以寿建峰为代表的国内学者围绕构造侧向挤压作用所造成的储层成岩作用及物性特征的差异展开了较为细致的研究，包括前陆盆地的不同构造带、背斜的不同部位以及不同构造样式储层物性的差异等（李忠，2009；李军等，2011）。近年来随着深层—超深层储层理论的不断发展，储层构造动力成岩作用理论也正逐步兴起（图1-14），并着重理清3个关系，即构造成岩作用与储层致密化、裂缝化的量化关系；构造成岩作用与流体-岩石相互作用的耦合关系；构造成岩作用与储层断层带、裂缝带的时空关系（张荣虎等，2020）。

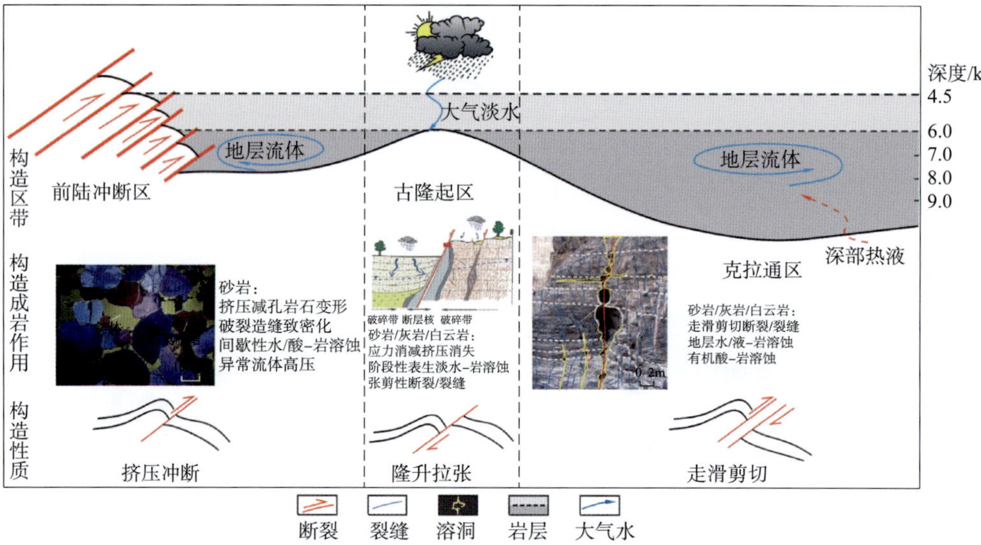

图1-14 不同构造性质条件下储层的构造成岩作用模式（张荣虎等，2020）

4. 地层超压

地层流体超压可承受部分上覆沉积物的压力，减轻储层所受有效应力，进而抑制压实作用强度，有利于深埋条件下致密碎屑岩储层孔隙的保存（Porter和James，1986；Osborne 和 Swarbrick，1999）。但上述超压对孔隙的有效保存能力取决于超压形成时间及储层机械特征，只有在超压发育时间较早、发育深度较浅且后期深埋过程中能有效保持才可起到较为有效的保孔作用（Gluyas和Cade，1997；Lander 和 Walderhaug，1999），而且相较于富刚性颗粒储层，超压对富塑性颗粒储层的保孔效果更为明显（Bloch，2002）。一般处于超压带内砂岩孔隙度比具正常压实趋势砂岩高2%~8%，而每超压1000psi（1psi=6895Pa）约保存2%孔隙度（寿建峰，2005）。

超压系统与次生溶蚀孔隙发育带可具有密切关联，但并不是形成次生孔隙的直接原因，而是在超压泄露位置处沿溶蚀流体排放通道或排放区域处所发生的异常溶蚀作用（Wilkinson等，1997；邹华耀等，2005；高崇龙等，2017）（图1-15）。在超压砂层中，溶蚀作用主要发生于“剥蚀窗”造成的超压流体排放区域，而储层中孤立、封闭的浊积砂体几乎没有发生溶蚀作用。此外，超压流体的释放也可引起溶解物质的带出进而促进溶蚀作用的进行（崔勇，2002）。超压的存在可明显抑制有机质热演化程度，从而扩大有机酸产出的时间及释放深度，使得在更深的地层埋藏条件下形成酸性热流体，大大拓展了深层致密碎屑岩储层次生溶蚀带的深度区间，同时延长了生油高峰的持续时间，为深层致密碎屑岩储层甜点的形成创造了有利条件（Carr，2000；孟元林等，2005；高崇龙等，2017）。

5. 地层温度及地温梯度

储层孔隙演化实质上是地质历史时期各种物理、化学作用的综合结果，而地层温度是影响这些物理、化学作用的关键因素。地温或地温梯度的增大不仅会加速水—岩反映速率，促进压溶、胶结等成岩作用的进行，同时也会加快机械压实速率。研究表明，地层温度每升高10℃，水岩反应速率将增加一倍，地温梯度每增加1℃/100m，砂岩孔隙度平均可减少约7%（陈红汉等，2013），而地温梯度增加0.2℃/100m对成岩作用产生的效果甚至比增加埋深1000m还要显著（Smith和Ehrenberg，1989）。由此可见，低地温（梯度）可延缓储层成岩进程，降低成岩强度，而这也是我国具有低地温梯度的西部盆地较具有高地温梯度的东部盆地有效储层埋深下限拓深的关键因素（寿建峰，2005）。值得注意的是，如果深埋储层上部发育有超高热导率的膏盐岩层时则会由于热量散失，使得在盐下储层内部形成异常低温区，降低储层成岩强度，进而造成储层孔隙度与膏岩层厚度呈正相关关系（Warren，2006；吴海等，2016）。此外，低地温梯度还可有效延缓有机质热成熟过程并增加有机质成熟深度，促进深埋条件下次生溶蚀作用的进行，而地温差的出现可促进深层封闭储层内部热循环对流的发生（图1-15），促进储层内部物质重新分配而对储层产生有意义的改善效果（纪友亮等，2009；高崇龙等，2017）。

6. 烃类充注

早期烃类充注可驱替原始地层流体并影响孔隙流体的化学组成，降低孔隙水流动性和离子浓度，从而阻滞胶结作用的进行，进而有效保存部分原生孔隙。同时，烃类充注过程中也往往携带有较高含量的有机酸及CO_2，增强孔隙水酸度，从而有效促进储层内部溶蚀作用的进行（O’ Brien和Lerche，1986；Worden等，1998；纪友亮等，2015；图1-16）。此外，早期烃类充注可导致储层内部流体体积增大，形成异常流体高压，延缓储层压实作用。但需要注意的是，烃类充注难以完全中断或终止胶结作用的进行，并且随着充注时间、充注速度以及充注量的不同其影响程度也不同（Molenaar等，2008）。

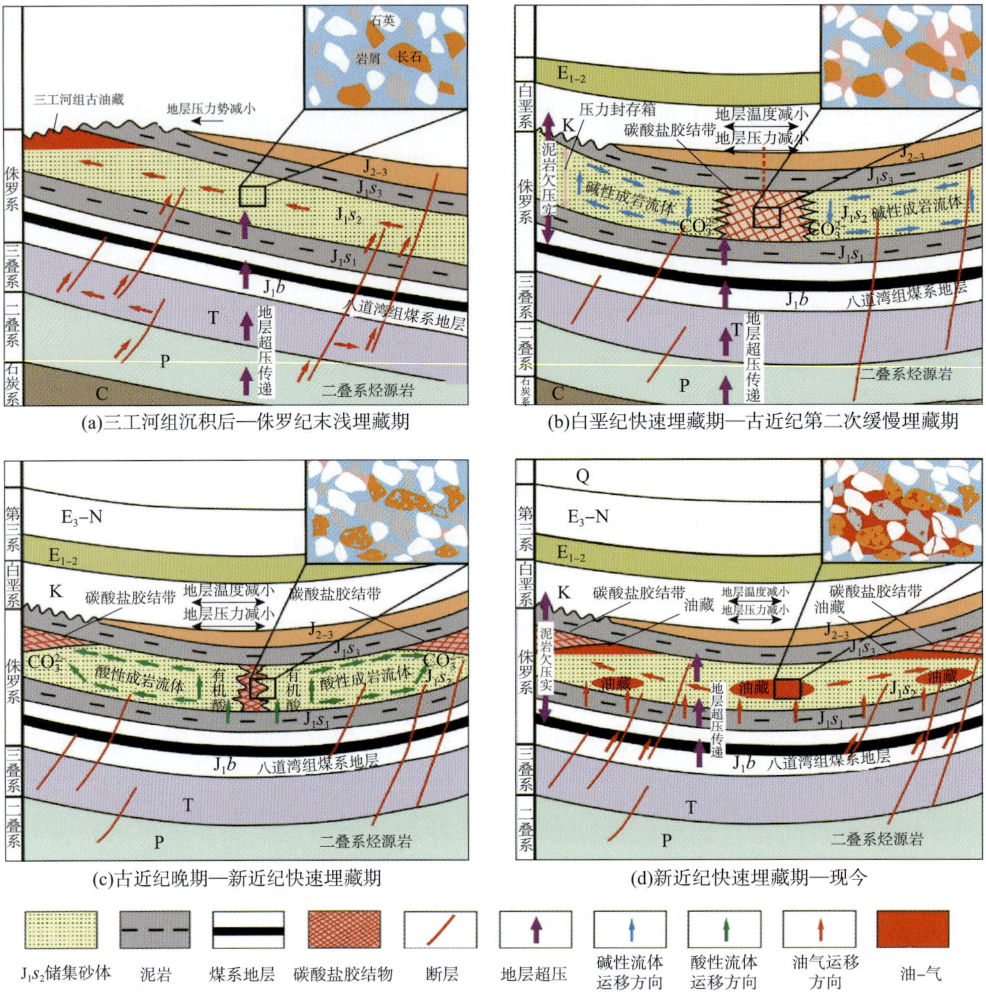

(a)三工河组沉积后—侏罗纪末浅埋藏期　(b)白垩纪快速埋藏期—古近纪第二次缓慢埋藏期

(c)古近纪晚期—新近纪快速埋藏期　(d)新近纪快速埋藏期—现今

图 1–15　地层超压和地层温度差形成的地层流体循环对流及成岩差异（高崇龙等，2017）

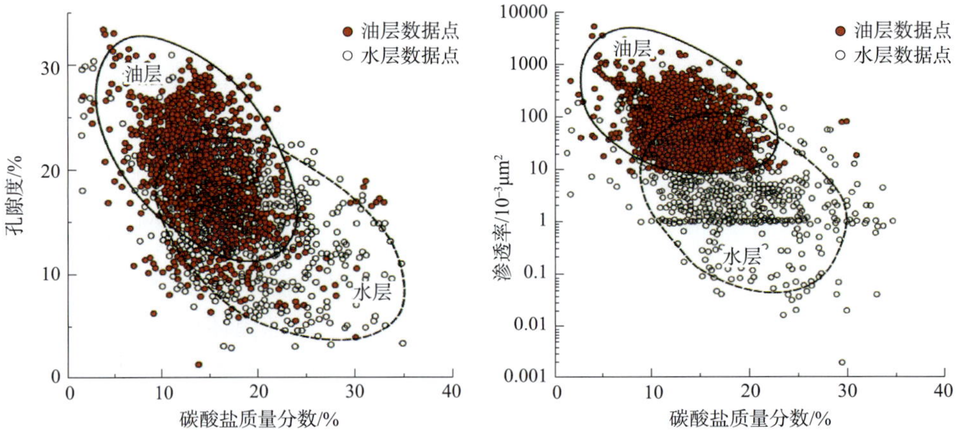

图 1–16　高邮凹陷阜一段早期油气充注抑制碳酸盐胶结作用（纪友亮等，2015）

第三节　深层碎屑岩储层研究发展趋势

随着油气勘探程度的不断提升及钻井等技术手段的不断进步，油气勘探向深层及超深层发展势在必行，而深层油气勘探的关键仍然是深埋条件下有效储集层形成机理的研究，特别是针对深层条件下异常高孔渗带及甜点储层的成因及预测理论技术方法仍然是深层碎屑岩储层研究的持久性热点问题。深层优质碎屑岩储层成因机理研究发展趋势主要体现在以下几个方面（朱如凯等，2011；潘荣等，2014；李阳等，2020）。

1. 储层宏观表征与微观刻画相结合

以储层现代沉积及野外露头研究为基础，并结合高分辨率地球物理表征、成像技术及沉积水槽模拟实验技术等，明确储层沉积体构型特征，包括几何形态、规模、叠置关系及展布方向，并进一步理清储层内部可能存在的隔夹层或低渗沉积单元，从而从宏观上把握储层非均质性。在此基础上，借助各类分析测试实验技术，对储层微观结构、构造、储集空间、成岩作用等特征进行深入分析，理清储层微观非均质性。由此可从宏观到微观不同级次把握深层储层特征和非均质性，为深层储层甜点分析及预测提供支撑。

2. 静态资料分析与动态物理模拟实验相结合

在利用常规实验测试资料及方法技术的基础上，还要发展通过物理模拟实验的方法加强对深层碎屑岩储层成岩及孔隙演化过程的定量化模拟研究，主要还原深层碎屑岩储层在不同外部条件（地层温度、地层压力及地层流体性质等）变化下的成岩及物性演化时空属性，定量化建立不同条件下的连续性物性演化曲线，并可进一步优选储层质量的主要影响因素，开展定量成岩相研究，直观且动态地探究储层非均质性特征。深层碎屑岩储层绝不单纯是镜下成岩作用的静态恢复问题，而应该把沉积—成岩—构造及外部地质条件看成一个综合的动态地质演化过程，物理模拟实验可直观动态分析和拟合碎屑岩储层在不同地质条件变化下的成岩及物性演化过程，具有不可比拟的优越性。

3. 一体化综合恢复深层碎屑岩储层时空演变

深层碎屑岩储层的形成包含早期剥蚀搬运卸载沉积阶段、中期埋藏阶段及晚期改造三个阶段。由于每个阶段存在时空关系差异，所以前期研究往往仅针对单一阶段或单一因素做细致分析，使得数据相对独立，给深层碎屑岩储层预测带来局限性。因此，要针对深层碎屑岩储层从源区类型、风化产物、搬运距离、水动力条件、卸载区沉积环境、埋藏演化、流体水—岩反映、外界地质事件等建立一体化分析的行为，特别是在从地表到深埋过程中储层所处的环境条件始终不断变化，并造就了储层多样的成岩改造（图1-17），进而决定了储层物性条件的差异演化。以储层物性与时间、深度关系为切入点，将物性增—减过程与沉积物形成的“源—汇”过程、成岩演化史、埋藏史、古地层温—压史、古流体史及油气充注史（成藏史）等相结合，建立物性随深度与时间演化的关系，进而恢复历史时期任一点的储层物性，据此便可科学地评价深层碎屑岩储层的勘探潜力。

4. 多学科协同化综合研究

储层地质学与其他地质学科，如层序地层学、沉积学、地球化学、水文地质学、地球物理学及地质统计学等均存在不同程度的交叉，而由于深层条件下，各类地质条件及环境因素均可极其复杂，因此要求在对深层优质碎屑岩储层精细表征与预测上，要利用不同学科的优势方法技术等进行相应的分析。如利用地质统计学或数学地质等理论方法，通过建立不同地质条件下储层发育特征的大数据库，进而针对相似地质背景拟合优质储层分布的数学预测模型，同时还可利用地球物理方法进行深层储层大区域上的反演和拟合，再比如可利用水文地质学的相关理论分析地层流体特征及地层流体演化，进而明确深层储层水—岩反应过程和成岩演化。这些相关的交叉学科及相关学科的理论方法在深层碎屑岩储层研究中具有很大的发展空间，也是未来深层优质碎屑岩成因机制研究的发展趋势之一。

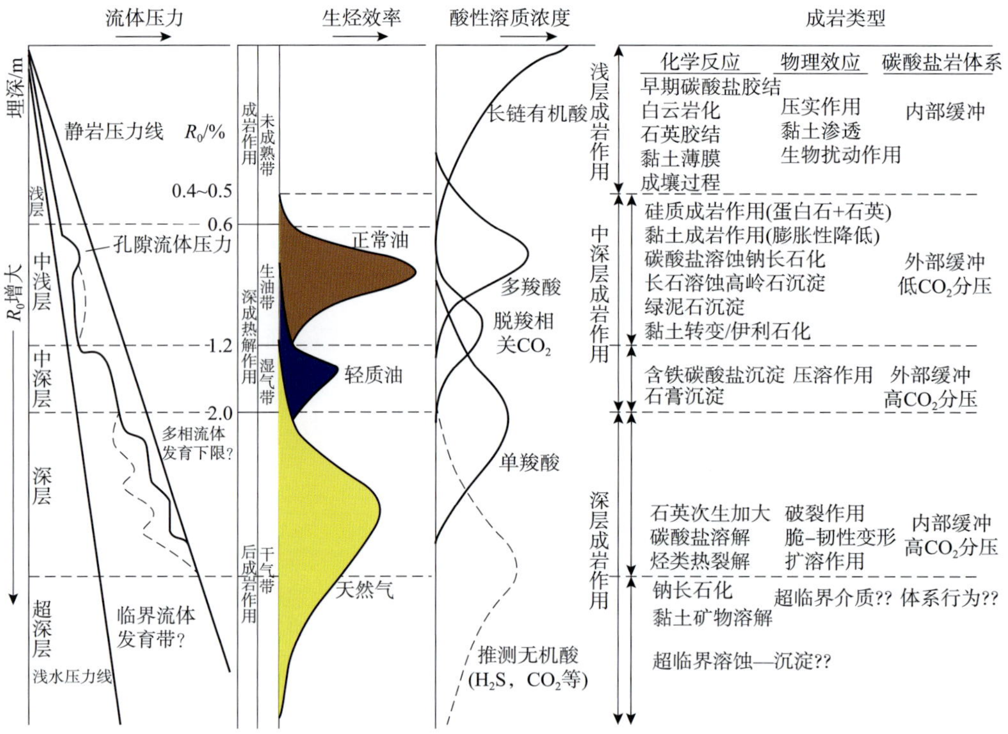

图1-17　盆地流体-压力—成岩作用深埋综合演化阶段（李忠，2016）

第二章 准噶尔盆地南缘区域地质背景

准噶尔盆地位于新疆北部，是中亚造山带的重要组成部分，也是我国大型含油气沉积盆地之一（鲍志东，2005；Xiao W J，2008；陈萍，2015；刘伟，2019；庞志超，2020）。盆地四周均为褶皱山脉（图2-1），并被深大断裂分割，其中西北部为哈拉阿拉特山和扎伊尔山，东北部为克拉美丽山和青格里底山，南部为博格达山及伊林黑比尔根山，整体呈北窄南宽的不规则三角形，东西长约700km，南北宽约370km，总面积约$13 \times 10^4 km^2$，海拔为500~1000m，总体呈东高西低的形态（吕嵘，2005；周洁，2015；闫东启，2018；刘伟，2019）。

图2-1 准噶尔盆地构造单元区划分及准噶尔盆地南缘位置示意图

构造位置上，准噶尔盆地位于塔里木板块、西伯利亚板块和哈萨克斯坦板块之间，是陆内坳陷型盆地与前陆盆地叠加所形成的大型叠合盆地（陈哲夫，1985；Allen M B，1995；高长林，2005；Li D，2016）。自晚古生代至新生代，不同时期构造运动的复合叠加形成了现今构造格局和地层沉积（杨海波，2004）。晚海西期构造运动形成了盆地隆坳相间的构造格局，而印支运动和燕山运动主要作用于盆地东部和西部，盆地腹部则主要受燕山运动的影响，最终整体表现为陆内坳陷盆地；而喜马拉雅构造运动则主要作用于盆地南缘，并导致了北天山的强烈隆升而形成陆内前陆盆地（吴孔友，2005；白斌，2008；王家林，2016；张逊，2020）。根据盆地整体构造特征和隆坳格局，可将准噶尔盆地划分为北部乌伦古坳陷和陆梁隆起、腹部中央坳陷、西部隆起、东部隆起以及南部天山山前冲断带6个一级构造单元及44个二级构造单元（图2-1）（陈书平，2007；何登发，2018；张逊，2020）。

准噶尔盆地基底为陆壳基底，具有双重结构，即前寒武系结晶基底和古生界褶皱基底，且基底具有不均一性（辜延容，2015）。盆地基底形态总体为由北向南下倾的单斜构造，在盆地南缘存在一个呈北西西向延伸达数百公里的坳陷带，盆地东西两侧呈不对称的结构特征，盆地西部基底呈一个由南向北快速抬升的大斜坡，而盆地东部基底形态呈隆凹相间的构造格局（辜延容，2015）。准噶尔盆地油气资源丰富，自20世纪50年代以来，经过半个多世纪的油气勘探，已在盆地西北缘、盆地东部、腹部及下凹区相继发现了多个大中型油气田（林隆栋，2015；王小军，2018；陈磊，2020）。2008年以后，盆地勘探重点目标转入深层，特别是2019年高探1井下组合获油气勘探重大突破，开启了准南前陆冲断带大型油气富集区勘探新征程（靳军，2019；杜金虎，2019；何海清，2019）。

第一节　准噶尔盆地南缘区域构造特征

一、准噶尔盆地南缘区域地质概况

准噶尔盆地南缘（以下简称准南）位于北天山山前冲断带内部，北接昌吉凹陷，南邻北天山，西起扎伊尔山南，东至准噶尔盆地东部隆起（图2-2）（陈彬滔，2014；庞志超，2020）；平面上呈不规则长条状，东西长约500km，南北宽约20~70km，总面积近$2\times10^4km^2$（图2-2）（杨曙光，2011；谭程鹏，2014）。其内部主要包括四棵树凹陷、霍玛吐背斜带、齐古断褶带和阜康断裂带4个二级构造单元，且整体上呈现“东西分段、南北分带”的构造特点（图2-3）（陈书平，2007；王磊，2007；周天琪，2019；庞志超，2020）。准噶尔盆地南缘受到多期构造活动的改造，构造变形主要受控于逆冲推覆作用，同时又受区域压扭应力的影响，因此在准南地区形成了大量的逆冲断层（逆冲、逆掩），而正断层较为少见（辜延容，2015）。

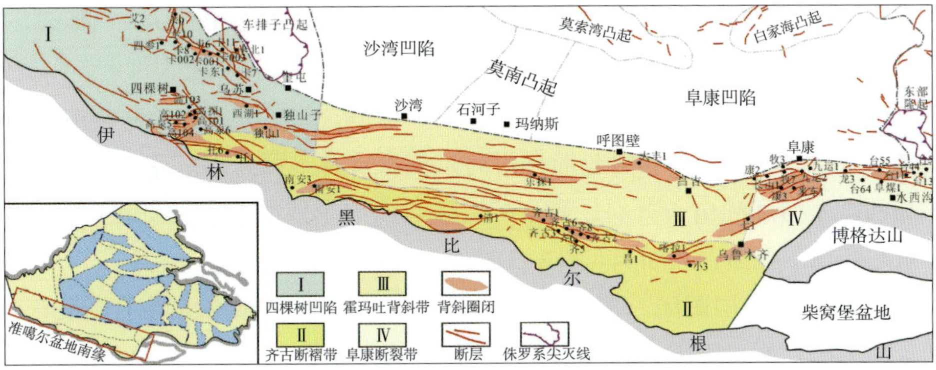

图 2-2　准噶尔盆地南缘构造分区图

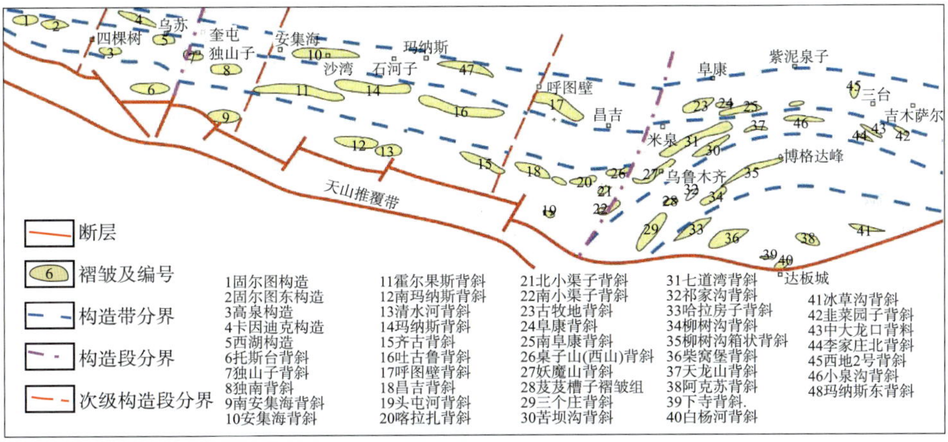

图 2-3　准噶尔盆地南缘褶皱背斜带平面分布图（漆家福等，2008）

二、准南西、中、东段构造特征

1. 准南西段构造特征

准噶尔盆地南缘西段主要指红车断裂以西的区域，南邻伊林黑比尔根山，北接车排子凸起，内部包括四棵树凹陷和齐古断褶带西部地区，构造较为复杂（图2-4）（靳军，2019，梁则亮，2020；王剑，2021）。准南西段不仅是盆地西北缘构造体系与南缘构造体系的交会区，同时也是盆地大型背斜构造发育区（何海清，2019；王剑，2021）。四棵树凹陷由于南部遭受逆冲推覆改造，使得局部地区随着基底断裂的活动而有所抬升；而准南西段南部托斯台构造的强烈挤压使四棵树凹陷沿侏罗系底部滑脱，自南向北形成托斯台背斜、固尔图背斜—西湖背斜、卡因迪克背斜三排构造（图2-3）（杨迪生，2019；王剑，2021）。

具体而言，四棵树凹陷南接北天山断裂及其构造体系，西北为扎依尔山构造体系，北接车排子凸起（图2-4）（杨迪生，2019；梁则亮，2020）。根据构造样式、构造变形强度、应力传递和递进变形规律等，四棵树凹陷内部由南向北又可划分为山前断褶带、中央褶皱带、北东挠褶带和北部斜坡带4个三级构造单元（图2-4）（张健，2016；朱明，2020）；凹陷内部受艾卡断裂和高泉断裂控制发育高泉构造带和艾卡构造带2个主要构造带（图2-5），各构造带深层为压扭走滑构造，浅层为滑脱冲断构造（何海清，2019；杨迪生，2019）。艾卡构造带自西向东依次发育卡西背斜、卡因迪克背斜、卡东背斜、西湖背斜和独山子背斜；高泉构造带自西向东依次发育高泉北背斜、高泉背斜、高泉东断鼻、托斯台北断鼻（图2-3）。艾卡构造带深部构造层主要发育断鼻圈闭、断块圈闭及断层—地层圈闭，圈闭面积小；高泉构造带深部构造层主要发育背斜圈闭、断背斜圈闭、断鼻圈闭，圈闭面积大（何海清，2019）。值得注意的是，车排子凸起呈北西—南东走向，斜插在四棵树凹陷和沙湾凹陷之间（图2-4），凸起西南侧为艾卡断裂，艾卡断裂呈雁列式排列，且艾卡构造带在车排子凸起边缘抬升幅度高，远离凸起则抬升幅度降低，而走滑断裂的发育与车排子凸起抬升密切相关（图2-5）（朱明，2020）。

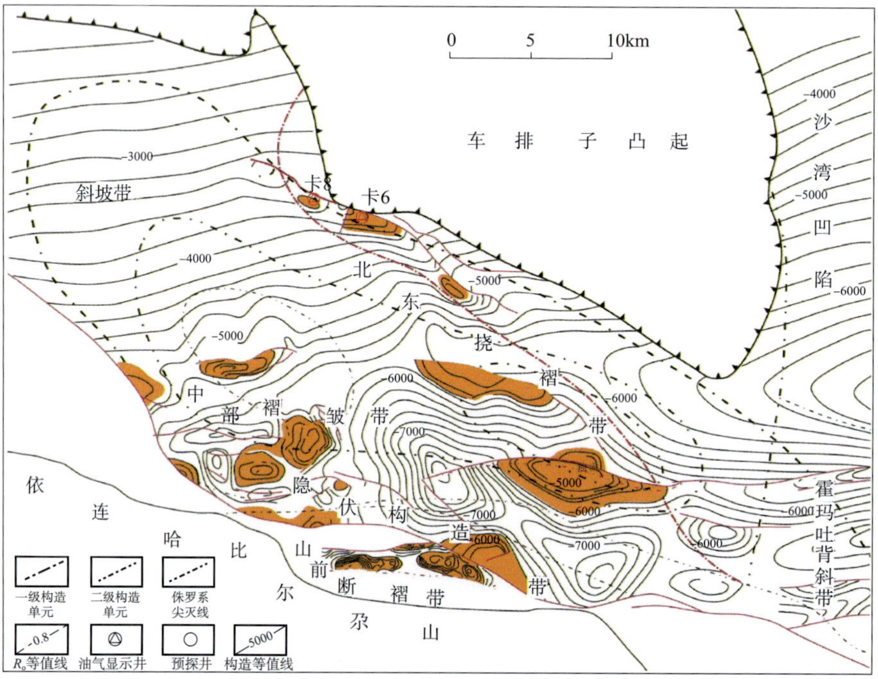

图2-4　准噶尔盆地南缘西段构造纲要

2. 准南中段构造特征

准噶尔盆地南缘中段位于北天山北侧，属于北天山山前冲断带构造单元，包括奎屯东断裂至乌鲁木齐地区（图2-6）。南北向的逆冲推覆构造导致准南中段构造变形强烈，其内部可划分出清水河背斜—齐古背斜—昌吉背斜—喀拉扎背斜、独山子背斜—霍尔果斯背斜—玛纳斯背斜—吐谷鲁背斜以及安集海背斜—呼图壁背斜三排构造带（图2-3，图2-6）（罗晓容，2004）。其区域构造运动经历了从坳陷到变形改造、构造带向北扩展的发育过程，构造变形一般表现为靠近山前的逆冲—褶皱构造带活动期较早、多具有厚皮构造特点；而向盆地北侧逐渐扩展，多具有薄皮构造特征，它们与南侧的造山带一起组成完整的逆冲推覆构造系统（李铁军，2004）。

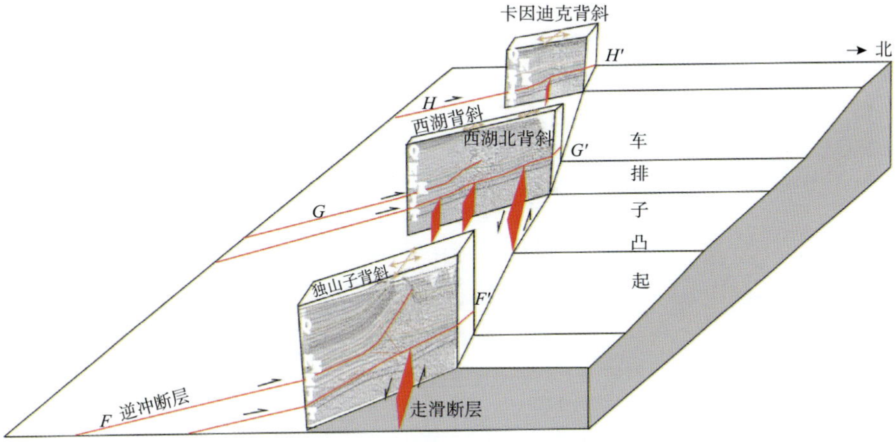

图 2-5　准噶尔盆地南缘西段艾卡构造带三维构造简示（朱明等，2020）

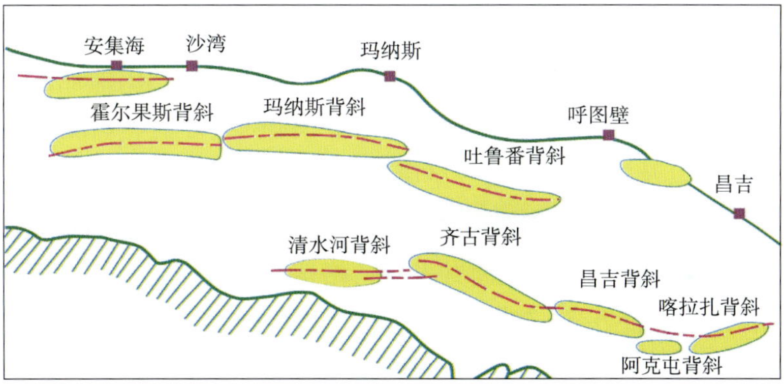

图 2-6　准噶尔盆地南缘中段构造图（张健等，2010）

整体上，准噶尔盆地南缘中段可进一步划分为齐古断褶带和霍玛吐背斜带两个次级构造单元（图2-2）。其中，齐古断褶带紧邻伊林黑比尔根山前缘，发育断背斜和断鼻，同时也发育逆冲断层和构造楔，显示压扭走滑和逆冲推覆构造特征（罗晓容，2004；邓奇根，2015；朱明，2020）。齐古断褶带由准南第一排构造带构成（即清水河背斜、齐古背斜、昌吉背斜、喀拉扎背斜），其内部褶皱构造走向呈近东西向；而天山构造带的强烈挤压推覆作用使得各背斜构造的南翼往往被一系列叠瓦状逆冲断层所破坏，且背斜内部地层往往被抬升遭受严重剥蚀，因此所残留者多为北翼发育的次级褶皱构造（罗晓容，2004；邓奇根，2015；朱明，2020）。霍玛吐背斜带南邻齐古断褶带，深部发育3个滑脱层，进而形成多层断层垂向叠加的逆冲推覆构造（朱明，2020）。霍玛吐背斜带内部包含有准南中段第二排（即独山子背斜、霍尔果斯背斜、玛纳斯背斜、吐谷鲁背斜）和三排构造带（包括安集海背斜、呼图壁背斜）。其中，第二排构造带内发育的背斜多表现为紧密线型，南翼缓而北翼陡，同时局部可出现倒转现象；而第三排构造带内的背斜基本呈东西向长轴背斜，北翼陡、南翼缓，构造规模大且保存比较完整（图2-7）（罗晓容，2004；杜金虎，2019；朱明，2020）。

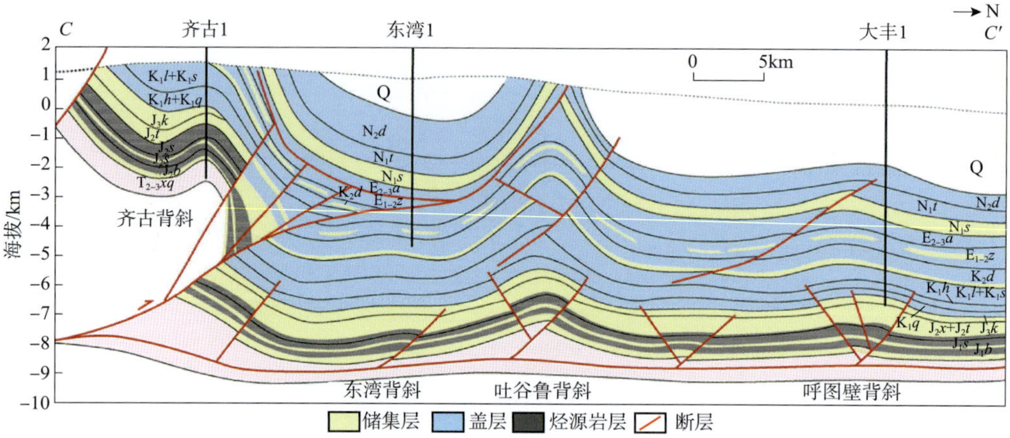

图 2-7 准噶尔盆地南缘中段齐古背斜—呼图壁背斜带构造地质剖面图（杜金虎等，2019）

3. 准南东段构造特征

准噶尔盆地南缘东段包括乌鲁木齐以东的北天山至博格达山前地区（图2-8）。内部发育柴窝堡背斜—阿克苏背斜、三个庄背斜—柳树沟背斜、妖魔山背斜—七道湾背斜—小泉沟背斜以及古牧地背斜—阜康背斜—西地2号背斜四排构造带（图2-3，图2-8）。此外，准南东段垂向构造运动强烈，抬升幅度较大，构造样式为受南北向挤压的多层次逆冲推覆构造，自南向北共发育博格达北断裂组合、妖魔山断裂组合、阜康断裂组合和甘河子断裂组合4套东西向或近东西向展布的断裂系统（梁舒艺，2019）。

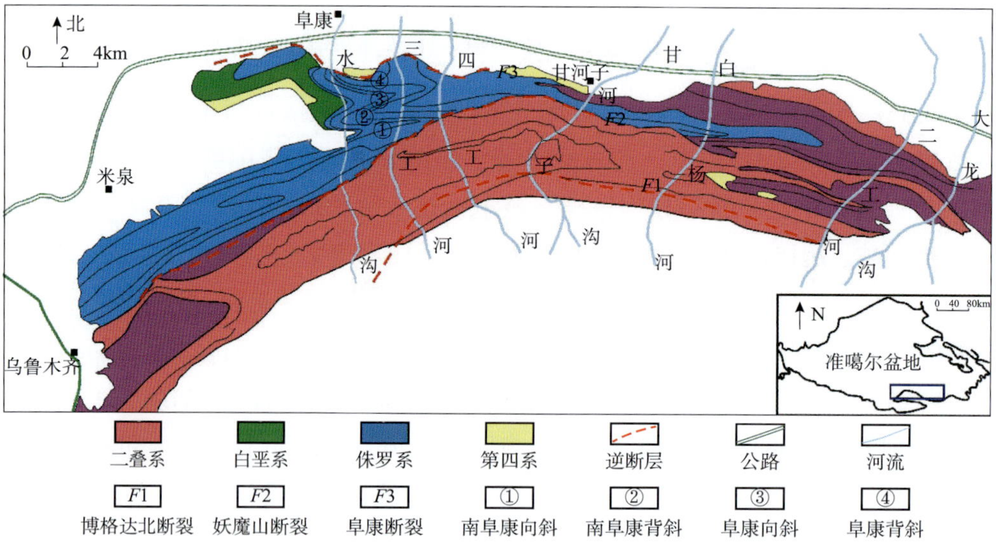

图 2-8 准噶尔盆地南缘东段位置图（梁舒艺等，2019）

阜康断裂带为准噶尔盆地南缘东段的主要构造单元，其东临古西凸起以及吉木萨尔凹陷，北接阜康凹陷以及北三台凹陷为主的凹陷区域，西部为昌吉凹陷和齐古断褶带，南部紧邻博格达山（图2-8）（陈书平，2007）。阜康断裂带整体构造格局呈东西展布，东西方向长约为135km，南北方向长为24km左右，是一个东西长、南北短的冲断褶皱带，构造特征尤为复杂，内部发育了大量不同规模的断裂。整体上看，阜康断裂带内部断裂组合主要是由大型的区域性断裂，如阜康断裂、三工河断裂、妖魔山断裂以及伴生断裂等小型断裂组合而成（图2-9）。这些断裂整体上为东西走向的南倾逆断层，在博格达山前呈弧状展布（陈书平，2007；吴俊军，2013；宋凯越，2019）。特别是阜康断裂和妖魔山断裂及三工河断裂不仅构成了阜康断裂带的基本构架，并具有东西分段的特征（图2-9）（吴俊军，2013）。对应博格达山北缘弧形形态可将阜康断裂带分为3段，即弧顶部位对应为中段，两翼分别为西段和东段。阜康断裂带西段为一复褶皱，中段整体为一单斜，东段整体为黄山—二工河向斜（吴庆福，1986；赵白，2004；吴俊军，2013；韩旭，2019）。

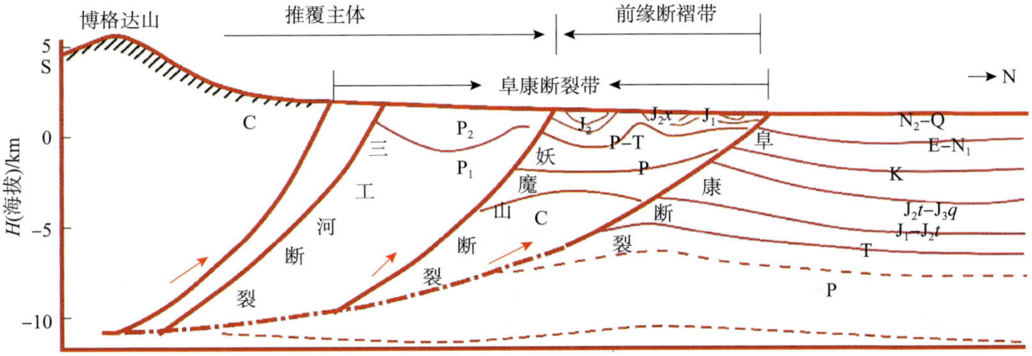

图 2-9 阜康断裂带冲断—褶皱带模式图（吴俊军等，2013）

第二节 准噶尔盆地及准南区域构造演化历史

准噶尔盆地是在古亚洲洋盆基础上自晚古生代至今形成的一多旋回叠合盆地，受多期次构造运动的叠加与复合最终形成了现今构造格局。针对准噶尔盆地的构造演化，国内外诸多学者都进行了深入的研究，提出了不同的观点（吴庆福，1986；中科院地学部，1989；尤绮妹，1992；赵白，1992；杨文孝，1995；陈发景，1996；蔡忠贤，2000；郑和荣，2004；吴孔友，2005；张朝军，2006）（表2-1）。

综合而言，准噶尔盆地从晚石炭世至第四纪主要发生了4次构造运动。其中，在晚海西期基本上形成了盆地隆坳相间的构造格局，随后印支—燕山运动进一步对盆地构造格局进行叠加和改造，而喜山运动主要对盆地南部褶皱山系产生挤压作用，其他地区基本不受其构造运动的影响。盆地的形成和演变主要经历了早期前陆盆地阶段、陆内坳陷阶段及晚期再生前陆盆地阶段三大发展时期。

一、早期前陆盆地阶段（晚石炭世末期至晚二叠世）

石炭纪为准噶尔盆地初步形成时期［图2-10（a）（b）］，准噶尔盆地基底于石炭纪晚期基本上已经发育成为一个整体［图2-10（b）］。晚石炭世，东准噶尔地区相继碰撞，进入陆内演化阶段。西准噶尔地区为一套残余洋盆充填层序，一直持续到晚石炭世晚期。二叠系沉积前，中天山地块与准噶尔地块自西向东拼合，北天山造山带形成（张朝军，2006；冯陶然，2017）。

表2-1 准噶尔盆地构造演化类型（王磊，2007）

<table>
<tr><th>代</th><th>纪/世</th><th>中科院地学部</th><th>吴庆福，1986</th><th>尤绮妹，1992</th><th>赵白，1992</th><th>杨文孝，1995</th><th>陈发景，1996</th><th>蔡忠贤，2000</th><th>郑和荣，2004</th><th>魏国齐，2005</th><th>吴孔友，2005</th><th>张朝军，2005</th></tr>
<tr><td rowspan="3">新生代</td><td>Q</td><td>上升</td><td rowspan="2">收缩上隆</td><td rowspan="4">山前坳陷</td><td rowspan="2">萎缩上隆</td><td rowspan="2">陆相前陆</td><td rowspan="2">压陷盆地</td><td rowspan="2">陆内前陆盆地</td><td rowspan="2">陆内前陆盆地</td><td rowspan="2">再生前陆盆地</td><td rowspan="2">再生前陆盆地</td><td rowspan="2">准南陆内前陆盆地</td></tr>
<tr><td>N</td><td rowspan="7">断坳</td></tr>
<tr><td>E</td><td rowspan="6">坳陷</td><td rowspan="5">坳陷</td><td rowspan="6">震荡型陆相盆地</td><td rowspan="6">克拉通盆地</td><td rowspan="6">克拉通盆地</td><td rowspan="2">稳定陆内弱挤压坳陷</td><td rowspan="6">陆内坳陷</td><td rowspan="5">坳陷—沉降</td><td>陆内统一坳陷</td></tr>
<tr><td rowspan="5">中生代</td><td>K</td><td>压扭盆地阶段</td></tr>
<tr><td>J_3</td><td rowspan="3">中央隆升</td><td rowspan="3">陆内挤压坳陷</td><td rowspan="3">伸展断陷盆地</td></tr>
<tr><td>J_2</td></tr>
<tr><td>J_1</td></tr>
<tr><td>T</td><td rowspan="3">裂谷</td><td>断坳</td><td>陆内弱伸展坳陷</td><td>挠曲—坳陷</td><td>陆内坳陷</td></tr>
<tr><td rowspan="2">晚古生代</td><td>P_2</td><td>坳陷</td><td rowspan="2">裂陷</td><td rowspan="2">断陷—坳陷</td><td>陆相盆地</td><td rowspan="2">裂陷</td><td rowspan="2">裂陷</td><td>伸展坳陷</td><td rowspan="2">周缘前陆</td><td>压陷—挠曲</td><td rowspan="2">前陆盆地</td></tr>
<tr><td>P_1</td><td>断陷</td><td>海相盆地</td><td>伸展断陷</td><td>碰撞—成盆</td></tr>
</table>

早二叠世，准噶尔盆地在强挤压背景之下持续隆升，准东北的山系隆起强烈［图2-10（b）］，同时，塔里木板块与准噶尔板块的相互碰撞拼合使得伊林黑比尔根山也急剧隆起，准噶尔盆地南缘开始进入早期前陆盆地演化阶段，只有少部分地区还残留局限海湾（北天山前缘和博格达地区等）（彭舒琪，2017）。该期前陆盆地的陆缘活动翼由伊林黑比尔根山及其前缘推覆体构成，安集海北—昌吉—博格达—吐鲁番一带构成前陆盆地前缘（辜延容，2015）。而由于晚海西构造运动的发展，盆地周围山缘开始逐渐不平衡。中二叠世，由于盆地周缘褶皱山系向盆地发生冲断推覆作用，致使准噶尔盆地中受控于盆地边缘冲断推覆带而形成了两个独立发展的前陆盆地，即西北缘前

陆盆地和南缘前陆盆地。因此，这一时期准噶尔盆地进入联合前陆盆地发育阶段，盆地隆坳格局也在这一时期初具规模（冯陶然，2017）。晚二叠世，新疆地区经历了一期较为强烈的构造事件，准噶尔盆地和塔里木盆地都经历了强烈的抬升与剥蚀，准噶尔盆地边缘的构造活动也进一步增强。受此影响，准噶尔盆地周边多个陆内坳陷盆地均抬升隆起而不复存在（郑孟林，2014；彭舒琪，2017），联合前陆盆地的发育阶段就此结束［图2-10（c）］，准噶尔盆地盆地开始向坳陷型盆地转化（郑孟林,2014；辜延容，2015；王新桐，2017；彭舒琪，2017）。

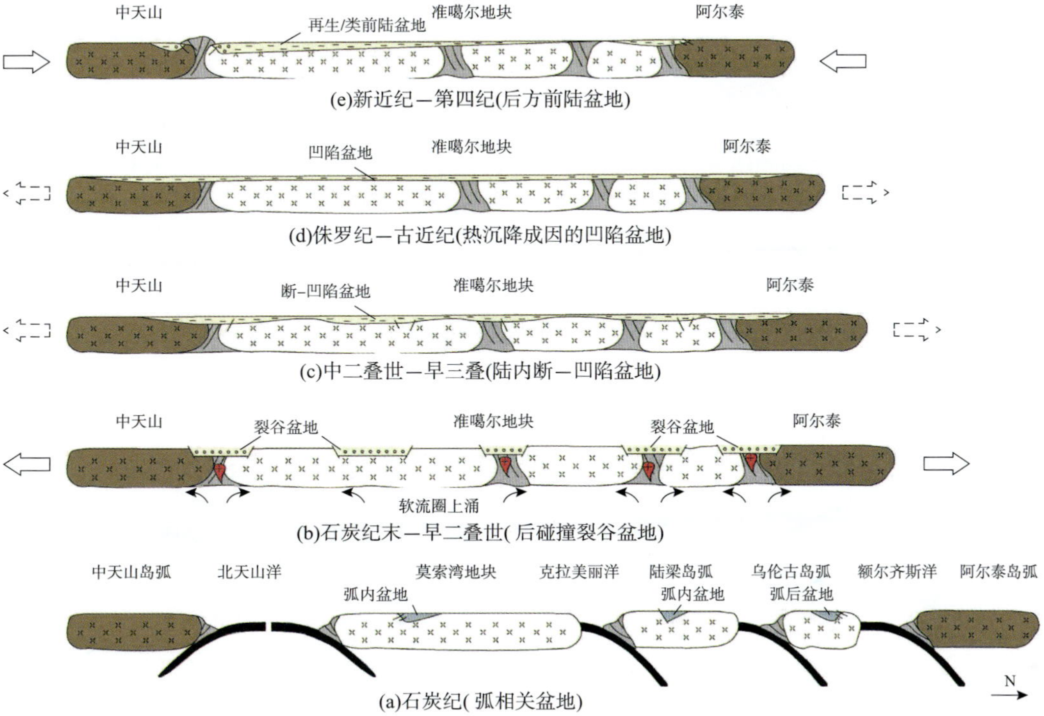

图 2-10 准噶尔盆地构造演化模式图（何登发等，2018）

二、陆内坳陷阶段（三叠纪至白垩纪）

三叠纪—侏罗纪，准噶尔盆地周缘发生强烈的深部断裂活动，四周褶皱山系向盆地方向挤压致使盆地基底产生形变，盆地整体表现为坳陷的特点。二叠纪晚期，准噶尔盆地发生准平原化作用，而三叠纪继承了二叠世末期的坳陷特征，同时，范围也有所扩展，并逐渐演化为中新生代陆内盆地。三叠纪准噶尔盆地主体向北发展并与乌伦古坳陷连接为统一的准噶尔盆地，但在三个泉至克拉美丽山一带仍存在北西方向展布的低隆起，西北部扎伊尔山区和东部克拉美丽山已遭剥蚀成为中、低山区。同时，盆地由分割的前陆盆地体系转为统一的陆内坳陷湖盆，由不对称充填到全面掩埋。中—晚三叠世，准噶尔盆地已经处于准平原化期的稳定坳陷状态，该时期北天山继续被削高补低，物源区与沉积区的高差也趋于一致，整个准噶尔盆地进入统一的内陆湖泊演化阶段（庞志超，2020），但三叠纪末期的构造隆升又造成了冲断带及其后缘造山带被较大强度的削顶与剥蚀，开始了大型断坳型盆地的演化。值得注意的是，发生于三叠纪的印支运动形成南北向的挤压力作用于盆地周缘的山前断裂带，使其发生同沉积走滑逆冲褶皱形变；同时受到印支运动的影响，在准南局部地区形成了三叠系与侏罗系地层的角度不整合，尤其在准东帐北断褶带更为突出。受印支晚期构造运动的影响，博格达地区发生第二次隆升，但此次隆升的幅度仍较小（王新桐，2017）。

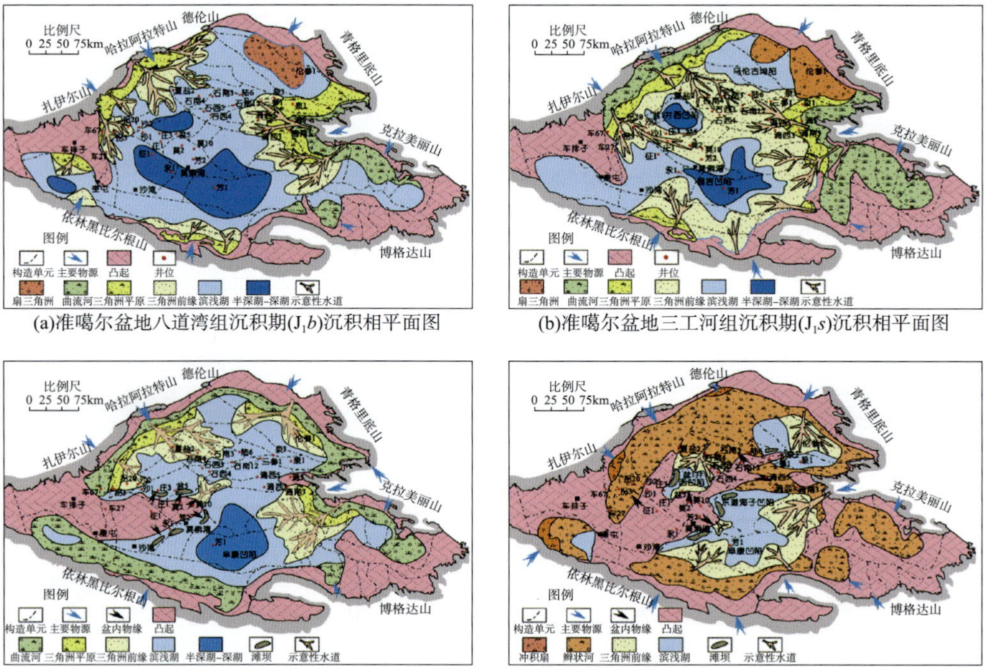

(a)准噶尔盆地八道湾组沉积期(J_1b)沉积相平面图

(b)准噶尔盆地三工河组沉积期(J_1s)沉积相平面图

(c)准噶尔盆地西山窑组沉积末期(J_2x)沉积相平面图

(d)准噶尔盆地头屯河组沉积期(J_2t)沉积相平面图

图 2–11　准噶尔盆地侏罗系沉积相平面图（纪友亮，2010）

早侏罗世，准噶尔盆地基本继承了三叠纪的构造格局，盆地进入伸展断陷或拗陷阶段，且处于相对松弛伸展的构造环境［图2–11（a）（b）］，盆地周缘造山带山前与盆地一起沉降，属于大型浅水泛盆沉积［图2–11（a）］。中晚侏罗世，准噶尔盆地开始进入区域挤压构造背景，盆地整体进一步抬升，差异升降运动在盆内和盆缘逐渐增强［图2–11（c）（d）］，此时盆地处于小型陆内前陆坳陷。晚侏罗世末期，燕山中期构造运动强烈，对盆地产生强烈挤压，盆地变形收缩，形成NNE向褶皱和断裂，遭受大规模隆升剥蚀。伴随部分边界断裂走滑活动，盆地基底由北西向南东掀斜。准噶尔盆地周边山系大幅度抬升，形成了一系列分隔盆地的隆起带。值得注意的是，早中侏罗世，准噶尔盆地南缘构造相对稳定，而位于准噶尔盆地南缘北部的车排子—莫索湾隆起开始发育，直接导致盆地内部的南、北凹陷区开始分离。中晚侏罗世，准噶尔盆地南缘发生自南向北的冲断推覆，车—莫古隆起进入了强烈隆升阶段（何登发，2008），并使中、上侏罗统地层遭受了严重的剥蚀。

白垩纪早期，准噶尔盆地再次进入陆内统一坳陷盆地发育阶段。盆地整体沉降，面积明显扩大。准噶尔盆地沉降中心向西南迁移［图2-12（a）（b）］（郑孟林，2018），而白垩纪末期，受燕山运动影响，盆地发生萎缩［图2-12（b）］，准噶尔盆地进入了收缩型陆内坳陷盆地发育阶段，沉降中心和沉积中心虽仍在南部，但已向腹部迁移，总体上呈现为北部斜坡和南部坳陷两个构造单元的大型坳陷盆地。盆地内部的构造变形相对较弱，地层的剥蚀作用主要在盆地边缘地区，除盆地东部地区抬升和剥蚀仍较为强烈（郑孟林，2018），盆地其余大部分地区构造活动终止，只有三台凸起、博格达山和阜东凹陷斜坡因受到强烈挤压，在持续隆起（彭舒琪，2017）。此外，白垩纪时期，车排子—莫索湾隆起整体下沉，进入埋藏隐伏阶段，构造幅度大幅度降低，但仍保持背斜形态（何登发，2008）。

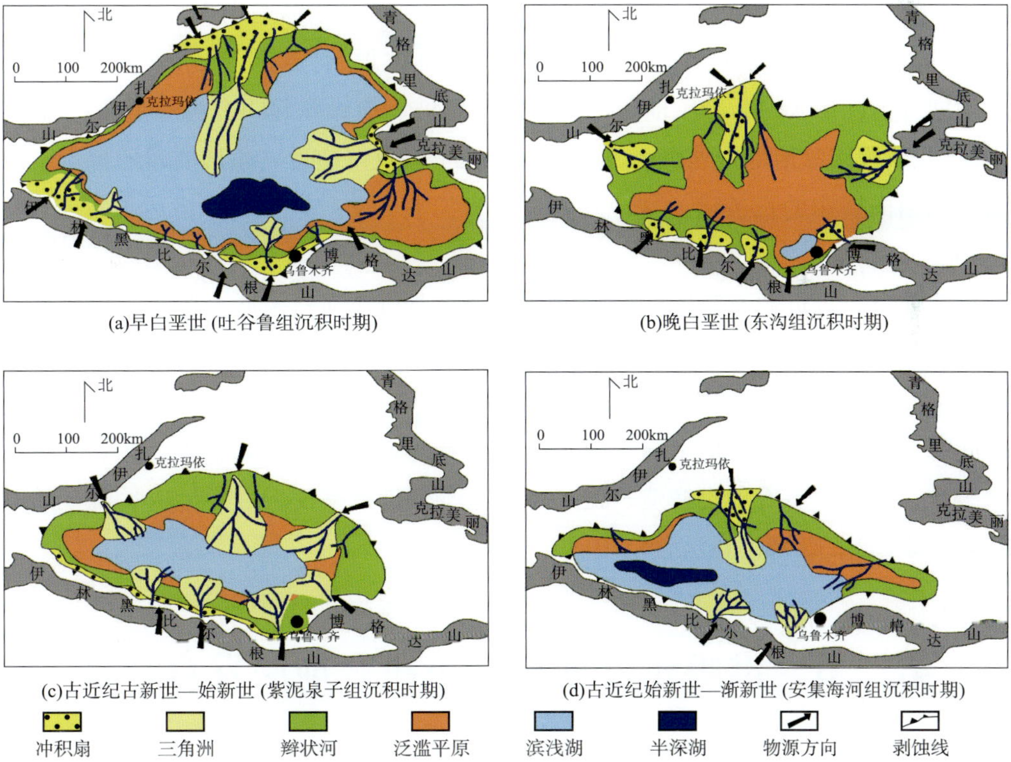

图 2-12　准噶尔盆地南缘白垩纪—古近纪古地理演化图（王熠哲等，2019）

三、再生前陆盆地阶段（古近纪到第四纪）

古近纪，印度板块与欧亚板块的碰撞作用还没有影响到北疆地区（刘池洋，2009），此时，准噶尔盆地结构已经表现为向北天山山前楔型增厚（李忠权，1998；何光玉，2003；郑孟林，2018），盆地东部地区整体处于隆升剥蚀状态。准噶尔盆地南缘地区由于受到白垩纪末期燕山运动的影响，在古近纪时期并未从根本上改变其盆地构造格局，基本继承了白垩纪稳定坳陷的构造形态［图2-12（c）（d）］，但准噶尔盆地南缘坳陷的沉积中心较白垩纪向西有所迁移（陈业全，2004）。

新近纪至第四纪，由于喜马拉雅运动的影响，源自新特提斯构造域的强大挤压应力使北天山快速、大幅度隆升，并向盆地冲断，产生巨大的构造负荷（杨凡，2014）。在重力均衡作用下，准噶尔盆地整体发生了进一步的北升南降的构造掀斜，准噶尔盆地南缘再次挠曲下沉，形成近东西向的再生前陆盆地［图2-10（e）］。准噶尔盆地以腹部的陆梁隆起构成前缘隆起，乌伦古坳陷构成隆外凹陷，组成准噶尔盆地演化过程中规模最大、范围最广的一个前陆盆地系统（杨凡，2014；尹照普，2016）；同时，北天山断块向盆地内部的逆冲作用也增强，导致了北天山造山带和博格达构造带再次活化，向盆地发生逆冲推覆作用，致使盆地内部形成盖层滑脱的逆冲褶皱系统，盆地南部一些基底断裂开始重新活动，导致准南地区形成复杂的逆冲褶皱造山带（杨智，2009；吴庆福，1986）。准噶尔盆地南缘在新近系晚期前陆盆地结构特征已经十分明显，从南到北可划分为：褶皱冲断带、前缘凹陷、前陆斜坡、前缘隆起四个构造单元（尹照普，2016）。此阶段因盆地的强烈沉降，在东西方向上一反以前近三角形展布的特点，而表现为近东西向展布的长条状，盆地向西进一步扩大，向东延伸到博格达山山前（陈业全，2004）。

整体而言，古近纪至第四纪，印度板块向欧亚板块强烈俯冲，造成沿板内缝合带发生强烈造山运动。北天山地区受此影响大幅度隆升，并向北冲断推覆，使准噶尔盆地南部地壳遭受挤压发生弯曲，在山前形成陆内造山型前陆盆地，盆地以整体抬升为主；同时，挤压应力在盆地南缘形成了排列成带的雁列式褶皱和断裂，即准南中段山前褶皱带，继续发展着多排构造，进一步加大了其构造幅度，最终形成了现今的三排构造带（何中波，2016；阎东启，2018）。

第三节　准噶尔盆地南缘下组合地层发育特征

依据准噶尔盆地南缘发育的3套区域性泥岩盖层可将其内部油气勘探目的层系划分为上、中、下3套成藏储盖组合，其中下组合地层包括下侏罗统八道湾组、三工河组；中侏罗统西山窑组、头屯河组；上侏罗统齐古组、喀拉扎组；以及下白垩统清水河组（表2-2）。

表 2-2 准噶尔盆地南缘下组合地层划分

界	系	统	组	代号	岩 性	沉积相
中生界	白垩纪	下统	清水河组	K_1q	灰绿色薄层钙质砂岩、泥岩的薄交互层	扇三角洲前缘、辫状河三角洲前缘、滨浅湖、半深湖—深湖
	侏罗系	上统	喀拉扎组	J_3k	棕红色厚层块状交互泥砂质砾岩	辫状河三角洲前缘
			齐古组	J_3q	下部为暗紫红色夹紫粉色条带状泥岩，上部砖红色砂岩增多，与泥岩交互	辫状河三角洲平原、辫状河三角洲前缘、滨浅湖
		中统	头屯河组	J_2t	灰绿色泥岩夹紫红色条带状泥岩、砂质泥岩与厚层块状泥岩韵律状互层、夹炭质泥岩和薄煤层	扇三角洲平原、扇三角洲前缘、曲流河三角洲平原
			西山窑组	J_2x	灰绿色砂岩、砂砾岩，砾岩与灰色泥岩、黑色炭质泥岩韵律状互层，富含煤层	曲流河三角洲前缘、辫状河三角洲前缘、滨浅湖
		下统	三工河组	J_1s	灰黑色、灰绿色泥岩夹砂岩及叠锥状灰岩、砂泥岩的韵律状互层	曲流河三角洲前缘、辫状河三角洲前缘、滨浅湖、半深湖—深湖
			八道湾组	J_1b	下部为砂砾岩与煤层，中部为深灰色泥岩，上部为砂泥岩互层夹薄煤层	曲流河三角洲前缘、辫状河三角洲前缘、滨浅湖、半深湖—深湖

一、下侏罗统八道湾组

八道湾组地层遍布于全盆地，仅在盆地东部的石浅滩一带和五彩湾两地存在局部沉积缺失，且普遍以明显的角度不整合覆盖于下伏三叠系地层之上，但这一不整合在盆地腹部则多表现为假整合。八道湾组在准噶尔盆地南缘山前地带的最大厚度约为800m，岩性主要为灰黄色、灰白色砾岩、砂砾岩与灰色泥岩、炭质泥岩、粉砂岩及煤层呈不等距韵律状交互，泥岩中可见菱铁矿结核；底部巨厚层状砂砾岩体厚度通常为0.5~2m，呈正粒序，底部均可见冲刷面，砾石较粗，粒径平均为3~5cm，成分成熟度和结构成熟度均较低，成分复杂。

位于阿尔钦沟剖面出露的八道湾组地层总体为厚层灰白色、灰绿色细砾岩，含砾粗砂岩，中砂岩，其间夹有紫红色、土黄色泥岩，为多期砂砾岩体的叠置，呈正粒序，底部可见冲刷面，砾石较粗，平均粒径为 3~5cm，成分成熟度和结构成熟度均较低，砾石成分复杂（赵康，2017）。四棵树剖面三叠系小泉沟群与八道湾组为平行不整合，表现为八道湾组底部岩性突变接触（图2-13），其中八道湾组底部为大套灰色砂砾岩，小泉沟群顶部为灰褐色、紫褐色、灰黄色及暗灰绿色的泥岩、砂岩

图 2-13 四棵树剖面八道湾组露头特征

互层；八道湾组与三工河组呈整合接触（图2-14）。

二、下侏罗统三工河组

三工河组地层遍布整个准噶尔盆地，在盆地北部边缘局部可超覆于下伏八道湾组之上，分布范围相较于八道湾组更广。三工河组沉积期为准噶尔盆地侏罗纪最大水进时期，因此其与下伏八道湾组为连续过渡沉积。三工河组地层厚度在整个盆地中呈“南厚北薄”的特征，南部平均约800m，北部较薄，最大厚度约为230~300m。其整体岩性主要为深灰色、灰绿色及杂色泥岩，夹浅灰色与灰黄色砂岩与砂砾岩，砂岩的分选磨圆均较好，见少量灰黑色炭质泥岩与煤线，局部可见植物碎屑；下部主要为泥岩、泥质粉砂岩夹中—细砂岩，含少量煤线；上部为泥岩夹粉砂岩、细砂岩，总体泥多砂少。

准噶尔盆地南缘托斯台沟剖面出露的三工河组岩性以灰黄色中细砂岩、粉砂岩为主，剖面下部可见炭质泥岩，上部为灰黑色泥岩夹灰黄色粉砂岩，中部为厚层状砂体（双棋，2019）。四棵树剖面三工河组底部为一套灰白色粗砂岩，与下伏八道湾组呈整合接触，而顶部岩性为灰绿色砂岩、泥岩，且以厚层泥岩和薄层砂岩互层为主要特点（图2-14）。头屯河剖面三工河组中发现的叶肢介化石有 *Palaeolimnadiabaitianbaensis*，*P di-annanensis*，*Euestheriacf elegans*，*E cf shandanensis*，*E sp.*（符俊辉，1998）。

图2-14　四棵树剖面三工河组露头特征

三、中侏罗统西山窑组

西山窑组遍布整个准噶尔盆地南缘，是侏罗系最为富煤的层位。西山窑组底部为一套灰白色含砾粗砂岩，与下伏三工河组呈整合接触，向上逐渐为砂泥互层，且砂岩多呈透镜状，其顶部砂体较薄，且与上覆头屯河组呈不整合接触。其岩性主要为灰白色砂岩与灰色、绿灰色泥岩互层，局部见灰黑色炭质泥岩与煤层，单层厚超过10m，总厚度可达600~800m。底部为一套灰白色含砾粗砂岩；下部以中粗砂岩、粉细砂岩、泥岩互层为特征，发育一套可采煤层，厚度为2~4m，粒度整体向上逐渐变细；中部发育三套厚层含砾粗砂岩、中粗砂岩，砂岩中夹植物茎杆化石，单套砂岩厚度可达25m；上部主要以泥岩夹中薄层透镜状砂岩为主，富含大量植物叶片化石，砂岩多为中粗砂岩，粒度较粗，且常与煤层互层。

准南四棵树剖面西山窑组底部为一套灰白色含砾粗砂岩；其中，西山窑组以出现煤层为区分三工河组的典型标志，可见典型砖红色烧变岩（图2-15）。阿尔钦沟剖面西山窑组与头屯河组不整合接触，岩性以灰绿色泥岩及砂岩为主，且发育典型的煤层（图2-16）。玛纳斯—红沟剖面西山窑组下部为灰黄色砾岩、含砾粗砂岩，深灰，灰黑色炭质泥岩夹厚煤层；中上部为灰白色、黄灰色、浅灰色中、粗砂岩、含砾粗砂岩，黄绿、灰色细、粉砂质泥岩互层夹深灰、灰黑色炭质及薄煤层（胡清月，2014）。

图 2-15　四棵树剖面西山窑组露头特征

图 2-16　阿尔钦沟剖面西山窑组露头特征

四、中侏罗统头屯河组

头屯河组遍布整个准噶尔盆地南缘，但是在地表多已被剥蚀殆尽，在盆地南缘头屯河组仅见于三工河以西地区。在覆盖区，除构造高部位的局部地段有缺失外，多数地层都得以普遍保存。其岩性主要为厚层泥岩与厚层块状砂岩、含砾砂岩韵律交互，夹炭质泥岩，偶见菱铁矿透镜体；含砾砂岩中砾石的粒径为2~50mm，磨圆中等，分选较差，砾石成分主要为火山岩；砂岩主要为中—粗砂岩，分选磨圆中等—较好，矿物以岩屑、长石为主。

四棵树剖面头屯河组与齐古组呈不整合接触；头屯河组顶部为厚层紫红色泥岩与浅灰色泥岩条带互层，齐古组岩性颜色为砖红色，泥岩层厚度增加，砂岩层减薄（图2-17）。阿尔钦沟剖面头屯河组与西山窑组同样为不整合接触，头屯河组底部发育黄绿色砂砾岩，同时头屯河组发育杂色粉砂岩，红层和绿层互层状，并可呈现杂色色调特征（图2-18，图2-19）；向下西山窑组粒度明显变细，过渡为细砂岩、粉砂岩。玛纳斯—红沟剖面头屯河组根据岩性的差异，可分为上段与下段；下部为灰绿、深灰色泥岩，粉砂质泥岩，近底部夹炭质泥岩和两层煤线；上部为灰绿色粉砂质泥岩，灰色细、粉砂岩夹黄绿色块状中砂岩，紫红色砂质泥岩条带及泥灰岩（胡清月，2014）。准南头屯河组发现介形类化石*Darwinula*一属八种，其中以D *sarytirmenesis sharapova*，*D impudica Sharapova* 及 *D magna Jiang* 为主要分子，其次含有的分子为 *D carnosa Song*，*D ventracurva Wei*，*D longicylindrica Qi*，*D stenimpudica Pang*，*D attenuata Li*（邓丽君，2012）。

图2-17　四棵树剖面头屯河组露头特征

图2-18　阿尔钦沟剖面头屯河组露头特征

图2-19　阿尔钦沟剖面头屯河组露头特征

五、上侏罗统齐古组

齐古组整体为一套不含煤层的红色地层，主要分布于准噶尔盆地南部三工河以西，多数地区遭受剥蚀或沉积不完整。其岩性主要为暗紫红色、砖红色及褐红色泥岩，粉砂质泥岩，夹黄灰色薄层—中层状砂岩，下部见少量灰绿色粉砂岩及含砾粗砂岩，底部为一套含砾粗砂岩—中细砂岩。齐古组在准南西段呈现一个“填平补齐”状态，在西段由西向东呈由厚减薄再增厚的形态，最大厚度可达到750m以上，齐古组在中段和东段厚度较为均匀在500m左右。

四棵树剖面由于缺失喀拉扎组，齐古组与清水河组为不整合接触；其中，齐古组顶部为红色泥质粉砂岩、泥岩，清水河组底部为厚层灰色、灰绿色砾岩、角砾岩，砾石分选中等，磨圆较差，露头清水河组为红色，实为次生色，是齐古组侵染的结果（图2-20）。阿尔钦沟剖面同样缺失喀拉扎组，齐古组与其上覆清水河组不整合接触，齐古组顶部为暗红色泥岩（图2-21，图2-22）。玛纳斯—红沟剖面齐古组上部为褐色、褐灰色砂岩、含砾砂岩和棕红、砖红色泥岩、粉砂质泥岩夹同色及少量灰绿色薄层细、粉砂岩；齐古组下部为紫褐色、褐色泥岩、粉砂质泥岩及块状中、细砂岩夹粉红色、白色凝灰岩、凝灰质砂岩及钙质泥岩（胡清月，2014）。准南齐古组产介形类化石 *D Oblonga Roemer*, *D kushuixiaensis Qi*, *D bapaxiaensis song*, *mantelliana sp* 1, *mantelliana sp* 2（邓丽君，2012）。

图 2-20 棵树剖面齐古组露头特征

图 2-21 阿尔钦沟剖面齐古组露头特征

图 2-22 阿尔钦沟剖面齐古组露头特征

六、上侏罗统喀拉扎组

喀拉扎组主要分布在准噶尔盆地南缘东段，西段及中段均大面积缺失，整体为一套巨厚的砾岩沉积，与下伏齐古组呈整合接触，而与上覆下白垩统清水河组呈角度不整合接触。该组分布较为局限，仅在南缘局部可见，齐古背斜地区喀拉扎组向西逐渐尖灭，致使下白垩统清水河组直接覆盖于上侏罗统齐古组之上，形成角度不整合。喀拉扎组粒度粗，岩性主要为大套厚层状浅绿灰色、灰白色细砾岩—中砾岩，夹中薄层褐红色砂砾岩和含砾泥岩，局部见透镜状灰白色中粗砂岩。砾岩成分复杂，见石英岩碎屑、花岗岩碎屑、生物碎屑和灰岩碎屑等，砾石偶见定向排列，粒径通常为1~10cm，个别砾石可达20cm，分选较差，磨圆中等。喀拉扎组在头屯河地区厚度最大，约800m，主要分布在齐古断褶带和霍玛吐背斜带中—东段，分布面积约为$1.1 \times 10^4 km^2$。

玛纳斯—红沟剖面喀拉扎组为一套红褐色块状砾岩、砂砾岩，砾石分选磨圆均较差，因下伏地层遭受风化而形成高耸的喀拉扎"城墙"砾岩（图2–23）。喀拉扎组在齐古断褶带一线天剖面以西，岩性主要为褐色砂砾岩夹薄层砂质泥岩，砂砾岩厚度占地层总厚度的80%~90%；一线天剖面喀拉扎组中—下部为褐灰色含砾中—细砂岩，上部为褐色砂砾岩，砂砾岩占地层厚度的50%~60%；一线天剖面以东，岩性由以褐色砂砾岩为主逐渐过渡为以灰色砂岩为主，至头屯河剖面则整体变为灰色中—细砂岩；头屯河剖面以东，砂砾岩含量又有所增加，至阜康断裂带水磨河剖面，褐色砂砾岩厚度占总厚度的20%~30%。由西至东，在喀拉扎组砂砾岩中，砾石直径由大变小（司学强，2021）。

图2–23　玛纳斯—红沟剖面喀拉扎组露头特征

七、下白垩统清水河组

下白垩统清水河组厚度一般为70~230m，由南向北逐渐增厚，在安集海—石河子地区最厚，可达500m（司学强，2020），而在盆地边缘部分地区由于出露地表可遭受一定程度的剥蚀。区域上，清水河组与下伏侏罗系之间呈明显的角度不整合接触，且不整合面分布范围较广，甚至可延伸至盆地腹部（纪友亮，2010；高崇龙，2015）。南缘西段清水河组为在平坦古地貌背景下，由晚侏罗世的干旱气候向湿润气候转变时期形成的一套沉积层系，清水河组底部发育特征明显的辫状河三角洲相砂砾岩、砂岩沉积，属于典型的储集层段；但向上逐渐过渡为一套区域分布的滨浅湖—半深湖相暗色泥岩沉积，属典型的盖层层段（张健，2016）。

四棵树和托斯台剖面清水河组底部为薄层灰色砾岩，而其下部齐古组顶部为红色泥质粉砂岩和泥岩（图2-24）。河流西岸齐古组与清水河组，可见白垩纪清水河组平行不整合覆盖于上侏罗统齐古组之上（图2-24），清水河组底部为灰色、灰绿色砾岩、角砾岩，砾石分选中等，砾石定向性特征明显，偶见竖直砾石。清水河组地层内部发现介形类化石 *Cypridea honggouensis Li et Zhao*，*C erdaogouensis Li etZhao*，*C sp*，*Limnocythere compacta Jiang*，*Monglianella cf wurheensis Jiang*，*Cypridea shawanensisLi et Zhao*，*C cf simplex Galeeva*，*C subhonggouensis Hou*（邓丽君，2012）。

图 2-24　四棵树、托斯台剖面清水河组露头特征

第三章 准噶尔盆地南缘下组合物源体系厘定

物源分析以确定碎屑物质来源方向、侵蚀区或母岩区位置、搬运距离及母岩的性质为目标，从而推断盆地沉积体系的发育特征，为沉积盆地构造背景的确定、沉积盆地演化、恢复古地理环境提供重要依据（赵红格，2003；林潼，2013；高志勇，2016；胡鹏，2017）。早期各学者主要利用沉积岩碎屑物质组成和单矿物特征开展物源体系研究，但随着地质科学技术的发展进步，诸如碎屑岩类分析法、古水流法、重矿物法、砾岩砾石成分分析法、地层岩性比例法、电子探针、单碎屑矿物同位素测年法、地球化学法等方法不断创新性地应用于沉积盆地物源研究中（Roser，1988；汪正江，2000；赵红格，2003；徐亚军，2007；魏然，2013；杨仁超，2013；马收先，2014；彭治超，2017）。目前，物源分析方法正向多方法耦合运用、多学科联合交叉、定量表征及现代分析测试技术的方向发展。

第一节 准南下组合沉积期潜在物源分区

一、准南下组合沉积期潜在物源区划分

前人针对准噶尔盆地南缘侏罗系—白垩系物源区进行过一定程度的研究，其中相关代表性观点为：欧浩文等（2008）对准南侏罗系—白垩系地层中砂岩样品的石英、长石、岩屑含量进行统计，在Dinkinson碎屑骨架三角图进行投值后，观察到砂岩样品大部分落入“再循环造山带”物源区，并且砂岩整体矿物成分成熟度较高，反映距物源区较远的特征。纪友亮等（2010）认为中晚侏罗世车—莫古隆起的强烈隆升剥蚀作用使盆地腹部地区由原来的沉积—沉降中心演变为物源区，为准南西段提供充足的物源，且车—莫古隆起成为控制盆地南、北沉积体系的分水岭。武富礼等（2011）通过对准南侏罗系地层的碎屑锆石定年分析，综合判断准南侏罗系物源来自伊山和南部的中天山地区。林潼（2013）通过对准南齐古组重矿物组合及稀土元素的分配特征分析，认为齐古组沉积期准南西段四棵树地区存在东北部和西北部两支潜在物源；准南中段存在南部

物源、东部物源和东北部物源三支物源体系；且东段离物源区较近。周天琪等（2019）应用随机森林分类法对准噶尔盆地南缘侏罗系样品的重矿物组合进行分类研究，并结合稳定重矿物指数（ZTR）、沉积环境、古流向、U—Pb锆石年龄以及微量元素分析发现：准南西段侏罗系具有双物源特征，早侏罗世物源主要来自北天山，而中—晚侏罗世主要物源区转移至扎伊尔山；准南中段早侏罗世物源区为中天山，中侏罗世主物源区转变为北天山；准南东段早侏罗世物源主要来自克拉美丽山，中晚侏罗世博格达山隆升并逐渐成为主要物源区。因此，整体而言，准南侏罗系—白垩系沉积期存在3大物源区，即盆地南部天山、西北部扎伊尔山及东北部克拉美丽山。

二、准南各潜在物源区特征

1. 南部天山物源区特征

天山构造带位于亚洲大陆中部，总体上近EW向延伸，属古亚洲构造域（许志琴，2011；李荣社，2011）。其夹持于北部西伯利亚板块和南部塔里木板块之间，是古生代陆缘增生—碰撞造山作用和新生代晚期陆内造山作用形成，具多旋回多样式复杂的演化历史（黄汲清，1979；成守德，1998，2010）。准南南部中段和西段毗邻北天山北缘伊林黑比尔根山，而东段南部以博格达山为界。

天山山体由南至北可划分为南天山、中天山及北天山，且天山出露地表的地质体主要形成于元古代之后（李廷栋，1999）。南天山主要出露志留系、泥盆纪、石炭纪地层，主要岩性为花岗岩、中—酸性岩浆岩和碎屑沉积岩（王克卓，2017）；中天山主要出露寒武—前寒武系、志留系及石炭纪地层，主要发育花岗岩、海相沉积岩、中—酸性岩浆岩和基性—超基性岩浆岩（表3–1）；北天山主要出露石炭纪、二叠系及中生界地层，主要发育花岗岩、沉积岩及蛇绿岩（图3–1）（王克卓，2017）。此外，伊林黑比尔根山（北天山北缘）主体由石炭纪凝灰岩和火山岩以及侵入其中的巨大岩基型花岗岩组成（表3–1）。

表3–1 准噶尔盆地周缘造山带潜在物源区岩浆活动（朱文等，2021）

潜在物源区	年龄分布/Ma	岩 性	构造阶段	参考文献
东准噶尔造山带（青格里底山—克拉美丽山）	510~453	玄武岩、石英闪长岩、斜长花岗岩等	岛弧	苏玉平等，2010
	440~360	斜长花岗岩、辉长岩、石英闪长岩等	洋壳俯冲	陈万峰，2017
	330~260	钾长花岗岩、花岗闪长岩、二长花岗岩和碱性花岗岩等	后碰撞	韩宝福等，2006
西准噶尔造山带（扎伊尔山—哈拉阿拉特山—谢米斯台山—萨吾尔山）	523~444	堆晶岩、辉长岩、闪长岩、斜长花岗岩等	洋内俯冲	Chen，2004
	436~400	花岗岩、闪长岩、安山岩、流纹岩、凝灰岩等	俯冲消减	靳松，2016；陈万峰，2017
	350~270	钾长花岗岩、二长花岗岩、花岗斑岩、闪长岩等	后碰撞	Chen，2004；韩宝福等，2006；靳松，2016

续表

潜在物源区	年龄分布/Ma	岩　性	构造阶段	参考文献
准噶尔南缘造山带（伊林黑比尔根山—博格达山）	270~263	辉绿岩、闪长玢岩等	后碰撞	李辛子等，2010；靳松，2016
	460~350	花岗岩、花岗闪长岩、玄武岩、黑云母花岗岩、花岗片麻岩等	弧岩浆	Dumitru等，2001；王家林，2019
	340~300	闪长岩、花岗闪长岩、流纹岩、安山岩、正长岩、斜长花岗岩等	洋壳俯冲	
	300~260	花岗岩、黑云母花岗岩、花岗闪长岩、黑云母钾长花岗岩、流纹岩等	后碰撞	

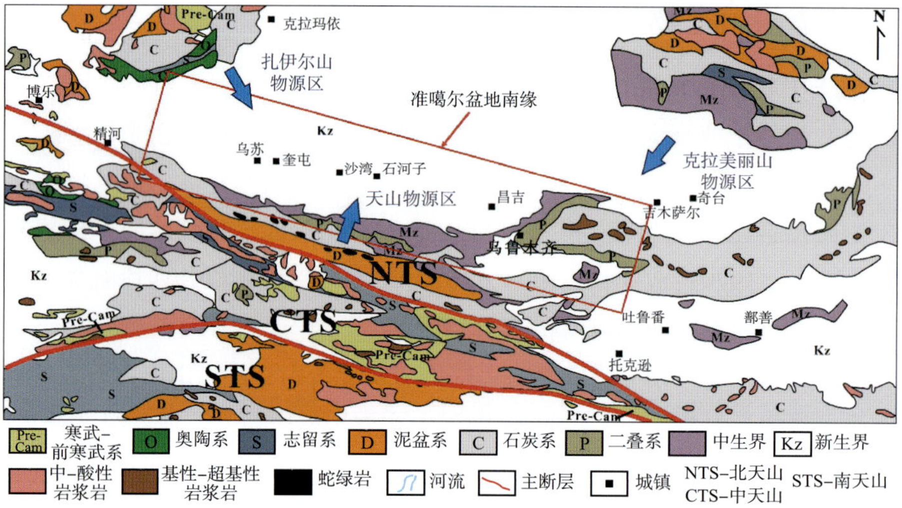

图 3-1　准噶尔盆地南缘周缘造山带地质简图

北天山东部的博格达山主要出露石炭纪、二叠系及中生界地层。早石炭世地层主要以安山岩、基性玄武岩、石英斑岩、凝灰岩为特征，主体为海相基性—中性—酸性火山岩建造（表3-1）。其中晚石炭世地层发育辉绿岩、花岗岩、凝灰砂岩、石英斑岩和火山灰凝灰岩（图3-1）；二叠系地层主要由玄武岩、流纹岩等基性—酸性火山岩组成的双峰式火山岩建造和主要由砾岩、粗粒碎屑岩组成的山前磨拉石建造构成；而中生界地层主要发育泥岩、砂砾岩等碎屑沉积岩（方世虎，2007；王克卓，2017）。

2. 东北部克拉美丽山物源区特征

克拉美丽山位于准噶尔盆地东北缘，夹持于阿尔泰造山带和天山造山带的交接转换部位（李锦轶，1990；马宗晋，2008；曲国胜，2009）。克拉美丽山区域主要出露志留系、石炭纪及中生界地层，山体主要岩性为火山岩、蛇绿岩（斜长花岗岩和辉长岩）以及中酸性侵入岩（表3-1）（韩宝福等，2006；宋继叶，2014）。值得注意的是，克拉美丽山区域的蛇绿岩主要由蛇纹石化橄榄岩、辉橄岩、辉长岩、辉绿岩、以及斜长花岗岩组成，其出露于克拉美丽大断裂北侧，岩体中可见大量后期侵入的岩脉，主要有花岗岩脉、石英脉、闪长岩脉和闪长玢岩脉等，脉体走向大多与克拉美丽断裂一致，斜长花岗岩为蛇绿岩套组分（韩宝福等，2006）。

3. 西北部扎伊尔山—车排子物源区特征

扎伊尔山位于准噶尔盆地西北缘，连绵起伏数千平方公里，经历“石炭纪—二叠系挤压推覆”和“三叠系—侏罗系压扭走滑”两个阶段，且扎伊尔山构造带形成了前陆冲断带完整的冲断—走滑体系（王鹤华，2015）。车排子凸起位于准噶尔盆地西北缘的南端，隶属于准噶尔盆地西部隆起的次一级构造单元，东部以红车断裂带为界，南部以一系列NNE走向的断裂为界，并且东临昌吉凹陷和中拐凸起，南临四棵树凹陷和伊林黑比尔根山，西面及西北面为扎伊尔山（胡秋媛，2016）。

扎伊尔山主要出露中寒武系、奥陶系、泥盆纪、石炭纪地层，其发育岩性为花岗岩、沉积岩、中—酸性岩浆岩、凝灰岩及结晶变质岩（表3-1）。车排子凸起是以石炭纪火成岩为基底发育的凸起，以广泛分布岛弧火山岩、花岗质侵入岩、古生代蛇绿混杂岩和洋底沉积物为特征，基底上覆地层主要发育中生界碎屑沉积岩（纪友亮，2010；董大伟，2015；胡秋媛，2016）。

第二节　准南下组合物源分析参数特征

用于物源分析的地质参数多样，包括盆地周缘山体隆升时限、砂岩碎屑组分、砾岩砾石成分、重矿物类型及组合、古水流、地层岩性比例及地层展布等，通过对准南各物源分析参数的研究，进一步明确准南下组合物源区特征及其演化。

一、准南山体隆升时限特征

目前推断山体隆升或构造年龄的方法主要依据磷灰石裂变径迹法和砂岩碎屑锆石年代学法（武富礼，2011；潘澄雨，2012；李忠，2013；庞建章，2019；宋继叶，2019）。裂变径迹测年方法是根据矿物中^{238}U自发裂变产生的径迹（子体）和母体U含量间的关系进行定年的测试方法。矿物径迹会随着目标矿物所处温度和时间的作用而发生不同程度的退火，退火作用会导致径迹长度缩短和径迹密度减小。根据Durango标准样品的退火实验，获得磷灰石的退火特性，并将其外延到地质年代尺度（庞建章，2019）。锆石是岩浆岩、变质岩、沉积岩中最重要的副矿物，由于锆石具有特殊的矿物性质，因此可以用来讨论岩石成因和地质事件的形成时代（吴元保，2004；裴福萍，2008）。依据磷灰石裂变径迹和锆石年代学法可以推测准南周缘山系的隆升距今年限，这对于明确准南山体年龄，恢复盆山耦合关系具有重要意义，并且还可进一步阐明准南下组合物源区的构造—沉积演化特征。

1. 准南南部山体隆升时限特征

准噶尔盆地南部天山造山带为一典型的复合型造山带，分别经历了古生代初始造山和晚中生代—新生代再造山过程（柳永清，2004；高志勇，2016）。

具体而言，通过磷灰石裂变径迹和锆石年龄数据表明（李忠，2012；高志勇，2016；刘松柏，2019），自中生代以来天山的隆升可划分为4个阶段（图3-2，图3-3）：①第一期隆升发生在距今220~180Ma的晚三叠世—早侏罗世，最早隆升地点在昭苏—伊宁一线的中天山和奎屯南至玉希莫勒盖达坂地区，以及塔里木盆地北缘的库鲁克塔格山的兴地、辛格尔地区，山体隆升范围较小。②第二期隆升发生在距今约150~100Ma的晚侏罗世—早白垩世，主要的隆升地点位于中天山琼博拉森林公园、北天山玛纳斯河上游—博格达山、南天山独库公路欧西达坂等地区，以及塔里木盆地北缘的库鲁克塔格山的北部地区，该时期的山体隆升范围较大。③第三期隆升发生在距今96~46Ma的晚白垩世—始新世，山体隆升范围比较小，隆升地点主要位于北天山的头屯河及乌库公路后峡地区、南天山库车坳陷北部捷斯德里克背斜等地区、库鲁克塔格山西缘的库尔勒东部地区，以及吐哈盆地南部觉罗塔格山的雅满苏地区。④第四期隆升发生在距今25Ma以来的中新世至第四纪，该时期为天山全面隆升时期，并逐步形成现今的天山形态（高志勇，2016；王克卓，2017）。

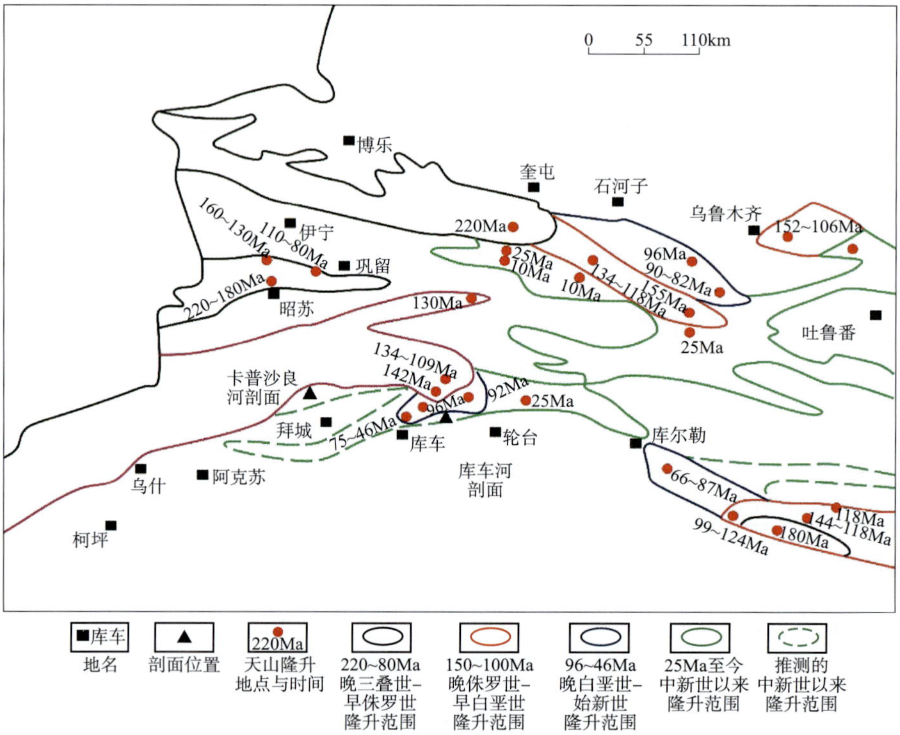

图3-2 中生代以来天山隆升顺序平面图（高志勇等，2016）

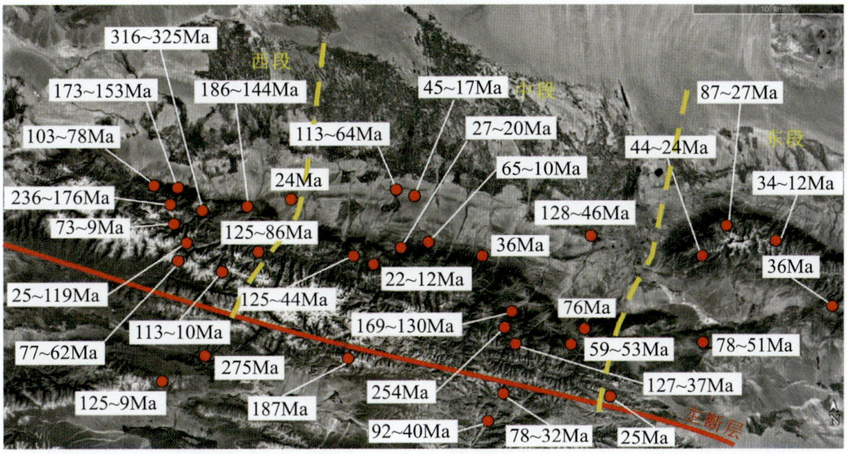

图 3-3 准南南部山体磷灰石裂变径迹及锆石 U-Pb 年龄数据特征

具体而言，通过对前期已发表的北天山各部位山体年龄数据收集统计发现（柳永清，2004；李忠，2012；高志勇，2016；刘松柏，2019；查显锋，2021），准南西、中、东三段山体隆升时限存在明显差异：准南西段山体隆升最早年龄为316~325Ma，最晚隆升年龄为9~24Ma，分别对应石炭纪和新近纪，但大部分年龄数据均可达100Ma以上，且部分北天山隆升时间早于中天山；准南中段山体隆升最早年龄为254Ma，最晚隆升年龄为10~12Ma，分别对应二叠纪和新近纪，但整体年龄数据较为分散，北天山部分隆升时间最早128Ma，最晚隆升年龄36Ma，中天山部分隆升时间最早254Ma，最晚隆升年龄12Ma，且中段东西向延伸较长，山体的构造隆升易受到地质活动影响；而准南东段博格达山体隆升最早年龄为78~87Ma，隆升较慢，最晚年龄为12~24Ma，且处于快速隆升阶段，分别对应晚白垩世和新近纪，年龄数据多小于80Ma，整体隆升时间较晚（图3-3）（李忠，2012；高志勇，2016；刘松柏，2019）。由此可见，整体上准南山体隆升顺序自西向东依次变晚，即准南西段山体主体隆起时间在晚三叠世—早侏罗世，中段山体主体隆起时间为晚侏罗世—早白垩世及晚白垩世—始新世，而东段山体主体隆起时间主要在晚侏罗世及中新世。

2. 准南东北部山体隆升时限特征

准南东北部克拉美丽山经历了多期次构造抬升作用，克拉美丽洋在早石炭世（距今325Ma）关闭，形成陆陆碰撞，克拉美丽山南侧隆起；在二叠世—晚三叠世（距今254~180Ma），克拉美丽山持续隆升并遭受剥蚀；自晚侏罗世（距今90Ma）以来受燕山晚期构造运动的影响，克拉美丽山进一步抬升形成现今的山脉。此外，克拉美丽山分为东西两段，晚三叠世的构造活动集中在克拉美丽山西段，晚侏罗世东、西两段同时活动，且最后一期活动也发生在克拉美丽山西段（宋继叶，2019）。

3. 准南西北部山体隆升时限特征

准噶尔盆地南缘西北部扎伊尔山和车排子凸起山体的起伏变化，均受控于西伯利亚板块、塔里木板块和哈萨克斯坦板块的强烈挤压作用（胡秋媛，2016）。扎伊尔山形成于早石炭世末期（300Ma），准噶尔地体与哈萨克斯坦板块发生碰撞，扎伊尔地区开始隆升成山，并在晚石炭世（260Ma）强烈隆升而向准噶尔盆地发生逆冲。晚二叠世（220Ma）后，准噶尔盆地南缘西北部造山作用逐渐减弱，扎伊尔山隆升活动也随之趋于平稳（吴孔友，2005）。车排子地区隆升开始于晚石炭世至三叠世（160~250Ma之间），由于准噶尔盆地南缘北天山—准噶尔洋的闭合使北天山向北东推覆，受扎伊尔山与北天山的共同夹持，车排子地区发生自西向东的“构造逃逸挤压”。至中侏罗世（105Ma），受燕山运动中期的影响，车排子凸起及其邻区均进入压扭应力场环境，压扭应力场环境控制车排子凸起不断隆升，在压扭活动中，车排子地区“屈服”于前期的基底凸起，以其为“砥柱”继承性隆升发育，且车—莫古隆起在中晚侏罗世（80Ma）强烈隆升。白垩纪—古近纪（12~80Ma），受燕山运动晚期的影响，车排子凸起发生NNE向的局部伸展掀斜而逐渐被埋藏（纪友亮，2010；胡秋媛，2016）。

二、准噶尔盆地南缘下组合砂岩碎屑组分特征

砂岩中的主要碎屑成分石英、长石、岩屑在恢复物源区的研究中具有重要的意义，这些组分主要来自于物源区，其成分与含量不仅可以指示母岩性质，还可以表示物源的远近（闫占冬，2017）。准南下组合砂岩碎屑矿物组分分析主要采用显微镜分析统计法，对砂岩样品中的单晶石英颗粒Q、单晶长石颗粒F、岩屑颗粒R、总石英颗粒Q_t（包括单晶石英颗粒和多晶石英碎屑）及不稳定岩屑颗粒L的各相对含量进行统计计算，整体反应物源区沉积环境。一般来说，成分成熟度越高的砂岩（石英及硅质岩屑量达90%以上者），表明搬运距离越远、不稳定组分越少，近物源碎屑岩中长石和岩屑含量相对较多，石英含量则相对较少（闫占冬，2017）。

对整个准南下组合砂岩碎屑矿物组分样品投点综合分析（图3-4），结果显示：砂岩类型主要以长石岩屑砂岩、长石质岩屑砂岩和岩屑砂岩为主，含少量岩屑长石砂岩［图3-4（a）］，岩屑成分含量高，砂岩成分成熟度较低。此外，砂岩Dickinson Q_t-F-L判别图解［图3-4（b）~（c）］（Dickinson W R，1985）显示准南的样品点以落入再循环造山带物源区为主，部分样品点位于火山弧物源区和陆块物源区。

1. 准噶尔盆地南缘西段下组合砂岩碎屑组分特征

通过对准南西段下组合21口取心井的岩石薄片数据统计分析［图3-5（a），表3-2］，结果表明：砂岩类型主要以长石岩屑砂岩、长石质岩屑砂岩和岩屑砂岩为主［图3-5（a）］，岩屑含量相对较高，成分成熟度低，且平均为0.27~0.58，整体反映相对近物源的沉积环境。相比而言，西山窑组成熟度最高，而清水河组成熟度最低（表3-2）。此外，砂岩Dickinson Q_t-F-L判别图解（Dickinson W R，1985）及Q_m-F-L_t及Q_p-L_{vm}-L_{sm}物源判别三角图显示，准南西段的四棵树—乌苏剖面、安集海剖面的大部分样

品点均落入再循环造山带物源区，但仍有部分样品位于火山弧物源区和大陆块物源区［图3-4（b），图3-6］。由此可见，准南西段下组合各组地层沉积期源区母岩成因较为多样，但仍以再循环的沉积岩物源为主。

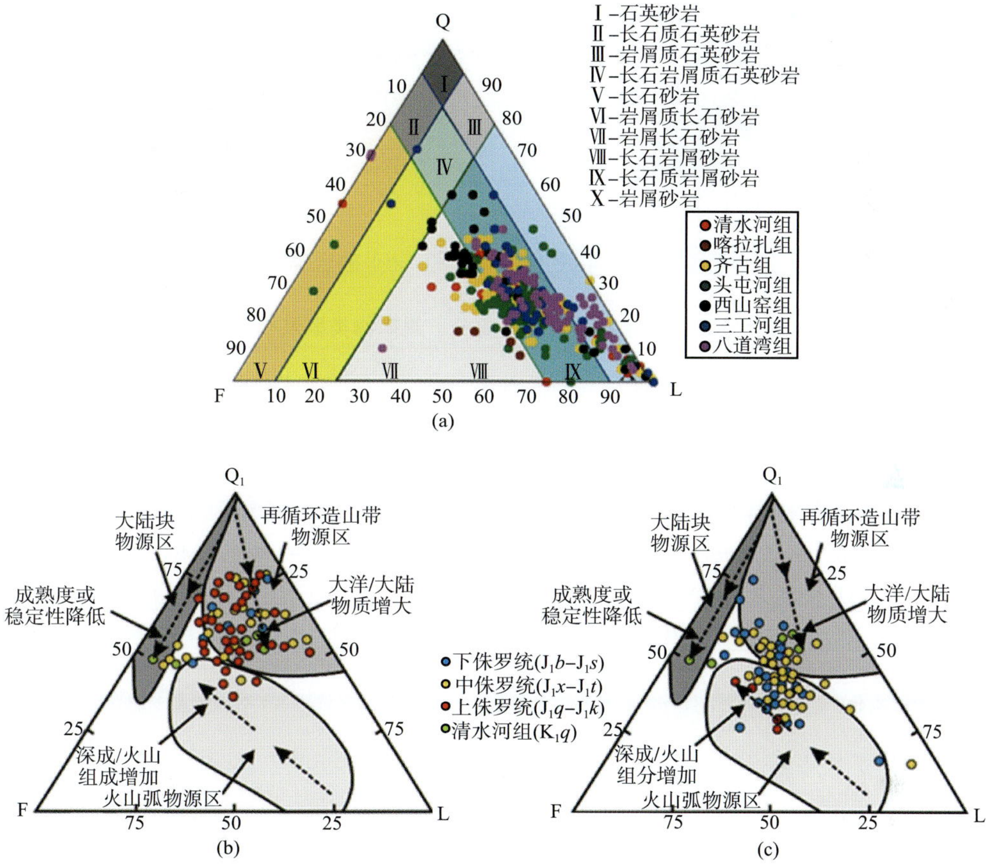

图3-4 准南下组合砂岩成分三角图（a）及伊山北缘（b）和博格达山北缘（c）砂岩 Dickinson 判别图解

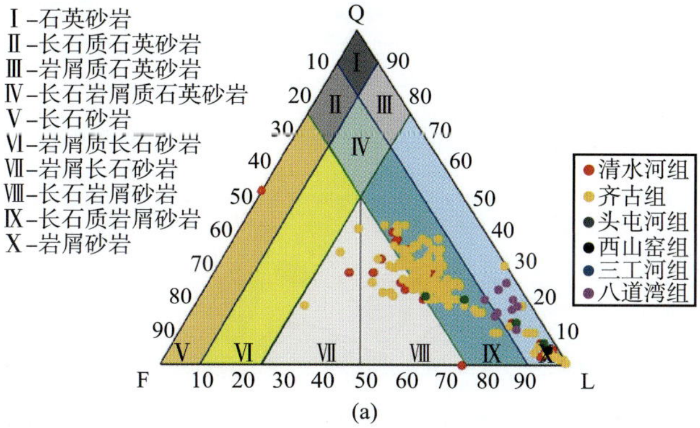

图3-5 准南下组合西段（a）、中段（b）、东段（c）砂岩碎屑组分三角图解

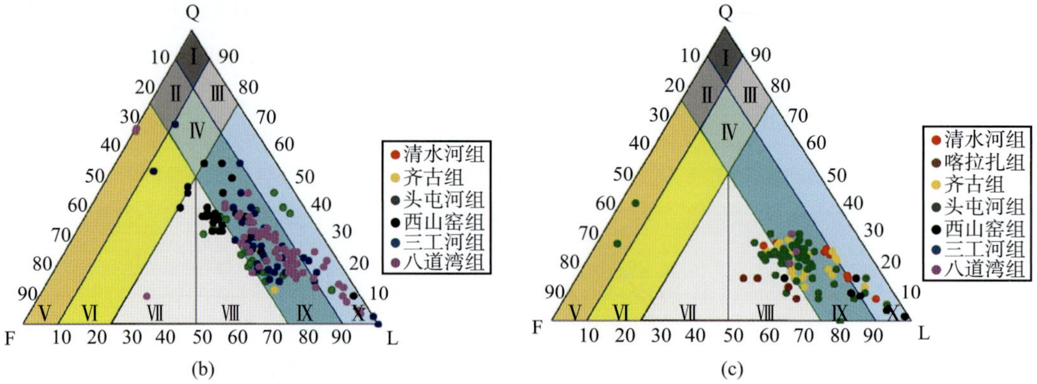

图 3-5　准南下组合西段（a）、中段（b）、东段（c）砂岩碎屑组分三角图解（续）

表 3-2　准南西段下组合储层砂岩碎屑成分、重矿物类型及相关分析参数特征

层位	石英	长石	岩屑	成分成熟度	稳定重矿物类	不稳定重矿物类	重矿物稳定系数	ZTR 指数/%
清水河组	21	17	62	0~0.67（0.27）	石榴石、锆石、电气石、金红石、白钛石、尖晶石、锐钛矿、磁铁矿、钛铁矿、铬铁矿、榍石	阳起石、磷灰石、重晶石、绿帘石、黑云母、角闪石	1~43.2（12.8）	0~86.3（36.4）
齐古组	24	19	57	0.01~0.72（0.33）			0.75~504（48.2）	0~72（28.2）
头屯河组	21	21	58	0~0.82（0.29）48			0.1~903（193）	0~85.5（56.3）
西山窑组	35	20	46	0.02~1.22（0.58）			93.5~954（549.1）	43.4~84.9（57.6）
三工河组	28	17	55	0~2.18（0.45）			54.4~960（434.6）	29.5~87.5（63.1）
八道湾组	23	14	62	0.04~2.02（0.34）			4.2~510.3（125.1）	25~94.1（54.6）

注：成分成熟度 = 石英相对含量 /（长石相对含量 + 岩屑相对含量）；重矿物稳定系数 = 各稳定重矿物之和 / 各不稳定重矿物含量之和；ZTR 指数 =（锆石含量 + 金红石含量 + 电气石含量）/ 透明重矿物总含量 ×100%，相关计算公式据朱筱敏，2008。

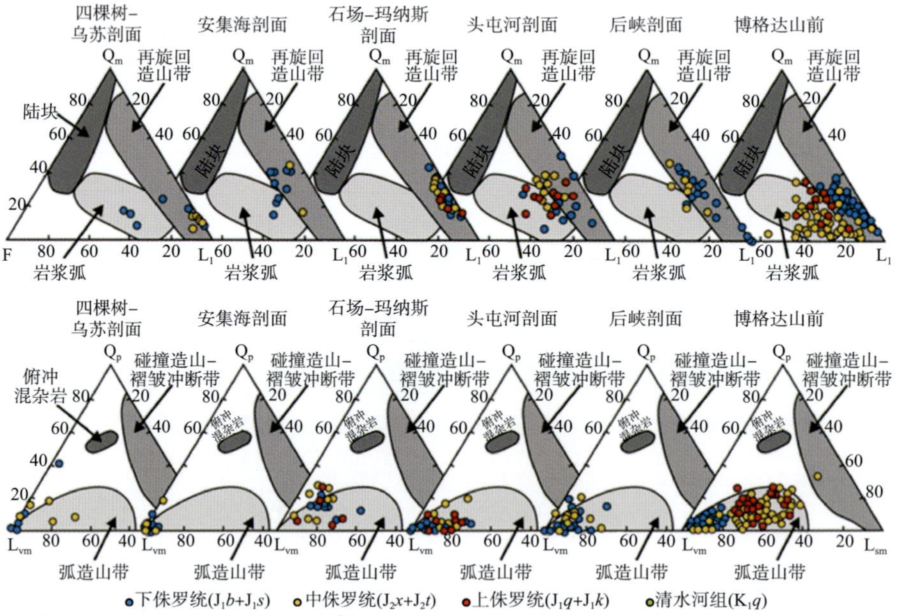

图 3-6　准噶尔盆地南缘各剖面下组合 Q_m–F–L_t 及 Q_p–L_{vm}–L_{sm} 物源判别三角图

2. 准噶尔盆地南缘中段下组合砂岩碎屑组分特征

通过对准南中段下组合25口取心井的岩石薄片数据统计分析［图3–5（b），表3–3］，结果表明：准南中段砂岩类型主要以长石岩屑砂岩、长石质岩屑砂岩和岩屑砂岩为主，并含有少量岩屑质长石砂岩［图3–5（b）］，岩屑含量相对较高，除西山窑组外，其余地层成分成熟度均较低，齐古组成熟度最低（表3–3），且平均为0.19~0.68，整体反映相对近物源的沉积环境。此外，砂岩Dickinson Q_t–F–L判别图解（Dickinson W R，1985）及Q_m–F–L_t和Q_p–L_{vm}–L_{sm}物源判别三角图显示，准南中段的石场—玛纳斯剖面、头屯河剖面及后峡剖面的大部分样品点均落入再循环造山带物源区，少部分样品位于火山弧物源区［图3–4（b），图3–6］。由此可见，准南中段下组合各组地层沉积期源区母岩也以再循环的沉积岩物源为主。

表3–3 准南中段下组合储层砂岩碎屑成分、重矿物类型及相关分析参数特征

层位	石英	长石	岩屑	成分成熟度	稳定重矿物类	不稳定重矿物类	重矿物稳定系数	ZTR指数/%
齐古组	16	21	64	0.14~0.25（0.19）	石榴石、锆石、电气石、金红石、白钛石、尖晶石、锐钛矿、磁铁矿、钛铁矿、铬铁矿、榍石	阳起石、磷灰石、重晶石、绿帘石、黑云母、角闪石	0.8~1.2（1）	8.9~16.5（12.7）
头屯河组	27	20	53	0.14~0.82（0.38）			0.1~105（23.5）	0~89.2（39.7）
西山窑组	39	21	39	0.11~1.22（0.68）			1.9~989（248.6）	44.4~98.9（86.9）
三工河组	28	17	55	0~2.18（0.45）			1.9~992（156.3）	9.8~90.8（57）
八道湾组	24	15	61	0.04~2.02（0.36）			0.1~122（16.1）	3.6~80（37）

3. 准噶尔盆地南缘东段下组合砂岩碎屑组分特征

通过对准南东段下组合侏罗系—白垩系15口取心井及3条野外露头剖面的砂岩样品薄片统计分析结果表明：砂岩类型主要为长石质岩屑砂岩、长石岩屑砂岩和岩屑砂岩［图3–4（c）］。砂岩以富岩屑为主要特征，岩屑含量最大可达80%，而石英和长石含量相对偏低，因此成分成熟度较低，成分成熟度指数为0.1~0.33（表3–4）。但相比而言八道湾组砂岩成分成熟度最高，而西山窑组砂岩成分成熟度最低（表3–4）。上述砂岩整体较低的成分成熟度反映了南缘东段侏罗系—白垩系沉积期距物源区较近的特点。此外，侏罗系—白垩系砂岩Dickinson Q_t–F–L判别图解（Dickinson W R，1985）及博格达山前的Q_m–F–L_t、Q_p–L_{vm}–L_{sm}物源判别三角图显示，侏罗系—白垩系砂岩沉积物源区以火山弧和再循环造山带为特征，并且落入火山弧物源区和再循环造山带物源区的样品点所占比重相当，仅有极少数样品点落入大陆块物源区［图3–4（c），图3–6］。由此可见，准南东段侏罗系—白垩系各组地层沉积期物源区较为复杂。

表 3–4 准噶尔盆地南缘东段侏罗 – 白垩系储层骨架碎屑成分、重矿物类型及相关分析参数特征

层位	石英	长石	岩屑	成分成熟度	稳定重矿物类	不稳定重矿物类	重矿物稳定系数	ZTR 指数%
清水河组	21	13	66	0.09~0.37（0.27）	石榴石、锆石、电气石、金红石、白钛石、尖晶石、锐钛矿、磁铁矿、钛铁矿、铬铁矿、榍石	阳起石、磷灰石、重晶石、绿帘石、黑云母、角闪石	0.3~55.1（15.2）	0~56.9（29.5）
齐古组	21	20	59	0.14~0.39（0.26）			0.04~32.2（1.9）	0~56.3（6.6）
头屯河组	21	22	57	0~0.68（0.27）			0.02~906（54.4）	0~88（29.3）
西山窑组	9	11	80	0.02~0.18（0.1）			0.8~6（3）	21.7~59.6（37）
三工河组	—	—	—	—			4~328.3（91.6）	30.3~74.7（44.8）
八道湾组	25	21	54	0.25~0.43（0.33）			0.1~985（141.5）	1.4~88（48.5）

三、准南下组合砾岩砾石成分特征

砾岩是临近物源区及其母岩性质的直观记录，其中砾岩砾石成分差异及其变化特征可反映不同基岩性质的山体可能发生的剥蚀和隆升过程（方世虎，2007；万延周，2009；许建政，2020）。另外，砾岩属于近源沉积，一般搬运距离较短，所以其成分上受外界影响较少，可很好地反映源岩性质，能够为分析沉积区的物源情况和古地理格局提供必要的信息（崔明明，2019）。准南下组合砾岩的砾石成分主要包括石英（脉石英、石英岩等）、砂岩、花岗岩类、变质岩、泥岩等。

1. 准南西段下组合砾岩砾石成分特征

通过对准南西段野外剖面和钻井砾岩砾石成分统计分析表明（表3–5）：准南西段下组合侏罗系—白垩系砾岩砾石成分整体以沉积岩系砾石为主，即包含泥岩、粉砂岩、中细砂岩、凝灰岩砾石，其平均含量至少占总体50%以上，最大可达90%以上，并以凝灰岩成分砾石为主（图3–7）。相比而言，结晶变质岩系砾石含量较少，但含量波动较大。上述现象说明准南西段下组合沉积岩物源区已构成物源的主体，其与由砂岩Dickinson源区判别图解所揭示的特征一致。值得注意的是，凝灰岩地层主要发育于石炭纪内，因此砾岩中凝灰岩砾石含量的高低可从侧面反映早期石炭纪地层被抬升剥蚀的剧烈程度，凝灰岩砾石含量越高则构造作用造成的石炭纪隆升剥蚀程度越大。此外，结晶变质岩系砾石成分含量的高低可从侧面反映“老山”，特别是早古生代发育的岩浆岩及与构造有关的变质岩（如糜棱岩、脉石英等）山体，即盆地南缘中天山和西北缘扎伊尔山供源强度的大小。

表 3-5　准噶尔盆地南缘西段下组合各地层砾岩砾石各成分平均含量

层位	泥岩	粉砂岩	中细砂岩	凝灰岩	正长岩	钾长花岗岩	花岗糜棱岩	玄武安山岩	英安斑岩	长石石英岩	白云母石英片岩	脉石英
清水河组	1.67	—	4.5	77.44	1.24	10.31	0.67	0.67	—	1.44	—	2.06
齐古组	7.63	1.13	—	63.5	3.25	6.72	4.13	3.88	7.88	—	0.38	1.5
头屯河组	—	—	—	57.62	—	—	32.28	2.5	5.04	1.73	—	0.83
西山窑组	8.25	2	1	52.34	—	2	22.01	11.4	—	—	—	1
三工河组	—	—	—	—	—	—	—	—	—	—	—	—
八道湾组	28	15	6	21.5	—	—	11	—	10	—	—	8.5

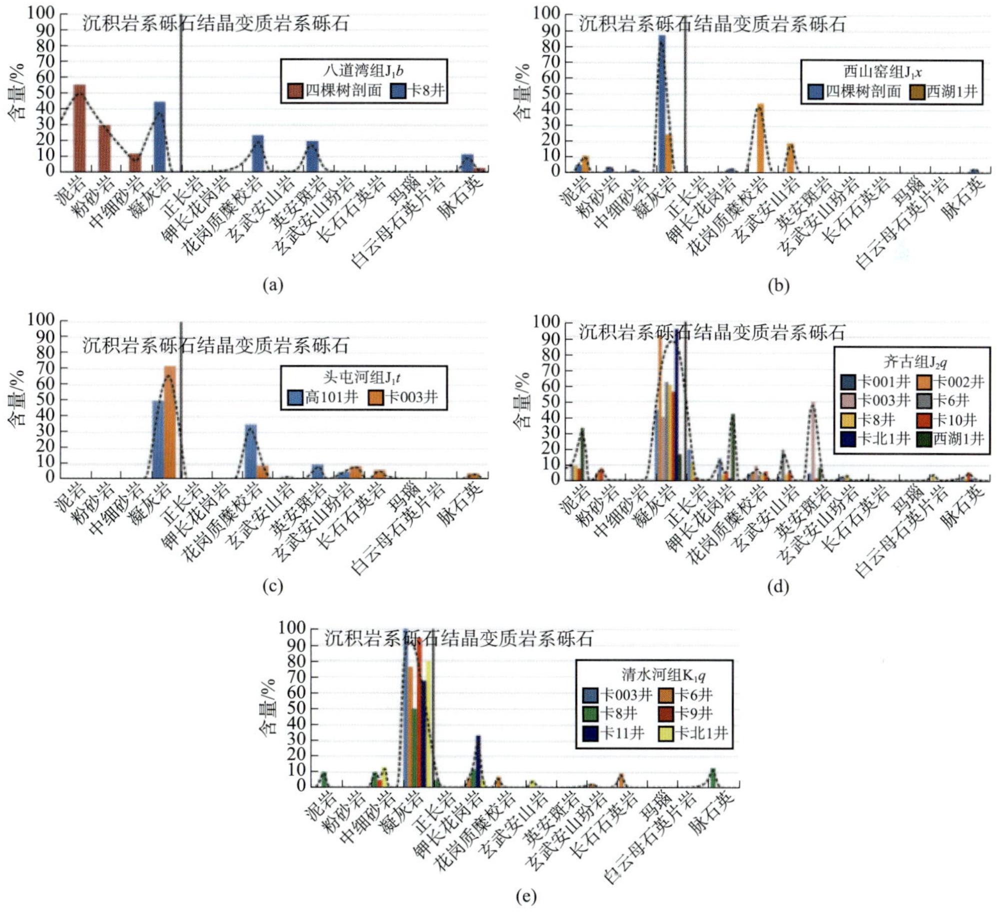

图 3-7　准噶尔盆地南缘西段下组合侏罗系—白垩系各地层砾岩砾石成分特征

2. 准南中段下组合砾岩砾石成分特征

通过对准南中段野外剖面和钻井砾岩砾石成分统计分析表明（表3-6，图3-8）：准南中段下组合侏罗系—白垩系砾岩砾石成分整体以沉积岩系砾石为主，即包含泥岩、粉砂岩、中细砂岩、凝灰岩砾石，其平均含量至少占50%以上，并以砂岩、凝灰岩成分砾石为主，泥岩含量也较高。由图3-8可见，准南中段下侏罗统及中侏罗统凝灰岩含量逐渐降低，喀拉扎组地层凝灰岩成分砾石含量迅速提高，甚至可达80%，反映石炭纪沉积地层的急剧抬升，使得其遭受剥蚀并供源。相比而言，结晶变质岩系砾石含量最少，且变化起伏较大。与准南中段上、下侏罗统地层相比，中侏罗统地层脉石英含量高，但花岗糜棱岩含量却有所减少。上述现象说明准南中段下组合仍以沉积岩物源区构成物源的主体，盆地南缘周围“老山”供源强度仍存在差异。

表 3-6　准噶尔盆地南缘中段下组合各地层砾岩砾石各成分平均含量

层位	泥岩	粉砂岩	中细砂岩	凝灰岩	正长岩	钾长花岗岩	花岗糜棱岩	玄武安山岩	英安斑岩	长石石英岩	白云母石英片岩	脉石英	玛瑙
喀拉扎组	10.5	18.5	21.17	30.5	—	4.66	4.5	5.33	—	—	1.67	3.17	—
头屯河组	9.67	40.34	6.84	11.81	—	5	4.67	2.5	—	—	—	16.17	3
西山窑组	2.69	19.5	7.625	22.5	0.56	1.56	22.5	4.25	1.75	3.375	1.5	11.19	1
三工河组	—	—	17	32	—	—	—	—	6	32	—	13	—
八道湾组	3	31	10	39	—	1	—	7	—	—	—	3	6

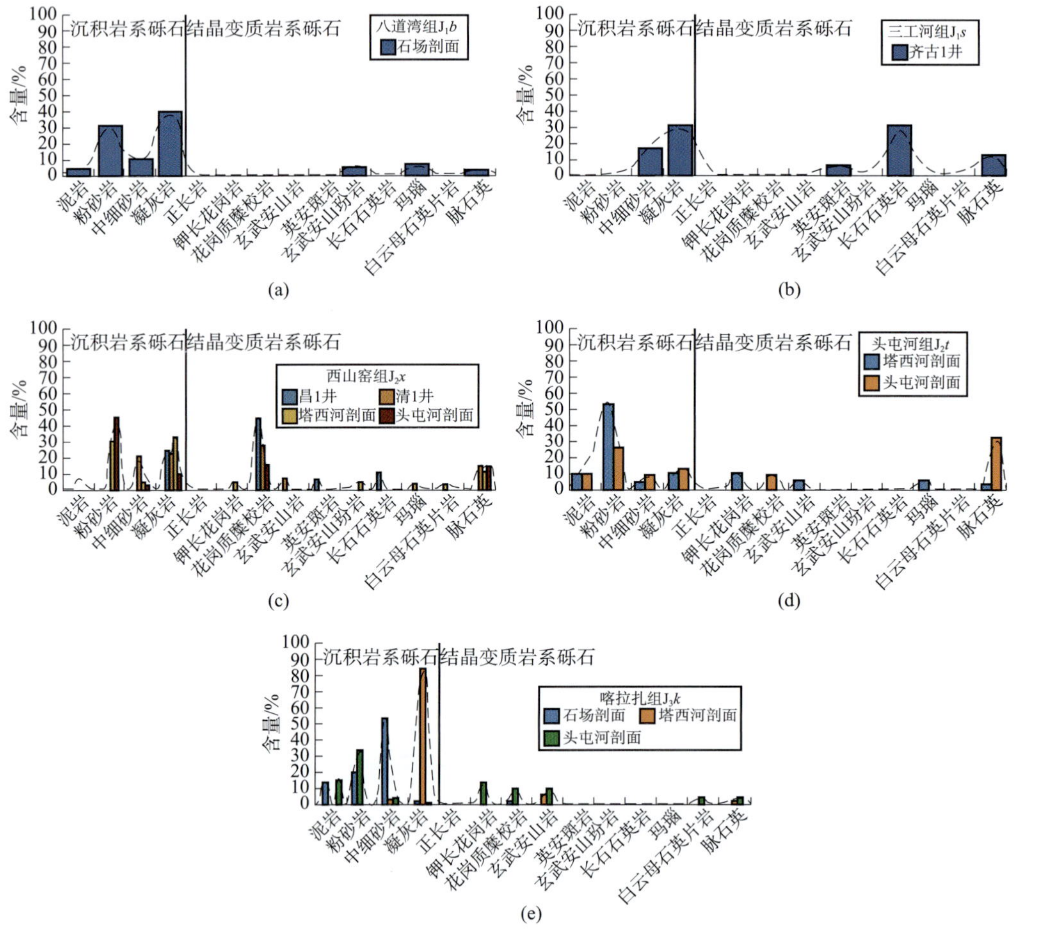

图 3-8　准噶尔盆地南缘中段下组合侏罗系—白垩系各地层砾岩砾石成分特征

3. 准南东段下组合砾岩砾石成分特征

通过对准南东段野外剖面及钻井砾岩砾石成分统计结果表明：八道湾组、西山窑组和头屯河组砾岩砾石成分均以沉积岩系砾石为主（包括泥岩、粉砂岩、砂岩及凝灰岩），且沉积岩系砾石平均含量占60%以上（表3–7，图3–9），但相比而言结晶变质岩系成分砾石含量较少。上述现象说明准南东段在早中侏罗世主要受控于沉积岩为母岩类型的物源区。由图3–9可见，准南东段八道湾组凝灰岩砾石含量低，中侏罗统凝灰岩砾石含量显著升高后降低，反映中侏罗世早期石炭纪沉积地层存在一次抬升，使得其遭受剥蚀供源。另外，准南东段下侏罗统结晶变质岩系成分砾石含量最高，而中侏罗统结晶变质岩系砾石含量逐渐降低，可反映中侏罗世天山及克拉美丽山对准南东段供源能力有所减弱。

表3–7 准噶尔盆地南缘东段侏罗系—白垩系各地层砾岩砾石各成分平均含量

层位	泥岩	粉砂岩	中细砂岩	凝灰岩	钾长花岗岩	花岗糜棱岩	玄武安山岩	英安斑岩	脉石英
头屯河组	56.5	31	3.5	—	—	2.5	2	2.5	2
西山窑组	1.78	12.945	20.8	53.81	2	1	1	5.74	0.925
八道湾组	11	34	11	—	6	6	11	4	17

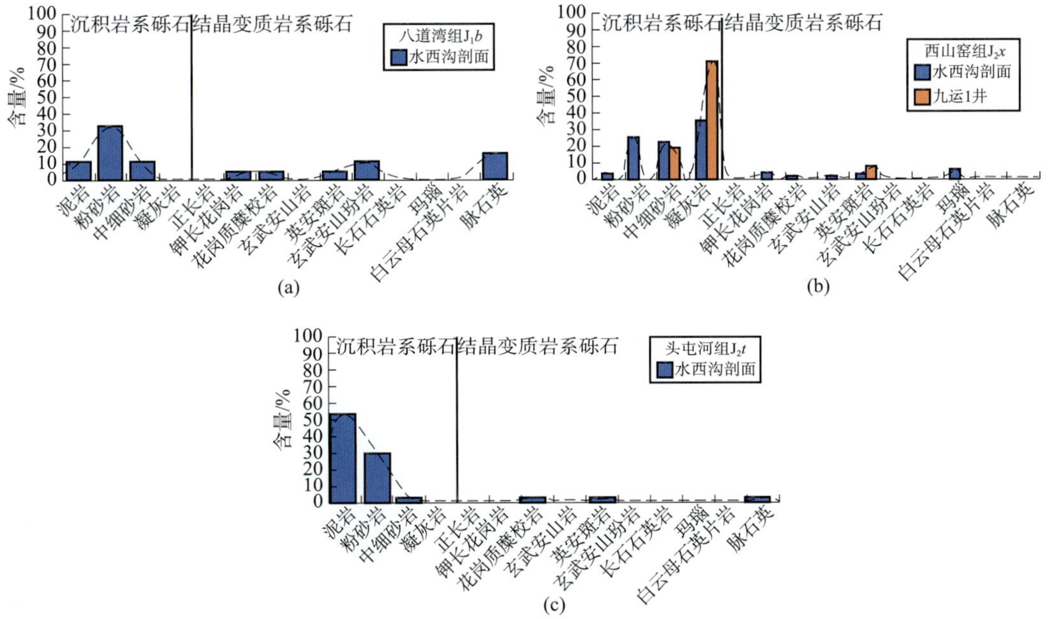

图3–9 准噶尔盆地南缘东段侏罗系—白垩系部分地层砾岩砾石成分特征

四、准南下组合重矿物类型及组合特征

重矿物是母岩经长期风化剥蚀，被河流、波浪等水动力搬运分选后沉积下来的相对密度大于2.86的矿物，地层中重矿物组合和含量可与特定的物源、沉积环境和古气候条件相联系（吴孔友，2005；曹全斌，2010；胡鹏，2017）。根据重矿物组合以及重量百分比含量，可以探讨沉积物形成的古气候条件和沉积物来源，一般来说，不同的

物源体系形成的沉积物中重矿物种类、含量均有较大的差异，通过重矿物组合的特征可以大致推断母岩的类型（吴孔友，2005；胡鹏，2017；周天琪，2019）。准南下组合内部共可识别出20余种重矿物，但需要注意的是岩心观察可见黄铁矿常与碳酸盐胶结物伴生，且晶体形态规则、颗粒较大，而赤/褐铁矿多呈四方体或八面体粒状，并残存黄铁矿或磁铁矿氧化假象，因此，这两类重矿物为自生成因，不能反映物源条件。排除上述两类重矿物，按稳定性差异可进一步划分为稳定重矿物和不稳定重矿物两大类。并且，随着沉积物搬运距离的增加，不稳定重矿物相对含量逐渐减小，稳定重矿物相对含量逐渐增加，若沉积物中不稳定重矿物突然出现或含量增多，则反映该沉积近物源快速堆积的特征，可能与构造活跃期相对应（王明磊，2009；付玲，2013；李严，2020）。

1. 重矿物聚类分析方法

针对准噶尔盆地南缘下组合侏罗系—白垩系储层内大量样品、类型众多且含量差异较大的重矿物鉴定数据，本次研究重点采用聚类分析的方法确定储层内多种重矿物间的组合关系，划分组合类别。聚类分析又称簇分析或群分析，是按照样本或变量之间相似程度或亲疏关系而进行的一种多元统计数学分类方法。其基本思想是将每个样品或变量视为多维空间中矢量的一个端点，经过某种运算，求出各样本或变量之间的相似性统计量，构成一个对称的相似矩阵。以此矩阵为基础，进一步确定各样本、变量之间和样本群之间的相似程度，然后按相似程度的大小，逐一把样本归类成群，并把结果以二维谱系图表示出来。聚类分析方法按样品（或变量）的数据特征把相似的样品（或变量）倾向于分在同一类中，把不相似的样品（或变量）倾向于分在不同类中。根据分类对象的不同，聚类分析可分为R型和Q型两种聚类方法，其中R型聚类分析是研究变量之间的相关关系，即把同一样品中的不同变量进行比较，以确定不同变量间的亲疏关系，进而对变量进行分类。Q型聚类分析是按一批研究对象在性质上的亲疏关系进行分类的一种多元统计分析方法。它能根据样品的许多观测指标（自变量参数）和具体计算样品之间的相似程度，把相似的样品归为一类，同时依据关系密切程度的大小形成一个由大到小的分级分类系统（武法东，1996；杨勇强，2012；胡鹏，2017）。

据此，将准南下组合各组地层作为独立样本，而以其内部发育的不同重矿物及含量作为变量，通过R型聚类方法组合各重矿物类别，进而分析各组沉积期母岩性质。通过Q型聚类方法将不同井同一地层作为独立样本，通过聚类对比各独立样本内部变量，即重矿物类别及含量相关性，分析各井间的物源亲疏关系，判断同一地层各井间物源体系的相关性。

2. 准南下组合重矿物 R 型聚类特征

准南下组合陆源重矿物R型聚类树谱图显示（图3-10~图3-12），当距离系数约22时，各组地层重矿物组合可区分为4大类母岩类型，即：沉积岩类（包含火山碎屑岩及凝灰岩)，以重晶石+绿泥石+榍石+电气石+磷灰石等为主的重矿物组合；变质岩类，以石榴石+绿帘石+磁铁矿+十字石等为主的重矿物组合；中酸性岩浆岩类，以锆石+电气石+磷灰石+黑云母+白钛石+锐钛矿等为主的重矿物组合；基性岩浆岩类，以(钛)磁铁矿+铬铁矿+钛铁矿等为主重矿物组合。由此可见，准南下组合源区母岩性质与南缘潜在的物源区山体基岩岩性具有较好的可对比性(表3-8)。

表 3-8 准噶尔盆地南缘下组合储层重矿物组合特征及潜在源区

序号	重矿物组合	母岩类型	潜在物源区	母岩岩性
1	重晶石、绿泥石、榍石、电气石、磷灰石、锆石、尖晶石、白钛石	沉积岩(火山碎屑岩)	天山、克拉美丽山、博格达山	北天山：火山碎屑岩、凝灰岩、局部沉积岩 克拉美丽山：火山碎屑岩 博格达山：火山碎屑岩、凝灰岩
2	石榴石、绿帘石、磁铁矿、十字石、钛铁矿、电气石、白钛石、榍石、锆石	变质岩	中天山	花岗岩演变的变质岩、花岗糜棱岩、花岗片麻岩等中高级变质岩、前寒武变质岩
3	锆石、电气石、磷灰石、黑云母、白钛石、锐钛矿、白钛石、尖晶石、钛铁矿	中酸性岩浆岩	中天山、扎伊尔山、克拉美丽山	中天山：后碰撞A型花岗岩、早古生代花岗岩 扎伊尔山：花岗岩、钾长花岗岩、碱性花岗岩、正长斑岩 克拉美丽山：英安岩
4	磁铁矿、钛铁矿、铬铁矿、钛磁铁矿、白钛石	基性岩浆岩	中天山、扎伊尔山、博格达山	中天山：基性侵入岩、超基性岩、蛇绿岩 扎伊尔山：玄武岩、蛇绿岩、辉长岩 博格达山：玄武岩、安山质玄武岩

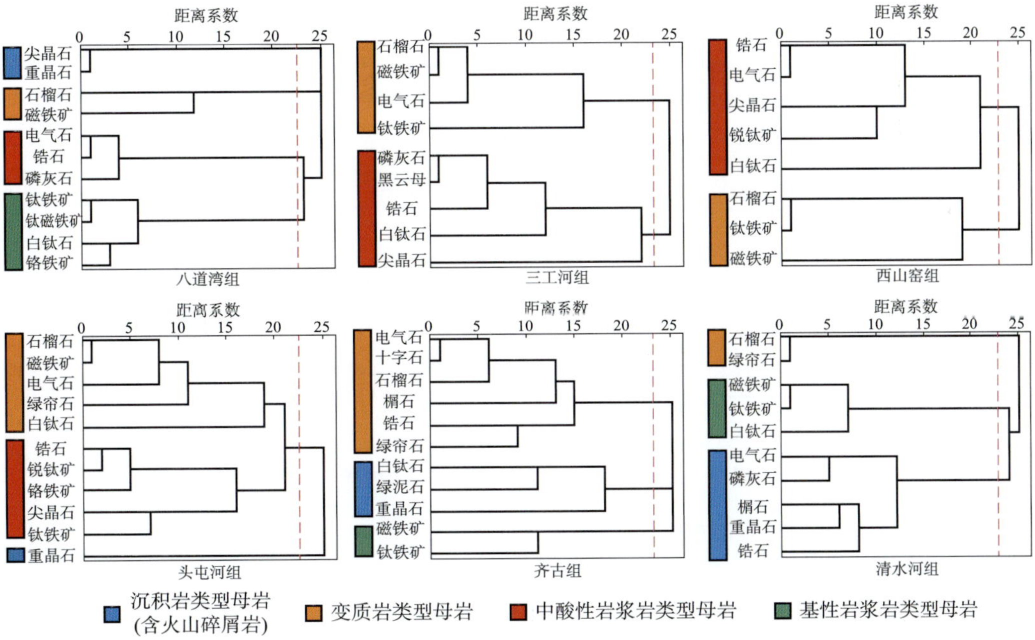

图 3-10 准南西段下组合各组地层各类型重矿物含量 R 型聚类图

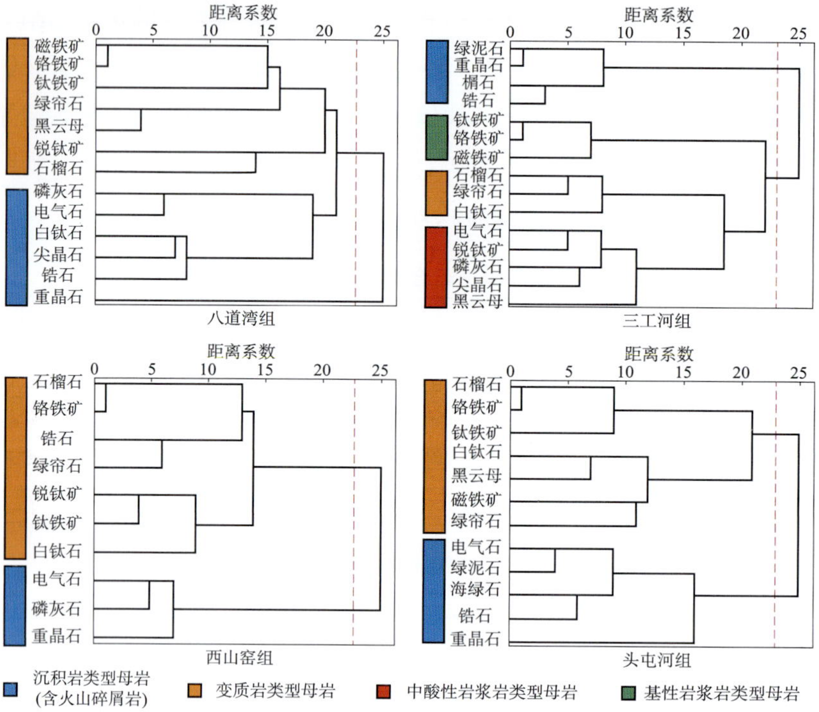

图 3-11　准南中段下组合各组地层各类型重矿物含量 R 型聚类图

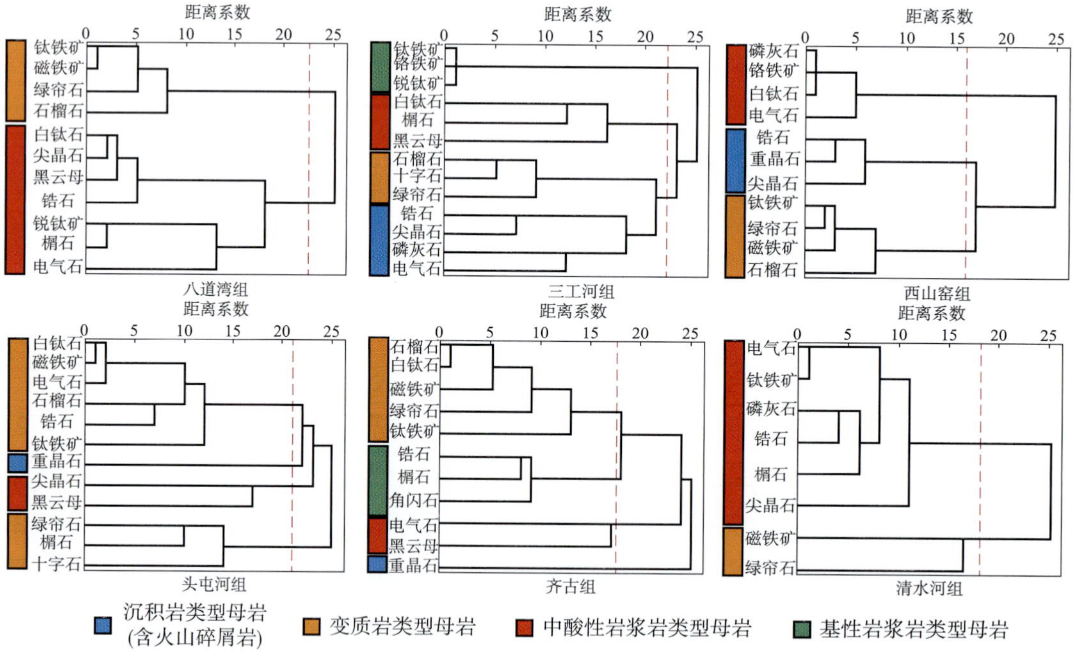

图 3-12　准南东段下组合各组地层各类型重矿物含量 R 型聚类图

1）准南西段下组合R型聚类分析

通过分别对准南西段21口井、3个野外剖面共计215个下组合各组地层样品发育的陆源重矿物类型及含量进行R型聚类分析，显示了准南西段侏罗系—白垩系沉积期源区母岩性质以沉积岩、变质岩及中酸性岩浆岩为主（图3-10），三工河组沉积期至头屯河组沉积期，准南西段物源区母岩岩性以变质岩和中酸性岩浆岩为主；齐古组沉积期至清水河组沉积期，源区母岩岩性以沉积岩、变质岩和基性岩浆岩为主。上述R型聚类分析所反映的源区母岩岩性与准南西段南部的北天山和中天山及西北部的扎伊尔山母岩类型具有较好可对比性（表3-8）。此外，沉积岩类母岩重矿物组合的出现反映下组合沉积期下伏沉积岩系地层的抬升剥蚀，构造造山运动较为活跃。

2）准南中段下组合R型聚类分析

通过对准南中段侏罗系—白垩系各组地层样品发育的陆源重矿物类型及含量进行R型聚类分析，得到各组地层重矿物树型聚类图谱。由图可见，准南中段早中侏罗世源区母岩性质以沉积岩、变质岩为主（图3-11），八道湾组沉积期准南中段物源区主要以变质岩和沉积岩类型母岩为主；三工河组沉积期源区母岩岩性较为复杂，中侏罗世源区母岩性质又以变质岩和沉积岩为主，推测早侏罗世至中侏罗世准南中段物源区受到南缘山体构造运动的影响，导致地层的抬升剥蚀，进而对供给的物源碎屑的岩性产生影响。上述源区母岩性质与准南南部的天山母岩类型形成较好的对应关系（表3-8）。

3）准南东段下组合R型聚类分析

通过分别对准南东段15口井、3条野外剖面共计320个侏罗系—白垩系各组地层样品发育的陆源重矿物类型及含量进行R型聚类分析，得到各组地层重矿物树型聚类图谱（图3-12）。由图可见，准南东段八道湾组沉积期源区母岩性质以中酸性岩浆岩和变质岩为主；而三工河组沉积期至齐古组沉积期，源区母岩类型多样，反映了从早侏罗世晚期至晚侏罗世准南东段物源区母岩岩性发生变化，发生这一变化与准南东北部克拉美丽山和准南东段博格达山的隆升具有直接联系（表3-8）。

3. 准南下组合重矿物Q型聚类特征

为进一步分析准南下组合不同组地层在区域上的潜在物源分区，在研究中首先利用不同井同一层位的全部样品各重矿物含量的算数平均值代表该层位重矿物组合类型和比重分配模式，绝大多数代表值的求取均有10个以上样品点数据控制，基本可反映其整体特征和各井间的变化趋势。在此定性对比的基础上，再通过Q型聚类方法对不同井同一层位重矿物类型及含量亲疏关系进行判断，确定区域可能的潜在物源分区。

1）准南西段下组合Q型聚类分析

由图3-13~图3-18可见，当距离系数为17时，下组合沉积期可能存在过三支物源体系，同时区域内可出现混源特征。其中北部地区以艾2井和四参1井为代表，在各组地层沉积期均处于同一潜在物源体系，而南部地区则以四棵树剖面及高101井区域和乌苏剖面区域为界可区分出两支潜在物源体系。相比而言，中部地区尽管缺少井资料，但推测可能为多支物源体系的混源区。值得注意的是，从八道湾组各井Q型聚类分析结果可见，乌苏剖面和卡8井位置可能处于同一潜在物源区，即卡8井与其距离更近的四参1井和艾2井重矿物组合反而存在更大差异，而在齐古组和清水河组沉积期整个北部地区均受控于同一潜在物源体系。上述现象除反映混源特征以外，还可从侧面反映下组合侏罗系—白垩系沉积期北部和南部物源体系可能存在此消彼长的关系。

2）准南中段下组合Q型聚类分析

利用Q型聚类方法对准南中段不同井同一层位重矿物类型及含量的亲疏关系进行判别，从而确定准南中段可能的潜在物源分区。由图3-13~图3-18可见，准南中段八道湾组沉积期准南中段以石场剖面、齐8井和小3、玛纳斯河剖面等区分出三个潜在物源区。三工河组沉积期准南中段受单一物源控制，西山窑组沉积期以齐8井和头屯河剖面、塔西河剖面区分一个物源区，清1井受控于另一物源；而头屯河组沉积期齐8井与清1井受控于同一物源体系。值得注意的是，准南中段所获样品点均集中于齐古断褶带内，靠近天山北缘，因此，结合砾岩砾石成分分析及前述R型聚类分析可知南部天山山体为准南中段潜在物源区。

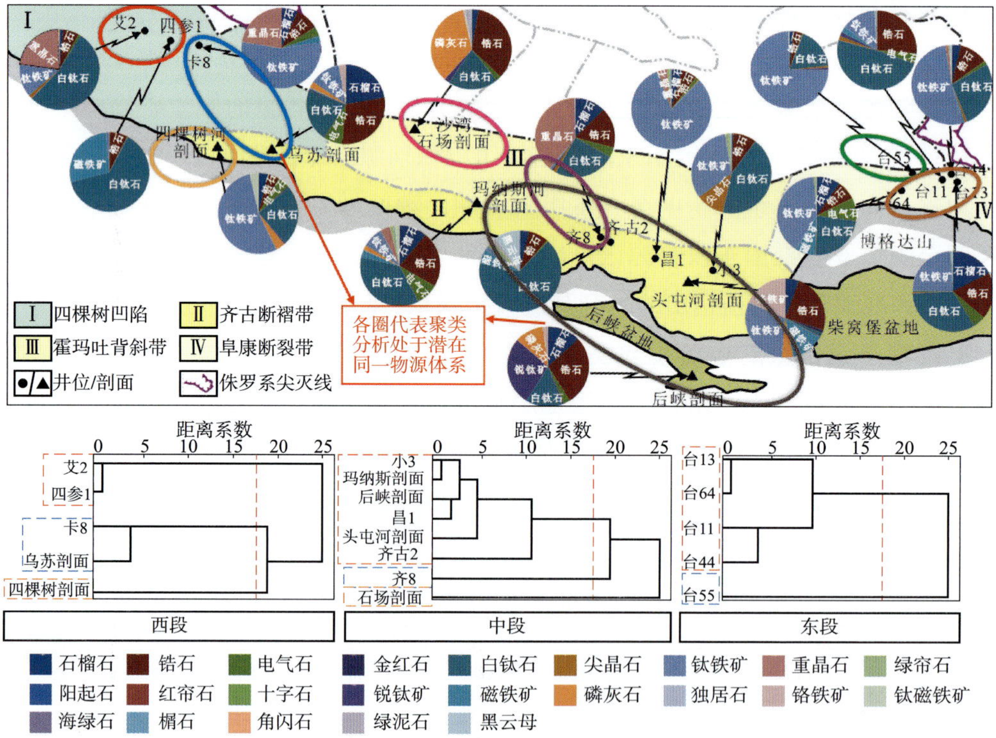

图3-13　准南各井和剖面八道湾组地层重矿物组合特征及重矿物含量Q型聚类图

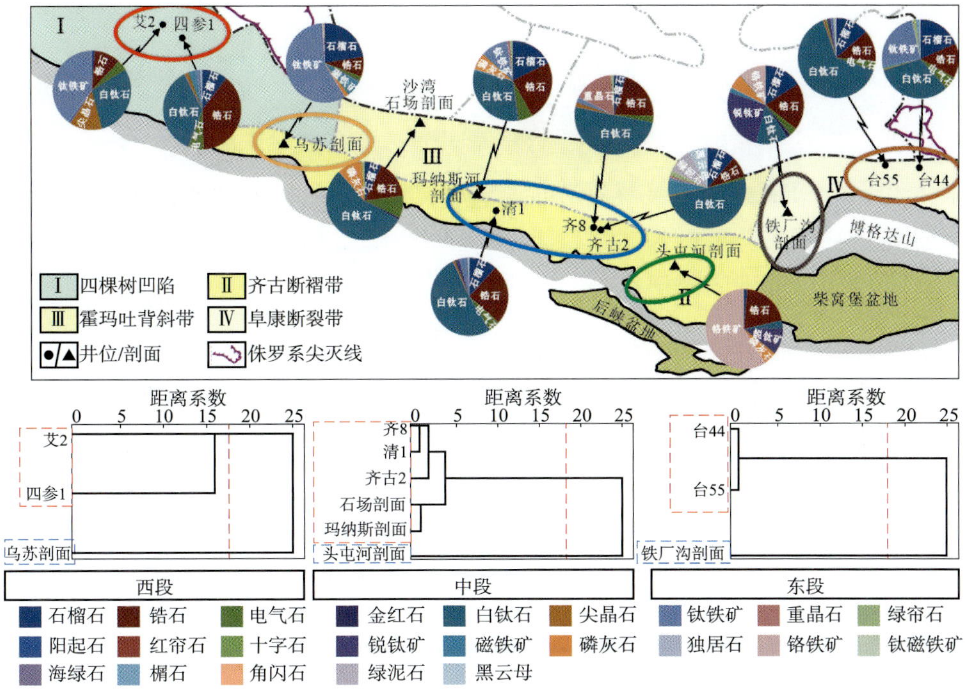

图 3-14 准南各井和剖面三工河组地层重矿物组合特征及重矿物含量 Q 型聚类图

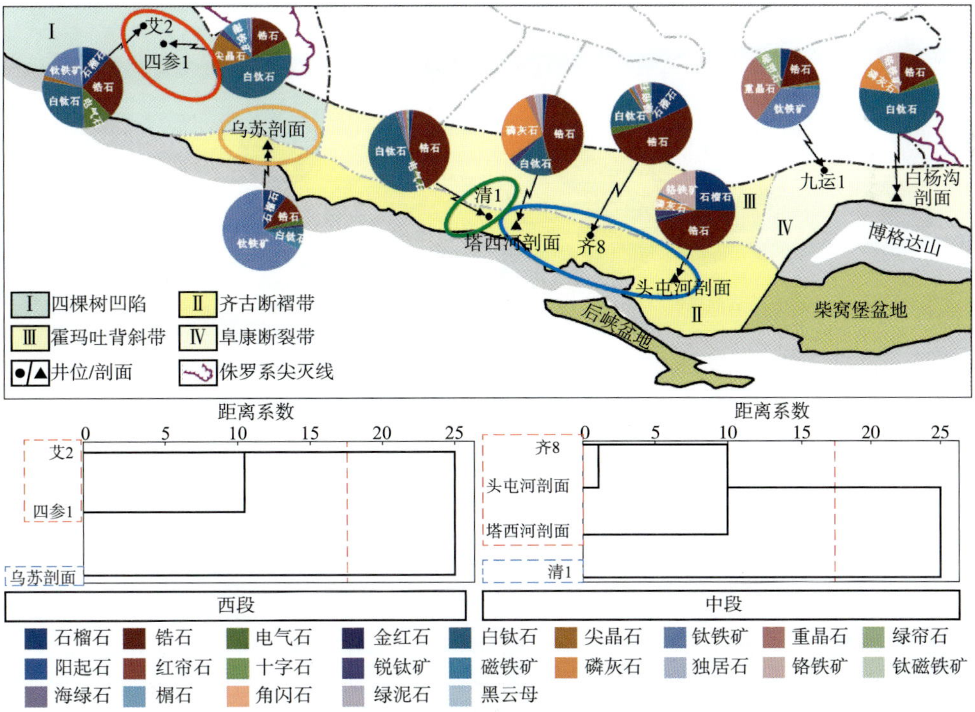

图 3-15 准南各井和剖面西山窑组地层重矿物组合特征及重矿物含量 Q 型聚类图

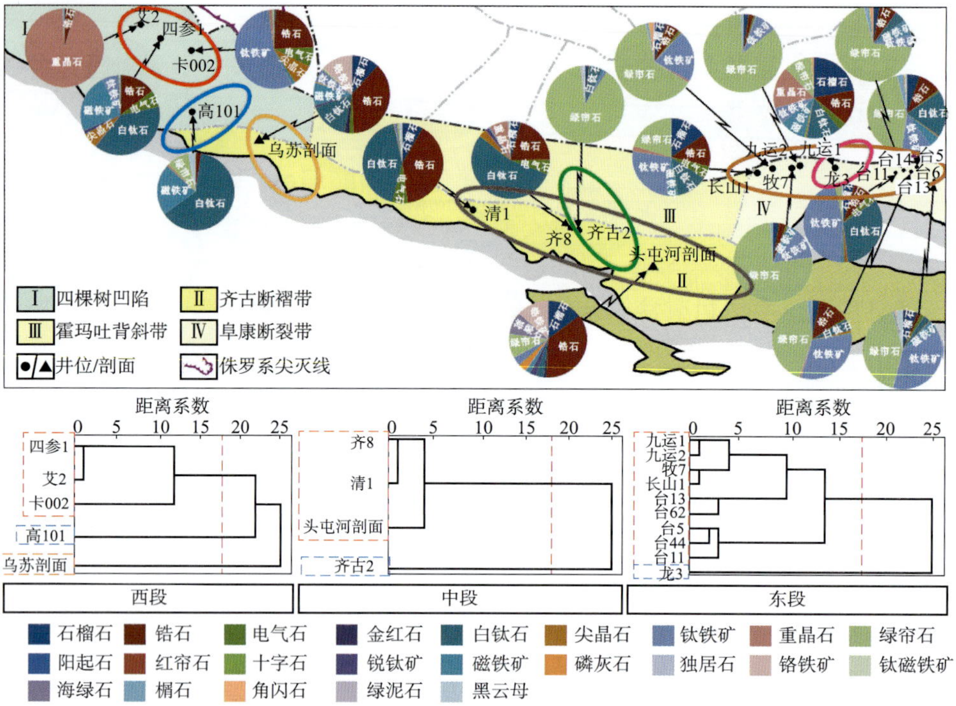

图 3-16 准南各井和剖面头屯河组地层重矿物组合特征及重矿物含量 Q 型聚类图

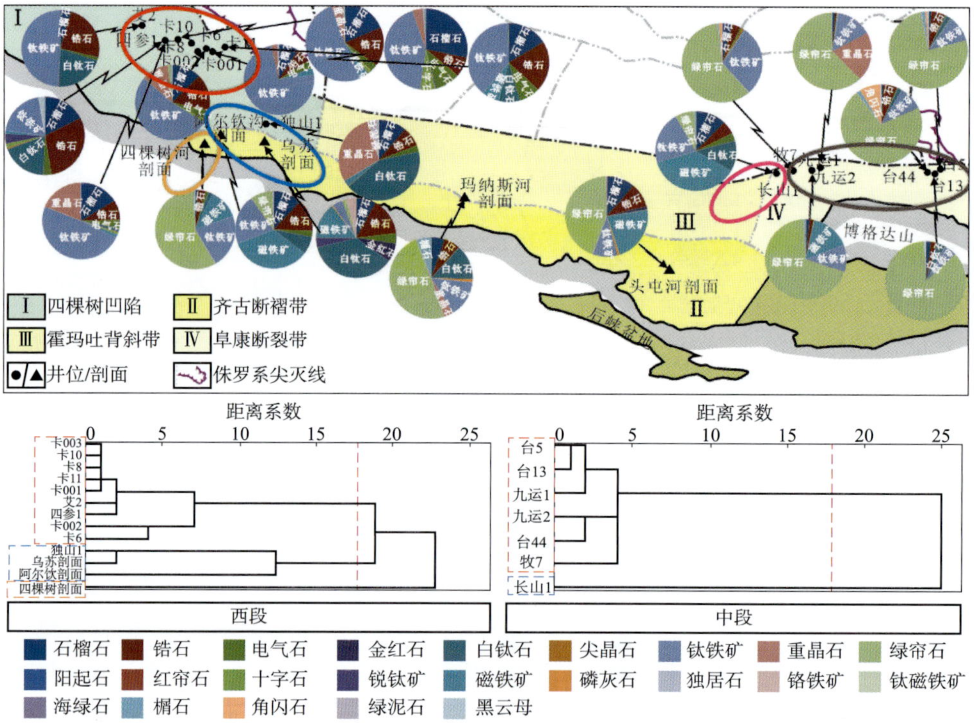

图 3-17 准南各井和剖面齐古组地层重矿物组合特征及重矿物含量 Q 型聚类图

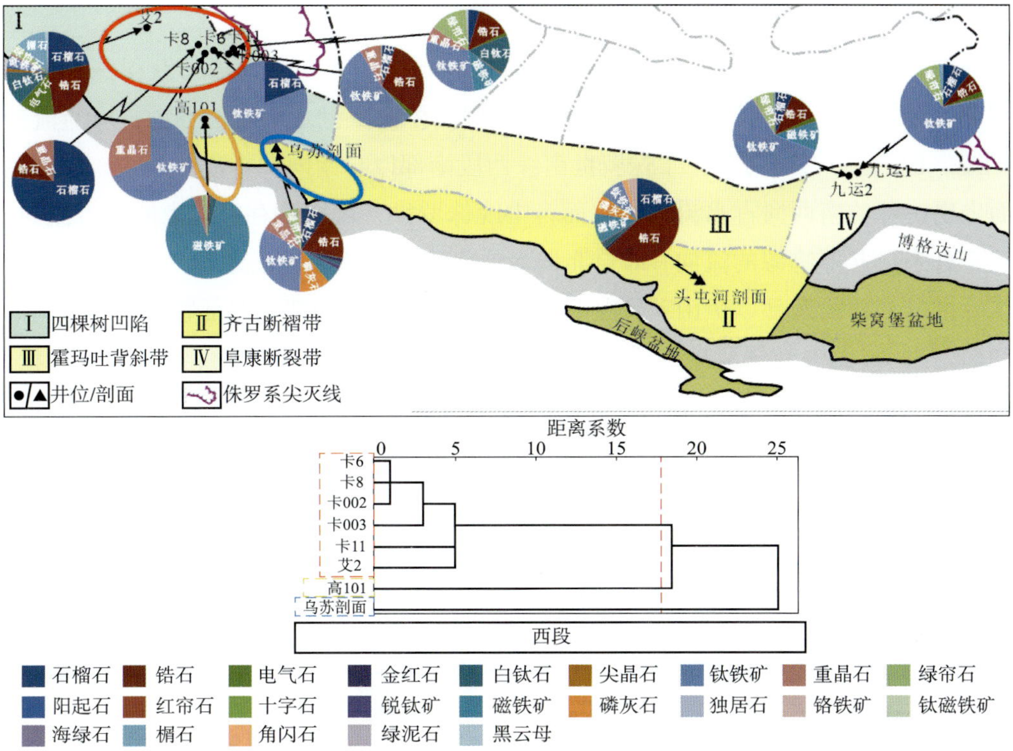

图 3-18 准南各井和剖面清水河组地层重矿物组合特征及重矿物含量 Q 型聚类图

3）准南东段下组合Q型聚类分析

由于准南东段西山窑组和清水河组所获井位资料较少，所以难以形成Q型聚类分析，但其重矿物组合特征仍可表现出物源分区特征。由图3-13~图3-18可知，侏罗系—白垩系沉积期可存在多支潜在物源体系。早侏罗世可能存在南北两支物源体系，两支物源区母岩类型属于中—酸性岩浆岩。值得注意的是，中晚侏罗世存在三个潜在物源体系，混源现象显著，且头屯河组、齐古组地层中重矿物组合中的不稳定重矿物绿帘石含量显著增大，并占据主体地位，反映在中侏罗统头屯河组沉积期至上侏罗统沉积期准南东段构造活跃，并出现典型的近物源沉积特征。相比而言，尽管西山窑组和清水河组缺少井资料，但通过前后相邻地层重矿物组合变化仍可推测西山窑组与清水河组分别受控于多支物源体系。

五、准南下组合古水流特征

古流向分析有助于判断古水流的流向，确定沉积物中碎屑物质的供给来源，进而判断物源区的位置（程剑波，2018）。通过测量叠瓦状砾石和交错层理产状，再经地层校正后，制得古水流玫瑰花图来获得水流方向（崔明明，2019）。通过调研文献及相关报道明确准南下组合古水流特征（万延周，2009；纪友亮，2010；高崇龙，2016）。

1. 准南西段下组合古水流特征

准南西段下组合侏罗系—白垩系研究程度较低，因此目前西段可获得侏罗系古水流相关资料较少（万延周，2009），而从西段剖面早侏罗世及中晚侏罗世古水流流向变化（图3-19~图3-23）可见：早侏罗世南缘西段南部以自南向北古流向为主，仅在乌苏剖面出现特殊的南西向古水流，相比而言中晚侏罗世各剖面除存在自南向北古流向外，均发育有来自北部物源的流向（即自北向南或南西向、南东向古水流）。上述现象揭示早侏罗世准南西段南部以伊山（天山）为主要物源区，仅局部受北部物源干扰（例如乌苏剖面附近），而中晚侏罗世西段北部物源条件显著增强并可与南部物源呈并存状态，使得古水流方向较为复杂，造成准南西段南部可能存在混源特征。值得注意的是，中晚侏罗世北部物源的增强可能与车—莫大型古隆起在这一时期开始隆升并遭受剥蚀有关（纪友亮，2010；高崇龙，2016）。

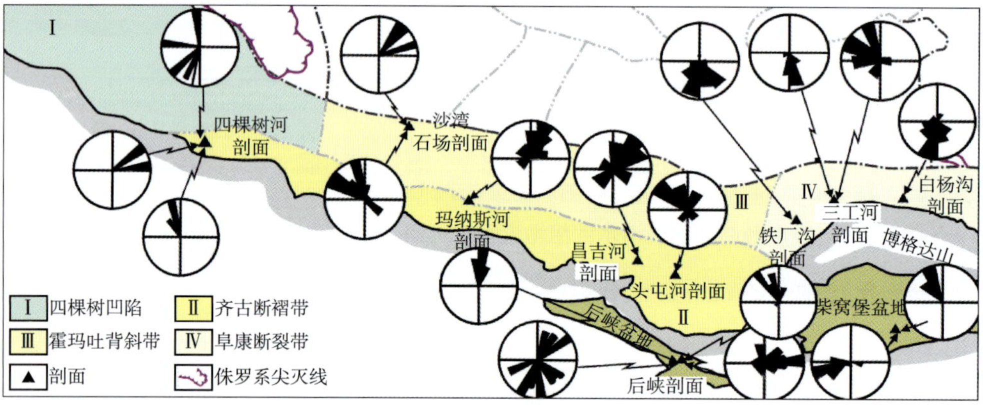

图3-19　准南各剖面八道湾组地层古水流方向特征

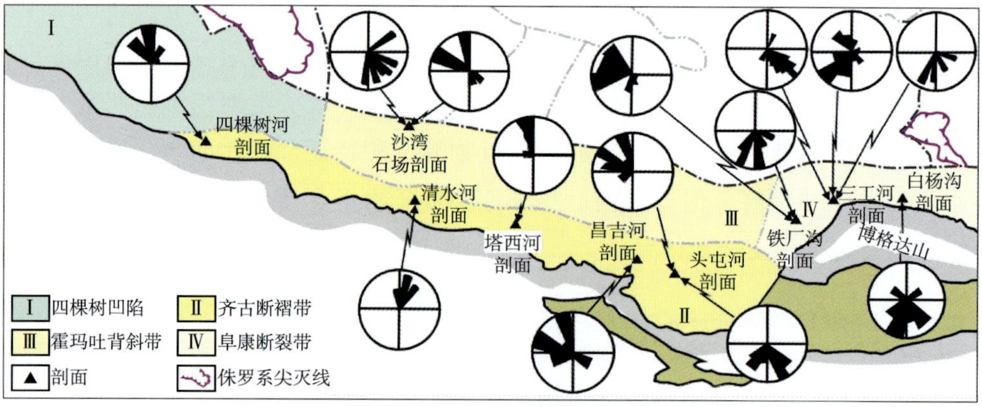

图3-20　准南各剖面三工河组地层古水流方向特征

2. 准南中段下组合古水流特征

通过研究准南中段下组合侏罗系—白垩系古水流相关资料（万延周，2009），从中段剖面早侏罗世至早白垩世古水流流向变化（图3-19~图3-24）可见：早侏罗世准南中段以自南向北古流向为主，局部存在少量由北向南古水流，相比而言中侏罗世晚期主要以自东向西古流向为主，到晚侏罗世又转变为以由南向北古水流为主。上述现象揭示早侏罗世准南中段以南部天山为主要物源区，仅局部受东北部物源干扰（例如昌吉河剖面附近），中侏罗世主要受东部物源区影响，而晚侏罗世南部物源条件又显著增强并可与东部物源呈并存状态，且南部天山物源体系占据主导地位，使得古水流方向交错发育。

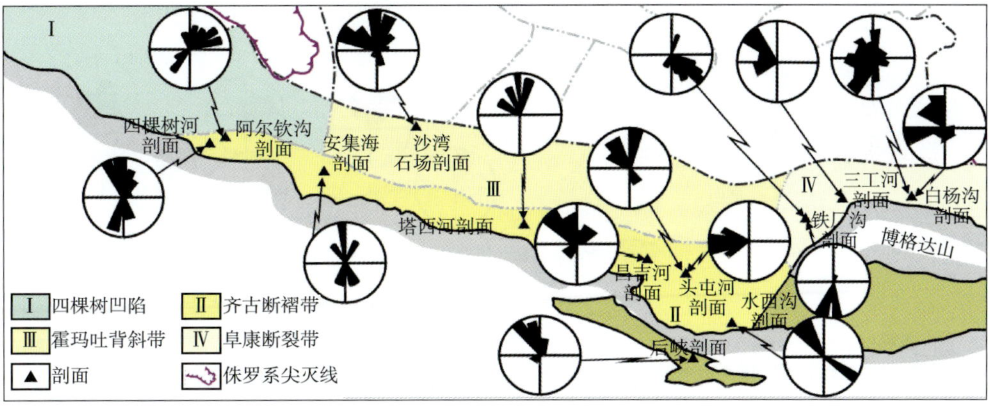

图 3-21　准南各剖面西山窑组地层古水流方向特征

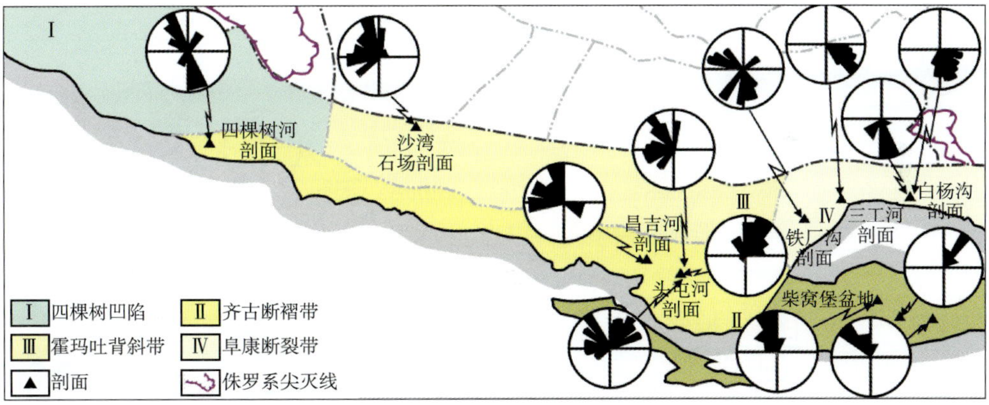

图 3-22　准南各剖面头屯河组地层古水流方向特征

3. 准南东段下组合古水流特征

准南东段侏罗系—白垩系古水流数据主要来源于博格达山前三条野外地质剖面（铁厂沟剖面、三工河剖面、白杨沟剖面）和柴窝堡盆地内剖面（方世虎，2007；周天琪，2019）。由图 3-19~图 3-20 可知，早侏罗世准南东段以自北向南古流向为主，但仍存在少量自南向北古水流数据，反映早侏罗世准南东段古水流主要受控于北部物源体系。中侏罗世准南东段除存在自北向南古水流外，还存在部分北西向古水流数据（图 3-21~图 3-22），反映了博格达山开始隆升并出露水面，进而一定程度上改变古水流方向。上侏罗统齐古组沉积期，准南东段多发育北西向或自东向西的古水流（图 3-23），说明博格达山隆升对古水流方向影响程度加大，并作为一明显物源区对古水流方向起到主导作用。另外，早中侏罗世柴窝堡盆地内部古水流方向以自南向北为主。但上侏罗统齐古组沉积期既有自北向南方向，又有南东向或南西向的古水流方向。这一现象反映了晚侏罗世早期准南东段东部山体的隆升，将准南东段与柴窝堡盆地阻隔开来，从而改变古水流方向。下白垩统清水河组沉积期准南东段古水流方向较为一致，以自南向北古水流为主，还存在少量自东向西的古水流数据（图3-24），反映了东部博格达山的全面隆升并作为主体物源区而对准南东段沉积古水流方向起到决定性作用。

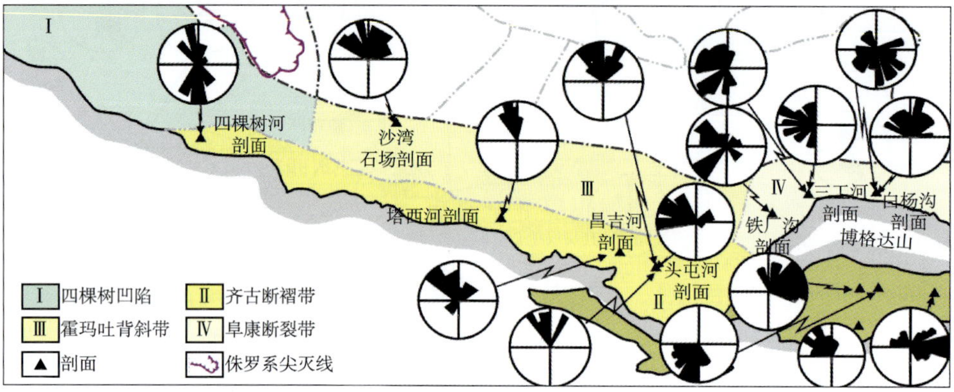

图3-23　准南各剖面齐古组地层古水流方向特征

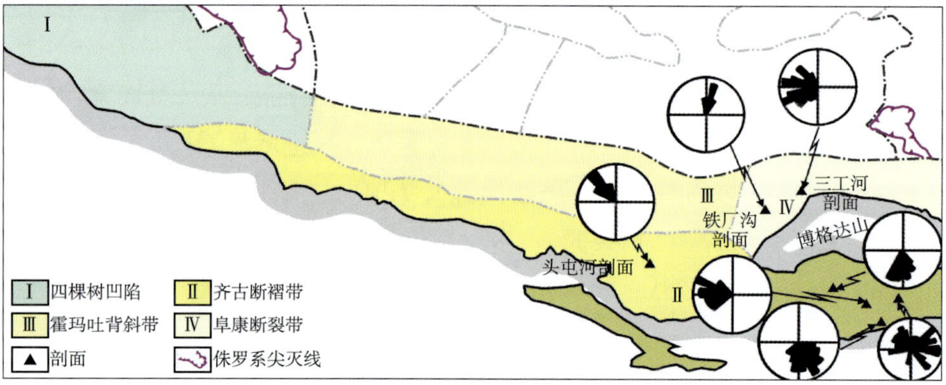

图3-24　准南各剖面清水河组地层古水流方向特征

六、准南下组合地层岩性比例变化特征

地层岩性比例特征及其变化是分析陆源物源供给强度和沉积环境的重要依据之一，因此对准南不同钻井下组合侏罗系—白垩系各地层内不同岩性比例进行计算统计（图3-25~图3-30），并据此推断各沉积期物源条件及其演化差异。

1. 准南西段下组合地层岩性比例变化特征

对准南西段不同钻井下组合侏罗系—白垩系各地层内不同岩性比例进行计算统计，由图3-25可见，八道湾组除在准南西段北部艾2井及南部高101—托6井发育比例较大的砾岩和砂岩外，其余钻井均以泥岩和粉砂岩占比最大，反映沉积期南北向供源并向西段中部汇聚的特点。但三工河组整体以泥岩占比最大，仅部分钻井出现一定比例的砂岩和砾岩（图3-26），反映沉积期湖水范围扩大，砂（砾）岩分布整体向源区后退，物源供给能力减弱的特点。而中侏罗统西山窑组和头屯河组在准南西段各井中不同岩性比例变化较大（图3-27~图3-28），反映沉积期物源供给量及供给强度存在较大波动，并且准南西段可能不存在统一的沉积中心，使得各岩性分布区域相对分散。相比而言，上侏罗统齐古组在西段整体以砂岩和砾岩为主（图3-29），仅在南部个别钻井中发育比例较高的泥岩，这一现象说明齐古组沉积期西段整体物源供给强度增大，特别是北部物源供给量大幅度增大，使得各井砂岩、砾岩占比最大，但南部物源相比存在一定程度的减弱，水体存在加深现象，使得细粒泥岩仍占据一定比重。下白垩统清水河组沉积期相较于上侏罗统存在大幅度物源供给强度和供给量减弱的特点，湖水范围和深度存在一定程度扩大，使得各钻井泥岩及粉砂岩比例大幅度增加，仅个别钻井内部出现一定比例的砂岩和砾岩（图3-30）。

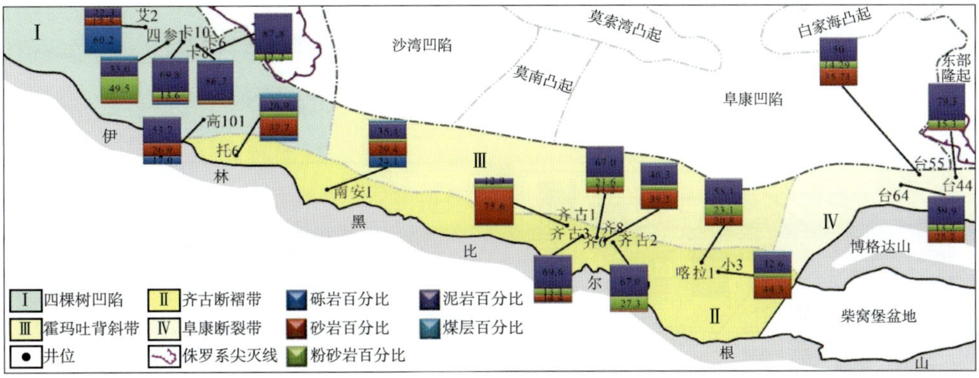

图3-25 准南下组合八道湾组地层岩性比例变化

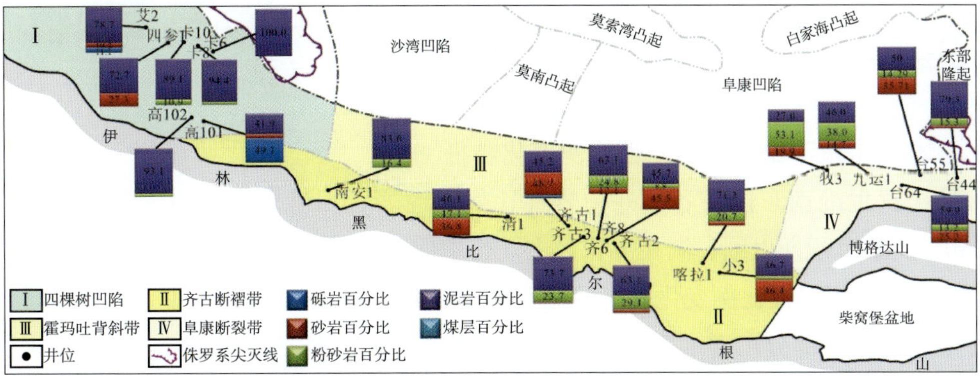

图3-26 准南下组合三工河组地层岩性比例变化

2. 准南中段下组合地层岩性比例变化特征

对准南中段不同钻井下组合侏罗系—白垩系各地层内不同岩性比例进行计算统计，

由图3-25~图3-26可见，下侏罗统地层主要发育比例较大的泥岩，反映沉积期细粒沉积的特点。但西山窑组至头屯河组沉积期，粉砂岩、砂岩含量明显增加（图3-27~图3-28），反映沉积期湖水范围缩小，物源供给增强。而齐古组地层又开始发育比例较高的泥岩（图3-29），但位于中段南部靠近伊山区域。上述现象说明准南中段源区供给变化较为复杂，物源区的构造变化不断使地层岩性比例发生改变。准南中段在早侏罗世主要受南部物源影响，中晚侏罗世则又受到东部博格达山隆升影响，但南部天山物源体系对准南中段岩性比例的影响仍具有决定性作用。

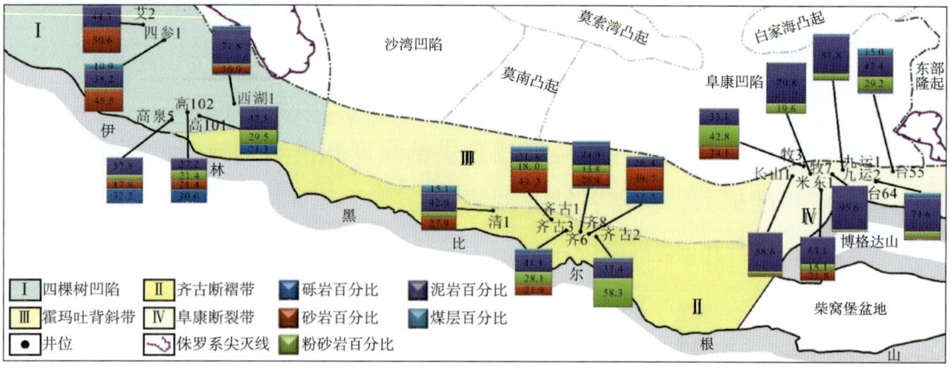

图3-27　准南下组合西山窑组地层岩性比例变化

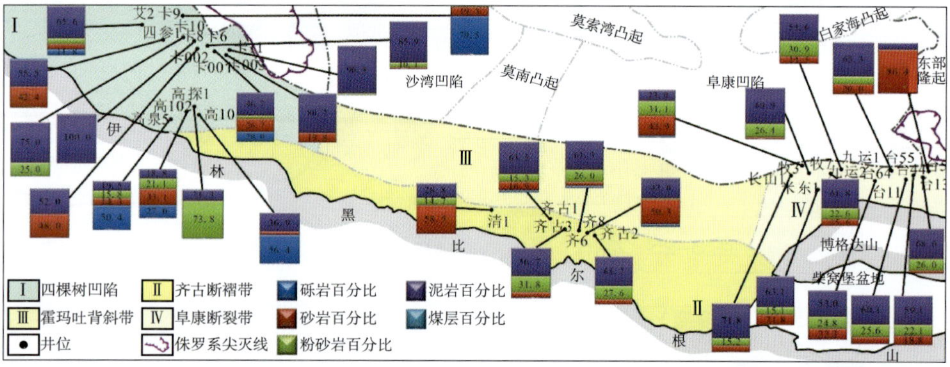

图3-28　准南下组合头屯河组地层岩性比例变化

3. 准南东段下组合地层岩性比例变化特征

早侏罗世准南东段在各钻井中岩性比例以泥岩、粉砂岩占比最大（图3-25~图3-26），反映沉积期以细粒湖相沉积为主。而中侏罗世至上侏罗统齐古组沉积期在准南中段各井中不同岩性比例变化并不明显（图3-27~图3-29），反映了中侏罗世至晚侏罗世博格达山体仅部分出露水面，主体尚未大规模隆升，剥蚀并不剧烈，因此并未供给明显的砾级及砂级碎屑。值得注意的是，准南东段在晚侏罗世晚期相较于齐古组沉积期，沉积地层存在一个以泥岩占比为主向以砾岩、砂岩占比为主的转变过程，这一现象说明博格达山主体持续隆升且剧烈剥蚀，使得其可提供大量的粗粒碎屑沉积物。下白垩统清水河组沉积期准南地区各钻井砾岩及砂岩比例大幅度增加（图3-30），反映了博格达山隆起加大，并作为优势物源区大规模供给物源，这与上述古水流流向特征所得结论一致。

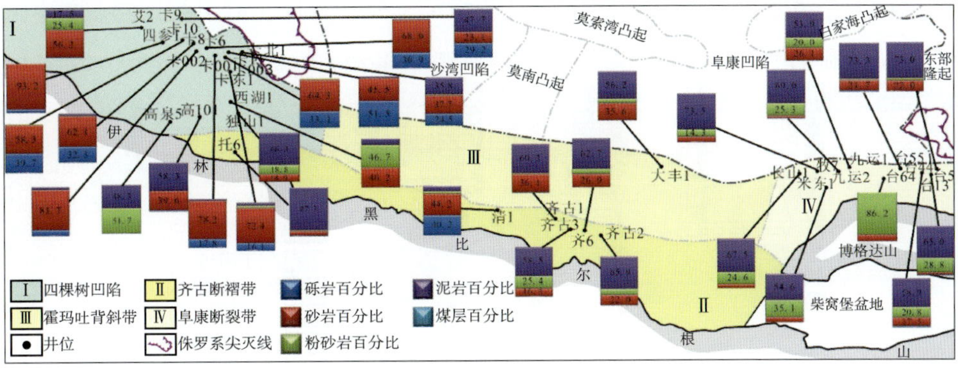

图3-29　准南下组合齐古组地层岩性比例变化

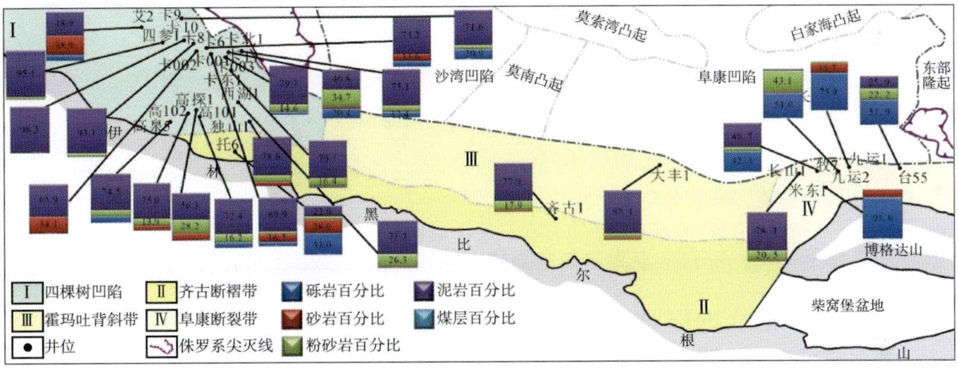

图3-30　准南下组合清水河组地层岩性比例变化

七、准南下组合地层展布变化特征

1. 准南西段下组合地层展布变化特征

由准南西段清水河组顶部区域湖泛泥岩层拉平的两条地层连井剖面（图3-31）可见，下侏罗统八道湾组和三工河组地层厚度在准南西段区域分布相对稳定，但向北部车排子地区和南部山前地区发生减薄［图3-31（b）］，反映下侏罗统沉积期准南西段构造背景整体上相对稳定。中侏罗统西山窑组和头屯河组地层厚度发育特征呈现出不均衡性，地层厚度变化较大，特别是在卡字号井区附近及托6井区存在地层的超覆和剥蚀现象，剥蚀层位甚至可达三工河组（图3-31）。上述地层发育特征与中侏罗世准南西段北部车—莫古隆起强烈构造抬升导致的地层剥蚀和地貌分异有关。值得注意的是，中侏罗世车莫古隆起强烈的隆升剥蚀使得南缘西段地貌逐渐演化为“沟谷—残丘”地貌特征。至齐古组沉积期整个准南西段处于区域地貌填平补齐状态，因此，上侏罗统齐古组在隆起区或残丘区沉积地层厚度薄，而沟谷或地貌低地区地层沉积厚度大，且至齐古组沉积末期，区域地层顶界呈近平坦状（图3-31）。上述地层展布特征反映晚侏罗世准南西段地貌填平补齐作用已基本完成。早白垩世清水河组沉积期准南西段处于准平原化状态，清水河组沉积地层区域厚度稳定，处于整体沉降且稳定接受沉积过程。

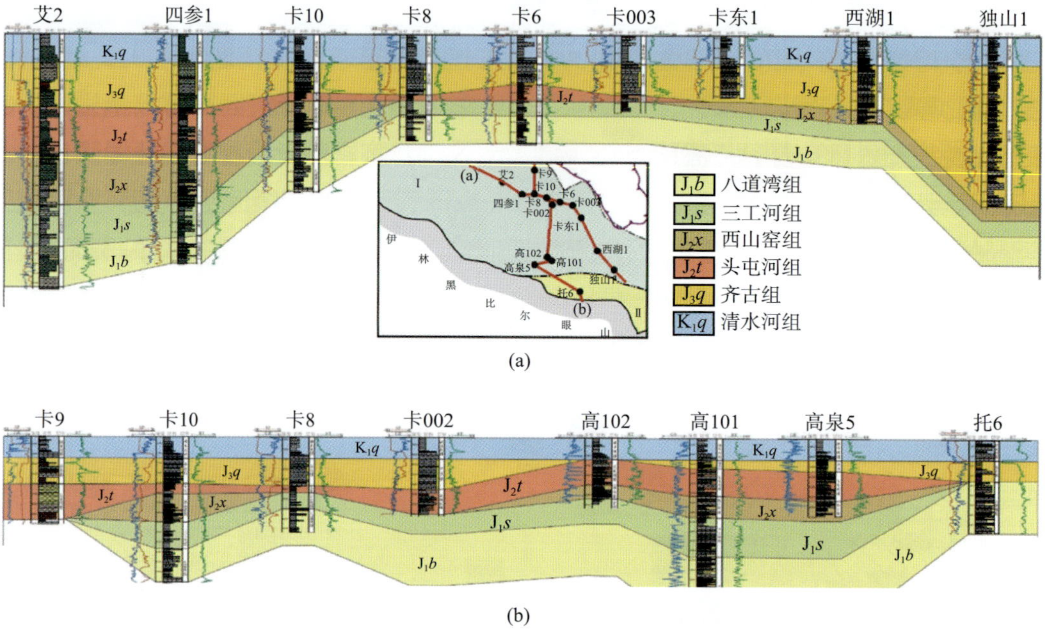

图 3-31　准噶尔盆地南缘西段连井剖面地层发育特征

2. 准南中段下组合地层展布变化特征

通过准南中段地层连井剖面（图3-32）可见，下侏罗统八道湾组和三工河组地层整体沉积厚度较大，东西向地层展布较为稳定，且三工河组地层与八道湾组呈整合接触关系，反映早侏罗世准南中段构造背景较为稳定。中侏罗统西山窑组地层厚度在区域上出现明显变化，呈现出由西向东减薄趋势，推断中侏罗统西山窑组沉积期准南中段东部山体存在抬升过程，但中侏罗统头屯河组地层厚度横向上又趋于稳定，反映沉积期构造活动就处于减弱状态。上侏罗统齐古组地层厚度由西向东再次发生明显减薄，且地层厚度相对于西山窑组整体较薄，反映齐古组沉积期准南中段南部山体由西向东隆升活动更为强烈，对上侏罗统地层抬升剥蚀作用也随之加强。目前，准南中段清水河组地层剥蚀较为严重，区域大面积缺失清水河组地层，但这一剥蚀作用发生在新生代的造山过程，因此，沉积期地层展布仍不明确。

3. 准南东段下组合地层展布变化特征

由准南东段清水河组顶部区域湖泛泥岩层拉平的地层连井剖面（图3-33）可见，八道湾组地层沉积较厚，且由西向东地层厚度较为稳定，反映八道湾组沉积期准南东段构造背景相对稳定。三工河组地层厚度较薄，并向东逐渐尖灭于准南东段的台13井

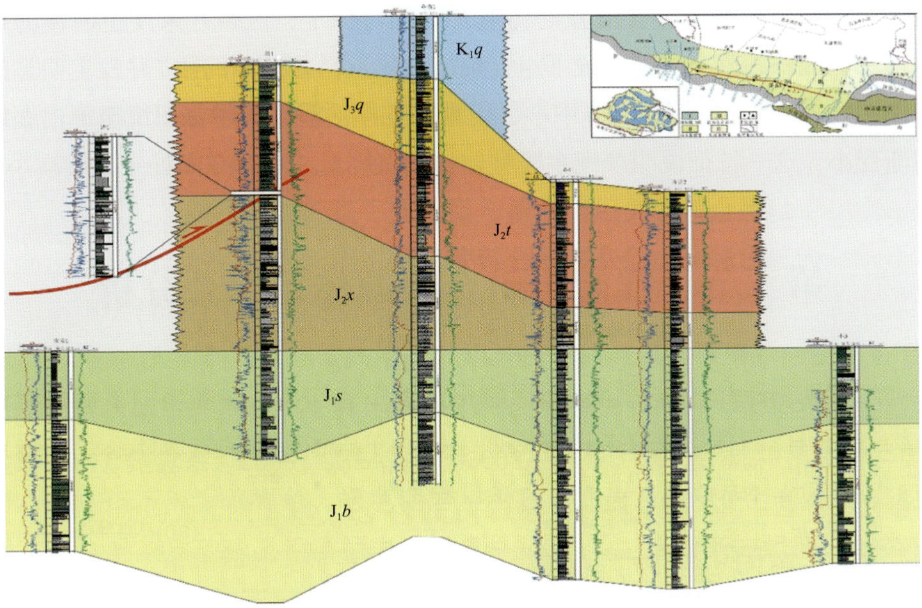

图 3-32　准噶尔盆地南缘中段连井剖面地层发育特征

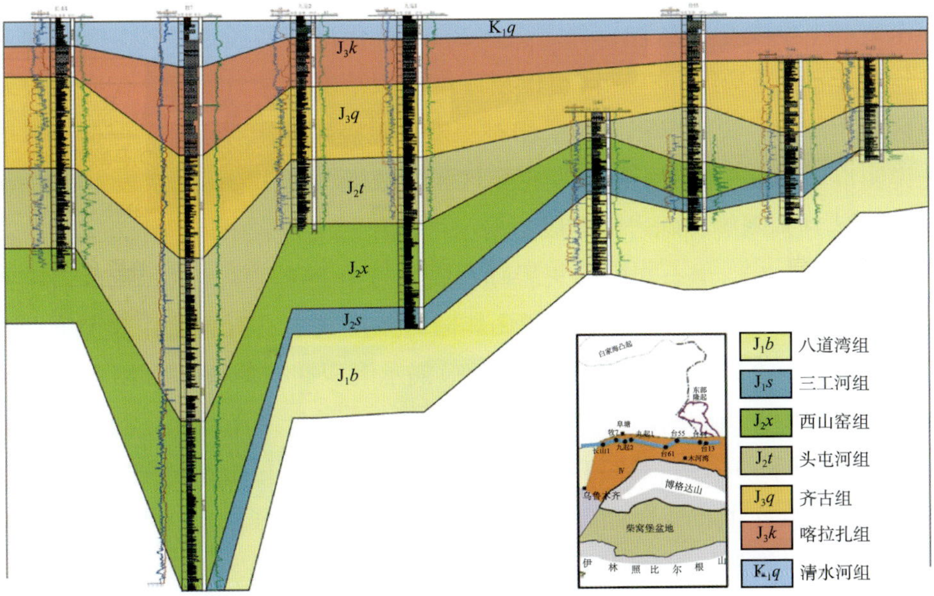

图 3-33　准噶尔盆地南缘东段侏罗系—白垩系横向连井剖面地层发育特征

区附近，说明三工河组沉积期准南东段东部地层存在抬升剥蚀现象。西山窑组地层由西向东逐渐尖灭于台44井附近，反映西山窑组沉积期准南东段东部地层仍持续发生抬升剥蚀作用的过程，使得西山窑组地层在东部的剥蚀范围较三工河组更大。值得注意的是，自头屯河组开始直至清水河组沉积期，各组地层整体展布及厚度均较为稳定，区域发育范围相较于西山窑组更大，反映自中侏罗世晚期开始，准南东段发生较为明显的沉积范围扩大过程，并且沉积期构造背景相对稳定，区域并未发生明显的地层抬升剥蚀现象。此外，整个准南东段下组合地层在靠近昌吉凹陷的牧7井发生明显的加厚现象，说明牧7井更靠近沉积沉降中心，但地层加厚的程度自中侏罗统至下白垩统清水河组逐渐变小，这一特征说明准南东段整体构造沉降量或可容空间处于持续减小状态。

第三节　准南下组合物源体系综合分析

准噶尔盆地南缘处于准噶尔盆地周缘构造体系的交会区，经历了多期构造运动的叠加，构造及山体演化历史复杂，准南西、中、东段各区域的物源体系存在差异，造成准南下组合物源体系具有一定的复杂性和多变性。

一、早侏罗世准南物源体系

早侏罗世（即八道湾组和三工河组沉积期）准南整体继承了晚三叠纪沉积背景，晚印支运动仍造成天山的第一期隆升，造成八道湾组底砾岩的发育及与其三叠系间的角度不整合现象（纪友亮，2010；高志勇，2016）。由准南西段地层连井剖面可见（图3-31），整体上八道湾组和三工河组地层厚度西段范围内相对稳定，仅向西段北部车排子地区发生减薄，说明沉积期构造相对稳定，地貌高差相对较小，但低成熟度的砂岩组分说明准南西段下侏罗统沉积期距源区相对较近［图3-5（a）、表3-2］，而砂岩Dickinson源区判别图解和砾岩砾石成分揭示再循环的沉积岩山体仍作为主要的物源供应（图3-6，图3-7），但石炭纪凝灰岩砾石成分与中上侏罗统地层相比所占比例较小（表3-5，图3-7），反映这一时期西段山体隆升幅度较小，石炭纪并未大量剥蚀，处于中低山状态；而重矿物组合特征（图3-10）揭示沉积期物源除受控于沉积岩山体外，还受扎伊尔山及中天山的结晶变质岩系山体的影响，结合准南西段不同部位古水流和重矿物组合特征（图3-13，图3-14，图3-19，图3-20），可推断早侏罗世西段沉积受南部物源（中天山及北天山）和北部物源（扎伊尔山和车排子凸起）共同控制，但北部物源供源能力相对较强，甚至可达西段南部地区，并同时存在混源现象。

准南中段地层连井剖面显示（图3-32），下侏罗统地层厚度较大，但无明显变化，上述地层展布特征揭示了早侏罗世准南中段构造背景较为稳定。低成分成熟度的砂岩组分反映准南中段近物源沉积的特征［图3-5（b），表3-3］，砂岩Dickinson源区判别图解和砾岩砾石成分揭示再循环的沉积岩山体（北天山）作为主要的物源供应［图3-4（b）、图3-8］。此外，重矿物组合特征（表3-8，图3-11）揭示早侏罗世物源还受到结晶变质岩系山体影响，与准南中天山具有良好的对应关系。结合准南中段不同部位古水流（图3-19，图3-20），综合推断早侏罗世准南中段受控于南部的北天山及中天山物源体系。

准南东段的地层连井剖面显示（图3-33），八道湾组地层厚度较为稳定，且整体大于三工河组地层厚度。上述地层展布特征揭示了准南东段在早侏罗世早期构造背景稳定，但早侏罗世晚期准南东段东部构造不稳定，存在局部抬升剥蚀现象，使得三工河组地层向东出现剥蚀尖灭。而砂岩Dickinson源区判别图解中显示的较低的成分成熟度表明准南东段距物源区较近［图3-5（c）］，下侏罗统八道湾组砾岩中凝灰岩砾石成分与中侏罗统各组地层砾岩中凝灰岩砾石成分相比所占比例较小，甚至可以忽略不计（图3-9，表3-7），反映早侏罗世博格达山尚未隆升，石炭纪凝灰岩地层因此尚未遭受剥蚀。此外，重矿物组合特征（图3-10）揭示早侏罗世物源主要受控于沉积岩系和岩浆岩系山体，而结合准南东段下侏罗统各组地层重矿物Q型聚类分析结果推测沉积期存在两支潜在物源体系（图3-13，图3-14）。特别是准南东段下侏罗统沉积期古水流方向以自北向南为主，仅有部分自南向北古流向（图3-19，图3-20）。因此，综合推断早侏罗世准南东段受南部物源体系（天山）和北部物源体系（克拉美丽山）的共同影响，且北部物源供源能力相对较强。

二、中侏罗世准南物源体系

中侏罗世（即西山窑组和头屯河组沉积期）为整个准噶尔盆地构造背景发生重大转变的时期，受控于周缘大型走滑断裂带走滑压扭作用影响，盆地内部NE-SW向大型车莫古隆起逐渐发育，并在西山窑组沉积期出露水面并逐渐扩大，造成准南地区北部车排子凸起范围也随之扩大（何登发，2008；纪友亮，2010；高崇龙，2016）。从准南西段连井地层展布特征来看（图3-31），西山窑组和头屯河组地层发育呈现出不均衡性，地层厚度变化较大，特别是在卡字号井区附近及托6井区存在地层的超覆和剥蚀现象，剥蚀层位甚至可达三工河组。这一时期西段的物源仍以再循环沉积岩山体为主［图3-4（b）、图3-6］，且砾岩中凝灰岩砾石含量较早侏罗世沉积地层增加（表3-5，图3-7），反映早期石炭纪地层的进一步隆升剥蚀，但重矿物组合（图3-10）显示沉积物源仍受中天山及扎伊尔山结晶变质岩系的影响，并且准南西段南部可能存在两支物源体系。古流向特征显示准南西段南部各部位均存在自北向南的古流向（图3-21~图3-22），说明中侏罗世由于车排子凸起隆起幅度增大造成北部物源供源能力格外加强，且整个准南地区各井地层岩性变化较大（图3-27~图3-28），北部物源体系可完全到达准南西段南部。值得注意的是，中侏罗统西山窑组和头屯河组地层重矿物ZTR指数和稳定系数仍相对较高，甚至较下侏罗统呈现增加趋势，这一现象说明中侏罗世沉积期尽管盆地内部古隆起演化剧烈但盆地边缘山体并未出现大范围隆升和推覆活动，物源远近程度及沉积背景仍与早侏罗世类似；但头屯河组沉积后准南西段可能存在大范围的暴露和剥蚀过程并可形成典型的沟谷—残丘地貌（杨帆，2015；高崇龙，2018），使得头屯河组与上侏罗统齐古组间存在区域性角度不整合面。

由准南中段地层连井剖面显示（图3-32），中侏罗统地层厚度减薄，揭示了中侏罗世准南中段南部山体的构造抬升活动明显。低成分成熟度的砂岩组分反映距源区较近［图3-5（b），表3-3］，而砂岩Dickinson源区判别图解和砾岩砾石成分揭示再循环的沉积岩山体（北天山）仍作为主要的物源供应（图3-6，图3-8）。此外，重矿物组合特征（图3-11）揭示沉积期物源与中天山仍有较好对应关系。结合准南中段不同部位古水流特征（图3-21，图3-22）及中侏罗世准南中段岩性比例变化，综合推断中侏罗世准南中段沉积受南部物源（中天山）控制为主，东部博格达山的前期隆升也提供少量碎屑沉积物，但距离相对较远，对准南中段的影响甚微。

准南东段在中侏罗世受控于燕山运动影响，博格达山逐渐隆升出露水面而参与供源。从准南东段连井地层展布特征来看（图3-33），东段西山窑组地层厚度变化较大并在东部存在明显的超覆尖灭特征，但头屯河组地层变化相对较小。上述地层展布特征反映了中侏罗统西山窑组沉积期东段东部存在抬升剥蚀过程。此外，中侏罗统砾岩中凝灰岩砾石含量较下侏罗统八道湾组地层有所增加，但结晶变质岩系砾石含量逐渐降低（图3-9，表3-7）。上述现象揭示了博格达山在中侏罗世开始隆升使得这一区域的石炭纪凝灰岩地层出露水面并开始遭受剥蚀。相比而言，天山、克拉美丽山结晶变质岩系物源体系对准南东段供源强度逐渐减弱。此外，根据准南东段中侏罗统头屯河组地层重矿物Q型聚类分析结果可推测沉积期存在两支潜在物源体系（图3-15，图3-16）；但准南东段中侏罗统沉积期古水流方向仍以自北向南为主，且自南向北古流向减少（图3-21，图3-22），反映了博格达山的部分隆升改变了古水流方向。但值得注意的是，与下侏罗统地层相比，中侏罗统地层砂、砾岩比例尚未明显增加，反映了博格达山仅部分出露水面，主体尚未大规模隆升，因而未能使其遭受大量剥蚀而供给砂、砾级碎屑。因此，综合推断中侏罗世准南东段整体受天山、克拉美丽山和博格达山物源体系影响，混源现象显著，且博格达山处于不断隆升状态，对准南东段的供源能力不断提高。

三、晚侏罗世准南物源体系

晚侏罗世准南西段仅发育齐古组沉积，从区域连井地层剖面可见齐古组地层整体展布呈现填平补齐特征，即在隆起区或残丘区地层沉积厚度薄，而沟谷或洼陷区沉积厚度大，且地层顶界近平坦（图3-31）。齐古组凝灰岩砾石成分进一步增加反映再循环沉积岩山体进一步隆升（图3-7、表3-5）。因此，齐古组沉积期开始，以石炭纪沉积岩为主的南缘北天山和西北缘前端车排子凸起北部地区隆起幅度和隆起范围大幅度增加，使得中天山及扎伊尔山结晶变质岩系山体供源路径受阻，造成结晶变质岩系砾石成分也随之大幅度降低。古流及重矿物组合显示齐古组沉积其仍受控于北部物源和南部物源，其中南部物源可区分为两支（图3-17，图3-23）。地层岩性比例特征显示（图3-29），准南西段北部沉积砂砾岩比例较大，而南部沉积泥岩含量相对较高，因此南部物源距离相对可能更远。

由准南中段地层连井剖面显示（图3-32），上侏罗统地层抬升剥蚀现象明显，地层厚度由西向东减薄，地层厚度变化较大，上述地层展布特征揭示了晚侏罗世准南中段地层受盆缘山体构造活动影响较大。低成分成熟度的砂岩组分仍反映距源区较近［图3-5（b），表3-3］，而砂岩Dickinson源区判别图解和砾岩砾石成分揭示再循环的沉积岩山体和变质岩山体作为主要的物源供应（图3-6，图3-8）。此外，重矿物组合特征与由南向北为主的古水流特征（图3-11，图3-17，图3-23）相结合，反映齐古组沉积仍受控于南部物源。综上所述，晚侏罗世准南中段南部天山内部隆升强烈，中天山隆起幅度较大，对准南中段供给物源碎屑，且以继承性发育物源为主。

准噶尔盆地南缘东段地层在晚侏罗世受到周缘山体挤压抬升作用影响，从东段连井地层剖面可见齐古组和喀拉扎组地层整体展布呈现的特征较为一致，地层厚度分布相对均匀（图3-33），反映晚侏罗世南缘东段沉积构造背景相对稳定；而根据准南东段上侏罗统各组地层重矿物Q型聚类分析结果推测沉积期存在两支潜在物源体系（图3-17），即仍存在混源现象。此外，准南东段喀拉扎组地层较齐古组地层砂、砾岩比例明显增大，并且齐古组地层古流向特征显示东段南部各部位均存在自北向南的古水流（图3-23），反映博格达山主体持续隆升且剧烈剥蚀，使得其可提供大量的粗粒碎屑沉积物并开始主导准南地区的古水流方向，综上可推断晚侏罗世博格达山隆升规模持续加大，且已经成为准南东段主要物源区。

四、早白垩世准南物源体系

早白垩世（清水河组沉积期），由于经历了齐古组填平补齐的沉积作用以及齐古组沉积后大约7Ma的沉积间断和夷平化（即缺失喀拉扎组地层）过程（邓胜徽，2015；梁则亮，2020），使得清水河组沉积期古地貌呈准平原化状态，区域连井剖面显示地层厚度稳定（图3-31）。清水河组底砾岩砾石成分中结晶变质岩系砾石大幅度降低，凝灰岩砾石含量较侏罗系各组地层均更高（表3-5，图3-7），且地层重矿物ZTR指数和稳定系数较低（表3-2），这些现象说明清水河组沉积期准南西段周缘山体隆起幅度较侏罗系更大，但重矿物组合（图3-18）显示除北部统一物源外，南部仍发育两支物源。

准南中段在下白垩统沉积期地层强烈抬升剥蚀，反映了南部山体构造隆升作用的增强（图3-32）。早白垩世低成分成熟度的砂岩组分仍反映准南中段距源区相对较近［图3-5（b），表3-3］，而砂岩Dickinson源区判别图解和砾岩砾石成分揭示再循环的沉积岩山体为主要物源供应，且变质岩逐渐增多（图3-6，图3-8）。此外，准南中段不同部位古水流特征结合地层岩性比例特征（图3-24，图3-30），可推断早白垩世中段沉积受南部及东部物源共同控制。值得注意的是，地层受燕山运动影响较大，同时天山由南向北的逆冲推覆作用加强，东部博格达山隆升幅度也进一步增大，具备远程供源能力。因此，综合推断清水河组沉积期准南中段主要受天山及博格达山物源体系影响，但由于距离远近不同，仍以天山物源体系为主。

由准南东段连井剖面可见（图3–33），清水河组地层厚度分布相对均匀，反映准南东段整体构造较稳定的特征。相比于侏罗系，下白垩统清水河组地层内部砂砾岩大量发育（图3–30），反映了博格达山隆升幅度和规模加大，剥蚀剧烈，并向准南地区供给大量砂级和砾级相对粗粒碎屑。此外，古流向特征显示准南地区存在以自南向北为主的古水流，而柴窝堡盆地内部古水流以自北向南为主（图3–24），反映准南东段和柴窝堡盆地沉积古水流方向主要受控于规模较大的博格达山。综上推断，早白垩世博格达山体持续隆升并达鼎盛，并且将柴窝堡盆地与准南东段发生分隔，从而成为东段优势物源区。

第四章 准噶尔盆地南缘下组合沉积体系与沉积相

沉积体系是沉积学研究中一个最为重要的内容，其是一个时空的组合，而沉积体系的识别是多种手段结合、多种现象组合共同分析的结果（陈玉良，2015）。所谓沉积相，是沉积环境及在该环境中形成的沉积岩（物）特征的综合。沉积环境包括自然地理条件、气候条件、构造条件，以及沉积介质的物理、化学条件等沉积物形成时的各种外在影响因素。沉积岩石学特征则包括岩性特征（如沉积岩的颜色、物质成分、结构、构造、岩石类型及组合）、古生物特征、地球化学特征及地球物理响应特征等（陈玉良，2015；彭舒琪，2017；石玉砚，2017）。

第一节 准南下组合沉积相识别标志

沉积体系的研究以及沉积相的划分就是以相标志为基础进行的，由于不同的沉积环境控制不同的沉积岩（物）的形成和演化，因此沉积岩（物）的各种特征要素是相应沉积环境的地质记录，而这些地质记录通常称为相标志。作为最能反映沉积相的一些标志，相标志的识别是相分析及岩相古地理研究的基础。最常见及典型的的相标志包括测井相、地震相、岩石相（粒度特征、岩性特征、古生物、沉积构造）等多种类型（姜在兴，2003；徐振中，2009；石玉砚，2017；张宾，2020）。通过岩心观察、测井资料、野外露头剖面及粒度分析等资料，总结出准南下组合各类相标志及其特征。

一、沉积相岩石学标志

岩石学标志主要包括岩性特征（如沉积岩的颜色、物质成分、结构、构造、岩石类型及组合）、古生物特征、地球化学特征及地球物理响应特征等（闫占东，2017）。

1. 岩石颜色

颜色是沉积岩最直观、最醒目的标志（王熠哲，2019），这里所指的岩石颜色是自生色。自生色主要取决于岩石中含铁自生矿物及有机质的种类及数量，黏土岩、化学岩和生物化学岩自生色对古水介质物理化学条件有良好的反映。因此，泥岩颜色就是判断其沉积环境的一项重要依据。如泥岩为灰黑色、灰色、灰绿色等还原色调［图4-1（a）~（c）］，则可初步判断其形成于三角洲前缘、湖泊等水下环境；如泥岩颜色为灰褐色、紫红色、红褐色等氧化色调［图4-1（d）］，则可初步判断其形成于冲积扇、河流、三角洲平原等水上环境；如泥岩颜色为杂色等半氧化半还原色调，则可判断其形成于河流、滨浅湖等水体浅且持续动荡的环境［图4-1（e）（f）］。相比于泥岩颜色，砂（砾）岩颜色同样可指示沉积环境，如长期暴露遭受风化的砂（砾）岩地层往往呈现橘红色及棕红色色调，地层剖面中表现为典型“红层”，不过由于砂（砾）岩颜色常受原始碎屑成分影响，因此，在应用过程中要注意与其他相标志的结合。

(a)卡11井清水河组灰黑色泥岩，4171.3m

(b)齐古3井八道湾组灰黑色泥岩

(c)卡10井齐古组灰绿色泥岩，3702.98m

(d)四棵树剖面齐古组红色泥岩

(e)阿尔钦沟八道湾组杂色泥岩

(f)卡003井头屯河组杂色泥岩，4212.55m

图4-1　准南下组合发育泥岩颜色图

2. 岩石类型

岩石类型一般可以反映某一地区的水动力状况、母岩类型及所可能属于的沉积相带。准噶尔盆地南缘侏罗系—白垩系为陆源碎屑岩沉积，主要发育的岩石类型包括砾岩、砂砾岩、砂岩、粉砂岩及泥岩等。其中，砾岩、砂砾岩［图4–2（a）（b）］等粗粒碎屑沉积岩反映水动力条件较强的沉积环境，主要出现在冲积扇沉积体及扇三角洲和辫状河

(a)托斯台剖面清水河组底部砾岩

(b)米东1井西山窑组砂砾岩，2258.75m

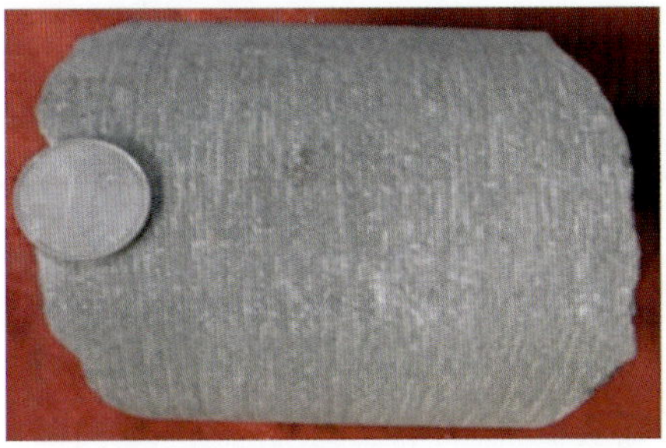

(c)九运2井齐古组砂岩，3553.25m

(d)米东1井头屯河组砂岩，1924.85m

(e)阿尔钦沟剖面齐古组粉砂岩

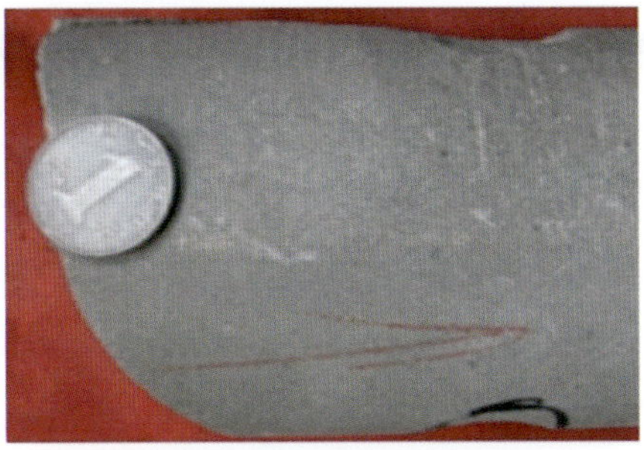

(f)牧3井三工河组粉砂岩，1333.6m

(g)米东1井西山窑组泥岩，3038.75m

(h)米东1井清水河组泥岩，4833.11m

图 4–2　准南下组合所发育岩石类型

三角洲分流河道沉积体内。砂岩［图4-2（c）（d）］是最为常见的一类储层岩石类型，准南下组合各组段内部砂岩均较为发育，主要在三角洲（扇三角洲、辫状河三角洲、曲流河三角洲）、河流及滨浅湖（滨岸、滩坝）等环境发育。粉砂岩［图4-2（e）（f）］相较于砂岩粒度更细，水动力条件相对更弱，主要是在河流及三角洲中河道水动力逐渐减弱或逐渐废弃条件下及滨浅湖离岸较远处发育。相比而言，泥岩属于典型的细粒沉积［图4-2（g）（h）］，形成水动力条件最弱，主要呈悬浮态沉积，主要出现于河流泛滥平原、漫滩沼泽、三角洲分流间湾、半深湖—深湖等水动力条件较弱环境内。

值得注意的是，陆源碎屑岩本身不是鉴别沉积相的最优标志，其必须与其他相标志结合才能最终准确判断沉积环境，而由特定沉积环境和流体机制形成的岩石组合可作为较好的沉积相标志。一般而言，不同的沉积环境将形成不同的岩性组合，如曲流河三角洲平原分流河道沉积微相具有二元结构，底部为中、细粒砂岩，常含植物茎干和泥砾等，向上逐渐变为粉砂岩、泥质粉砂岩及粉砂质泥岩等；而沼泽沉积中植物繁茂，为滞留的弱还原或还原环境，其岩性主要为暗色有机质泥岩、炭或褐煤沉积。浅湖沉积以粉砂和泥为主，粒度均匀，分选性亦较好；半深湖—深湖亚相多半为水体安静的还原环境，常为暗色泥岩和页岩，少量粉砂岩。但相似的岩性组合也可以出现在不同的沉积环境中，如曲流河、三角洲平原具有相似的岩性组合，都是由含砾砂岩、砂岩和紫红色、红褐色泥岩组成。因此，鉴别沉积相必须要根据层序特征、沉积体系演化规律，结合沉积构造、钻测井等其他相标志进行综合分析。

3. 沉积构造

沉积岩的构造是指沉积岩的各个组成部分之间的空间分布和排列方式，是沉积物在沉积期或沉积后通过物理作用、化学作用和生物作用所形成。其中沉积期形成的构造称为原生沉积构造，如层理、波痕等流动成因构造。沉积岩的原生沉积构造特征是沉积时水动力条件的直接反映，是判别沉积环境和划分沉积相的重要标志之一。沉积后形成的构造，有的是在沉积物固结成岩之前形成的，如负荷构造、包卷层理等称同生变形构造。除此之外，特定的生物成因和化学成因构造往往代表特定的环境及沉积介质条件，因此同样具有重要的相指示意义（冯增昭，1993；姜在兴，2003）。通过野外露头及岩心观察，可见准噶尔盆地南缘下组合发育的沉积构造类型丰富，主要可分为层理构造和层面构造及部分生物成因构造。

1）层理构造

层理是岩石性质沿垂向变化的一种层状构造，是碎屑岩最典型最重要的特征之一。层理的类型、规模与沉积时的水动力条件有着直接的关系，是不同水动力条件下（如单向牵引流、双向水流、重力流）底床形态及沉积物推叠方式的准确地质记录。层理构造包括块状层理、递变层理、槽状交错层理、波状层理、平行层理等。层理的规模、类型和岩石粒度大小可以作为判断沉积环境的标志，如分布于砾岩、砂岩中的大型交错层理、平行层理为水动力较强条件下形成，图4-3（a）（b）为准南下组合地层内河道砂岩中发育的平行层理，而图4-3（e）（f）为辫状河道中形成的楔状、槽状交错层理。此外，还可见反映双向水流及波浪成因的发育于细砂岩的浪成沙纹层理［图4-3（c）］及发育于砂岩、粉砂岩中的羽状交错层理［图4-3（d）］。而发育于粉砂岩、泥质粉砂岩等相对粒度较细岩性中的小型波状层理、波状交错层理等主要形成于水动力条件较弱的环境。

(a)四棵树剖面齐古组平行层理

(b)郝家沟—头屯河剖面头屯河组平行层理

(c)玛纳斯—红沟剖面清水河组浪成沙纹层理

(d)喀拉扎剖面清水河组羽状交错层理

(e)托斯台剖面齐古组楔状交错层理

(f)头屯河剖面喀拉扎组大型槽状交错层理

图 4-3　准噶尔盆地南缘下组合所发育层理构造类型

2）层面构造

层面构造包括波痕、冲刷面、泥裂等。波痕是沙波迁移在层内保留下来的一种波状起伏的底床形态，其可由风、水流、波浪等形成。浪成波痕是由于双向水流来回冲刷所形成，因此其特点为高度对称，且波谷较波峰圆滑，常代表湖(海)浅水地带，如滩砂、坝砂向湖(海)一侧等波浪作用较强的沉积环境。如在准南齐古组、清水河组地层内可见典型波痕层面构造，波痕呈峰尖谷圆，波脊两侧对称［图4-4（a）~（c）］，为受滨浅湖波浪作用成因。冲刷面往往是一种岩性突变面，代表不同期次的河流再下切冲刷沉积的过程，同时冲刷面也常代表一定的沉积间断，因此是一个重要的地质界面。冲刷面大多表现为一个凹凸不平的岩性接触面，之上岩性一般较下伏岩性粗，其出现往往代表河道底部的界面，如在准南八道湾组、头屯河组及齐古组地层可见典型的河道底部发育的冲刷面构造［图4-4（d）~（f）］，并且冲刷面之上的砂砾岩内部含有形状不规则的泥砾，反映河道较强的水流对下部泥质沉积层的侵蚀。

(a)四棵树剖面清水河组波痕层面构造

(b)玛纳斯红沟剖面清水河组波痕层面构造

(c)四棵树剖面齐古组波痕层面构造

(d)玛纳斯剖面齐古组冲刷面构造

(e)齐古3井八道湾组冲刷面构造，2232.98m

(f)玛纳斯剖面头屯河组冲刷面构造

图4-4　准噶尔盆地南缘下组合所发育的典型层面构造特征

3）生物成因构造

生物成因构造在准南下组合地层主要表现为各种生物遗迹构造，如生物钻孔［图4-5（a）］、穴居及扰动构造［图4-5（b）］等。生物钻孔、穴居等主要表现为砂岩层内部的垂直、水平或不规则状的虫孔，其内部往往充填有紫红色泥岩；而生物扰动主要是破坏原始沉积物的各种层理，使沉积岩原始面貌强烈改造而成块状。大规模生物成因构造的出现，往往是一种浅水有氧的沉积环境，如滨浅湖、泛滥平原、三角洲平原等。

(a)玛纳斯剖面清水河组生物遗迹

(b)卡001井齐古组生物钻孔，4121.6m

图 4-5　准南下组合生物成因构造

二、测井相标志

一口井任意深度的一组测井值也同样可以认为是该深度处岩石特征的描述，只不过这些特征是以各种物理量的形式表达出来，如电阻率、含氢指数、体积密度、声波时差等，他们各自都是岩石某一物理性质的响应函数（姜在兴，2003）。每一条测井曲线都可以被认为是岩石物理特征的一个谱，因此，一旦有了一组不同的测井曲线参数，就可以利用它来确定与之对应的“相”，即测井相。常用的测井相标志是自然电位、自然伽马和电阻率曲线的形态、幅度、接触关系、曲线光滑程度等（表4-1）。

1. 幅度

GR测井响应主要是反映地层天然放射性能量的强度，因此对沉积层序中泥岩的含量有敏感的识别能力。SP测井曲线的幅度主要反映井中自然状态下电场强弱分布。GR和SP测井虽然总体上特征相似，即对砂、泥岩性辨识度较高，但二者也有所区别。在一些特殊情况下，如薄层和致密砂岩层，GR可以弥补SP的不足。在砂泥岩剖面中，砂岩中泥质含量的多少与沉积环境密切相关。高能环境中，由于水体淘洗强烈，形成粒度较粗的纯净砂岩，其SP或GR曲线偏移幅度均大。低能环境中水体停滞，细粒泥质得以沉积，形成纯泥岩，使得SP或GR曲线与基线一致。因此，SP或GR曲线幅度的相对高低，可以判断泥质含量的多少和沉积环境能量的强弱。

表 4-1 测井相标志

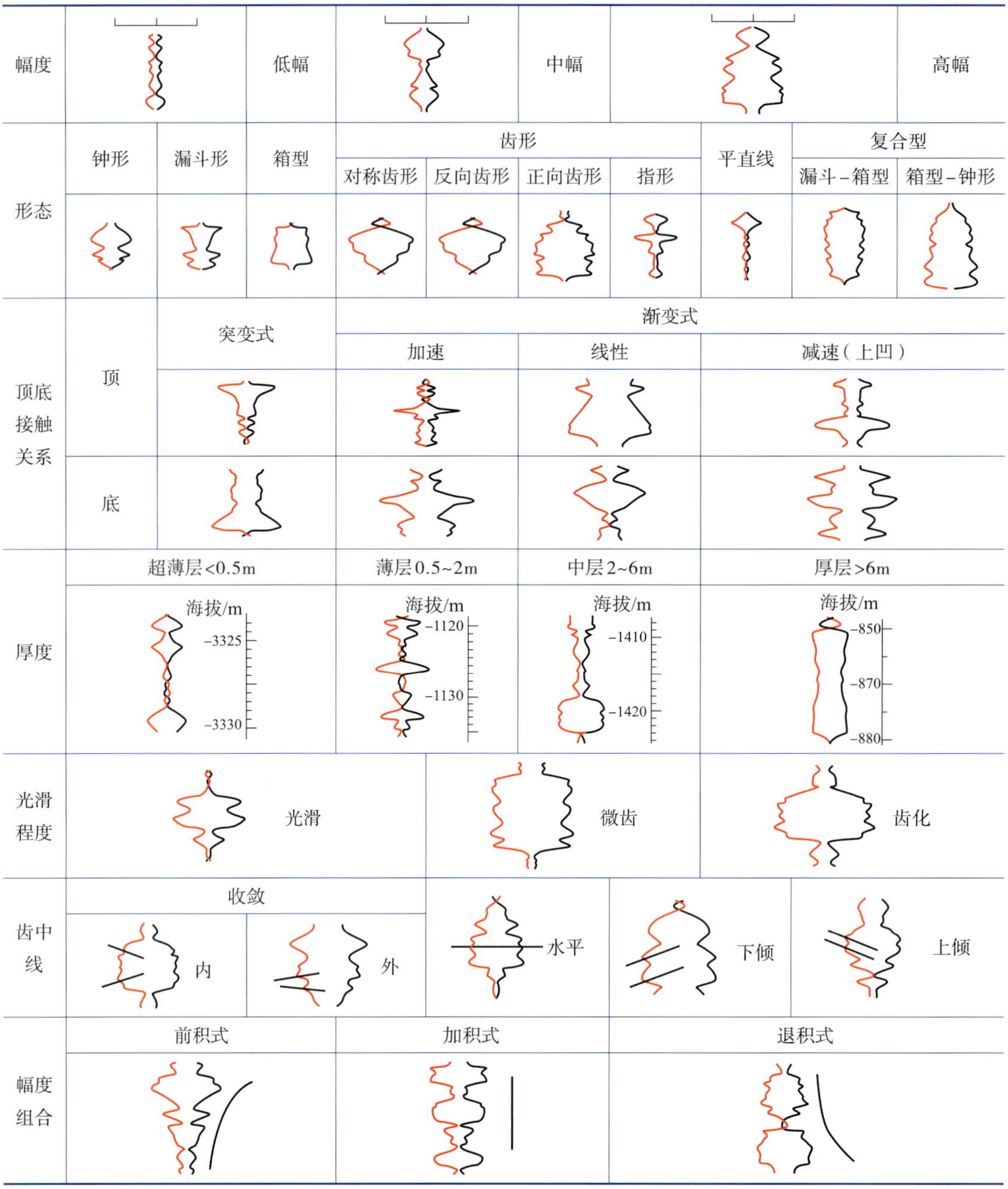

2. 形态特征

不同的沉积环境，其物源、水体能量和水体大小都有差别，导致沉积物组合形式和层序特征的不同，在测井曲线上就表现为不同的曲线形态。根据GR或SP曲线进行分类，依据形态划分为钟形、漏斗形、箱形、舌形（指形）及线形。

（1）钟形：曲线幅度下部较大，往上变小，是水流能量逐渐减弱或物源供应越来越少的表现。其特点是底部突变、顶部渐变，即向上变细的韵律，反映河道侧向迁移的正粒序结构，典型的代表有曲流河、潮汐水道、水下分流河道沉积。

（2）漏斗形：与钟形正好相反，垂向上呈现出向上变粗的反粒序结构，说明水动力逐渐加强和物源供应充足。其特点是顶部突变、底部渐变，反映前积或顺流加积砂体的反粒序结构，典型的代表为障壁砂坝和三角洲前缘河口坝沉积。

（3）箱形：反映沉积过程中物源充足、水动力稳定条件下的快速堆积或环境稳定的沉积。其特点为顶底界面均为突变接触，反映水动力相对较强，代表辫状河道、分流河道等水动力强的河道沉积。

（4）指形：表现为上、下均为渐变接触，而且通常厚度不大，反映出受多种因素影响。其整体背景为水动力条件相对较弱或快速变化，如决口扇、远砂坝及席状砂沉积。

（5）线形：垂向上幅度变化不大，主要反映相对较为平静的沉积环境，如泻湖、前三角洲及半深湖相沉积，物源供给严重不足，以泥和细粒沉积为主。

3. 接触关系

顶底接触关系反映砂体沉积末期、初期水动力能量及物源供应的变化速度，有渐变和突变两类。突变往往表示冲刷（底部突变）或物源中断（顶部突变）。

4. 曲线光滑程度

属于曲线形态的次一级变化，可分为齿形、平滑形。

（1）齿形：反映沉积过程中能量的快速变化或水动力环境的不稳定，它既可以是正齿形，也可以是反齿形或对称齿形，多说明沉积环境动荡造成的岩性不纯。

（2）平滑形：反映沉积环境稳定和水动力条件相对平静，因而体现出岩性的稳定变化，无砂泥间互现象。

5. 组合类型

测井曲线的组合类型包括幅变组合与形态组合，不同的组合特征可很好地反映地层沉积环境及地层演化特征。如某段地层GR或SP测井曲线组合自下而上的包络线显示为漏斗形，则反映整套地层序列为一进积的沉积状态，往往是三角洲沉积体；反之，如果包络线显示为钟形，则为退积水进的沉积状态，代表水体逐渐加深。通过测井曲线的组合可以还原原始沉积相带的类型与演化历史。

通过对准南下组合各组段岩心微相沉积特征及测井曲线响应变化特征进行比对标定，建立准南下组合沉积微相的测井相识别标志（图4-6）。具体而言，准南下组合沉积测井相标志主要包括四大类测井曲线形态特征，即钟形、箱形、指形和漏斗形。其中钟形测井曲线主要代表发育向上粒度变细的砂岩、含砾砂岩河道沉积，如呼探2井头屯河组可见典型的钟形河道及水下分流河道沉积微相的测井响应。箱形及齿化箱形测井曲线则反映水动力条件相对较强且沉积速率较快的河道或水下分流河道沉积，如呼探2井西山窑组所发育的辫状河三角洲分流河道沉积。呈指形的测井曲线响应则反映了三角洲前缘席状砂或滩坝沉积，如卡6井清水河组可见水动力条件较弱并与滨浅湖相泥岩频繁交替的砂体沉积，即三角洲前缘席状砂微相。漏斗形测井曲线则代表了垂向反粒序变化的河口坝沉积，如卡6井清水河组可见典型的三角洲前缘反旋回河口坝沉积（图4-6）。

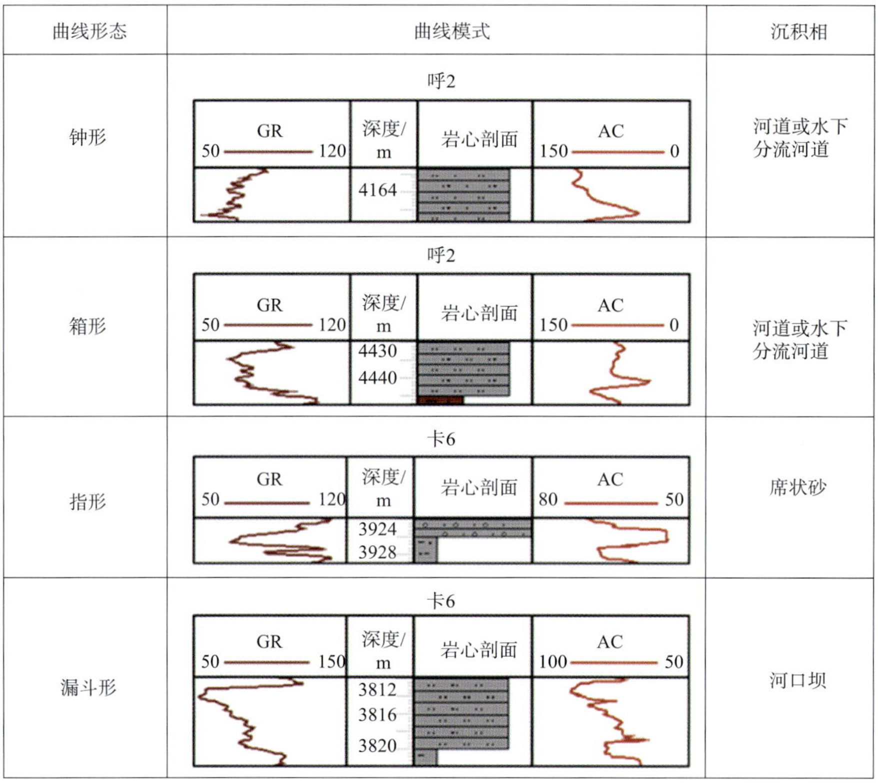

图 4-6　准南下组合部分典型测井相标志

三、粒度概率曲线特征

碎屑岩的粒度分布及分选性是沉积介质搬运营力和搬运能力的度量尺度，也是判别沉积环境及沉积水动力条件的良好标志，因此，粒度分析是沉积体系研究的重要参数之一。应用粒度概率曲线图建立沉积环境的典型判别模式，也已成为沉积相分析中的重要方法（朱筱敏，2008）。

碎屑沉积物在搬运介质内存在着滚动、跳跃和悬浮3种搬运方式，这三种搬运方式形成的碎屑沉积物可以在其粒度概率曲线上产生差异性的响应，并可形成上拱形、两段式、三段式及多段式等粒度概率曲线形态。一般而言，悬浮搬运组分线段一般位于图的右上方，代表最细的颗粒，颗粒大小一般小于0.1mm；跳跃搬运组分线段位于图的中央，颗粒大小一般为0.1~1mm；滚动搬运组分是最粗的沉积物组分，含量一般相对较少，位于左下方。粒度概率曲线直线段斜率代表着分选性，线段越陡说明分选程度越好（朱筱敏，2008）。

通过对准南下组合大量样品的粒度概率曲线特征进行分析和总结，发现准南下组合储层粒度概率曲线形态大多为两段式或三段式并包含部分多段式，反映准南下组合储层整体以牵引流成因为主。具体而言，两段式粒度概率曲线反映储层主要由跳跃总体和悬浮总体组成，而三段式主要由滚动、跳跃和悬浮三个次总体组成。两段式和三段式粒度概率曲线均反映了水动力较强条件下河道化牵引流的沉积特征和沉积过程（朱筱敏，2008）。此外，根据粒度曲线的形态、各总体的斜率、细截点的粗细、总体的数量，把准南下组合粒度曲线分为三种类型（图4-7）。

Ⅰ型：表现为两段式，由跳跃总体和悬浮总体构成。跳跃总体的含量与悬浮总体含量相当，可以达到50%，跳跃总体斜率比悬浮总体斜率大，细截点为2.5~3Φ，滚动组分一般没有发育，反映分选中等，水动力条件中等强度，一般代表河流河道及三角洲分流河道微相［图4-7（a）~（c）］。

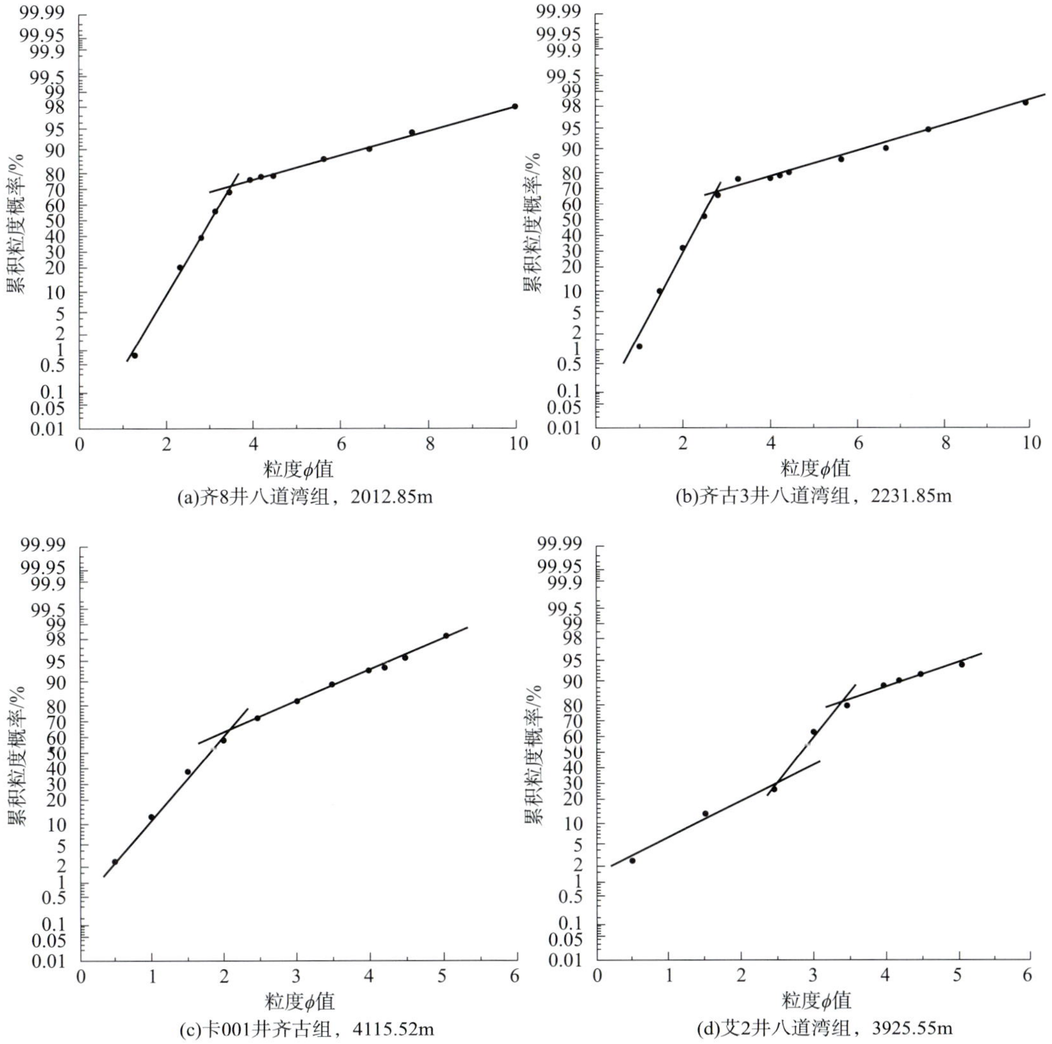

图4-7 准南下组合粒度概率曲线特征

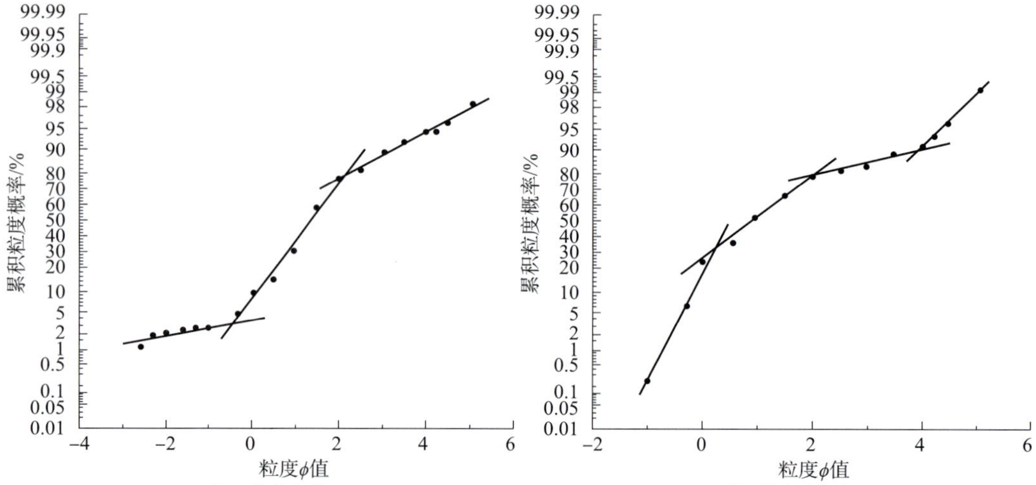

(e)卡10井齐古组，3709.89m　　(f)牧7井头屯河组，4050.2m

图 4–7　准南下组合粒度概率曲线特征（续）

Ⅱ型：表现为三段式，由两个跳跃总体和一个悬浮总体构成。跳跃总体含量可以达到75%，斜率较高，而悬浮总体为25%，斜率低，分选差，细截点为2~3.5ϕ，滚动组分不发育，是在较强水动力条件下的快速沉积，代表水动力较强的河流及三角洲分流河道沉积［图4–7（d）（e）］。

Ⅲ型：表现为多段式，由多个跳跃总体和悬浮总体构成。跳跃总体含量约70%，斜率为40%~75%，细截点为4ϕ，悬浮总体斜率为60%以上，分选相对较好，主要成因于湖浪改造的滨浅湖滩坝沉积及心滩坝或点坝沉积［图4–7（f）］。

第二节　准南下组合沉积相类型及沉积特征

通过对准噶尔盆地南缘野外露头剖面和钻测井资料的综合分析，可在准噶尔盆地南缘下组合内部识别出6种沉积相类型（表4–2），但就厚层规模储层而言，仍以河流相及三角洲相（主要为扇三角洲、辫状河三角洲）分流河道砂砾岩及砂岩成因为主。

表 4–2　准噶尔盆地南缘下组合沉积相类型统计表

相		亚相	微相	发育层位
冲积扇		扇根	泥石流、辫状河道	J_1b、J_2t、J_3q、J_3k、K_1q
		扇中	辫状河道、漫流沉积、筛状沉积	
		扇缘	冲积平原	
河流	辫状河	河道	河道、心滩	J_1b、J_1s、J_2x、J_2t、J_3q、J_3k
		河漫	河漫滩、冲积平原	
	曲流河	河道	河床滞留沉积、边滩	J_1b、J_1s、J_2x、J_2t、J_3q
		河漫	河漫滩、泛滥平原、河漫湖泊、沼泽	
		堤岸	天然堤、决口扇	

续表

相		亚相	微相	发育层位
三角洲	扇三角洲	扇三角洲平原	分流河道、漫滩沼泽	J_2t
		三角洲前缘	水下分流河道、河口砂坝、席状砂	J_2t、K_1q、J_3q
	辫状河三角洲	三角洲平原	辫状河道、辫状河道间	J_2x、J_2t、J_3q
		三角洲前缘	水下分流河道、分流河道间、河口坝	J_1b、J_1s、J_2x、J_2t、J_3q、K_1q
	曲流河三角洲	三角洲平原	分流河道、分流河道间	J_2x、J_2t
		三角洲前缘	水下分流河道、分流河道间、河口坝、远砂坝	J_1b、J_1s、J_2x
湖泊		滨浅湖	滩坝、湖泥	J_1b、J_1s、J_2x、J_2t、J_3q、K_1q
		半深湖—深湖	湖泥、浊积体	J_1b、J_1s、K_1q

一、冲积扇相

冲积扇是出山口处，由山谷内部汇水区汇聚形成的碎屑流、片流或河流流出山口，将其所携带的沉积物搬运至山前并发生沉积作用而形成的范围局限、形状近似于圆锥状的沉积体（高崇龙，2020；关旭同，2020）。一般而言，扇体沉积坡度为0.1°~15°，形态可呈扇形、锥形或舌形（高崇龙，2020）。准噶尔盆地南缘侏罗系八道湾组、头屯河组、齐古组及喀拉扎组发育冲积扇相（张丽媛，2013；司学强，2021）。冲积扇可划分为扇根、扇中和扇缘三个亚相。扇根亚相位于冲积扇根部，沉积宽度较小，沉积坡度较陡，且其沉积岩石类型较为复杂、分选差，主要为无组构的混杂砾岩、具叠瓦状构造的砾岩和砂砾岩。扇中亚相构成冲积扇的主体，主要沉积砂砾岩及砂岩，砂岩比重相对增大，并可出现典型的层理构造。扇缘亚相主要发育粒度较细的砂岩、粉砂岩和泥岩等，沉积水动力条件较弱（朱筱敏，2008）。

准南下组合冲积扇相沉积在扇根部位主要发育泥石流和辫状河道砂砾岩。其中准南中段雀尔沟剖面及塔西河剖面可见泥石流沉积，而泥石流混杂砂砾岩、砾岩按其内部砾石特征差异可进一步划分为2种类型：①混杂砂砾岩及砾岩中砾石主要为砂岩砾石，磨圆较好，砾石直径较大，一般为20~50cm［图4-8（a）］。②混杂砂砾岩及砾岩中砾石主要为棱角状凝灰岩砾石，砾石直径为5~20cm［图4-8（b）］。这2种泥石流砂砾岩层厚度一般为0.5~2.0m，常夹在成层性较好的漫流沉积层之间。准南中段玉指山剖面揭示喀拉扎组冲积扇扇根部位发育辫状河道沉积，并主要由砾石和砂组成，分选较差，且砾石多呈棱角状，一般发育块状层理或槽状交错层理，但单层厚度较薄，一般为0.2~1.0m，并常呈现多层叠置现象，因而可形成厚度较大的砂砾岩层［图4-8（c）］。

(a)泥石流沉积，灰褐色泥质砂砾岩，雀尔沟西沟剖面

(b)泥石流沉积，灰褐色泥质砂砾岩，塔西河剖面

(c)宽—浅河道叠置沉积，灰褐色厚层砂砾岩，玉指山剖面

(d)漫流沉积，灰色薄层砂砾岩，雀尔沟剖面

(e)漫流沉积，灰色薄层砂砾岩与褐色薄层砂质泥岩互层，雀尔沟西沟剖面

(f)筛状沉积，灰褐色薄层砂砾岩，观音沟剖面

图 4-8　准噶尔盆地南缘喀拉扎组冲积扇相沉积特征

准南下组合冲积扇相沉积在扇中部位以牵引流作用为主，可区分为片流沉积、河道沉积、漫流沉积和筛积4种类型。其中准南西段四棵树剖面清水河组扇中上部发育片流沉积，可见韵律层片流砂砾岩，而扇中下部发育非限制性河道化沉积，见非限制性洪流砂砾岩［图4-9（a）（c）］。准南中段玛纳斯—红沟剖面可见头屯河组及喀拉扎组扇中辫状河道砂岩及砂砾岩沉积底部的冲刷充填构造［图4-9（d）（e）］。准南中段雀尔沟剖面可见喀拉扎组扇中亚相发育 2 种类型的漫流沉积：①块状层理或粒序层理的砂砾岩，砾石直径为2~6cm，局部可见直径超过10cm的砾石，单层厚度为 20~40cm，常见多层叠置特征［图4-8（d）］。②砂质泥岩，单层厚度为10~30cm，多与第一种漫流沉积呈交替出现，整体具韵律层理［图4-8（e）］。此外，准南中段的观音沟剖面喀拉扎组局部可见透镜状筛积体，由直径为2~5cm的砾石组成，砾石间充填砂质沉积物（司学强，2021）［图4-8（f）］。

(a)准南西段四棵树剖面清水河组扇中上部片流沉积及下部非限制性河道化沉积

(b)准南西段四棵树剖面清水河组韵律层片流洪积砾岩

(c)准南西段四棵树剖面清水河组非限制性洪流砂砾岩

(d)准南中段玛纳斯—红沟剖面头屯河组
扇中河道砂冲刷面

(e)准南中段玛纳斯—红沟剖面喀拉扎组
冲积扇辫状河道砂砾岩

图 4–9　准南冲积扇扇中亚相沉积特征

准南下组合扇缘亚相以细粒泛滥沉积氧化色泥岩为主要岩性，局部发育小型径流水道微相，内部可见块状层理、交错层理等构造，但砂体规模及沉积粒度相对于扇根和扇中部位河道明显减小。

此外，根据冲积扇所发育的气候条件不同可分为干旱型冲积扇和湿润型冲积扇两大类（朱筱敏，2008）。旱地扇是在干旱—半干旱气候条件下，植被贫乏的山麓陡坡或断裂带因阵发性洪水携带碎屑快速堆积形成的扇形沉积体。由于气候干旱，物理风化作用强烈，山地陡峭，大量近源碎屑伴随阵发性洪水而形成泥石流等高密度流，在重力作用下向下倾方向快速堆积，具明显季节性和突发性。其主要以快速堆积的杂色厚层砾岩、砂砾岩为主，粒度粗、分选磨圆差。旱地扇主要发育于头屯河组和喀拉扎组，头屯河组冲积扇砂砾岩体分布于西段的托斯台一带，喀拉扎组砂砾岩体分布于安集海河以东至乌鲁木齐以西地区，于玛纳斯红沟地区最为发育。玛纳斯红沟地区喀拉扎组冲积扇相沉积为一套红褐色块状砾岩、砂砾岩，砾石分选磨圆均较差，局部具递变层理、冲刷充填构造等，因下伏地层遭受风化而形成高耸的喀拉扎“城墙”砾岩（图4-10，图4-11）（张丽媛，2013）。此外，在准南西段高泉5井头屯河组钻井中也可见干旱条件下发育的红褐色冲积扇混杂砂砾岩，且沉积厚度较大（图4-12）。

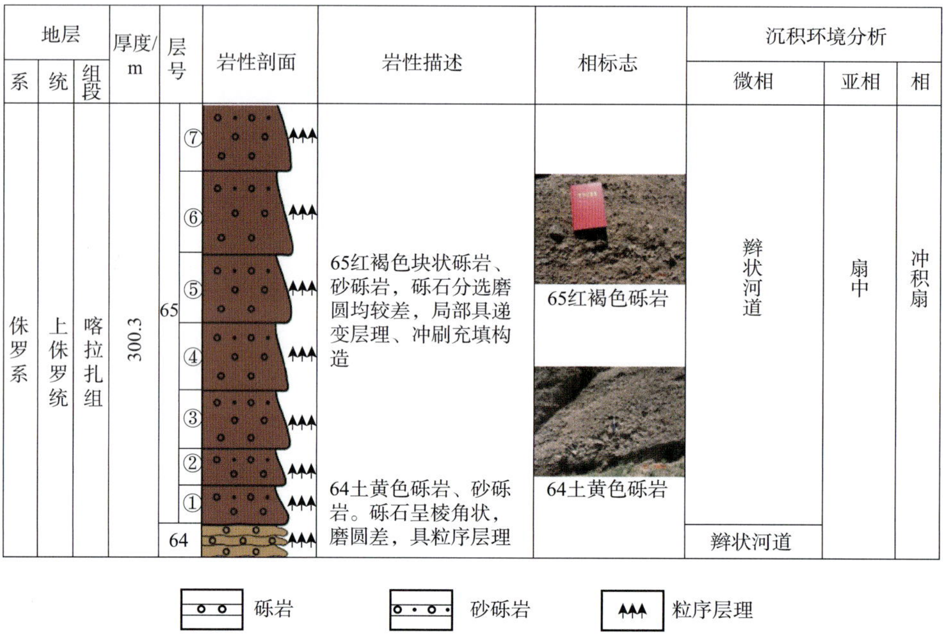

图 4-10　准南中段玛纳斯－红沟剖面喀拉扎组冲积扇沉积特征（张丽媛，2013）

(a)准南中段玛纳斯—红沟剖面喀拉扎组“城墙”砾岩　(b)准南中段玛纳斯—红沟剖面喀拉扎组冲积扇红褐色砾岩

图 4-11　准噶尔盆地南缘下组合冲积扇相砂砾岩特征

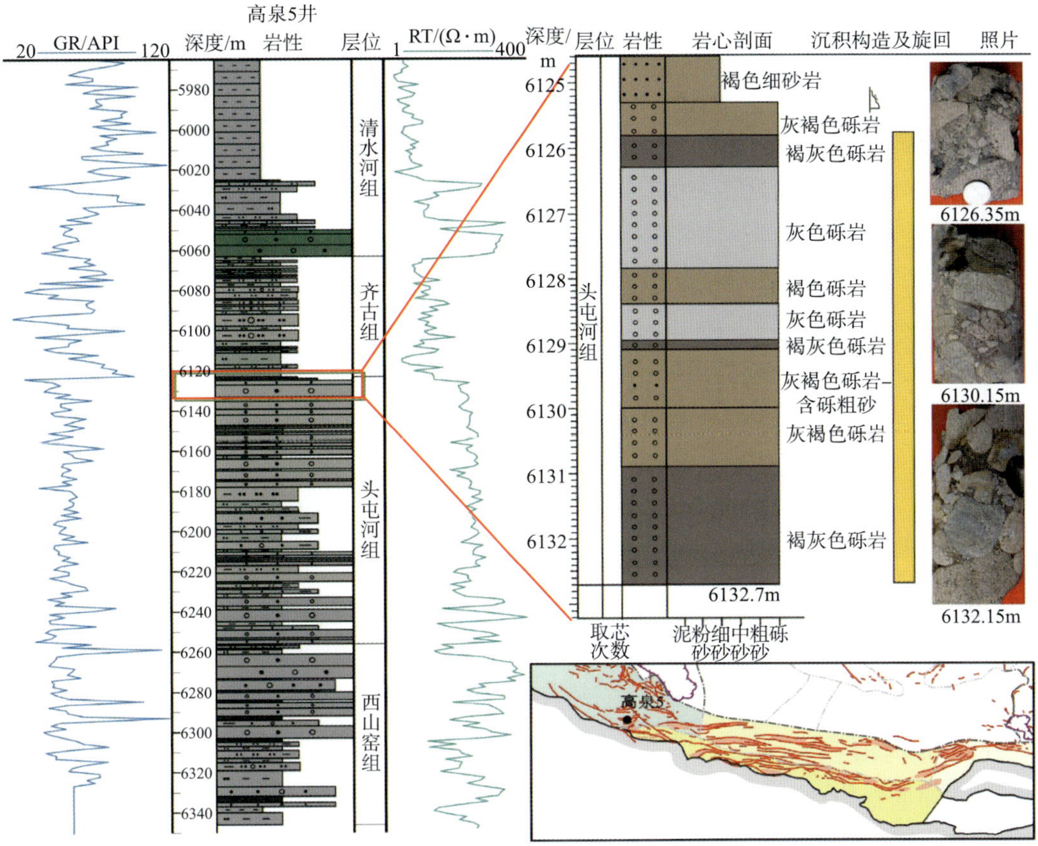

图 4-12 准南西段高泉 5 井头屯河组冲积扇岩心相特征

湿地扇主要发育于八道湾组，并可见于准南西段的托斯台、四棵树地区，中段的头屯河山前地区等（张丽媛，2013）。以西段的卡9井为例，其八道湾组发育扇中河道微相砂砾岩体，沉积物主要是灰黄色中细砾岩、砂岩夹深灰黑色泥岩、煤线、煤层，具冲刷充填构造、透镜状构造，在测井曲线特征上，自然伽马曲线呈典型的齿化箱形，反映砂砾岩体内部粒度的不均匀性，并且内部有薄层泥质夹层发育，曲线幅度多为中等，顶底界面主要表现为突变型（图4-13）。

二、河流相

河流是水流由陆地流向湖泊和海洋的通道，也是把碎屑沉积物由陆地搬运到海洋和湖泊中的主要营力，还是沉积物堆积的重要场所。在河流搬运过程中伴随有沉积作用，并形成广泛的河流沉积（朱筱敏，2008）。河流相在准噶尔盆地南缘侏罗系普遍发育，分布广泛，根据河流沉积特征及其空间展布差异，又可进一步区分为辫状河和曲流河两种类型。

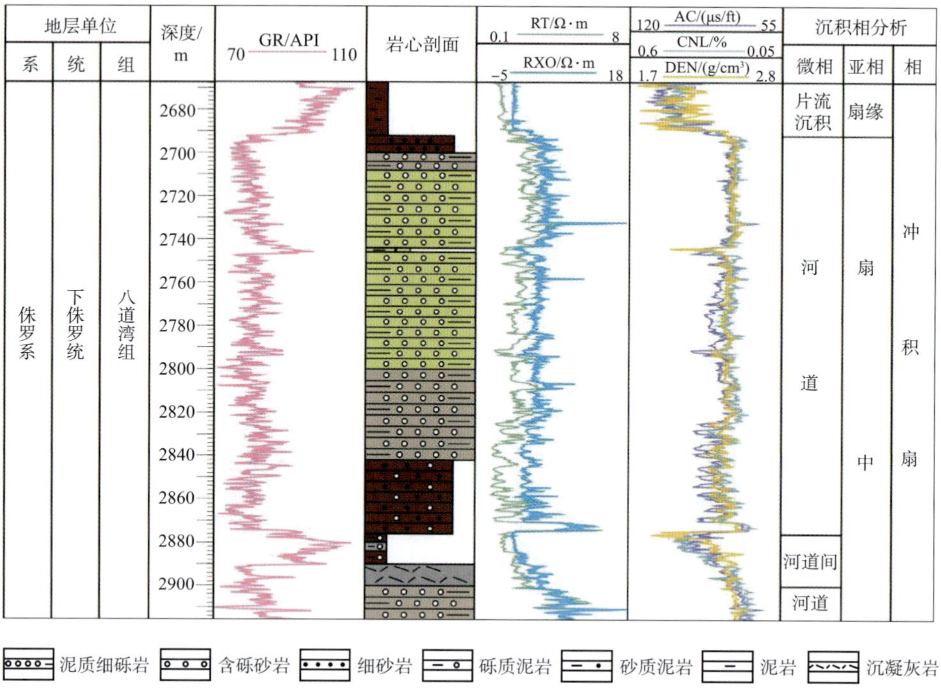

图 4-13　准南西段卡 9 井八道湾组冲积扇沉积特征（张丽媛，2013）

1. 辫状河相

辫状河通常是指弯曲度小于1.5的低弯度河流。其特点是在整个河流的宽度范围（或河谷）内发育有许多被心滩沙坝分开的河道，河道宽而浅，频繁迁移，游荡不定，也称作游荡性河道。辫状河多发育于坡度较大的地带，并具有河道坡降大，流速急，对河岸侵蚀速率快等特征（朱筱敏，2008）。辫状河相在准南侏罗系八道湾组、西山窑组、头屯河组、齐古组、喀拉扎组均有发育，主要可见河道和河漫两种亚相（张驰，2021）。

具体而言，河道亚相主要由心滩及辫状河道两种微相构成。其中心滩微相岩性主要以砾岩、砂砾岩及砂岩为主，颜色呈褐色、棕红色，一般沉积厚度较大，显示自下而上粒度由粗变细的正韵律沉积特征，并可见大型槽状、板状交错层理，自然电位曲线和自然伽马曲线反映为箱形或齿化箱形，有时出现箱形或齿化箱形曲线的叠加；垂向上由多期砂体加积形成，多呈“中厚边薄”的透镜状，横向上发生侧积作用，向外延伸（曾灿，2018）。经准南西段卡9井齐古组岩心相及测井曲线研究可知，其发育的心滩微相，表现为厚层的褐色、杂色砂砾岩，自然电位曲线呈箱形，沉积厚度较大（图4-14）。在野外露头剖面中可见心滩内部发育大型的槽状、板状交错层理，如准南中段郝家沟剖面喀拉扎组发育的辫状河沉积，其内部心滩微相主要由中—粗砂岩构成，并且发育大型槽状交错层理［图4-15（a）］、平行层理［图4-15（b）］，同时具明显的正韵律特征。辫状河道沉积微相是平水期河道亚相沉积的主体，主要以砂砾岩、含砾粗砂岩、粗砂岩及中粗砂岩为主，颜色为灰色、灰绿色；可呈多期叠置的正粒序，多发育槽状、板状交错层理，自然电位曲线变化幅度大，一般呈现箱形或钟形—箱形复合型，自然伽马曲线多表现为钟型，一般在垂向上呈顶平底凸的透镜状，且底部可见明显的侵蚀冲刷面及其之上的粗粒滞留砾石层，横向迁移较快（曾灿，2018；王子松，2019；张驰，2021）。准南下组合地层可见辫状河道微相沉积特征，在野外剖面中，如准南中段郝家沟—头屯河剖面喀拉扎组发育的两处辫状河道微相，均以灰绿色砂岩为特征，并可见强水动力条件下的河道冲蚀、迁移形成的槽状交错层理［图4-15（c）］及两期辫状河道所形成的大型交错层理、平行层理［图4-15（d）］。准南西段托斯台沟剖面齐古组发育的辫状河道微相，可见典型紫红色砂岩［图4-15（e）］，并发育平行层理［图4-15（f）］。钻井中，如准南中段齐古1井西山窑组发育的辫状河道，以砂砾岩、粗砂岩、中砂岩、细砂岩等为主要岩性，颜色多以灰色为主，由下而上呈正粒序（图4-16）。

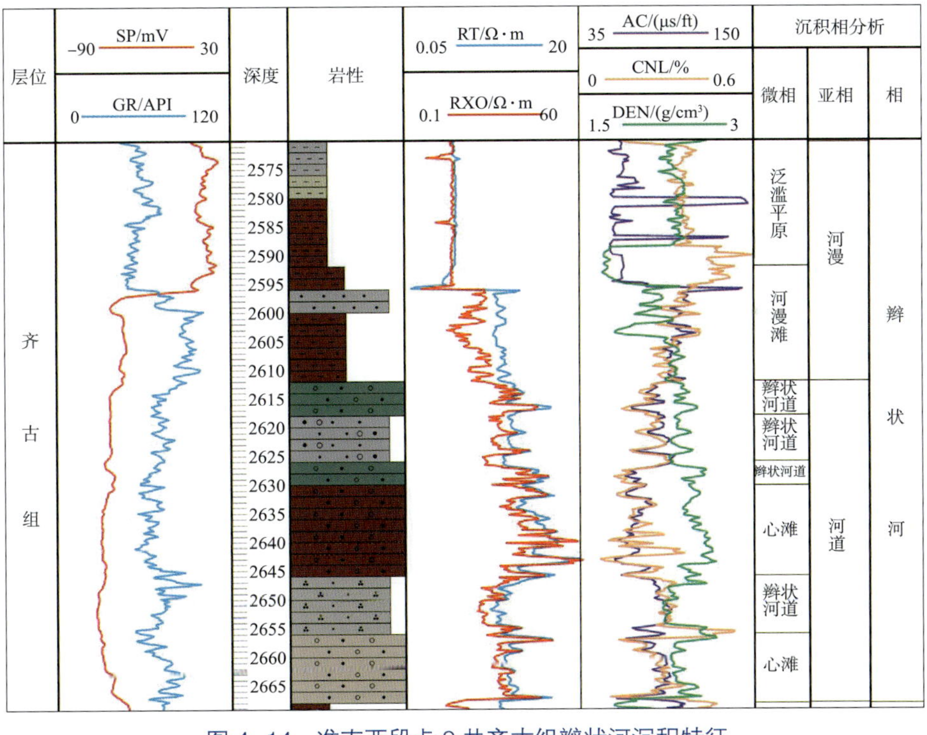

图4-14 准南西段卡9井齐古组辫状河沉积特征

河漫亚相主要为细粒沉积，岩性以粉砂岩、粉砂质泥岩、泥岩为主，多呈紫红色、杂色及棕红色，连续性强，但层理构造不发育，多呈块状，测井曲线表现较为平直，垂向上多发育于粗粒河道沉积顶部或两期河道沉积之间，平面上分布于河道两侧（王子松，2019）。如准南西段卡9井齐古组所发育的河漫亚相，以细粒沉积为主，可见棕红色泥岩，测井曲线响应较为平直（图4-14）。

(a)准南中段郝家沟–头屯河剖面喀拉扎组，心滩微相，槽状交错层理砂岩

(b)准南中段郝家沟–头屯河剖面齐古组，心滩微相，平行层理砂岩

(c)准南中段郝家沟–头屯河剖面喀拉扎组，辫状河道微相，槽状交错层理砂岩

(d)准南中段郝家沟–头屯河剖面喀拉扎组，辫状河道微相，两期辫状河道见大型交错层理

(e)准南西段托斯台沟剖面齐古组，河道亚相，紫红色砂岩

(f)准南西段托斯台沟剖面齐古组，河道亚相，紫红色砂岩

图 4–15　准南下组合辫状河河道亚相野外露头典型沉积特征

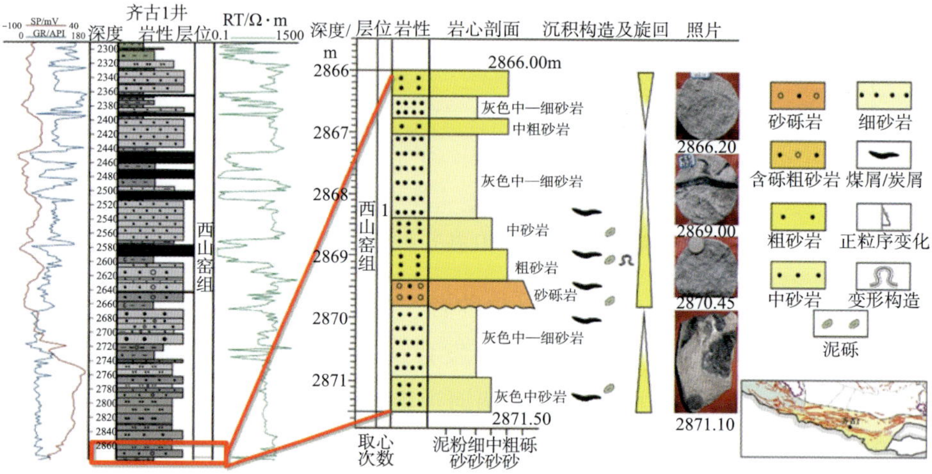

图 4–16　准南中段齐古 1 井西山窑组辫状河道岩心垂向序列特征

2. 曲流河相

曲流河又称蛇曲河、高弯度河，为弯度指数为2~13，坡降小，河床稳定，边滩坝发育，河床沙坝不发育，宽深比较小（<10）的一类河流类型（朱筱敏，2008）。与辫状河相比，曲流河整体沉积粒度较细，细粒沉积微相更为发育，整体表现为“泥包砂”的沉积特点，且垂向上呈典型的河流“二元结构”沉积特征。曲流河相在准南侏罗系八道湾组、三工河组、西山窑组、头屯河组和齐古组均有发育，具体而言，准南下组合曲流河相沉积可进一步区分为河道亚相、堤岸亚相及河漫亚相。

曲流河河道亚相沉积位于“二元结构”旋回下部，可进一步区分为河床滞留沉积微相和边滩微相。河床滞留沉积位于河道底部，以砂砾岩、砂岩为主要岩性，且其底部粗粒的滞留砾石呈次棱角—次圆状，偶见泥砾，颜色以灰色、浅灰色为主，向上逐渐变细，并发育槽状、楔状交错层理及平行层理，自然伽马和自然电位曲线为箱形—钟形，垂向上呈断续透镜状分布（冯泽，2016）。在准南中段玛纳斯—红沟剖面齐古组发育曲流河河床滞留沉积，可见紫红色滞留泥砾［图4-17（a），图4-18］，向上转变为发育楔状交错层理的紫红色河道砂岩［图4-17（b）］。边滩微相则以中砂岩、细砂岩及粉砂岩沉积为主，多为灰绿色、灰色，表现出正粒序的沉积特征，主要发育板状交错层理、波状交错层理等沉积构造；在电测曲线上一般呈中高幅度钟形，垂向上多期叠置发育，在横向上侧积作用明显，平面上呈点状分布（乔雨朋，2016；冯泽，2016）。如在准南中段头屯河剖面头屯河组可见曲流河边滩砂体，以灰色砂岩沉积为主，内部发育典型的侧积型层理［图4-17（c）］。在钻井中，准南西段高泉5井齐古组发育的曲流河沉积，具典型边滩沉积特征，主要以细、粉砂岩为主要岩性，颜色为绿色、褐色为主，自下而上为正粒序特征（图4-19）。

堤岸亚相位于曲流河“二元结构”沉积旋回的顶部，又可进一步区分出天然堤、决口扇微相。天然堤是洪水满溢出河床而其所携带的细粒沉积物在两岸沉积形成的沉积体，岩性主要以细粉砂岩、泥质粉砂或粉砂质泥为主，颜色多为灰色、浅灰色，主要表现为正韵律的沉积序列，层理构造上以小型波状交错层理、小型槽状交错层理及水平纹层为主；测井曲线响应幅度较低，呈现典型的指形或齿化钟形；垂向剖面上呈楔状，多分布于河道两岸，平面上呈条带状（赵伯宇，2010；帅能员，2016）。如准南中段呼图壁河剖面齐古组曲流河天然堤微相，发育流水沙纹层理砂岩，颜色主要以灰色为主［图4-17（d）］。决口扇是单次洪水冲出河道，冲决天然堤，形成的扇形堆积体，往往与天然堤共生，粒度比天然堤略粗，岩性以中—细砂岩、粉砂岩及泥质粉砂岩为主，通常呈反韵律特征，具块状层理、小型交错层理、波状层理及水平层理，测井曲线一般表现为钟形，剖面上呈透镜状，岩体形态为舌状。（朱筱敏，2008；陈泽明，2014；冯泽，2016），受限于准南下组合所获资料，决口扇沉积微相发现较少。

(a)准南中段玛纳斯—红沟剖面齐古组，
河道底部滞留泥砾

(b)准南中段玛纳斯—红沟剖面齐古组，
河道楔状交错层理

(c)准南中段头屯河剖面头屯河组曲流
河边滩砂体内部典型侧积型层理

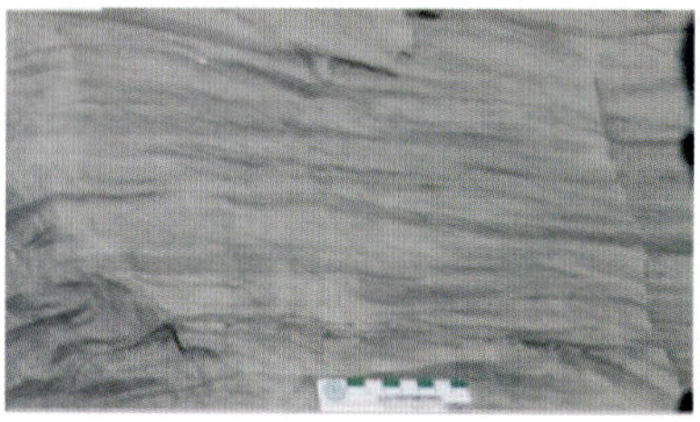

(d)准南中段呼图壁河剖面齐古组，
曲流河堤岸亚相，流水沙纹层理砂岩(张驰，2021)

(e)准南中段呼图壁河剖面齐古组，
河漫滩微相，水平层理泥质粉砂岩(张驰，2021)

(f)准南西段四棵树河剖面齐古组
顶部泛滥平原红色泥岩

图 4–17　准南中段齐古组曲流河野外露头剖面典型沉积特征

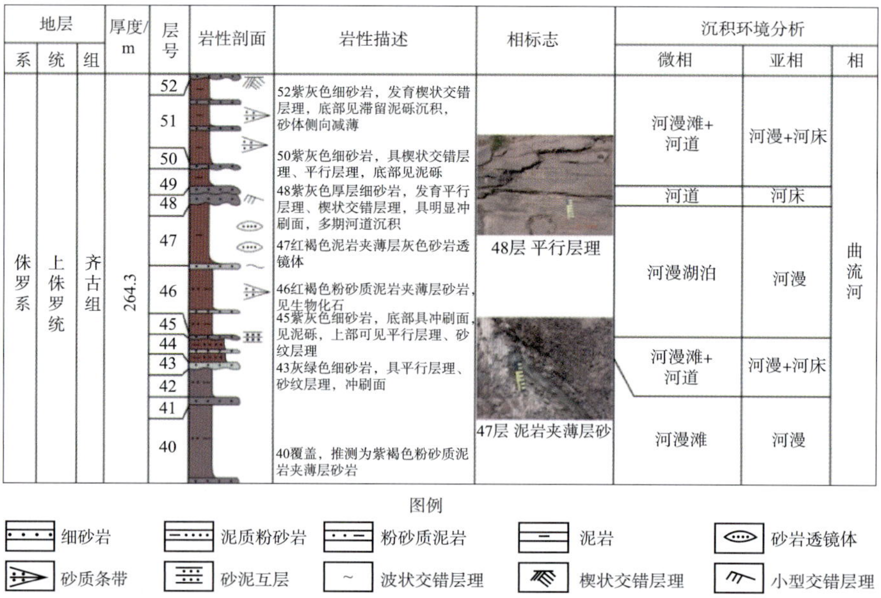

图 4–18　准南中段玛纳斯—红沟剖面齐古组曲流河沉积特征

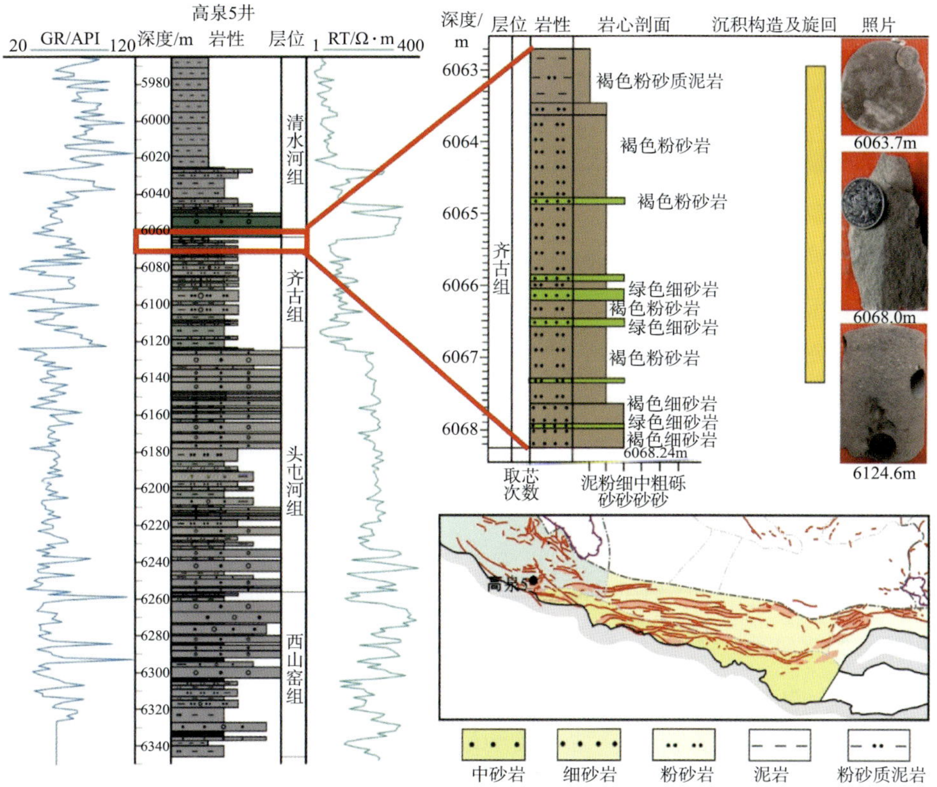

图 4-19　准噶尔盆地南缘西段高泉 5 井齐古组曲流河沉积特征

河漫亚相也位于曲流河“二元结构”沉积旋回的顶部，沉积岩性主要以粉砂岩、泥岩、粉砂质泥岩为主，颜色为红色、棕红色，主要表现为波状层理和水平层理；测井曲线上 GR 为高值，SP 则接近于基线；垂向上位于河床和堤岸亚相之上；平面上位于堤岸亚相外侧，分布面积广泛（朱筱敏，2008；帅能员，2016）。河漫亚相可包含河漫滩、泛滥平原等沉积微相。河漫滩主要发育漫洪期的细粒沉积，岩性以泥质粉砂岩和粉砂质泥岩为主，颜色为紫红色、红色，垂向上亦有向上变细的正韵律结构，可见波状层理，水平层理，测井曲线较为平直，岩体形态常沿河流方向呈板状延伸（朱筱敏，2008；冯泽，2016）。如准南中段呼图壁河剖面齐古组发育的河漫滩沉积微相，其岩性以泥质粉砂岩为主，呈典型紫红色氧化色调，并见水平层理［图 4-17（e）］。泛滥平原与河漫滩差别不大，都以细粒沉积为主要特征，发育泥岩、泥质粉砂岩，颜色以红色、红棕色为主，多为块状层理，测井曲线也较为平直，沉积环境较为稳定，垂向连续性发育，部分地区横向延伸较大（赵伯宇，2010）。如准南西段四棵树剖面齐古组顶部发育泛滥平原红色泥岩，且横向延伸发育范围较广［图 4-17（f）］。

三、扇三角洲相

扇三角洲是冲积扇直接入湖而形成的近源砾石质三角洲，一部分位于水上，另一部分位于水下。水上部分称为扇三角洲平原，水下部分称为扇三角洲前缘和前扇三角洲。由于临近物源区，扇三角洲沉积物粒度较粗，分选、磨圆差，成分和结构成熟度较低（朱筱敏，2008）。准噶尔盆地南缘侏罗系头屯河组、齐古组、喀拉扎组及白垩系清水河组发育扇三角洲相。准南下组合发育的扇三角洲可进一步划分为扇三角洲平原及扇三角洲前缘亚相。

扇三角洲平原通常呈向盆地方向倾斜的扇形，实际上形态受盆地岸线形状、波浪作用强度以及沉积物供给等因素的综合影响。准南下组合地层中发育的扇三角洲平原亚相可划分为分流河道和漫滩沼泽两个沉积微相。分流河道位于扇三角洲平原的上部，岩性主要为砂砾岩、中粗砂岩和细砂岩，颜色以灰色、灰绿色为主，夹薄层的灰黑色泥岩，且具有正韵律特征，底部具有冲刷面，向上发育大型交错层理、平行层理、波状层理、包卷层理等，自然电位测井曲线呈微齿化钟形，垂向上呈透镜状发育，平面上具有明显条带性（朱筱敏，2008；崔志蕊，2011；许可，2016）。在钻井中，如准南西段卡11井清水河组可见厚层灰色扇三角洲平原分流河道砾岩、砂砾岩，河床底部可见冲刷面和滞留砾石、泥砾（图4-20、图4-21），成分成熟度较低，分选差至中等，具正递变层理（图4-20）。漫滩沼泽位于分流河道间或单个扇体之间的低洼地区，沉积物较细，在岩性上一般为粉砂、黏土及细砂的薄互层，颜色多为紫红色，发育水平和

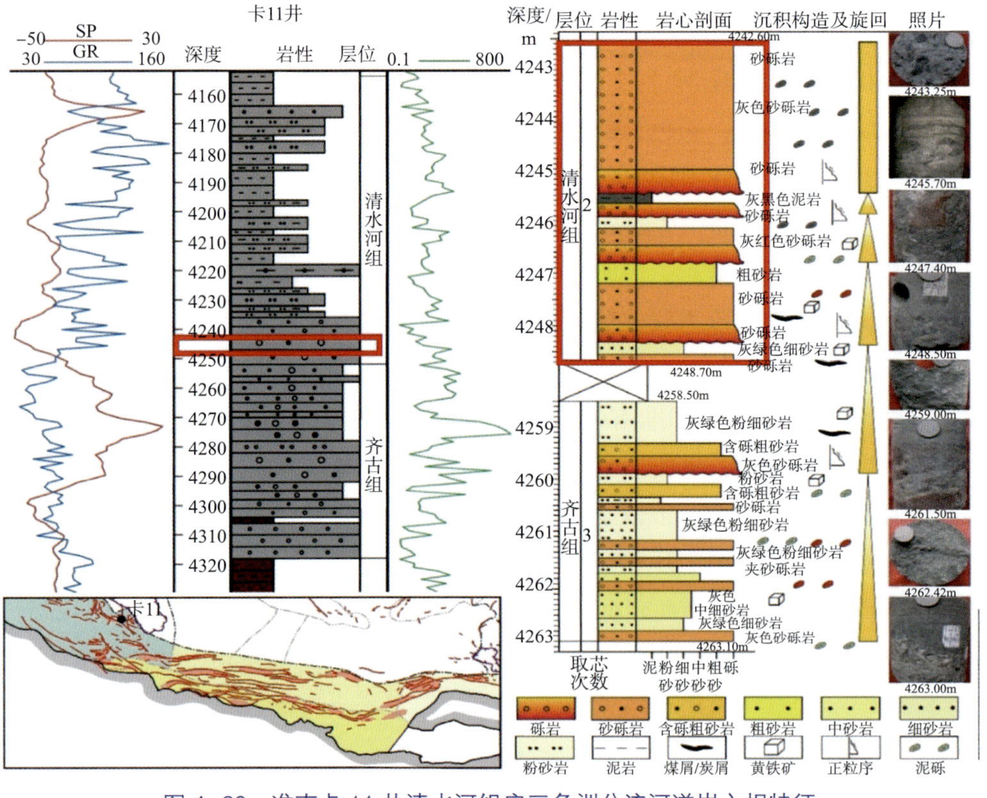

图 4-20　准南卡 11 井清水河组扇三角洲分流河道岩心相特征

波状层理，自然电位曲线呈平直夹指状，垂向上可见粗粒砂岩透镜体，平面上，其水系呈树枝状和梳状（李赫，2013；范军，2013）。

(a)4245.65m　(b)4246.25m　(c)4247.6m　(d)4247.95m

图 4-21　准南西段卡 1 井清水河组扇三角洲平原分流河道砂岩—砂砾岩

扇三角洲前缘亚相位于正常浪基面之上的浅水区，是陆源水流与波浪相互作用的地带，主要沉积砂砾岩、砂岩及泥岩，砂岩主要呈灰色、灰绿色，而泥岩呈灰黑色（张佩雅，2019）。扇三角洲前缘亚相可以进一步识别出水下分流河道、河口砂坝和前缘席状砂沉积微相。

水下分流河道微相岩性主要为砂砾岩和含砾砂岩，颜色主要以灰绿色为主，具有正韵律特征；发育大中型交错层理和冲刷面构造，自然电位曲线呈钟形或箱形；横截面呈透镜状且迅速尖灭，平面分布呈长条状（范军，2013）。在剖面上，如准南中段后峡剖面八道湾组底部发育厚层扇三角洲水下分流河道砂砾岩［图4-22（a）］，且内部夹泥岩和砂岩，砂岩颜色较暗，多以灰绿色为主。此外，准南西段四棵树剖面头屯河组及阿尔钦沟剖面清水河组均发育有扇三角洲前缘水下分流河道沉积，岩性主要为厚层砂砾岩，发育大型交错层理［图4-22（b）］，且颜色以灰绿色这一还原色调为主［图4-22（c）~（e），图4-23］。在钻井中，准南西段GHW001井清水河组发育扇三角洲前缘水下分流河道微相，并以厚层灰绿色砂砾岩为特征，具向上变细的正韵律，测井曲线呈箱型（图4-23）。

河口砂坝微相位于水下分流河道前方，并继续顺其方向向湖盆中央不断扩大，且含砂量较高，而岩性以粉砂—中砂为主，颜色为灰色、灰白色，具有垂向反韵律的特点，发育小型交错层理，波纹层理和平行层理，自然电位曲线多呈漏斗形，横剖面呈底平顶凸或双凸的透镜状（朱筱敏，2008；许可，2016）。扇三角洲河口坝在准南下组合沉积规模相对较小，如准南西段卡11井清水河组可见典型的河口砂坝（图4-24、图4-25），且以灰色粉砂岩为主要岩性，自然电位曲线反映了反韵律特征，显示漏斗状、顶底渐变的箱形（图4-24）。

(a)准南中段后峡剖面八道湾组底部厚层扇三角洲砂砾岩，内部夹泥岩和砂岩

(b)准南西段四棵树剖面头屯河组底部厚层扇三角洲砂砾岩，见大型交错层理

(c)准南西段四棵树剖面头屯河组底部扇三角洲砂砾岩，早期还原环境铁氧化标志

(d)准南西段阿尔钦沟剖面清水河组底部厚层扇三角洲砂砾–砂岩

(e)准南西段阿尔钦沟剖面清水河组底部厚层扇三角洲砂砾–砂岩

图 4–22 准噶尔盆地南缘下组合扇三角洲前缘水下分流河道砂砾岩

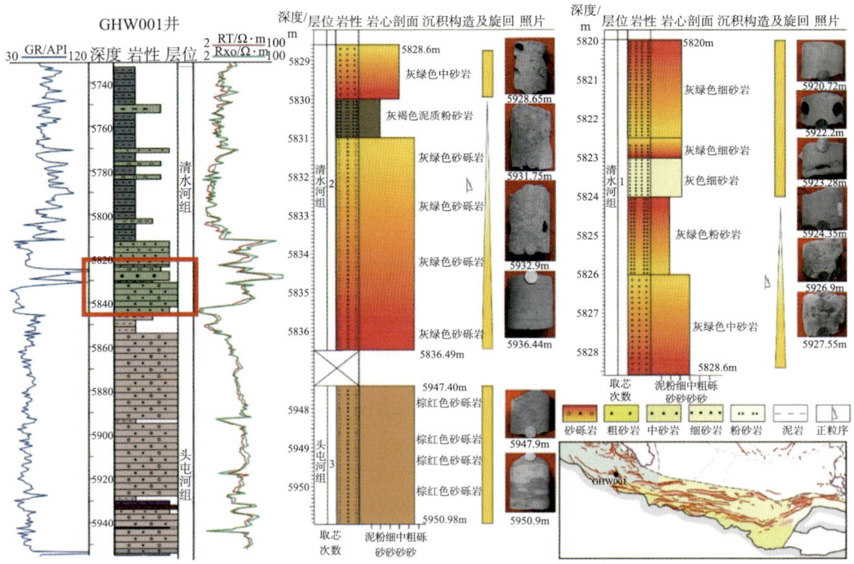

图 4–23 准南西段 GHW001 井清水河组扇三角洲前缘水下分流河道岩心相

前缘席状砂微相岩性较细，岩石类型主要为细砂岩及粉砂岩，颜色以灰色，深灰色为主，一般显示反韵律沉积序列，并常见波状交错层理、变形层理，测井曲线主要呈指形，席状砂微相中往往夹砂岩透镜体，且横向展布稳定，大部分呈带状分布（朱筱敏，2008；陈媛媛，2011；刘朋远，2012）。受限于准南下组合所获资料，这一沉积微相在研究中较为少见。

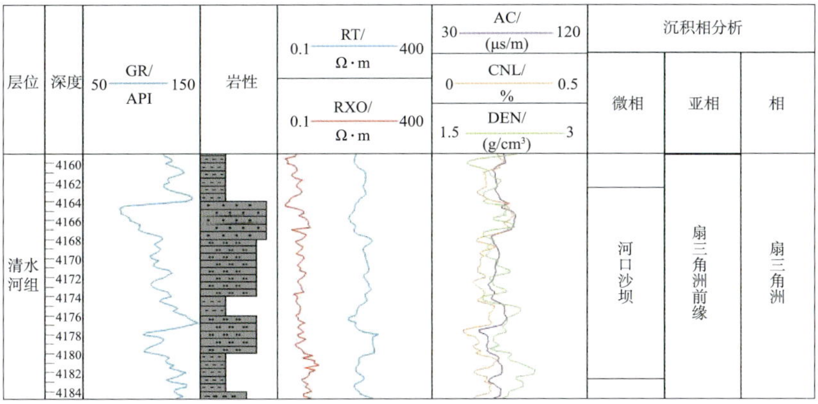

图 4-24 准南西段卡 11 井清水河组扇三角洲前缘河口砂坝

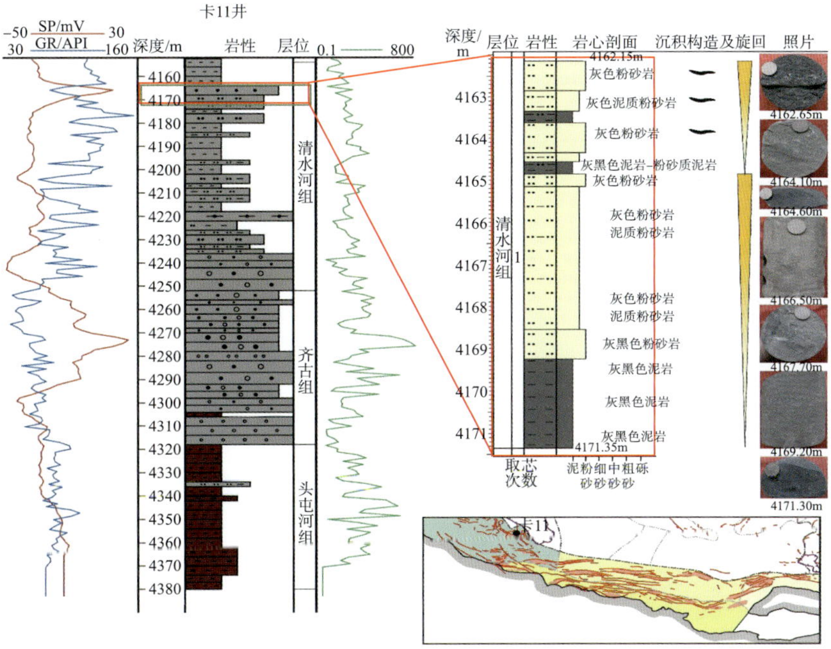

图 4-25 准南西段卡 11 井清水河组扇三角洲前缘河口砂坝岩心相

四、辫状河三角洲

辫状河三角洲是由辫状河体系前积到水体中所形成的富砂和砾石的三角洲（朱筱

敏，2008；葛家旺，2019）。辫状河三角洲在准南下组合广泛发育，是准南侏罗系—白垩系最重要的一种沉积相类型。辫状河三角洲又可分为辫状河三角洲平原、辫状河三角洲前缘和前辫状河三角洲三个亚相，准南下组合主要发育辫状河三角洲平原和辫状河三角洲前缘两个亚相。

辫状河三角洲平原亚相是辫状河三角洲的水上部分，常见岩性主要有砾岩、砾状砂岩、泥质粉砂岩、粉砂质泥岩以及泥岩，可区分出辫状河道和辫状河道间两个微相。辫状河道微相以河道砂坝侧向迁移而形成的沉积物为主，岩性较粗，主要为砾岩、含砾砂岩及砂岩，颜色以灰绿色、浅灰色为主，也可见杂色，通常构成下粗上细的正旋回序列，发育侧积交错层理及冲刷面构造，也可见平行层理，大、中型板状和槽状交错层理。测井曲线一般为钟形或箱形，在垂向上形成若干个向上变细的透镜体并相互叠置，且辫状河道在平面上呈条带状分布（曾亮，2014；罗可，2017）。钻井中，以准南西段卡001井齐古组发育辫状河三角洲平原辫状河道为例，沉积岩性主要以灰绿色、灰色砂岩—砂砾岩为主，显示典型的正韵律结构，曲线可见钟形样式，并可见多期辫状河道呈叠置状发育（图4-26）。辫状河道间微相沉积物主要是以泥岩、粉砂质泥岩、泥质粉砂岩为主，颜色以灰绿色、紫红色为主，通常发育的层理构造包括块状层理及

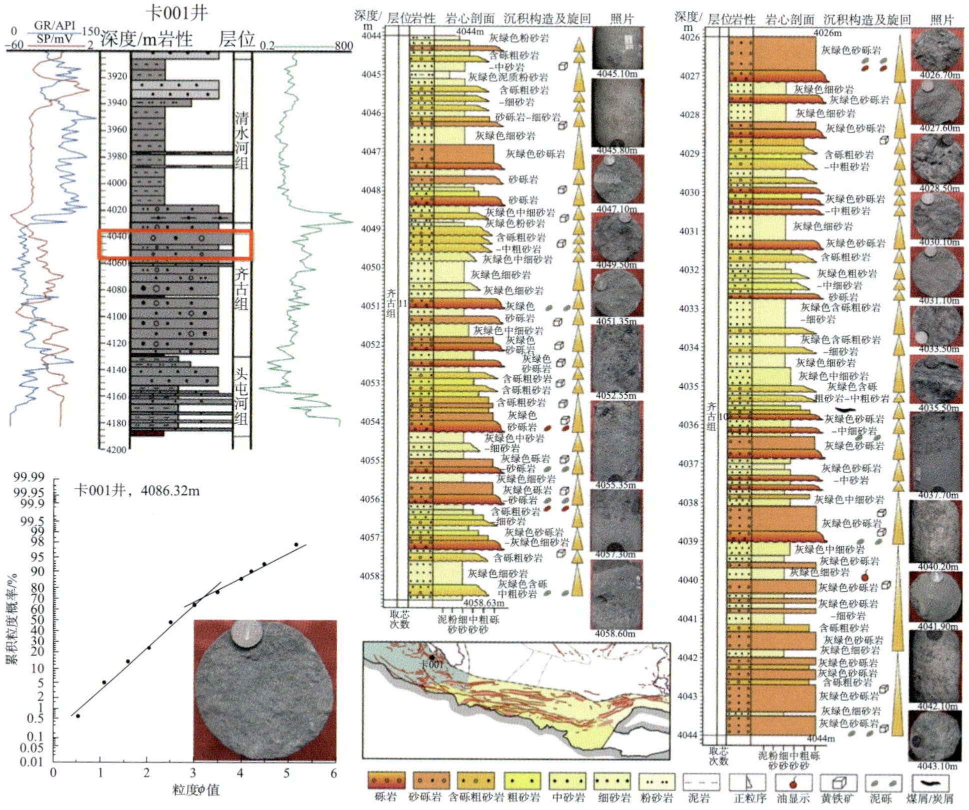

图4-26 准南西段卡001井齐古组辫状河三角洲平原厚层垂向叠置辫状河道沉积

水平层理，而自然伽马曲线呈低幅齿化的平直状，垂向上偶见小型砂岩透镜体，平面上在辫状河道两侧分布较广（曾亮，2014；苏秋，2015；邓伟，2018）。

辫状河三角洲前缘亚相是辫状河三角洲水下部分的主体，是辫状河三角洲沉积中最活跃的场所，岩性多以砾状砂岩、细砂岩、粉砂岩、泥质粉砂岩及泥岩为主，由水下分流河道、分流河道间、河口坝等微相组成，在准南下组合内均较为发育。

水下分流河道微相是辫状河三角洲前缘亚相沉积的主体，是平原亚相中辫状河道入湖后在水下的延伸部分，岩性以砂砾岩、细砾岩、粗粒砂岩为主，颜色主要呈灰绿色，具正旋回沉积特征，且冲刷面构造、平行层理与大、中型交错层理较常见，自然电位曲线主要为箱形和钟形。此外，水下分流河道砂体呈层状，内部为相互叠加的砂岩透镜体，易发生侧向移动，使相邻河道横向相连形成复合砂体（杨聿强，2015；邓伟，2018）。在野外露头剖面中，如准南西段四棵树剖面八道湾组发育辫状河三角洲前缘水下分流河道，岩性主要为灰色、灰绿色厚层砂岩，砂体规模大，横向延伸较远［图4-27（a）］。准南西段阿尔钦沟剖面八道湾组发育辫状河三角洲前缘叠置型水下分流河道砂砾岩—砂岩厚层复合体，颜色呈灰色、灰绿色，横向延伸规模较大［图4-27（b）（c）］。玛纳斯—红沟剖面头屯河组发育的辫状河三角洲前缘水下分流河道沉积，为一套规模较大的水下分流河道砂体，砂体较厚，颜色呈灰绿色，并可以识别出顶平底凸的河道［图4-27（d）］。钻井中，准南西段卡10井清水河组发育的水下分流河道以砂砾岩、砂岩为主要岩性，分选磨圆较差，河道底部可见冲刷面构造，自然伽马曲线表现为箱形（图4-28）。

分流河道间微相是水下分流河道之间较细粒的沉积单元，其沉积于水动力相对较弱的环境中，岩性较细，常为粉砂岩与泥岩，且颜色较深，为灰色、灰绿色，通常可见水平层理和小型槽状交错层理，测井曲线多呈微齿或平直的齿化形态，较为低幅，河道间沉积物在垂向上多以大小不等的透镜状形式出现在河道砂体中（苏秋，2015）。如准南西段阿尔钦沟剖面八道湾组底部规模发育杂色泥岩隔层，与砂岩互层发育，并可见水平层理［图4-27（e）］。

河口坝微相岩性以中、细粒砂岩为主，局部为含砾砂岩，颜色以灰绿色、灰色为主，从下向上多显示由细变粗的反韵律，受较强水动力作用，泥质含量较少，且见平行层理及中型交错层理，测井曲线多呈漏斗形，垂向上河口坝砂体沉积厚度较薄，平面上一般分布于水下分流河道的末端及侧缘（苏秋，2015）。如在准南中段玛纳斯—红沟剖面头屯河组发育的辫状河三角洲前缘河口坝微相，其主要发育灰色、灰绿色砂岩，也可见含砾砂岩和粉砂岩，在垂向上呈下细上粗的反韵律，砂体中可见平行层理和小型板状交错层理［图4-27（f）］。

(a)准南西段四棵树剖面八道湾组底部辫状河
三角洲前缘水下分流河道砂砾岩

(b)准南西段阿尔钦沟剖面八道湾组辫状河
三角洲叠置型分流河道砂砾岩-砂岩复合体

(c)准南西段阿尔钦沟剖面八道湾组辫状河
三角洲前缘水下分流河道厚层砂砾岩

(d)准南中段玛纳斯红沟剖面头屯河组辫状河
三角洲前缘水下分流河道砂体

(e)准南西段阿尔钦沟剖面八道湾组辫状河
三角洲分流河道间杂色泥岩隔层

(f)准南中段玛纳斯—红沟剖面头屯河组辫状河
三角洲前缘河口坝微相

图 4-27 准南辫状河三角洲前缘野外露头及岩心沉积相标志

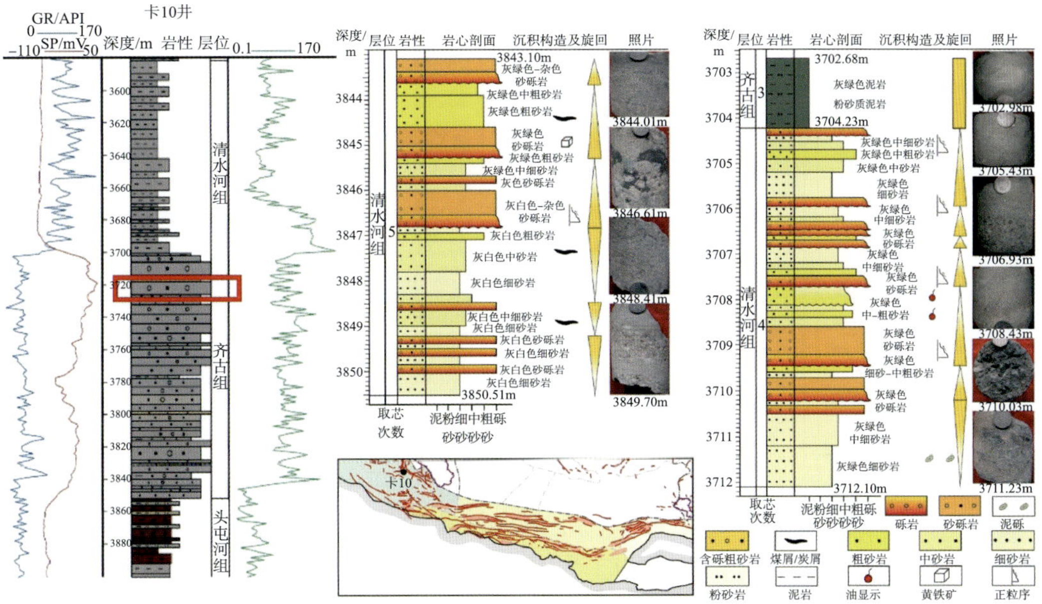

图 4-28　准南西段卡 10 井清水河组辫状河三角洲前缘水下分流河道岩心相特征

五、曲流河三角洲

曲流河三角洲是曲流河河流携带大量陆源碎屑在湖盆的河口区快速堆积形成的锥状或扇状的三角形沉积体，距离物源较远，成分成熟度和结构成熟度相对较高，地形较缓（朱筱敏，2008；张藜，2011；李莹，2013）。准噶尔盆地南缘侏罗系的曲流河三角洲分布相对局限，如西山窑组准南中段清水河一带至东段古牧地区、头屯河组准南中段东湾一带至东段古牧地背斜北部、西山窑组的水西沟剖面等（张丽媛，2013）。钻井揭示曲流河三角洲主要在准南中段中下侏罗统发育。曲流河三角洲在准南下组合发育曲流河三角洲平原、曲流河三角洲前缘两个亚相单元。

曲流河三角洲平原亚相是曲流河三角洲的陆上主体部分，岩性主要为砂岩、粉砂岩、泥岩，河道砂体呈透镜状，横向变化大（李莹，2013）。曲流河三角洲平原亚相又可分为分流河道、分流河道间沉积微相。

分流河道微相构成了曲流河三角洲平原亚相沉积的骨架，岩性以中砂岩、细砂岩、粉砂岩为主，颜色以灰色、灰绿色为主，多呈向上变细的正韵律，分选较好，发育大型交错层理、平行层理，具冲刷—充填沉积构造，测井曲线常呈齿化钟形、齿化箱型，横剖面呈透镜状，沿河床方向呈长条状（田兵，2010；雷江平，2011）。钻井中，如准南西段独山1井齐古组发育曲流河三角洲平原分流河道沉积，岩性以灰绿色中细砂岩、细砂岩为主，呈正韵律沉积序列（图4-29）。准南中段齐8井八道湾组底部发育的分流河道微相，以灰绿色砂砾岩、细砂岩为主要岩性，由下向上粒度逐渐变细，显示正韵律沉积特征，可见冲刷面沉积构造，冲刷面之上为滞留砾石（图4-30）。

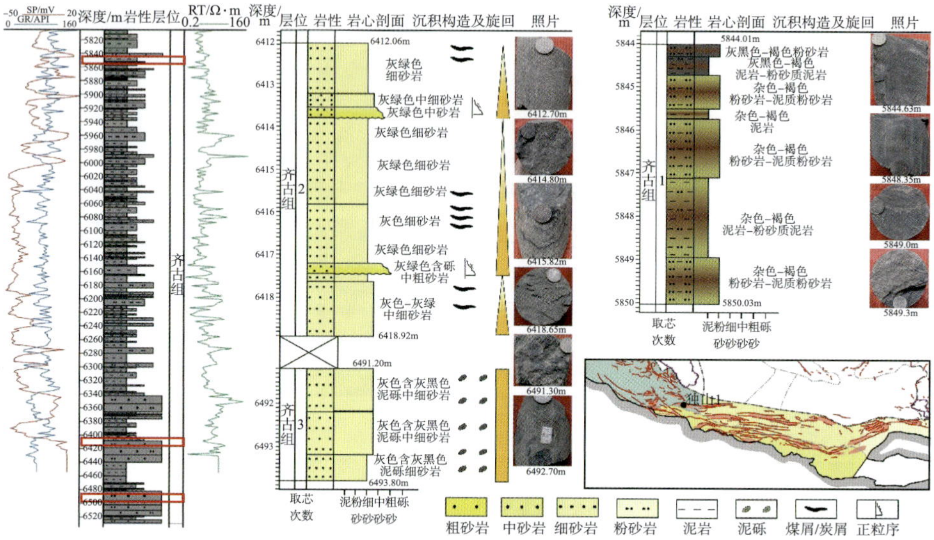

图 4–29　准南西段独山 1 井齐古组曲流河三角洲平原岩心相特征

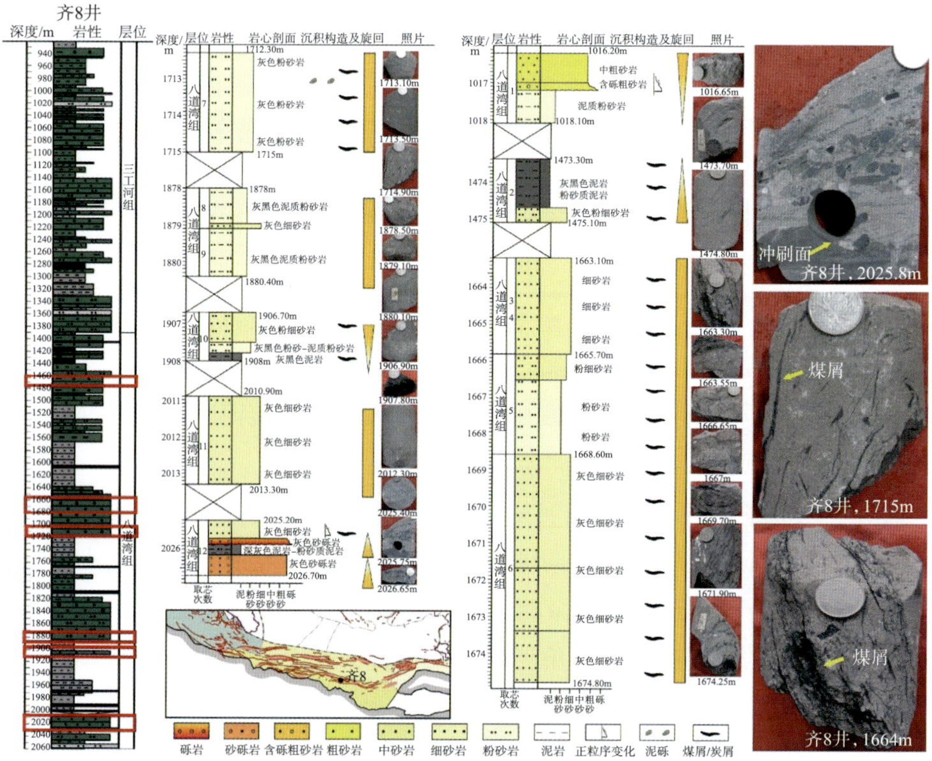

图 4–30　准南中段齐 8 井八道湾组曲流河三角洲平原岩心相特征

分流河道间微相在曲流河三角洲平原分流河道之间的低地中形成，且沉积物以炭质泥岩和煤为特征，岩性以粉砂质泥岩、泥质粉砂岩以及泥岩为主，颜色以灰色、灰绿色为主，水平层理发育，电测曲线起伏较小，多为平直状，垂向上与分流河道构成纵向上下粗上细的二元结构（田兵，2010；贺敬聪，2017）。如准南中段齐8井八道湾组中上部发育的分流河道间沉积微相，以灰黑色粉砂质泥岩为主要岩性，粒度分选较好，沉积物中可见煤屑（图4-30）。

曲流河三角洲前缘亚相是曲流河三角洲沉积最为活跃的地带，是质地较纯、分选较好的砂质沉积集中带，岩性由砂岩与泥岩互层组成。曲流河三角洲前缘又可分为水下分流河道、分流河道间、河口坝和远砂坝等沉积微相。

水下分流河道微相为陆上分流河道的水下延伸部分，岩性主要为含砾砂岩、细砂岩和粉砂岩，颜色多呈灰色、深灰色，且通常发育正旋回沉积序列，常见交错层理、波状层理及冲刷—充填构造，自然伽马曲线呈现箱形或钟形，在垂向上呈透镜状结构，侧向变为泥质沉积物，岩性逐渐变细（朱筱敏，2008；李莹，2013）。如准南东段牧7井头屯河组底部发育的水下分流河道微相，以灰色细、粉砂岩为主要岩性，向上逐渐变细，呈正韵律特征，可见少量煤屑（图4-31）。

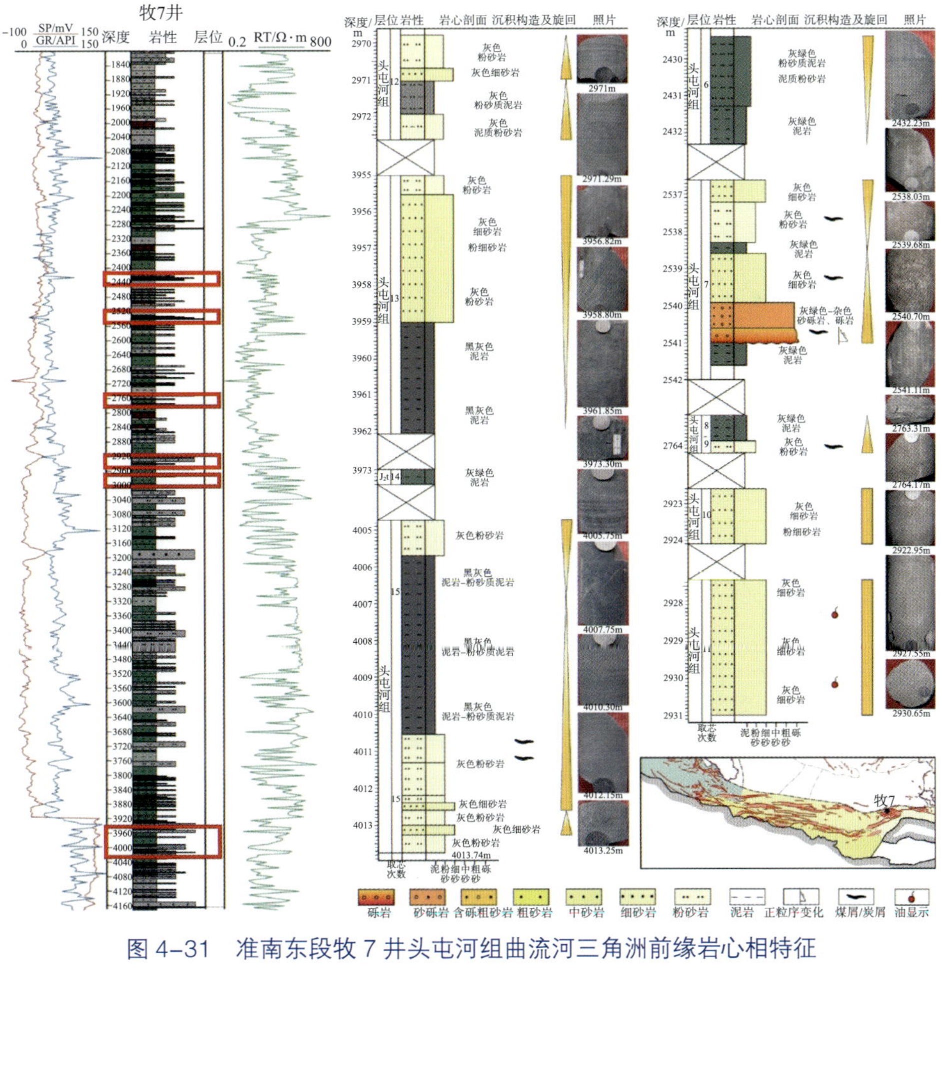

图4-31　准南东段牧7井头屯河组曲流河三角洲前缘岩心相特征

分流河道间微相为水下分流河道边缘低洼地区的沉积，在野外剖面和钻井岩心中常常见到植物碎片和虫孔等，岩性为泥岩及粉砂质泥岩，颜色呈灰绿色、灰黑色，并发育水平层理、沙纹层理和块状层理，自然电位曲线表现为基线形，在剖面上常常与水下分流河道微相共生（李莹，2013）。如在准南东段牧7井头屯河组发育的曲流河三角洲前缘分流河道间微相，沉积的泥岩颜色以灰黑色、灰绿色等还原色调为主，反映其处于较强的还原环境（图4-32）。

(a)灰黑色泥岩—粉砂质泥岩，4007.75m

(b)灰绿色泥岩，3973.3m

图 4-32　准南东段牧 7 井头屯河组曲流河三角洲前缘分流河道间泥岩

河口坝微相位于水下分流河道的河口处，沉积速率最高，岩性以细粉砂岩为主，颜色呈灰色，从下向上多呈反粒序，通常发育小型交错层理和平行层理，测井曲线多呈齿化漏斗形；在平面展布上，其周围多为前三角洲泥沉积（曹洁，2010；李站伟，2020）。如准南东段牧7井头屯河组中部发育的河口坝沉积微相，主要以灰色细、粉砂岩为主，且由下向上粒度明显变粗，呈现反韵律沉积特征（图4-31）。

远砂坝微相岩性以细粉砂岩及泥岩为主，颜色呈灰色、灰绿色，多呈反粒序，常发育水平层理、小型交错层理、底冲刷以及波痕等沉积构造，测井曲线呈典型漏斗形，横向上为延伸较远的层状，一般分布在河口坝微相的下方（张楠，2011；康磊，2017）。如准南东段牧7井头屯河组上部发育的远砂坝沉积微相，以泥岩、细粉砂岩为主要岩性，呈反粒序，可见煤屑（图4-31）。

六、滨浅湖—半深湖

湖泊是沉积物堆积的重要场所之一，也是大陆上地形流水较为低洼与流水相对汇集的区域（姜在兴，2003；康建威，2007）。湖泊相在准噶尔南缘侏罗系—白垩系分布广泛。根据湖水的深度、沉积物特征可将湖泊相进一步划分为滨浅湖亚相和半深湖—深湖亚相。

滨浅湖亚相的岩性主要为砂岩、粉砂岩和泥岩，颜色以浅灰色、灰色及灰绿色为主，砂岩、粉砂岩内主要发育小型浪成沙纹交错层理、波状层理以及不规则的水平层理，同时生物化石较为丰富且保存较好。由于滨浅湖亚相各个位置砂体发育存在差异，因此其测井曲线变化相对也较大。准南下组合滨浅湖亚相发育最为广泛，在侏罗系八道湾组、三工河组、西山窑组、头屯河组和齐古组，以及白垩系清水河组均有发育，浅湖亚相又可分为滩坝和湖泥微相。滩坝微相主要是在湖浪作用较强的滨浅湖地带，陆源粗碎屑供应较充分时形成的。其沉积物主要为中细砂岩、粉砂岩，局部可见含砾粗砂岩，颜色为灰色、深灰色，并发育平行层理、浪成砂纹交错层理及波痕沉积构造；测井曲线呈漏斗形、箱形和齿化钟形，砂体呈长条状或片状（韩莹，2011）。钻井中，如准南西段卡003井清水河组可见滩坝沉积以薄层细砂为主，与暗色泥岩互层，内部见生物扰动构造（图4-33）。准南西段四参1井发育的滩坝微相以灰黑色泥质粉砂岩、灰色细砂岩为主，与暗色泥岩互层，内部见生物扰动且可见煤屑发育（图4-34）。剖面中，准南西段四棵树剖面齐古组滨浅湖滩坝沉积以典型的红褐色砂岩为主，内部可见小型浪成层理构造及波痕等层面构造，局部可见生物遗迹，并与泥岩层呈互层状产出［图4-35（a）（b）］。准南西段阿尔钦沟剖面清水河组滨浅湖滩坝砂沉积，可见灰色、红褐色砂岩，发育平行层理［图4-35（c）（d）］。

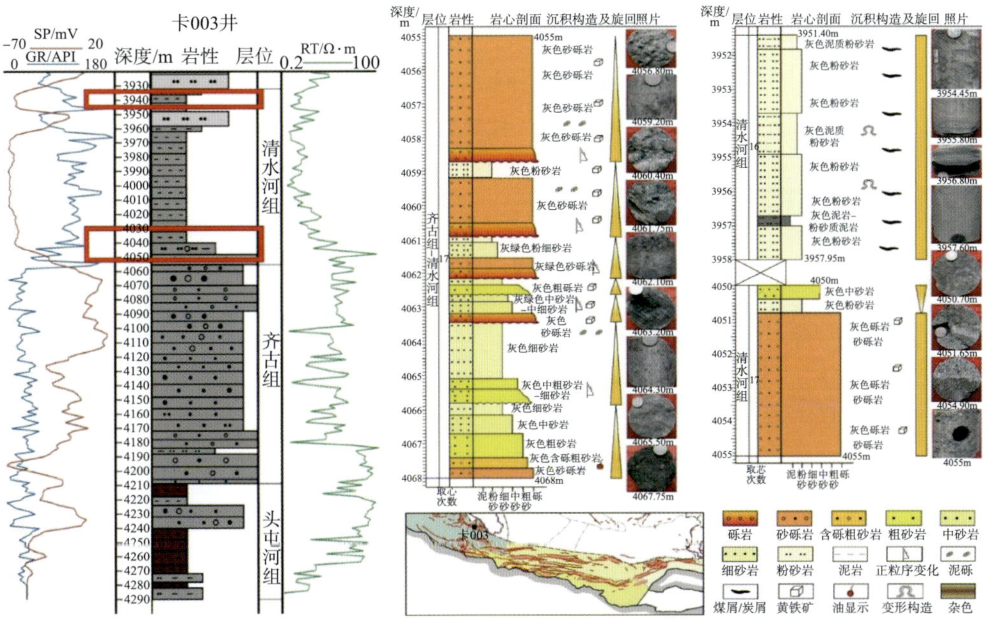

图4-33　准南西段卡003井清水河组滨浅湖亚相滩坝沉积特征

半深湖—深湖亚相位于浪基面以下、水体较深部位，为缺氧的强还原环境，以泥岩岩性为主，颜色主要呈灰黑色，发育水平层理及波状层理，自然电位曲线较为平直，垂向上常具连续的完整韵律，横向分布稳定（朱筱敏，2008；唐雨萌，2019）。半深湖—深湖亚相中发育浊积体和湖泥沉积。浊积砂体为半深湖亚相中致密油主要的储积空间，岩性主要为砂砾岩、砂岩，颜色呈灰色、灰绿色，剖面上具有向上变细的正粒序，多见块状层理和包卷层理、滑塌构造等沉积构造，自然电位曲线值较低，自然伽马曲线值则较高（李俊武，2016）。准南孤立浊积砂体发育于暗色泥岩内，砂岩粒径变化大，岩性主要为含砾砂岩，总体成分成熟度、结构成熟度均较差，表明快速堆积的特点（图4-36）。

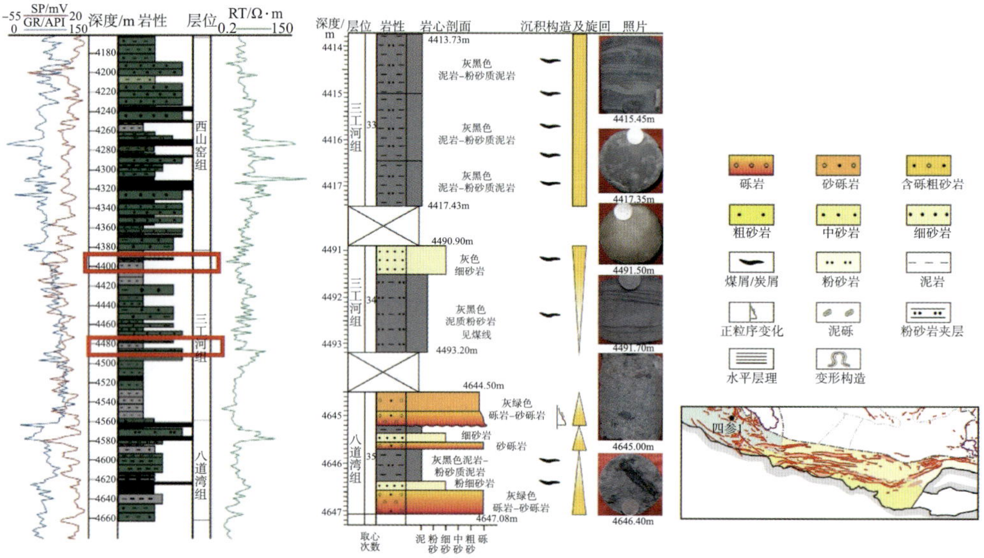

图4-34　准南中段四参1井三工河组滨浅湖岩心相特征

(a)准南西段四棵树剖面齐古组滨浅湖滩坝沉积

(b)准南西段四棵树剖面齐古组滨浅湖滩坝沉积

(c)准南西段阿尔钦沟剖面清水河组滨浅湖滩坝砂沉积

(d)准南西段阿尔钦沟剖面清水河组滨浅湖滩坝砂沉积

图4-35　准南下组合典型滨浅湖滩坝微相沉积特征

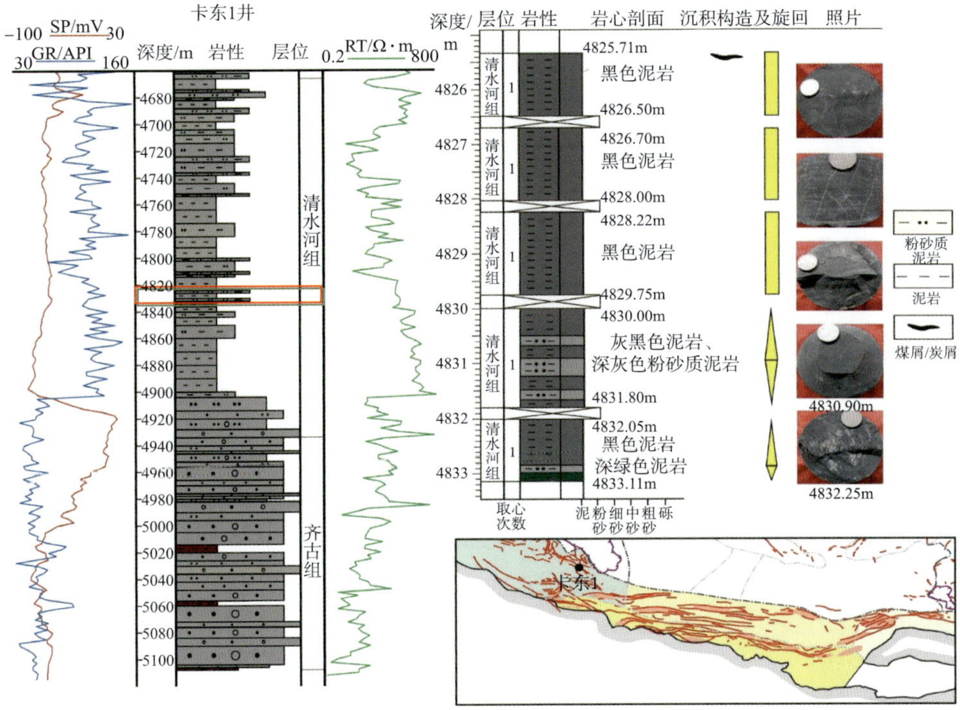

图4-36　准南东段卡东1井清水河组深湖相岩心特征

第三节　准南下组合规模储集体展布及演化特征

沉积体系类型及其展布特征控制着储层的平面分布，而不同沉积环境及沉积水动力条件件所形成的储集体在形态、规模、叠置关系及演化特征上可存在较大差异。通过对准南下组合沉积体系及沉积相类型和沉积特征的分析，以钻井资料为基础深入剖析准南下组合各组段规模砂体的展布及演化特征。

一、准南西段下组合规模储集体展布及演化特征

由准南西段过艾2—四参1—卡10—卡8—卡6—卡003—卡东1—西湖1—独山1井及卡9—卡10—卡8—卡002—高102　高101—高泉5—托6井两条分别垂直物源和顺物源方向的储集体连井对比剖面（图4-37、图4-38）可见：准南西段下组合规模储集体主要发育于上侏罗统齐古组和下白垩统清水河组。八道湾组沉积期，四棵树以南地区主要受北天山物源的影响，除在准南西段北部艾2井及南部高101—托6井发育较厚储集体外，其余钻井砂体发育较为局限，反映沉积期南北向供源并向中部汇聚的特点（图4-37、图4-38）。三工河组沉积期，准南西段南部山前部位受北天山物源的影响，储集体发育，如高101井附近规模储集砂体连通性较好，但分布较为局限，其余井位泥质含量较高，砂体不甚发育。西山窑组沉积期，准南西段艾2井和四参1井附近受北部

物源的影响发育规模储集砂体，而准南西段南部砂体分布范围较窄；高102至高泉5井附近发育较薄层砂体，且连通性较好（图4-38）。头屯河组沉积期，受车排子隆升剥蚀影响，准南西段北部砂体较为发育，明显可见卡9井及卡002井沉积厚层砂体。齐古组沉积期，由于受到车莫古隆起区沟谷—残丘地貌回填影响，齐古组地层整体展布呈现填平补齐特征，即在隆起区或残丘区地层沉积厚度薄，而沟谷或洼陷区沉积厚度大，明显可见齐古组沉积厚层规模储集砂体，富砂特点显著，且呈叠置连片状（图4-38）。清水河组沉积期，由于经历了齐古组填平补齐的沉积作用以及齐古组沉积后大约7Ma的沉积间断和夷平化（即缺失喀拉扎组地层）过程（邓胜徽，2015；梁则亮，2020），使得准南清水河组沉积期古地貌呈准平原化状态，且仅在清水河组底部发育厚层规模储集砂体。

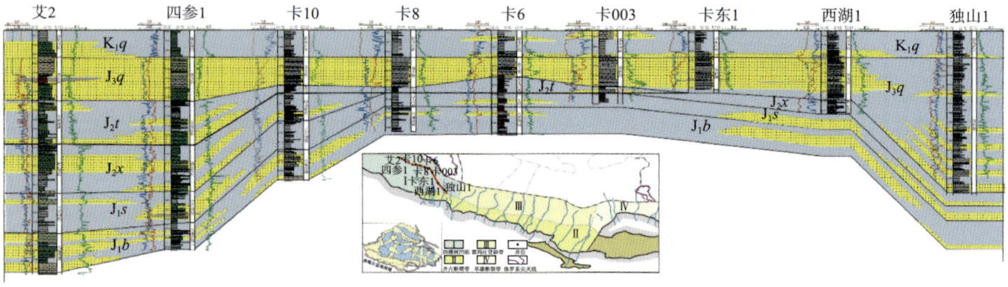

图4-37　准南西段下组合艾2—四参1—卡10—卡8—卡6—卡003—卡东1—西湖1—独山1井垂直物源砂体连井剖面图

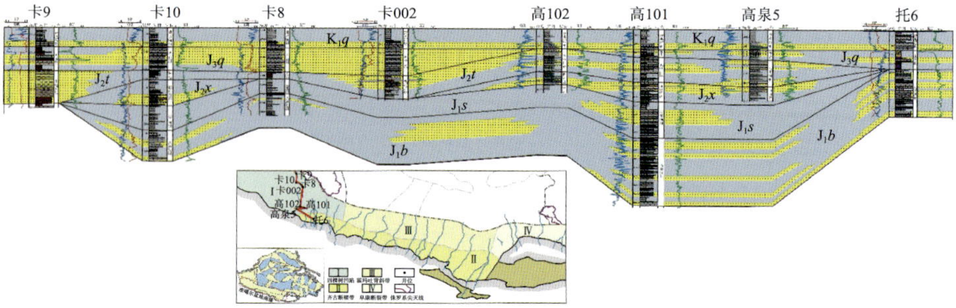

图4-38　准南西段下组合卡9—卡10—卡8—卡002—高102—高101—高泉5—托6井顺物源砂体连井剖面

二、准南中段下组合规模储集体展布及演化特征

通过对准南中段过南安1—清1—齐古1—齐6—齐古2—小3井砂体连井剖面分析可见（图4-39）：准南中段下组合规模储集体主要发育于上侏罗统齐古组和下侏罗统八道湾组。八道湾组沉积期，可见南安1井附近发育厚层不连续规模储集体，而齐古1井附近发育巨厚规模储集砂体，齐6井至小3井附近发育较薄层砂体，且横向上不连续，垂向上断续发育。三工河组沉积期，齐古1井两侧的井位附近砂体发育仍较为局限且厚度较薄，其余井位砂体较不发育。西山窑组沉积期，准南中段南安1井区附近发育储集

砂体展布范围较广，但连通性一般，且清1井附近发育薄层砂体，齐古1井在西山窑组底部仍发育厚层砂体，且呈现出多期次垂向叠置发育的特点。头屯河组沉积期，结合野外资料表明准南中段发育的砂岩储集体普遍较薄（如清1井和齐古2井附近砂体），砂体底部常含泥砾，属河床底部滞留沉积，上部粉砂岩和泥岩等细粒物质较发育，具明显的曲流河“二元结构”特征（张丽媛，2013）。齐古组沉积期，清1井附近沉积厚层规模储集体，但由西向东井位附近砂体均较不发育，泥岩增多。值得注意的是，准南中段下组合由西向东的砂岩储集体展布厚度及范围逐渐减少。

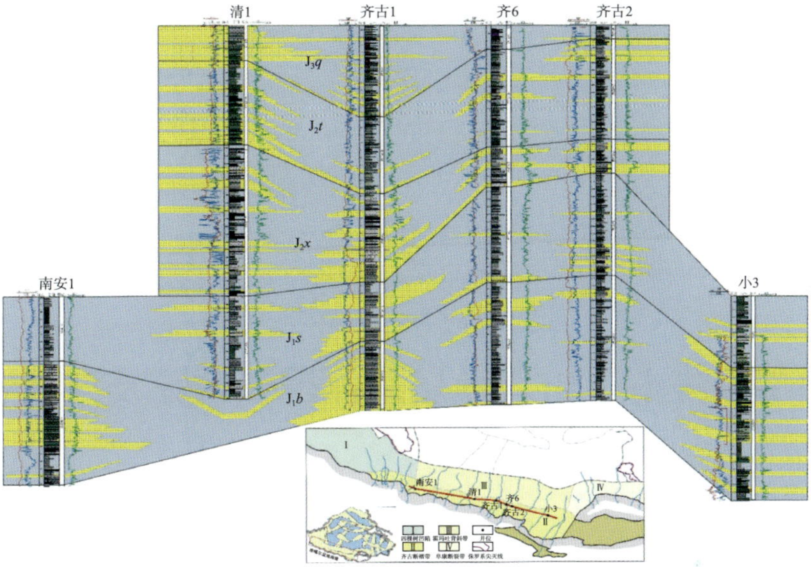

图4-39 准南中段下组合南安1—清1—齐古1—齐6—齐古2—小3井砂体连井剖面

三、准南东段下组合规模储集体展布及演化特征

通过对准南东段过长山1—牧7—九运2—九运1—台64—台55—台44—台13井砂体连井剖面分析可见（图4-40）：准南东段下组合规模储集体主要发育于上侏罗统喀拉扎组和下白垩统清水河组。八道湾组沉积期，从仅有的钻井资料看，区域厚层连片砂体相对不发育。三工河组沉积期，准南东段规模储集体不甚发育，以泥岩沉积为主，仅在九运2井及台64井附近发育薄层砂体。西山窑组沉积期，博格达山部分隆升出水面，准南东段台44井、台13井一带发育规模较小薄层储集砂体。头屯河组沉积期，博格达山隆升幅度增大，准南东段井位主要发育薄层砂体，但连通性较差，砂体底部常含泥砾，属河床底部滞留沉积。齐古组沉积期，博格达山隆升较快，对准南东段提供粗粒碎屑，台7井、台44井及台13井附近可见多期次砂层发育。喀拉扎组沉积期，博格达山快速隆升，构造活动较为活跃，准南东段地层被大量剥蚀，地层富砂且叠置连片发育，在准南东段残余部分发育规模储集体。清水河组沉积期，博格达山规模隆升，

因此准南东段砂体分布范围更为广泛，且连通性较好，如在牧7井附近汇水区及九运1井至台55井附近均沉积巨厚砂层，规模储集砂体发育较好。

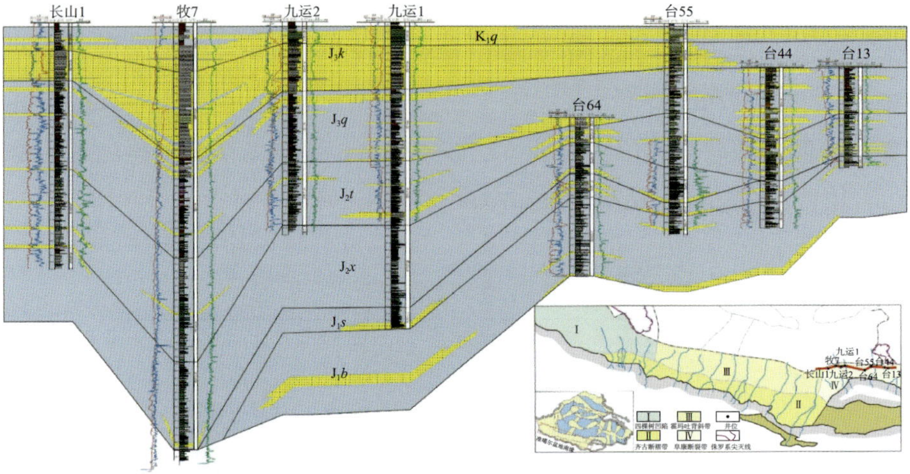

图 4-40　准南东段下组合长山 1—牧 7—九运 2—九运 1—台 64—台 55—台 44—台 13 井砂体连井剖面

第四节　准南下组合地层总体沉积特征及气候背景

气候的演化对沉积环境以及沉积体系变化影响巨大（史燕青，2021）。此外，地层颜色与古气候演化有极大的响应关系，地层表现出的颜色具有一定的气候敏感性。通过对准南下组合地层野外露头剖面观察可知，准南下组合地层发育典型的灰绿色、杂色及红色。灰绿色地层常反映潮湿环境特征，且沉积水体处于弱氧化-弱还原的状态；而杂色地层常处于湿润—半干旱环境，氧化及还原的沉积水体环境均有所发生且交互出现；红色沉积物通常形成于干旱炎热的陆上氧化环境，一般是指三价铁矿物反映的颜色，是由于氧化作用使得原本的二价铁被氧化成三价铁，因而由绿色变为红色，在氧化介质中也形成了氧化铁的水化物——赤铁矿和褐铁矿，且颜色越红代表地层沉积时越干旱暴露，铁质沉积物的氧化程度也越高。

值得注意的是，由准南下组合各组段地层中发育的赤、褐铁矿含量变化可见，赤、褐铁矿含量在中上侏罗统开始逐渐增大，至下白垩统有所降低（图4-41），反映准噶尔盆地南缘在中—晚侏罗世气候开始转变为干热，湖盆水位降低，暴露环境频率增大，而至清水河组沉积期气候湿润程度又逐渐增强。

从地层整体沉积特征来看，准南下组合八道湾组与下伏三叠系地层呈不整合接触，且三叠系顶部为一套泥岩夹薄砂层地层，属典型滨浅湖相沉积，气候温暖潮湿。八道湾底部为一套厚层砂砾岩（图4-42），内部见还原色泥岩夹层，但与三叠系相比，气候条件未发生明显变化，盆地热沉降缓慢，仍属于温暖潮湿气候，植被繁盛（Eberth，2001），且温暖潮湿的气候为煤层的发育创造了非常有利的条件。准南三工河组发生一定规模的湖侵，且相较于八道湾组而言，湖相沉积范围有所扩大，反映了气候愈加湿润。

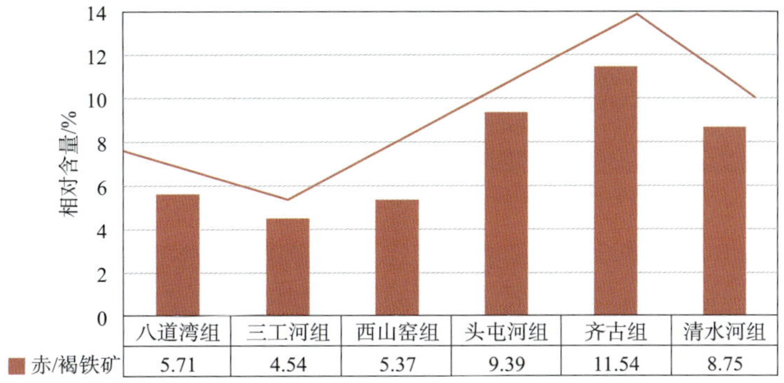

图 4-41 准南下组合各地层赤褐铁矿含量变化

图 4-42 准南西段阿尔钦沟剖面八道湾组底部厚层砂砾岩特征

中侏罗统西山窑组与下伏三工河组地层呈整合接触［图4-43（a）］，且由滨浅湖相砂泥互层向陆相煤系地层转变［图4-43（b）］。此外，西山窑组沉积期，湖盆水体减少，湖泊萎缩，属于温干偏湿润气候，相较于八道湾组和三工河组沉积期变得相对干旱，从而导致降水量下降，沼泽化过程更为明显（王明振，2014；房亚男，2016）。头屯河组与下伏西山窑组不整合接触［图4-43（a）］，局部具风化性质形成杂色地层，属过渡性气候，即早—中侏罗世温暖潮湿的气候在头屯河组沉积期结束，气候开始干旱化；此时期湖平面频繁变化，水浅且在头屯河组中上部地层发育更为典型的杂色泥岩［图4-43（c）］，上侏罗统齐古组与下伏头屯河组呈不整合接触［图4-43（a）］，地层呈典型红层特征［图4-43（d）（e）］，呈暴露环境，气候条件表现为典型的干旱特征，且气候干旱化在晚侏罗世末期达到顶峰（房亚男，2016）。整体而言，中侏罗世至晚侏罗世气候条件由温暖潮湿向干旱炎热环境转变。

由头屯河组的杂色地层至齐古组典型红层再到清水河组的灰绿色还原色调，揭示气候由头屯河组沉积期的半干旱条件到齐古组沉积期的干旱条件再次转变为清水河组的温湿条件，且清水河组地层以细碎屑沉积为主，广泛发育滨浅湖沉积（图4-44），湖平面有所扩大，印证了清水河组的湿润还原环境。

(a)准南西段阿尔钦沟三工河组、西山窑组、头屯河组及齐古组背斜剖面

(b)准南西段阿尔钦沟剖面西山窑组煤层

(c)准南西段阿尔钦沟头屯河组杂色泥岩

(d)准南西段托斯台剖面齐古组典型红层

(e)准南西段托斯台剖面齐古组典型红层

图 4-43　准南中上侏罗统地层沉积特征

图 4-44　准南清水河组地层沉积特征

第五章

准噶尔盆地南缘下组合沉积期原型盆地恢复

原型盆地指某一地史阶段一种地球动力机制所形成的一个结构构造形式和沉积实体（刘池洋，2020）。在后期的地质演化过程中，原型盆地被后期的盆地改造和叠加（张抗，1999；陈发景，2000），导致早期原型盆地结构、构造不完整，原位的沉积体系遭受破坏、位移和侵蚀，并以残余盆地形式保存至今。残余盆地在构造上虽然具有早期原型盆地的性质和分布范围（杜旭东，1999），但面貌与原型盆地已有了很大差别。因此，通过对盆地沉积体系及构造背景的研究，可进行原型盆地恢复。具体而言，原型盆地恢复是指剔除后期构造活动对盆地改造的影响，恢复盆地主要发育时期和演化阶段的原始面貌。

原型盆地恢复的主要思路是将盆地看作一个整体进行综合分析，通过沉积学和构造地质学的相关原理对原始盆地类型、盆地构造、盆地边界、沉积地层分布范围及厚度大小、沉积相带展布、控盆因素等方面进行综合研究（张磊，2009），重塑盆地的演化历史、充填特征及古今构造应力场分布、沉积环境条件，进而把握盆山耦合关系、成盆机制及古地理古地貌特征。特别地，原型盆地恢复对于油气资源评价、勘探部署及油气储层、烃源岩预测等方面具有重要的现实意义。

准噶尔盆地南缘位于北天山山前冲断带内部，周缘山体在新生代发生强烈的逆冲推覆作用，使得下组合侏罗系—白垩系地层剥蚀严重，现今下组合地层展布范围及盆地边界与沉积期并不一致。而恢复准南侏罗系—白垩系原始沉积边界及沉积范围对于明确侏罗系—白垩系储层物源条件、沉积体系类型及展布范围具有重要意义。通过定性、定量相结合的方法恢复准南侏罗系—白垩系原型盆地边界，并结合物源及沉积体系研究，综合探讨准南下组合沉积演化过程，为进一步明确准南及天山造山带中生代演化特征及准南下组合油气勘探部署提供科学的地质依据。

第一节 准南下组合原型盆地边界定量厘定方法

盆地边界位置控制着盆内储集体和油气分布范围，并且可为预测岩性地层油藏及山前构造油藏发育区提供重要参考。目前有关原型盆地边界（古沉积边界）定量恢复方法主要包括地质外推法、沃尔索相率估算法、反序构造分析法、地层厚度趋势线法及经验公式计算法（银晓等，2008；苏玉平等，2009；颜照坤，2011；钱赓，2011；王锦程，2011）。尽管各方法对于确定盆地原始边界范围可存在一定误差，但对于横向及纵向对比分析盆地边界相对变化具有重要意义。

一、准南下组合原型盆地边界定量计算方法基本原理

对准南下组合原型盆地边界定量恢复研究主要利用各井及各剖面内地层重矿物稳定系数（*ZX*）、矿物成熟度指数（*CX*）及各井砂砾岩百分比（*SX*）三个参数。通过选取与准南处于相同构造演化背景及主物源区的焉耆盆地内部所建立的搬运距离（*D*）经验公式，求取各井或各剖面内用上述不同参数和方法计算出的搬运距离的平均值，用以代表该井或该剖面位置处距原始盆地边界的距离$D_{平均}$。此外，准南现今地层发育位置与原始沉积期相比，由于受到晚期逆冲推覆作用而向北存在位移量，因此还要将各井和剖面点位根据平衡剖面构造缩短量向南回推一定距离（图5-1）。据此，本次研究

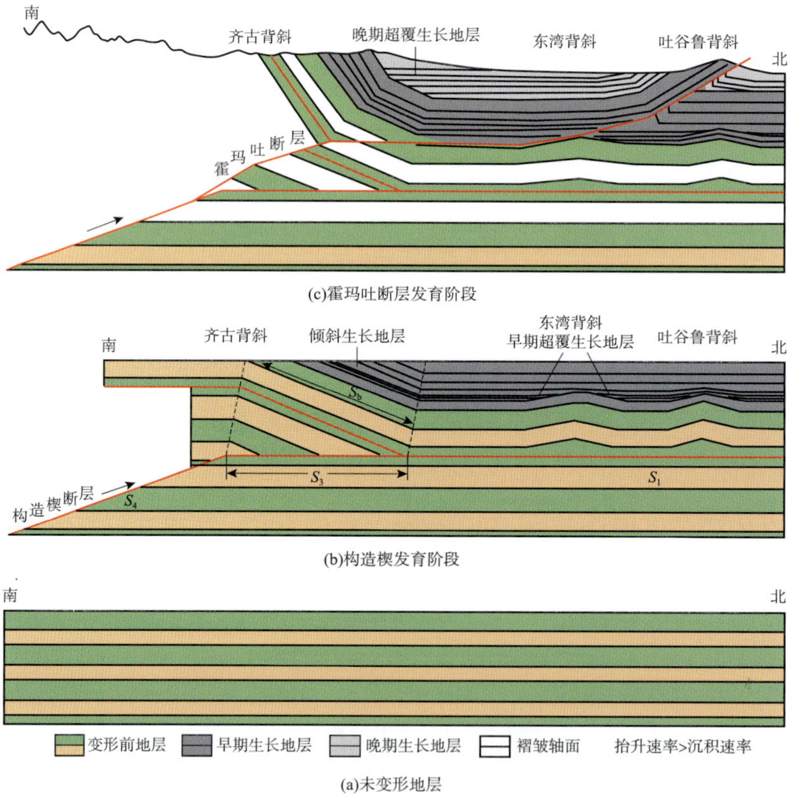

图5-1 准南齐古背斜—吐谷鲁背斜剖面构造演化模型（朱明，2020）

通过相关文献调研，确定准南各区域位置处的平均缩短距离$D_{缩短}$（表5-1），则实际各点位处距原盆边界距离$D_{边界}=D_{平均}+D_{缩短}$。最后要进行盆缘边界的成图刻画，由于搬运距离仅代表长度，而搬运方向可能并不固定，因此先以各井或各剖面位置处为圆心，以计算所得的$D_{边界}$值为半径进行做圆，而后以各圆的公切线连线作为盆地边界，但要结合前述物源分析认识进行校正和筛选，综合确定最终的原型盆地边界位置（图5-2~图5-7）。

表5-1　准南各构造单元位置平衡剖面缩短量$D_{缩短}$（程光锁，2008；张多多，2016；朱明，2020）

构造单元位置	平衡剖面缩短量/km	平均缩短量$D_{缩短}$/km	构造区带划分
独山子背斜	7	3.88	准南西段
西湖背斜	4.8		
西湖北背斜	2.2		
卡因迪克背斜	1.5		
安集海背斜	2.7	3.55	准南中段西部地区
霍尔果斯背斜	4.4		
南玛纳斯—玛纳斯背斜	9.1	8.58	准南中段中部地区
塔西河背斜	8.05		
齐古—吐谷鲁背斜	23	17.80	准南中段东部地区
齐古呼图壁背斜	12.9		
博格达山前龙口地区剖面D1	2.64	3.31	准南东段
博格达山前龙口地区剖面D2	2.9		
博格达山前龙口地区剖面D3	3.67		
博格达山前龙口地区剖面D3	4.03		

二、重矿物稳定系数 *ZX* 与搬运距离法定量恢复原盆边界

随着搬运距离的增大沉积岩内部稳定重矿物含量越来越多，不稳定重矿物含量越来越少，因此可利用碎屑岩内部重矿物稳定系数ZX与其搬运距离关系进而推测各样品点距离原始剥蚀区即盆地边界的搬运距离。其中重矿物稳定系数ZX=（锆石+金红石+石榴子石+电气石+赤褐铁矿+钛铁矿+磁铁矿+白钛石+铬铁矿+锐钛矿+磷灰石）/（海绿石+绿帘石+角闪石+辉石+重晶石），二者函数关系如下：

$$D_1=0.0474ZX+10.6967 \tag{5-1}$$

式中，D_1为重矿物稳定系数法计算所得搬运距离；ZX为重矿物稳定系数。

通过各井位和剖面下组合各组段样品的重矿物稳定系数计算搬运距离结果见表5-2。从计算数据可以看出，各井及剖面样品整体上均以头屯河组开始，所计算得出的搬运距离逐渐减小，显示自头屯河组准南盆地边界开始出现北移萎缩特征。

表 5-2　准南下组合井位 / 剖面重矿物稳定系数法计算搬运距离

层位	井位/剖面	重矿物稳定系数 ZX	D_1/km	层位	井位/剖面	重矿物稳定系数 ZX	D_1/km
八道湾组	艾2	49.056	13.022	头屯河组	四参1	331.313	26.401
	卡8	4.219	10.897		乌苏剖面	93.691	15.138
	四参1	510.250	34.883		齐8	11.135	11.225
	四棵树剖面	24.943	11.879		齐古2	0.105	10.702
	乌苏剖面	36.822	12.442		清1	58.031	13.447
	昌1	66.063	13.828		头屯河剖面	3.347	10.855
	齐8	13.822	11.352		九运1	0.185	10.705
	齐古2	5.902	10.976		九运2	3.952	10.884
	小3	36.727	12.438		龙3	2.434	10.812
	后峡剖面	7.737	11.063		牧7	2.760	10.828
	头屯河剖面	20.453	11.666		台5	16.447	11.476
	玛纳斯剖面	12.427	11.286		台11	163.102	18.428
	台11	363.389	27.921		台13	18.539	11.575
	台13	88.867	14.909		台44	119.991	10.876
	台42	68.049	13.922		长山1	10.256	11.183
	台43	109.876	15.905	齐古组	艾2	504.000	34.586
	台44	384.167	28.906		独山1	2.127	10.798
	台55	494.500	34.136		卡001	53.311	13.224
	台64	181.333	19.292		四参1	36.214	12.413
	水西沟剖面	550.000	36.767		乌苏剖面	43.082	12.739
三工河组	艾2	921.667	55.134		四棵树剖面	0.720	10.731
	四参1	164.413	18.490		阿尔钦沟剖面	9.092	11.128
	乌苏剖面	54.377	13.274		头屯河剖面	1.218	10.754
	齐8	34.754	12.344		玛纳斯剖面	0.850	10.737
	齐古2	5.596	10.962		九运1	0.227	10.707
	清1	378.531	28.639		九运2	0.763	10.733
	头屯河剖面	16.555	11.481		牧7	0.854	10.737
	玛纳斯剖面	10.605	11.199		台5	0.297	10.711
	台44	46.807	12.915		台13	0.168	10.705
	台55	134.327	17.064		台28	21.959	11.738
	铁厂沟剖面	550.000	11.382		台42	0.096	10.701
西山窑组	艾2	93.500	15.129		台44	0.254	10.709
	四参1	572.611	37.838		台61	0.060	10.700
	乌苏剖面	864.000	51.650		长山1	11.919	11.262
	齐8	14.862	11.401	清水河组	艾2	15.385	11.426
	清1	271.635	23.572		卡002	2.167	10.799
	塔西河剖面	1.863	10.785		卡003	30.078	12.122
	头屯河剖面	14.888	11.402		卡8	1.000	10.744
	九运1	2.013	10.792		卡11	4.689	10.919
	白杨沟剖面	6.008	10.981		乌苏剖面	2.654	10.822
头屯河组	艾2	0.055	10.699		头屯河剖面	9.395	11.142
	卡002	45.000	12.830		九运2	16.138	11.462

三、矿物成熟度指数 CX 与搬运距离法定量恢复盆地边界

随着搬运距离的增大，碎屑岩矿物成分成熟度指数逐渐减小，因此可以利用矿物成熟度指数CX与其搬运距离关系进而推测各样品点距离原始剥蚀区即盆地边界的搬运距离。其中矿物成分成熟度指数CX=石英含量/(长石+岩屑含量)，二者函数关系如下：

$$D_2=104CX+2.2 \tag{5-2}$$

式中，D_2为矿物成熟度法计算所得搬运距离；CX为矿物成熟度指数。

通过各井位和剖面下组合各组段样品的矿物成熟度计算搬运距离结果见表5-3。从计算数据可以看出，三工河组各样品计算的搬运距离较八道湾组各样品计算结果整体有所增加，而西山窑组各样品计算搬运距离明显更大。但从头屯河组开始，各样品计算的搬运距离呈逐渐减小趋势。由各样品矿物成熟度指数计算的各组段搬运距离变化特征与利用重矿物稳定系数计算结果所呈现的规律整体较为一致。

表5-3　准南下组合井位/剖面矿物成熟度指数法计算搬运距离

层位	井位	矿物成熟度指数CX	D_2/km	层位	井位	矿物成熟度指数CX	D_2/km
八道湾组	卡8	0.222	25.323	西山窑组	九运1	0.068	9.274
	卡6	0.120	10.028		长山1	0.176	20.553
	高101	0.111	13.756		米东1		
	昌1	0.683	73.267	头屯河组	卡002	0.250	28.200
	齐8	0.303	33.675		卡003	0.112	13.884
	齐古2	0.292	32.533		卡001	0.266	29.846
	南安1	0.379	41.655		高101	0.289	32.288
	齐古1	0.111	13.756		高泉5	0.299	33.265
	齐古3	0.803	85.734		齐古2	0.254	28.590
	齐6	0.426	46.483		齐古1	0.499	54.112
	喀拉1	0.169	19.795		齐古3	0.444	48.380
	台64	0.331	36.671		清1	0.563	60.700
三工河组	齐8	0.261	29.387		九运1	0.266	29.902
	齐古2	0.396	43.414		九运2	0.289	32.213
	齐古1	0.418	45.613		龙3	0.111	13.756
	齐6	0.183	21.211		米东1	0.268	30.102
	喀拉1	0.295	32.836		长山1	0.244	27.615
西山窑组	高102	0.316	35.042	齐古组	独山1	0.413	45.138
	西湖1	0.053	7.674		卡001	0.260	29.193
	齐古1	0.760	77.653		卡北1	0.199	22.947
	齐古2	0.587	63.279		卡东1	0.301	33.550
	昌1	0.544	58.751		卡002	0.322	35.678
	齐6	0.627	67.406		卡003	0.389	42.617
	清1	0.713	76.322		卡6	0.267	29.971

续表

层位	井位	矿物成熟度指数*CX*	D_2/km	层位	井位	矿物成熟度指数*CX*	D_2/km
齐古组	卡8	0.401	43.920	清水河组	卡002	0.640	68.738
	卡10	0.410	44.870		卡003	0.263	29.545
	卡11	0.423	46.165		卡8	0.284	31.708
	西湖1	0.498	53.985		高101	0.333	36.867
	齐古1	0.193	22.291		卡北1	0.091	11.613
	九运1	0.288	32.140		卡东1	0.283	31.621
	九运2	0.228	25.888		高泉5	0.185	21.428
	牧7	0.330	36.561		卡6	0.047	7.125
	台61	0.177	20.630		卡11	0.372	40.938
	长山1	0.313	34.795		九运2	0.228	25.955
					九运1	0.316	35.066

四、砂砾岩百分比 *SX* 与搬运距离法定量恢复盆地边界

随着搬运距离的增大，距离源区或盆缘位置越远，地层内砂砾岩所占百分比将逐渐减小。因此可利用碎屑岩地层内部砂砾岩百分比*SX*与其距源区距离的关系进而推测各井或剖面点位置处距离原始剥蚀区即盆地边界的搬运距离。其中砂砾岩百分比*SX*=（砂岩厚度+砾岩厚度）/地层总厚度，二者函数关系如下：

$$D_3=88.4-90SX \tag{5-3}$$

式中，D_3为砂砾岩百分比法计算所得搬运距离；*SX*为砂砾岩百分比。

通过各井位和剖面下组合各组段的砂砾岩百分比所计算的搬运距离结果见表5-4。从计算数据可以看出，各点位计算结果整体趋势仍表现为自中侏罗统开始，各点位所计算的搬运距离呈减小趋势。利用砂砾岩百分比计算各组段搬运距离变化特征与利用重矿物稳定系数及矿物成熟度计算结果所呈现的规律整体均较为一致。

表5-4 准南下组合井位/剖面砂砾岩百分比法计算搬运距离

层位	井位	砂砾岩百分比*SX*	D_3/km	层位	井位	砂砾岩百分比*SX*	D_3/km
八道湾组	艾2	0.777	18.497	八道湾组	托6	0.649	29.957
	卡8	0.092	80.092		南安1	0.593	35.051
	四参1	0.573	36.847		齐古1	0.867	10.400
	卡6	0.122	77.380		齐古3	0.298	61.541
	卡10	0.270	64.122		齐6	0.328	58.879
	高101	0.441	48.678		喀拉1	0.446	48.267
	齐8	0.507	42.795		台11	0.428	49.909
	齐古2	0.318	59.759		台13	0.410	51.477
	小3	0.533	40.412		台44	0.237	67.110

续表

层位	井位	砂砾岩百分比*SX*	D_3/km	层位	井位	砂砾岩百分比*SX*	D_3/km
八道湾组	台55	0.258	65.197	头屯河组	艾2	0.344	57.432
	台64	0.223	68.292		卡002	0.480	45.172
	阜煤1	0.257	65.235		卡003	0.198	70.622
三工河组	艾2	0.213	69.233		卡001	0.533	40.400
	卡6	0.000	88.400		卡6	0.141	75.673
	卡8	0.056	83.400		卡8	0.000	88.400
	卡10	0.109	78.617		卡9	0.989	-0.577
	高101	0.581	36.098		卡10	0.250	65.900
	四参1	0.273	63.855		卡11	0.032	85.497
	齐8	0.543	39.548		高101	0.631	31.631
	齐古2	0.369	55.173		高102	0.812	15.317
	清1	0.539	39.896		高探1	0.787	17.549
	南安1	0.164	73.680		高泉5	0.805	15.994
	齐古1	0.548	39.060		四参1	0.425	50.181
	齐6	0.369	55.145		齐8	0.580	36.243
	喀拉1	0.287	62.599		齐古2	0.383	53.949
	小3	0.533	40.449		齐古1	0.365	55.576
	台44	0.207	69.800		齐古3	0.433	49.420
	台64	0.383	53.909		齐6	0.387	53.593
	九运1	0.540	39.800		清1	0.712	24.281
	牧3	0.730	22.733		九运1	0.454	47.509
	台55	0.500	43.400		九运2	0.382	53.988
西山窑组	艾2	0.532	40.552		牧7	0.300	61.377
	高101	0.508	42.662		台5	0.864	10.638
	高102	0.729	22.829		台11	0.399	52.468
	高泉5	0.622	32.400		台13	0.320	59.600
	西湖1	0.225	68.118		台44	0.409	51.554
	四参1	0.509	42.582		牧3	0.770	19.083
	齐8	0.769	19.216		米东1	0.369	55.174
	齐古1	0.677	27.482		台64	0.470	46.092
	齐古2	0.583	35.965		台44	0.409	51.554
	齐古3	0.500	43.400		台55	0.347	57.137
	齐6	0.485	44.753		长山1	0.282	63.011
	清1	0.429	49.829	齐古组	艾2	0.825	14.155
	九运1	0.147	75.183		卡001	0.960	1.964
	长山1	0.114	78.114		卡北1	0.642	30.664
	牧3	0.669	28.157		卡东1	0.931	4.607
	牧7	0.197	70.663		卡002	0.935	4.206
	米东1	0.253	65.639		卡003	1.000	-1.6
	九运2	0.044	84.400		卡6	0.990	-0.672
	台64	0.183	71.886		卡8	0.957	2.313
	台55	0.375	54.606		卡9	0.523	41.323

续表

层位	井位	砂砾岩百分比SX	D_3/km	层位	井位	砂砾岩百分比SX	D_3/km
齐古组	卡10	1.000	-1.6	清水河组	艾2	0.511	42.413
	卡11	0.970	1.127		卡002	0.341	57.702
	高泉5	0.517	41.900		卡003	0.203	70.107
	高101	0.417	50.900		卡8	0.069	82.159
	西湖1	0.869	10.190		高102	0.250	65.900
	四参1	1.000	-1.6		高探1	0.437	49.104
	托6	0.127	76.945		卡001	0.301	61.327
	清1	0.888	8.445		卡10	0.017	82.887
	齐古2	0.341	57.668		卡北1	0.249	66.000
	齐6	0.373	54.818		卡东1	0.209	69.594
	大丰1	0.438	48.948		卡9	0.284	62.878
	齐古3	0.415	51.006		卡6	0.258	65.218
	九运1	0.461	46.943		卡11	0.592	35.135
	九运2	0.309	60.569		齐古1	0.221	25.554
	牧7	0.265	64.561		托6	0.780	18.200
	台5	0.270	64.145		大丰1	0.129	76.822
	台13	0.350	56.928		九运2	0.961	1.929
	台44	0.411	51.384		长山1	0.219	68.686
	长山1	0.325	59.168		九运1	1.000	-1.6
	米东1	0.454	47.503		牧7	0.503	43.172
	台55	0.267	64.343		台55	0.741	21.733

五、原盆边界实际距离 $D_{边界}$计算恢复

对于同一数据点位置处，将上述三种方法分别计算所得出的搬运距离取平均值即代表各组段各位置处样品点所揭示的碎屑沉积物的平均搬运距离$D_{平均}$，再将其与地层所发生的推覆缩短量求和，便可获取各井、剖面位置点各组段样品点沉积期距离原始盆地边界的实际距离$D_{边界}$，$D_{边界}$计算公式：

$$D_{边界}=D_{平均}+D_{缩短} \quad (5-4)$$

$$D_{平均}=(D_1+D_2+D_3)/3 \quad (5-5)$$

式中，$D_{边界}$为各点位距盆地边界距离，$D_{缩短}$为推覆缩短量。

通过对准南各露头剖面、钻井各组段样品点位置处应用上述方法所计算得出的盆地边界距离结果见表5-5，而计算所得的各组段实际边界距离的最大值、最小值及平均值见表5-6。由表5-5、表5-6可见，早侏罗世至中侏罗世早期碎屑岩沉积物搬运距离最大，即盆地边界距现今位置最远，而中侏罗世后期至早白垩世碎屑岩沉积物搬运距离不断减小，反映了盆地边界向北迁移萎缩，且北移至与现今盆地边界较近的位置，具体讨论详见下文。

表 5–5 准南下组合井位 / 剖面实际边界距离计算

层位	井位/剖面	$D_{平均}$/km	$D_{边界}$/km	层位	井位/剖面	$D_{平均}$/km	$D_{边界}$/km
八道湾组	艾2	15.760	19.635	三工河组	南安1	73.680	77.230
	卡8	38.771	42.646		齐古1	42.351	57.001
	四参1	35.865	39.740		齐6	38.178	52.828
	卡6	43.704	47.579		喀拉1	47.718	62.368
	卡10	64.122	67.997		小3	40.449	55.099
	高101	31.217	35.092		头屯河剖面	11.481	26.131
	四棵树剖面	11.879	15.754		玛纳斯剖面	11.199	20.259
	乌苏剖面	12.442	16.317		台44	41.358	41.358
	昌1	43.547	58.197		台64	53.909	53.909
	齐8	29.274	43.924		九运1	39.800	39.800
	齐古2	34.423	49.073		牧3	22.733	22.733
	小3	26.425	41.075		台55	30.232	30.232
	托6	29.957	33.832		铁厂沟剖面	11.382	11.382
	南安1	38.353	38.353	西山窑组	艾2	27.840	31.715
	齐古1	12.078	26.728		高101	42.662	46.537
	齐古3	73.638	73.638		高102	28.935	32.810
	齐6	52.681	52.681		高泉5	32.400	36.275
	喀拉1	34.031	48.681		西湖1	37.896	41.771
	后峡剖面	11.063	25.713		四参1	40.210	44.085
	头屯河剖面	11.666	26.316		乌苏剖面	51.650	55.525
	玛纳斯剖面	11.286	20.346		齐8	15.309	29.959
	台11	38.915	38.915		齐古1	52.567	67.217
	台13	33.193	33.193		齐古2	49.622	64.272
	台42	13.922	13.922		昌1	58.751	73.401
	台43	15.905	15.905		齐古3	43.400	58.050
	台44	48.008	48.008		齐6	56.080	70.730
	台55	49.666	49.666		清1	49.908	64.558
	台64	41.418	41.418		塔西河剖面	10.785	25.435
	阜煤1	65.235	65.235		头屯河剖面	11.402	26.052
	水西沟剖面	36.767	36.767		九运1	31.750	31.750
三工河组	艾2	62.184	66.059		长山1	49.334	49.334
	卡6	88.400	92.275		牧3	28.157	28.157
	卡8	83.400	87.275		牧7	70.663	70.663
	卡10	78.617	82.492		米东1	43.096	43.096
	高101	36.098	39.973		九运2	84.400	84.400
	四参1	41.172	45.047		台64	71.886	71.886
	乌苏剖面	13.274	17.149		台55	54.606	54.606
	齐8	27.093	41.743		白杨沟剖面	10.981	10.981
	齐古2	36.516	51.166	头屯河组	艾2	34.066	37.941
	清1	41.465	56.115		卡002	28.734	32.609

续表

层位	井位/剖面	$D_{平均}$/km	$D_{边界}$/km
头屯河组	卡003	42.253	46.128
	卡001	35.123	38.998
	卡6	75.673	75.673
	卡8	88.400	88.400
	卡9	-0.577	3.298
	卡10	65.900	69.775
	卡11	75.673	75.673
	高101	31.960	35.835
	高102	15.317	19.192
	高探1	17.549	21.424
	高泉5	24.629	28.504
	四参1	38.291	42.166
	乌苏剖面	15.138	19.013
	齐8	23.734	38.384
	齐古2	31.080	45.730
	齐古1	54.844	54.844
	齐古3	48.900	48.900
	齐6	53.593	53.593
	清1	32.810	47.460
	头屯河剖面	10.855	25.505
	九运1	29.372	29.372
	九运2	32.362	32.362
	龙3	12.284	12.284
	牧7	36.102	36.102
	台5	11.057	11.057
	台11	35.448	35.448
	台13	35.588	35.588
	台44	31.215	31.215
	牧3	19.083	19.083
	米东1	42.638	42.638
	台64	46.092	46.092
	台44	51.554	51.554
	台55	57.137	57.137
	长山1	33.936	33.936
齐古组	艾2	24.371	28.246
	独山1	27.968	31.843
	卡001	14.794	18.669
	卡北1	26.806	30.681
	卡东1	19.078	22.953
	卡002	19.942	23.817
	卡003	20.509	24.384
齐古组	卡6	14.649	18.524
	卡8	23.117	26.992
	卡9	41.323	45.198
	卡10	21.635	25.510
	卡11	23.646	27.521
	高泉5	41.900	41.900
	高101	45.900	45.900
	西湖1	32.088	35.963
	四参1	5.407	9.282
	乌苏剖面	12.739	16.614
	四棵树剖面	10.731	14.606
	阿尔钦沟剖面	11.128	15.003
	托6	76.945	80.820
	清1	8.445	17.505
	齐古1	22.291	36.941
	齐古2	57.668	57.668
	齐6	54.818	69.468
	大丰1	48.948	63.598
	齐古3	51.006	51.006
	头屯河剖面	10.754	25.404
	玛纳斯剖面	10.737	19.797
	九运1	29.930	29.930
	九运2	32.397	32.397
	牧7	37.286	37.286
	台5	37.428	37.428
	台13	33.816	33.816
	台28	11.738	11.738
	台42	10.701	10.701
	台44	31.046	31.046
	台61	15.665	15.665
	长山1	35.075	35.075
	米东1	47.503	47.503
	台55	64.343	64.343
清水河组	艾2	26.919	30.794
	卡002	45.746	49.621
	卡003	37.258	41.133
	卡8	41.537	45.412
	高102	65.900	69.775
	高101	36.867	36.867
	高探1	49.104	52.979
	卡001	61.327	65.202

续表

层位	井位/剖面	$D_{平均}$/km	$D_{边界}$/km	层位	井位/剖面	$D_{平均}$/km	$D_{边界}$/km
清水河组	卡10	82.887	82.887	清水河组	齐古1	25.554	25.554
	卡北1	38.807	42.682		托6	18.200	22.075
	卡东1	50.608	54.483		大丰1	76.822	76.822
	卡9	62.878	66.753		九运2	13.115	13.115
	高泉5	21.428	21.428		长山1	68.686	68.686
	卡6	36.171	40.046		九运1	16.733	16.733
	卡11	28.997	32.872		牧7	43.172	43.172
	乌苏剖面	10.822	14.697		台55	21.733	21.733
	头屯河剖面	11.142	25.792				

表 5-6 准南下组合实际边界最大值、最小值及平均值计算

层位	区域分段	最大值边界距离/km	最小值边界距离/km	平均搬运距离/km
八道湾组	西段	68.00	15.75	35.60
	中段	73.64	20.35	41.43
	东段	65.24	13.92	38.11
三工河组	西段	92.28	17.15	61.47
	中段	77.23	20.26	49.99
	东段	53.91	11.38	33.24
西山窑组	西段	55.53	31.72	41.25
	中段	73.40	25.44	53.30
	东段	84.40	10.98	49.43
头屯河组	西段	88.40	3.30	42.31
	中段	54.84	25.51	44.92
	东段	57.14	11.06	33.85
齐古组	西段	45.90	9.28	26.51
	中段	80.82	17.51	46.91
	东段	64.34	10.70	32.24
清水河组	西段	82.89	14.70	46.73
	中段	76.82	22.08	37.56
	东段	68.69	13.12	32.69

第二节 准南下组合原型盆地边界变化特征

综合准南侏罗系—白垩系周缘山体构造活动和山体的隆升时限及物源体系特征和变迁研究，以前述定量计算所得出的各组段原型盆地边界距离数据为参照，采用圆周切线作图法，最终恢复准噶尔盆地南缘下组合侏罗系不同组段及下白垩统清水河组原始沉积边界位置及其变迁过程（图5-2~图5-7）。

一、八道湾组沉积期原型盆地边界特征

八道湾组沉积期，古天山处于中低山、丘陵状态，虽然天山受到晚印支运动的影响，但除在准南西段山体发生幅度较小的隆升外，准南整体区域较为稳定，构造活动性不强，此时准南盆地南部边界整体位于距现今盆地边界南部较远的位置（邓胜徽，2003；高志勇，2016）。经前述计算结果可知（表5-6）：八道湾组沉积期，准南西段原盆边界最大距离为68.00km，最小距离为15.75km，平均距离为35.60km；准南中段原盆边界最大距离为73.64km，最小距离为20.35km，平均距离为41.43km；准南东段原盆边界最大距离为65.24km，最小距离为17.15km，平均距离为38.11km。因此，整体而言准南西段原始盆地边界距离较中段和东段而言更近，盆地边界自西向东逐渐南移距离增大，且此时博格达山尚未隆升（图5-2）。

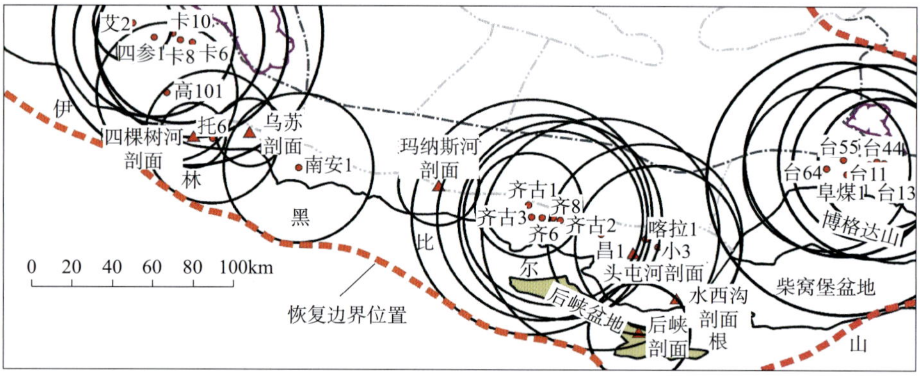

图5-2　准南八道湾组沉积期原型盆地边界位置恢复

二、三工河组沉积期原型盆地边界特征

三工河组沉积期，古天山低缓隆起区对三工河组沉积物源的影响相较于八道湾组并无明显改变，但这一时期整个盆地发生区域性湖泛过程，使得盆地沉积边界向南较远位置推进（邓胜徽，2003；高志勇，2016）。经前述计算结果可知（表5-6）：三工河组沉积期，准南西段原盆边界最大距离为92.28km，最小距离为17.15km，平均距离为61.47km；准南中段原盆边界最大距离为77.23km，最小距离为20.26km，平均距离为49.99km；准南东段原盆边界最大距离为53.91km，最小距离为11.38km，平均距离为33.24km。可见三工河组沉积期准南西段较中段和东段距原盆边界距离最远，而东段边界距离较近。整体而言，准南三工河组沉积期与八道湾组沉积期相比盆地边界明显向南推进（图5-3）。

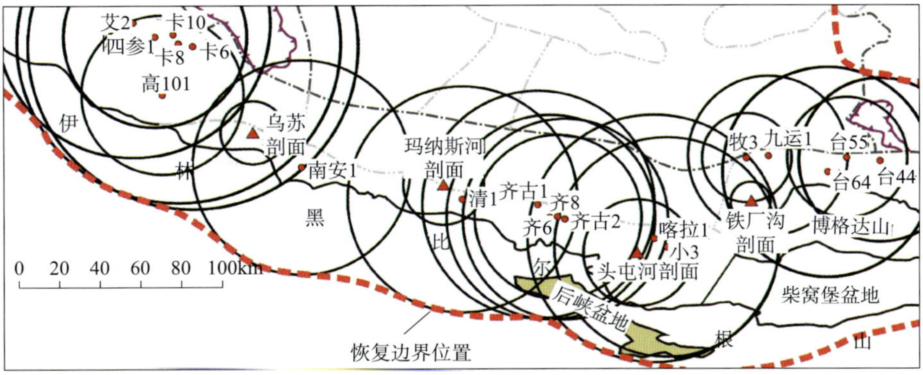

图 5-3　准南三工河组沉积期原型盆地边界位置恢复

三、西山窑组沉积期原型盆地边界特征

西山窑组沉积期，天山隆升范围仍较为有限，北天山山前盆岸线虽有所扩张，但整个准南中段至东段的大部分区域，仍处于较为统一的沉积演化阶段，且中侏罗统西山窑组为湖沼相的含煤地层，显示整体沉积环境较为稳定。经前述计算结果可知（表5-6）：西山窑组沉积期，准南西段原盆边界最大距离为55.53km，最小距离为31.72km，平均值为41.25km；准南中段原盆边界最大距离为73.40km，最小距离为25.44km，平均距离为53.30km；准南东段原盆边界最大距离为84.40km，最小距离为10.98km，平均距离为49.43km。整体反映准南西段较中段和东段原盆边界距离较近，而中段平均边界距离最远。整体而言，与三工河组沉积原盆边界距离相比，准南西山窑组沉积期原型盆地边界未发生显著变化（图5-4）。

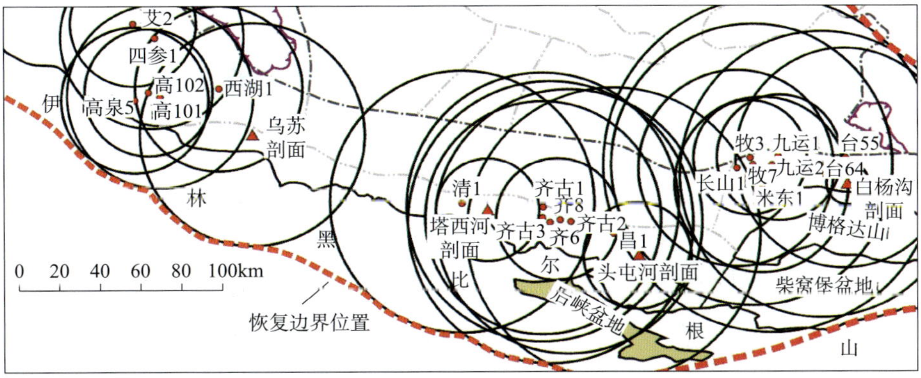

图 5-4　准南西山窑组沉积期原型盆地边界位置恢复

四、头屯河组沉积期原型盆地边界特征

头屯河组沉积期，中天山隆升活动有所增强，向盆内方向发生推覆挤压作用，向北推覆距离逐渐增加。经前述计算结果表明（表5-6）：头屯河组沉积期，准南西段原盆边界最大距离为88.40km，最小距离为3.30km，平均距离为42.31km；准南中段原盆

边界最大距离为54.84km，最小距离为25.51km，平均距离为44.92km；准南东段原盆边界最大距离为57.14km，最小距离为11.06km，平均距离为33.85km。反映了准南中段原型盆地边界距离较西段和东段更远，但东段边界距离较近，反映车莫古隆起局部隆升发育，对准南西段供给物源，同时，博格达山在头屯河组沉积期也局部隆升出露水面，并开始向东段供给物源碎屑。整体而言，准噶尔盆地南缘头屯河组沉积期南部边界相较于西山窑组存在较明显的向北迁移萎缩特征（图5-5）。

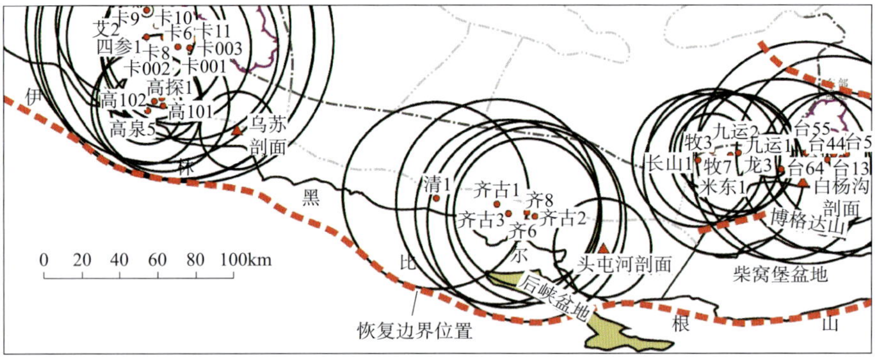

图5-5　准南头屯河组沉积期原型盆地边界位置恢复

五、齐古组沉积期原型盆地边界特征

齐古组沉积期天山活动剧烈，且此时博格达山也持续强烈隆升，对准南沉积边界变化产生巨大影响。经前述计算结果可知（表5-6）：齐古组沉积期，准南西段原盆边界最大距离为45.90km，最小距离为9.28km，平均距离为26.51km；准南中段原盆边界最大距离为80.82km，最小距离为17.51km，平均距离为46.91km；准南东段原盆边界最大距离为64.34km，最小距离为10.70km，平均距离为32.24km。反映了准南西段和东段齐古组沉积期原型盆地边界距离较中段更近，而中段边界距离较远。整体而言，准南齐古组沉积期原型盆地边界与头屯河组沉积期相比向北发生了更进一步的迁移萎缩现象过程（图5-6）。

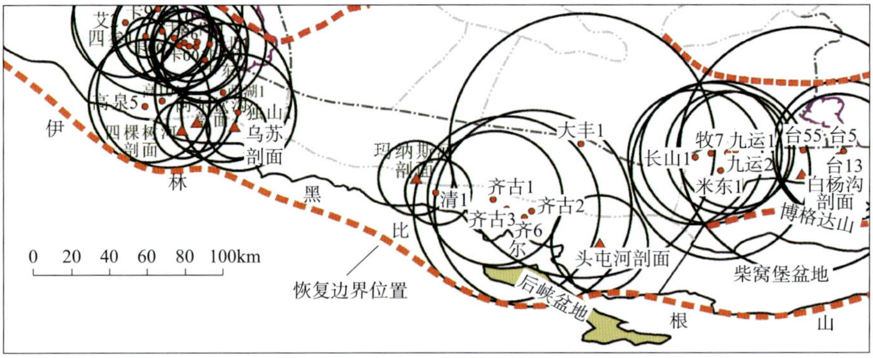

图5-6　准南齐古组沉积期原型盆地边界位置恢复

六、清水河组沉积期原型盆地边界特征

下白垩统清水河组沉积期，准南周缘天山、博格达山隆升活动强烈，山体向北推覆作用及物源供给能力迅速增强，对原型盆地边界影响显著。经前述计算结果可知（表5-6）：清水河组沉积期，准南西段原盆边界最大距离为82.89km，最小距离为14.70km，平均距离为46.73km；准南中段原盆边界最大距离为76.82km，最小距离为22.08km，平均距离为37.56km；准南东段原盆边界最大距离为68.69km，最小距离为13.12km，平均距离为32.69km。反映了准南西段距原盆边界距离较大，而中段、东段边界距离较小，整体而言，准南在早白垩世原型盆地边界不断向北迁移，且盆地边界基本与现今边界相吻合（图5-7），揭示盆山格局发生巨变。

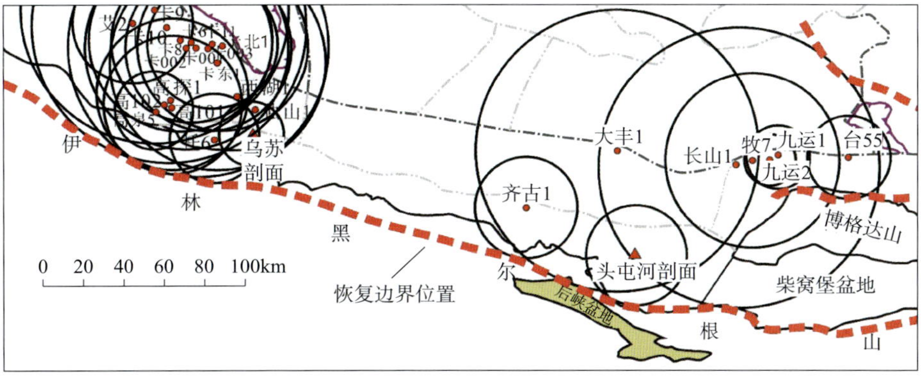

图5-7　准南清水河组沉积期原型盆地边界位置恢复

第三节　准南下组合原型盆地物源—沉积体系综合演化

综合准噶尔盆地南缘下组合区域构造背景、物源及沉积体系类型、展布，并结合原型盆地边界恢复结果，对准南下组合侏罗系—白垩系各组地层原型盆地特征及物源—沉积体系综合演化过程进行详细分析，为准南下组合深层储层的油气勘探开发提供可靠依据。

一、八道湾组

八道湾组沉积期，准南周缘山系对准南盆地的挤压作用基本处于停滞状态，这一时期准噶尔盆地南缘为一典型的陆内坳陷型盆地（葛旭，2018）。整体而言，准南八道湾组沉积期受南部天山物源体系、西北部扎伊尔山物源体系及东北部克拉美丽山物源体系影响，且盆地沉积边界整体位于伊林黑比尔根山以南至中天山北缘断裂一线（党

胜国，2007）。此外，八道湾组沉积期准南整体气候表现为温暖潮湿，并形成典型的含煤碎屑沉积层系（方世虎，2005；房亚男，2016）。准南八道湾组沉积期沉积体系类型以辫状河、辫状河三角洲、曲流河、曲流河三角洲及滨浅湖—半深湖沉积体系为主（图5-8）。

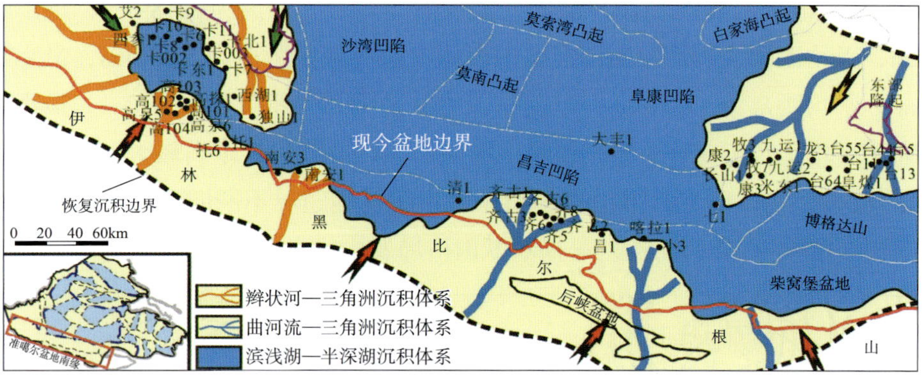

图5-8　准噶尔盆地南缘侏罗系八道湾组沉积体系

具体而言，准南西段受控于双物源体系，分别为南部天山物源体系和北部扎伊尔山物源体系，并存在混源特征。相比而言，由于西段山体隆升较中段和东段早，且距原盆边界距离更近，因此准南西段八道湾组整体以发育辫状河、辫状河三角洲沉积体系为特征，沉积粒度较粗，以河道砾岩与粗砂岩为主，属砾质辫状河、辫状河三角洲沉积体系。而湖相沉积主要集中于四棵树凹陷中部地区，细粒泥岩—粉砂岩沉积占比较大。而准南中段八道湾组沉积主要受控于南部天山物源体系，原盆边界距现今盆地边界向南更远，并且自西向东逐渐南移，甚至可达后峡盆地以南地区。相对较远的距源区距离使得准南中段八道湾组自西向东可由辫状河、辫状河三角洲沉积体系逐渐转变为曲流河及曲流河三角洲沉积体系。而滨浅湖—半深湖沉积体系主要发育于北部的昌吉凹陷内部。而准南东段受到北部克拉美丽山物源体系及南部天山物源体系的共同影响，原盆边界距现今盆地边界较远，可越过柴窝堡地区到达北天山南部（中天山）山体，并且此时博格达山尚未隆升。因此准南东段主要以相对远源的曲流河三角洲及湖相沉积为主，且曲流河三角洲沉积范围较广，而博格达地区整体处于湖相沉积中心。

二、三工河组

三工河组沉积期，准噶尔盆地处于相对松弛伸展的构造条件，且发生区域性大规模的湖侵过程（方世虎，2005；魏彩茹，2019）。物源体系整体仍受南部天山、西北部扎伊尔山、东北部克拉美丽山的影响，但盆地沉积边界相比于八道湾组沉积期向南迁移。此外，三工河组沉积期准南区域气候条件与八道湾组类似，表现为温暖潮湿，但随着深湖区面积增大，快速湖侵及湖平面迅速上升，使得煤层不甚发育（方世虎，

2005）。整体而言，准南三工河组沉积期沉积体系类型以曲流河、曲流河三角洲及滨浅湖—半深湖沉积体系为主（图5-9）。

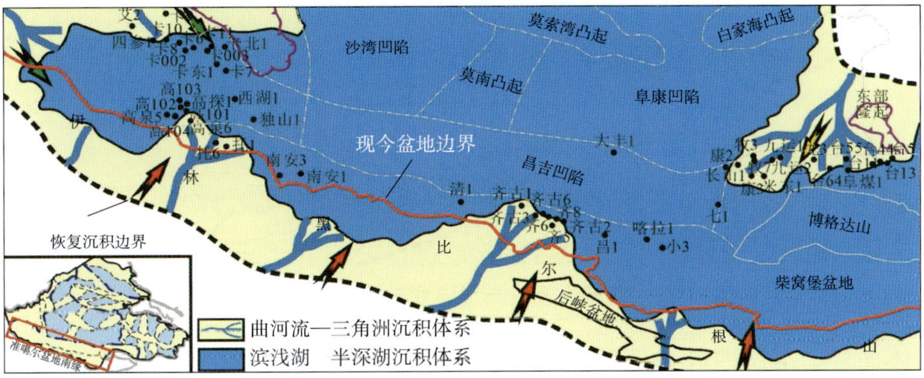

图5-9　准噶尔盆地南缘侏罗系三工河组沉积体系

具体而言，准南西段仍受南部天山及北部扎伊尔山物源体系影响，且天山物源体系占据主体地位，而盆地边界较八道湾组进一步南迁。这一时期准南西段南部主要发育曲流河、曲流河三角洲沉积体系，四棵树凹陷中部广泛发育滨浅湖—半深湖沉积体系，细粒泥岩—粉砂岩占比较大。相比而言，准南中段三工河组沉积主要受控于中—北天山物源体系，原盆地边界进一步南移，因此准南中段广泛发育相对远源的曲流河、曲流河三角洲沉积体系，而昌吉凹陷及其南部广泛发育滨浅湖—半深湖沉积体系，湖相沉积范围扩大，且以较细粒沉积为主。准南东段仍受东北部克拉美丽山及南部天山物源体系的共同影响，同时沉积边界南移明显，而受准南东段湖侵范围扩大影响，南部天山整体源区呈后退现象，因此准南东段北部仍发育相对远源的曲流河、曲流河三角洲及滨浅湖—半深湖沉积体系。此外，这一沉积期博格达山仍未隆升，博格达地区仍处于湖相沉积中心，以细粒泥岩沉积为主。

三、西山窑组

西山窑组沉积期，准南盆地已开始缓慢抬升，地形坡度逐渐增大，湖平面下降，湖水范围有所缩小（方世虎，2005）。值得注意的是，除天山、扎伊尔山、克拉美丽山物源体系外，盆地腹部车—莫古隆起开始抬升出露水面，同时准南东段博格达山在这一时期也开始隆升（方世虎，2005；纪友亮，2010），但原盆边界整体范围相较于三工河组无明显变化。西山窑组沉积期气候温湿，是植物相对繁茂的时期，并形成大面积的泛滥沼泽、滨湖沼泽、河流沼泽环境，发育有多层可采煤层，成为八道湾组沉积期之后又一煤层发育的极盛时期（方世虎，2005；谭思源，2016；董顺，2018）。整体而言，准南西山窑组沉积期沉积体系类型以辫状河、辫状河三角洲、曲流河、曲流河三角洲及滨浅湖—半深湖为主（图5-10）。

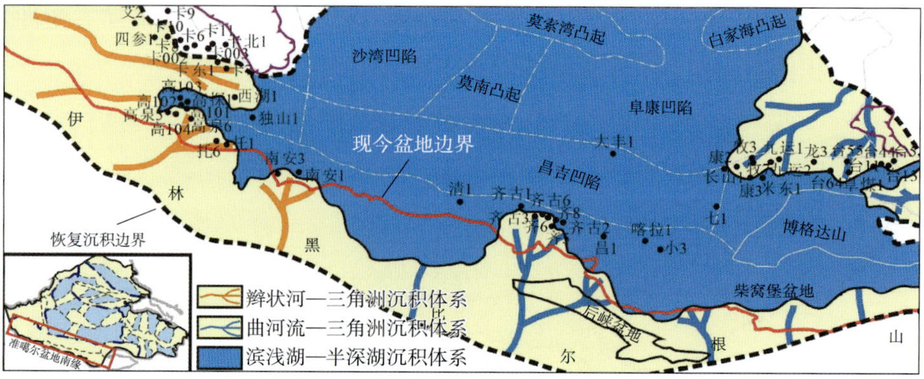

图 5-10　准噶尔盆地南缘侏罗系西山窑组沉积体系

具体而言，准南西段北部NE—SW走向的大型车莫古隆起在西山窑组沉积期整体隆升并局部出露水面，区域的构造抬升使得准南西段西北部物源有所加强（纪友亮，2010）。整体而言，准南西段受南部天山、西北部扎伊尔山及车—莫古隆起局部物源体系影响。但西段边界位置与三工河组相比无明显变化，而湖退作用使得北部艾卡地区及南部北天山山前地区均发育规模较大的辫状河及辫状河三角洲沉积体系，且粗粒砂岩—砂砾岩沉积占比较大，而四棵树凹陷中部发育范围较小的湖相沉积。准南中段仍受控于天山物源体系，盆地边界与三工河组相比基本不变，但逐渐渐远的源区距离使得准南中段西山窑组自西向东由辫状河三角洲沉积体系逐渐转变为曲流河三角洲沉积体系，沉积物粒度也逐渐变细。而昌吉凹陷内部仍以湖相沉积为主，但湖水覆盖范围与三工河组相比有所减小。特别地，准南东段博格达山在西山窑组沉积期开始仅局部隆升出露水面，隆起幅度和范围均较小。因此，准南东段整体沉积仍受控于南部天山及东北部克拉美丽山物源体系，且盆地边界未发生明显变化。而准南东段主要发育曲流河、曲流河三角洲及滨浅湖—半深湖沉积体系，相对源区距离仍较远，使得储集体沉积粒度仍相对较细。

四、头屯河组

头屯河组沉积期，车—莫古隆起进一步发育，博格达山持续隆升，并且区域构造活动强烈（方世虎，2005；纪友亮，2010）。准南整体受控于南部天山、西北部扎伊尔山、车—莫古隆起、东北部克拉美丽山及博格达山多支物源体系，且原盆边界较西山窑组沉积期整体发生明显北移萎缩。此外，准南头屯河组沉积期整体气候表现为温湿与干热交替，呈现杂色地层沉积，红色条带增多，沉积环境较早侏罗世逐渐变得干旱（方世虎，2005）。整体而言，准南头屯河组沉积期沉积体系类型以扇三角洲、辫状河、辫状河三角洲、曲流河、曲流河三角洲及滨浅湖—半深湖沉积体系为主（图5-11）。

具体而言，准南西段车—莫古隆起隆起规模和范围不断增大，供源能力逐渐加强

（纪友亮，2010），使得准南西段区域受控于南部天山、西北部扎伊尔山及车—莫古隆起三支物源体系，这一时期西段原盆边界较西山窑组向北迁移，整体位置距原盆边界较近。因此准南西段头屯河组广泛发育扇三角洲、辫状河及辫状河三角洲沉积体系，储层岩性以粗砂岩、砂砾岩为主，均属砾质沉积，且四棵树凹陷中部与西山窑组相比湖盆水域面积不断缩小，水体变浅。而准南中段主要继承性发育南部天山物源体系，原盆边界向北迁移，且准南中段西部距物源区较近，因此中段西部发育一定规模的扇三角洲沉积体系，而中段中部至东部以曲流河、曲流河三角洲沉积体系为主，细粒泥岩—粉砂岩占比较大，而昌吉凹陷内部仍发育滨浅湖—半深湖沉积体系。特别地，准南东段博格达山在头屯河组沉积期持续隆升扩大，并开始向准南东段供给物源，因此准南东段整体受南部天山、东北部克拉美丽山及博格达山物源体系的共同作用，并且原盆边界开始向北迁移。整体而言，准南东段北部主要发育曲流河、曲流河三角洲沉积体系，岩性以泥岩—泥质粉砂岩为主。而在博格达山局部隆升的山体前地带发育小型扇三角洲沉积体系，主要沉积粗粒砂岩、砂砾岩。

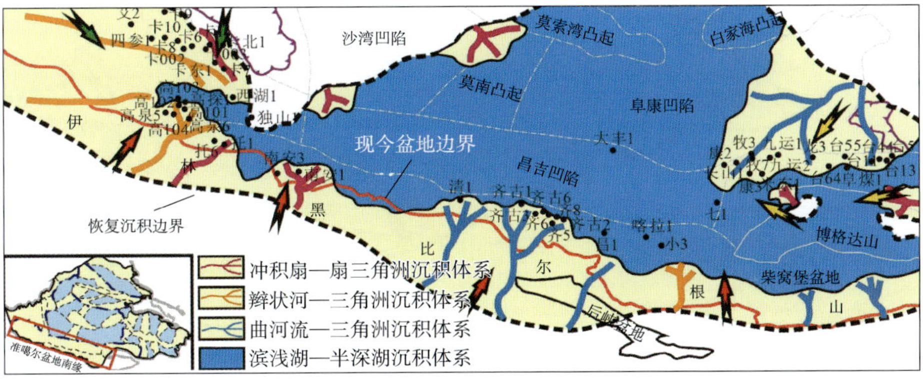

图 5-11 准噶尔盆地南缘侏罗系头屯河组沉积体系

五、齐古组

齐古组沉积期，北天山构造活动强烈，准南构造背景也由张性演变为局部挤压构造环境，车—莫古隆起进一步发育，博格达山持续规模隆升，准南表现为快速剥蚀和快速沉积的特征（方世虎，2005；纪友亮，2010）。整体而言，准南区域仍受控于天山、扎伊尔山、车—莫古隆起、克拉美丽山及博格达山物源体系，且盆地边界由早中侏罗世的中天山北迁至北天山一带。准南齐古组以红色（紫红、暗红、红色）地层沉积为主，反映干热的气候条件（方世虎，2005；王楠，2013），沉积体系类型以扇三角洲、辫状河、辫状河三角洲及滨浅湖—半深湖为主（图5-12）。

具体而言，准南西段车—莫古隆起不断发育，并遭受长期侵蚀而发育沟谷—残丘地貌，而沉积期处于“填平补齐”状态（纪友亮，2010）。准南西段整体受控于南部天山、西北部扎伊尔山及车—莫古隆起物源体系，且原盆边界相较于头屯河组表现出向北迁移特征。特别地，准南西段北部地区距北部物源区较近，因此主要以辫状河、辫状河三角洲沉积体系为主，而南部距原盆边界距离较近，以发育扇三角洲沉积体系特征，岩性以粗粒砂岩、砂砾岩为主。此外，四棵树凹陷中部湖相沉积范围相较于早中侏罗世有所变小，水体变浅。而准南中段仍继承南部天山物源体系，且原盆边界向北迁移，准南中段距源区较近，因此自西向东发育扇三角洲、辫状河及辫状河三角洲沉积体系，粗砂岩—砂砾岩占比较大。而准南东段仍受南部天山、东北部克拉美丽山及博格达山物源体系影响，且原盆边界向北迁移萎缩明显。此外，由于东北部克拉美丽山构造活动强烈，因此准南东段在克拉美丽山物源体系影响下发育辫状河、辫状河三角洲沉积体系。而南部博格达山强烈隆升扩大，向其两侧供给大量粗粒碎屑沉积物，使得在博格达山北部及南部山前带发育扇三角洲沉积体系。值得注意的是，由于博格达山隆起幅度和隆起范围不断扩大，使其逐渐将准南东段与柴窝堡盆地阻隔开来。

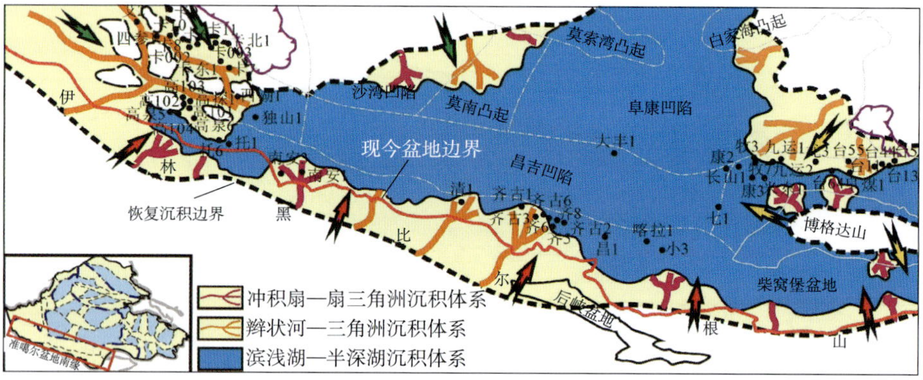

图 5-12　准噶尔盆地南缘侏罗系齐古组沉积体系

六、清水河组

清水河组沉积期，准南周缘山体隆升强烈（何中波，2016），盆地快速沉降，并发生大范围快速湖侵，且沉积期受控于天山、扎伊尔山、克拉美丽山及博格达山物源体系。而盆地边界继续向北迁移萎缩，几乎与现今边界相重合，气候由干旱再次转变为湿润（方世虎，2004）。整体而言，准南清水河组沉积体系类型以扇三角洲、辫状河、辫状河三角洲及滨浅湖—半深湖为主（图5-13）。

具体而言，准南西段仍受双物源体系影响，分别为南部天山物源体系及北部扎伊尔山物源体系，且车—莫古隆起在清水河组沉积期开始埋藏消亡，物源作用消失（纪友亮，2010；高崇龙，2015、2017、2018）。而随着天山不断隆升，准南西段原盆边界不断北移，且整体位置距原盆边界较近，因此在准南西段南部发育扇三角洲沉积体系，而北部艾卡地区由于受扎伊尔山物源体系影响而发育辫状河、辫状河三角洲沉积体系，岩性主要以砂岩、砂砾岩为主。由于湖侵作用使得准南西段湖水覆盖面积增大，四棵树凹陷中部滨浅湖—半深湖沉积体系范围扩大。准南中段清水河组沉积仍受控于南部天山物源体系，且原盆边界较晚侏罗世有更为明显的北移，由于距离源区较近，使得准南中段主要发育扇三角洲、辫状河、辫状河三角洲沉积体系，均以粗粒碎屑沉积为主。此外，准南中段北部的昌吉凹陷内部仍发育湖相沉积，且湖水覆盖范围较晚侏罗世有所扩大。而准南东段博格达山隆起范围、幅度继续增大，并最终阻隔南部天山物源而成为独立的物源区存在，因此准南东段在清水河组沉积期受控于东北部克拉美丽山及博格达山物源体系，并脱离南部天山物源体系影响，且原盆边界继续向北迁移萎缩。准南东段北部在克拉美丽山物源体系影响下发育辫状河、辫状河三角洲沉积体系，岩性以粗砂岩、砂砾岩为主。而博格达山向准南东段供给大量物源碎屑，使得博格达山前近源区发育扇三角洲沉积体系。值得注意的是，此时准噶尔盆地南缘与柴窝堡盆地已完全分离而处于两个独立的盆地演化过程。

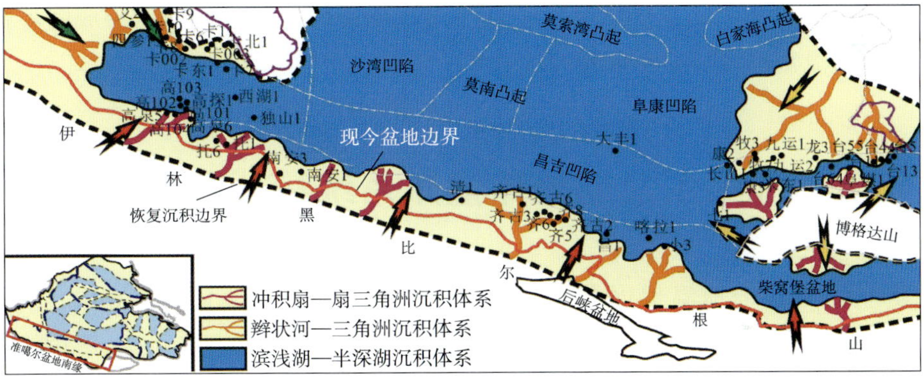

图 5-13　准噶尔盆地南缘侏罗系清水河组沉积体系

第六章

准噶尔盆地南缘下组合地层温压场特征及其演化

地层温度、地层压力特征及其变化对于碎屑岩储层各成岩作用、成岩进程及物性演化具有至关重要的影响作用（高崇龙等，2017；张功成等，2019）。此外，盆地中油气的生成、运移乃至成藏过程均是在温度和压力共同作用下完成（刘震等，1997；马小伟等，2017）。因此，含油气盆地内部地温场和地压场的形成与演化在一定程度上影响着油气的分布与富集，而正确认识盆地储层温压场条件是明确优质储层成因、物性保存机制、油气成藏机理及准确预测油气分布的基础。

第一节　准噶尔盆地整体温压系统特征及其场区划分

准噶尔盆地现今地温梯度分布在1.16~2.76℃/100m之间（表6-1），平均为2.26℃/100m（图6-1），大地热流介于23.4~53.7mW/m^{2}之间（图6-2），平均热流值为（42.3 ± 7.7）mW/m^2（邱楠生等，2001；马小伟等，2017）。准噶尔盆地这一地温梯度和大地热流值在中国各沉积盆地中相比属于较低，同时也低于全球大陆平均热流值，为典型的“冷盆”。

表6-1　依据试油和测井温度数据回归计算准噶尔盆地主要构造单元地温梯度比较

构造单元	地温梯度/（℃/km）		构造单元	地温梯度/（℃/km）	
	试油结果	测井结果		试油结果	测井结果
东部地区	24.0	23.0	南缘地区	27.0	22.8
克-夏断裂带	30.0	28.0	中央隆起带	18.8	22.5
陆梁隆起带	27.2	25.8	中央坳陷带	28.8	25.2
昌吉凹陷	22.7	25.4	乌伦古坳陷	26.5	23.4

平面上，准噶尔盆地东部克拉美丽山前和陆梁隆起地温最高，地温梯度也表现为东部隆起区最高，达2.8℃/100m，其次为陆梁隆起为2.0~2.4℃/100m时，热流较高的地区则主要分布于陆梁隆起和彩南地区，达50~52mW/m^2；西北缘与中央坳陷区地温较低，西北缘平均地温梯度在2.0℃/100m左右，平均热流值为（43.9 ± 5.7）mW/m^2；

中央坳陷地区平均地温梯度在1.9℃/100m左右，平均热流值为（45.2 ± 5.7）mW/m²；盆地南部北天山山前坳陷温度最低，地温梯度分布在1.4~2.0℃/100m之间，平均为1.7℃/100m，平均热流值为（34.4 ± 8.3）mW/m²。总体表现为隆起区呈高地温、高地温梯度和高大地热流值，而坳陷区则具有低地温、低地温梯度和低大地热流的特点（王社教等，2000；饶松等，2013）。

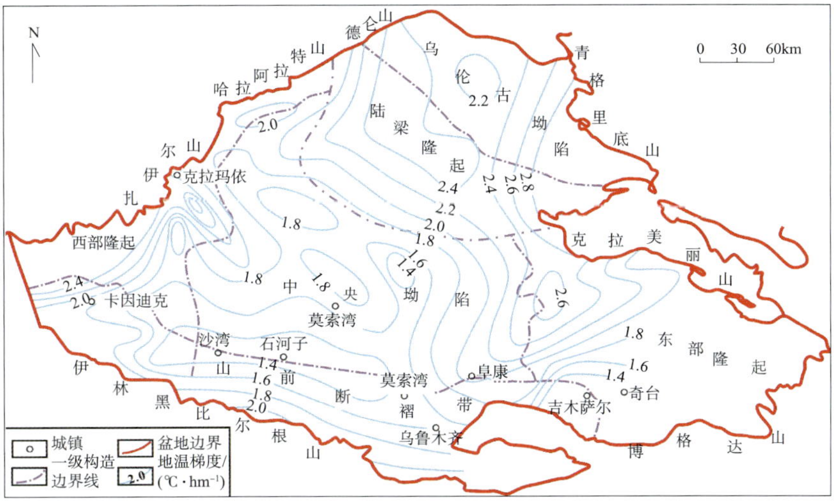

图 6-1　准噶尔盆地现今地温梯度分布特征（马小伟等，2017）

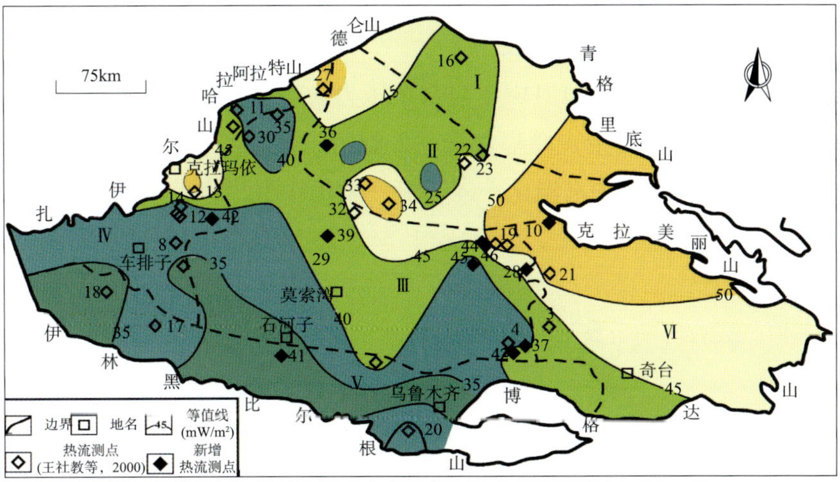

图 6-2　准噶尔盆地现今大地热流分布（饶松等，2013）

准噶尔盆地地层超压较为发育，垂向上超压主要发育在二叠系、三叠系和侏罗系地层内部，石炭纪和古近系也有部分超压分布，但整体以南缘和腹部地层超压最为典型（刘震等，2012；白桦等，2016；马小伟等，2017）。

准噶尔盆地南缘普遍发育强超压（压力系数可高达2.4）。垂向上主要发育于安集海河组、沙湾组、紫泥泉子组和东沟组中，其中安集海河组是异常高压分布的主要层位，压力系数达1.75~2.07（张立强等，2011）。盆地腹部地区普遍发育超压（压力系数高达2.1），垂向可分为深、浅两层，浅层超压以侏罗系及上三叠统白碱滩组为主，深层超压主要分布在二叠系。平面上，超压集中分布在昌吉凹陷和玛湖凹陷，此外莫北凸起、马桥凸起和东道海子北凹陷也发育三个小的超压中心（陈景阳，2007）。准东地区以发育弱超压为主，垂向上超压分布在二叠系、三叠系及侏罗系，平面上表现为南区高、中区平、北区低的格局（马小伟等，2017）。相比而言，西北缘总体处于常压—弱超压环境，深度上在3500m以浅处地层压力系数小于1.25，属于正常压力系统，3500m以深，少部分地层表现为低幅超压，但压力系数不超过1.5。平面上中段多表现为弱超压，而西段和东段则以正常压力和低压为主（邹华耀等，2005；李梅等，2012）（图6-3）。

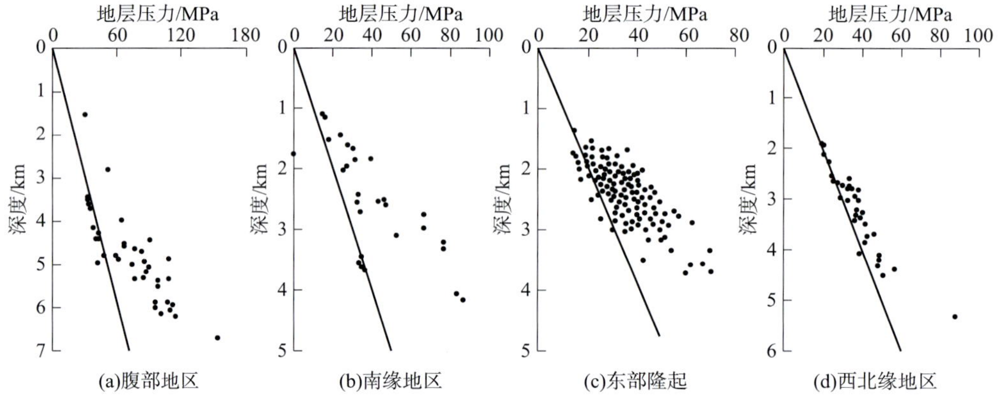

图6-3　准噶尔盆地各构造单元地层压力与深度关系（马小伟等，2017）

平面上，根据准噶尔盆地地温梯度与剩余压力大小，可将准噶尔盆地分为7个温压能量场区（图6-4），即①乌伦古坳陷常压—低温区，②陆梁西部地区中高压—高温区，③西北缘与东部隆起常压—中高温区，④玛湖—盆1井西凹陷、东道海子北凹陷及南缘

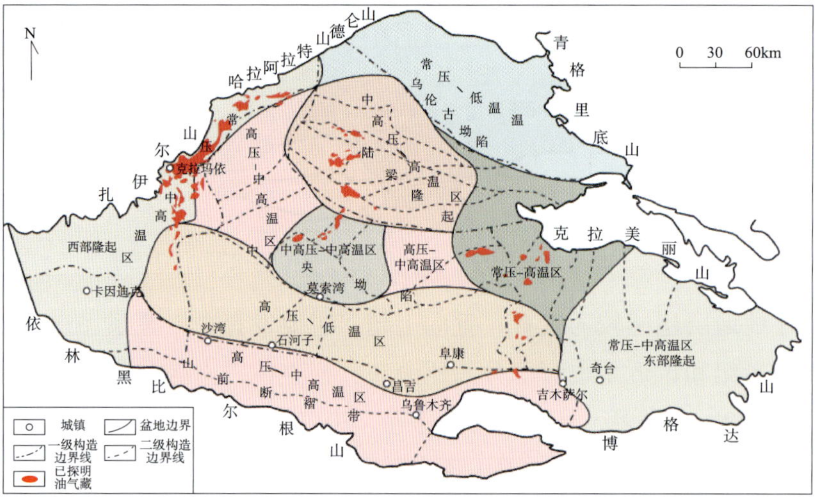

图6-4　准噶尔盆地各构造单元温压系统特征及划分（马小伟等，2017）

地区高压—中高温区，⑤陆梁东部—克拉美丽山前常压—高温区，⑥沙湾—阜康凹陷高压—低温区，⑦莫北—莫索湾凸起中高压—中高温区（马小伟等，2017）。

第二节　准噶尔盆地南缘下组合现今地层温度场特征

一、准南下组合现今地温梯度及大地热流特征

沉积盆地现今地温场是要利用各种钻孔的温度数据来进行研究，钻孔测温数据一般分为四类：系统稳态测温数据、试油温度数据、瞬时测温数据和准稳态测温数据。其中前两种具有较高的可靠性，其数据可以用来研究真实的地温情况（Liu等，2020）。受控于准南资料条件的限制，目前仅选取下白垩统清水河组与上侏罗统齐古组相关数据进行分析，通过准南地区2口井的系统稳态测温数据和35口井的试油温度，绘制其温度—深度关系见图6-5。结果显示钻井地层温度与深度均具有良好的近似线性关系，这表明地层温度主要通过热传导来传递；此外，结合实测温度及岩石热导率等数据，利用一维热传导［式（6-1）］方程计算清水河组顶部温度，再通过地温梯度计算公式［式（6-2）］获得4000m统一深度处的地温梯度（常健等，2016）。

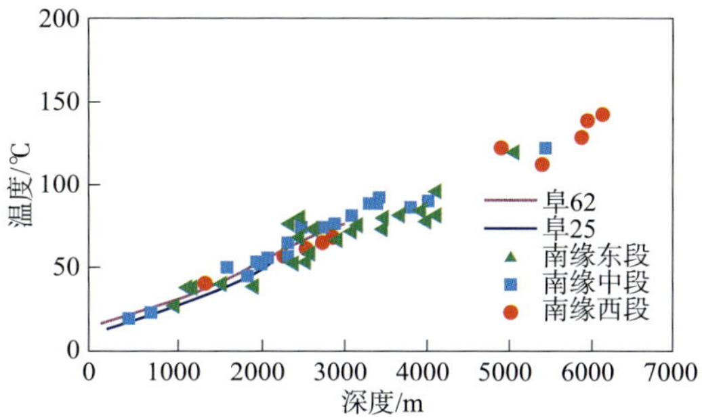

图6-5　准噶尔盆地南缘不同构造单元地层温度与深度关系

$$T_i^{下}=T_i^{上}+(q_i^{上}\times Z_i)/K_i-(A_i\times Z_i^2)/(2\times K_i) \tag{6-1}$$

式中，i为构造层数；$T_i^{上}$、$T_i^{下}$分别为第i构造层上、下界面的温度，℃；A_i为第i层的岩石生热率，μW/m³；K_i为第i层岩石热导率，W/（m·K）；$q_i^{上}$为第i构造层上界面的热流值；Z_i为第i层的厚度，km。

$$G=(T_s-T_0)/(Z-Z_0) \tag{6-2}$$

式中，G为地温梯度，℃/km；T_s为试油温度，℃；T_0为近地表恒温带温度；Z为测温深度；Z_0为恒温带深度。本文研究中，准噶尔盆地恒温带的深度Z_0取20m，温度T_0为18℃。

结果表明：南缘西段下白垩统清水河组与上侏罗统齐古组顶部普遍深度为3482~5798m，地层温度为92.9~137.4℃，而南缘中段和东段由于清水河组和齐古组相对埋藏较浅，清水河组和齐古组顶部温度普遍为13.1~70.0℃（图6-5、图6-6）。此外，计算结果显示准南不同构造单元位置处的地温梯度差别并不大，地温梯度介于13.2~23.7℃/km，平均为18.2℃/km，地温梯度高值分布于齐古断褶带中部和阜康断裂带西部（表6-2，图6-8）。

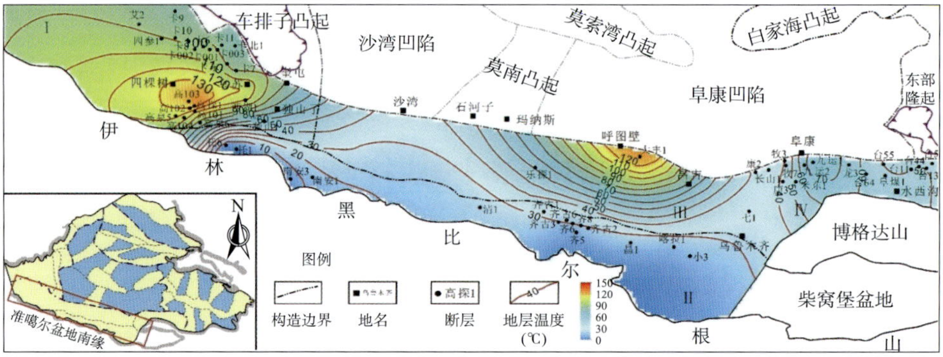

图 6–6　准噶尔盆地南缘不同构造区清水河组顶界温度平面变化特征

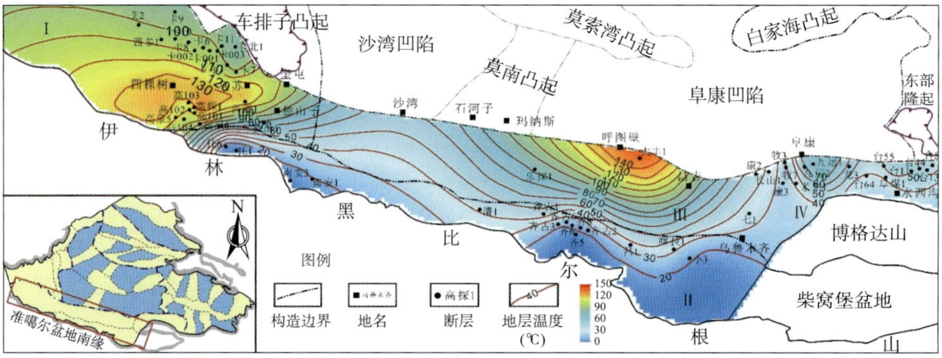

图 6–7　准噶尔盆地南缘不同构造区齐古组顶界温度平面变化特征

表 6–2　准噶尔盆地南缘不同构造单元区域地温梯度和大地热流计算值

构造单元	井名	深度/m	温度/℃	地温梯度/（℃/km）	K/［W/（m·K）］	Q/（mW/m²）	$T_{清水河组}$/℃
南缘西段	四参 1	4276.2	121	23.7	1.94	46.03	99.97
	卡 001	4007.15	109.3	22.3	1.94	43.45	106.82
	卡 002	4200.15	110.3	21.6	1.94	41.91	101.56
	卡 6	3900	107.2	22.4	1.94	43.6	105.23
	卡 7	4141.02	99.53	19.2	1.94	37.43	98.65
	卡 11	4253.5	95.84	17.9	1.94	34.75	92.97
	高泉 1	4927.56	120.92	20.5	1.86	38.24	137.44
	高探 1	5920	130	18.6	1.77	33	125.71
	西湖 1	5943.67	136.8	19.7	1.85	36.47	119.92
	托 6	1349.34	41.1	15.8	1.9	30.15	10.86
南缘中段	齐古 1	1900	58.416	20.4	2	40.86	29.46
	齐古 3	1835.88	44	13.2	2	26.43	15.95
	齐 8	1585.65	50.5	19.4	2	38.96	16.53
	小 3	1956.05	53.3	17.1	2	34.39	14.05
	南安 1	450	20.2	16.2	2	32.4	16.39
	喀拉 1	2906.66	75.6	19.2	2	38.52	13.09

续表

构造单元	井名	深度/m	温度/℃	地温梯度/（℃/km）	K/［W/（m·K）］	Q/（mW/m²）	$T_{清水河组}$/℃
南缘东段	台62	2420.44	59.7	16.5	2.02	33.40	48.22
	牧7	4091.42	96.2	18.7	2.05	38.36	24.06
	台5	2007.39	50	15.0	2.05	30.94	43.97
	台7	1475.74	40.6	14.1	2.05	29.01	44.21
	台13	2233.46	57.2	16.8	2.05	34.45	49.03
	台28	2918.83	67.3	16.3	2.05	33.44	40.76
	台42	2500	62.33	17.0	2.05	34.99	53.49
	台43	2334.12	61.6	17.9	2.05	36.85	38.25
	台44	2914.51	71.7	17.8	2.05	36.61	49.11
	台55	2700	73.39	19.9	2.05	40.83	49.41
	长山1	1083.23	37.6	16.5	2.05	33.93	34.90
	九运2	3100	72	16.8	2.1	35.4545	70.03

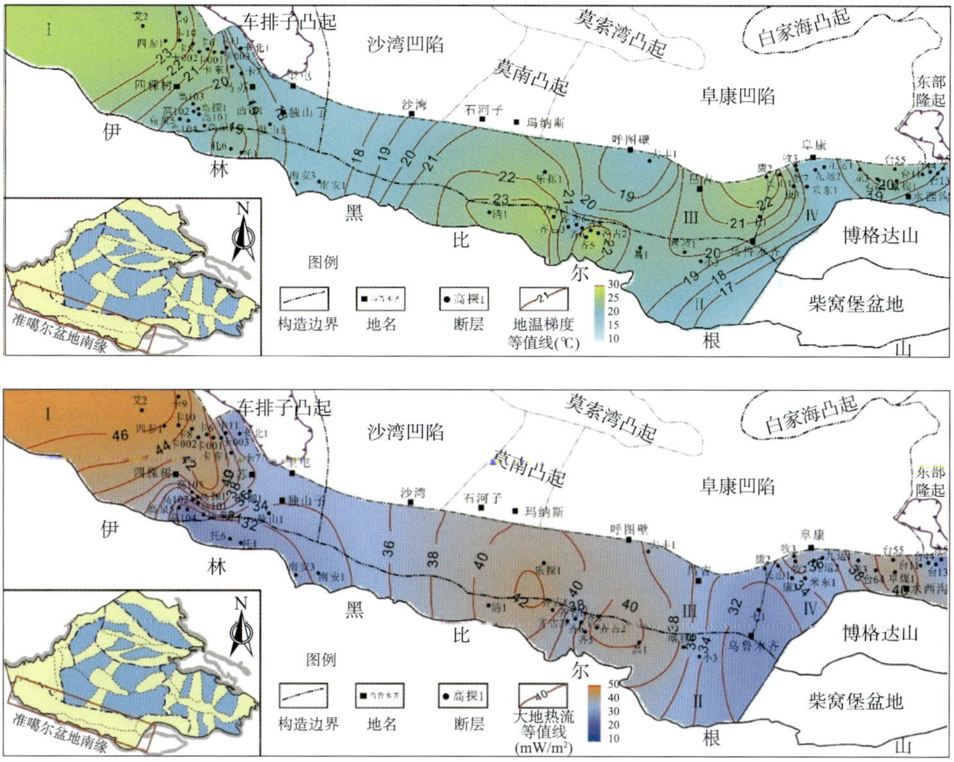

图 6-8　准噶尔盆地南缘不同构造区地温梯度平面变化特征

大地热流值可以通过地温梯度与调和平均热导率计算获得，详见式（6-3）。每口井调和平均热导率通过岩石地层的厚度和样品实测热导率（王社教等，2000；饶松等，2013）获得。基于目前资料情况，本次研究共计算了准南地区35口单井的大地热流值。从总体上看，南缘地区的大地热流介于26.4~46.0mW/m²，平均值为36.1mW/m²（图6-9、表6-1）。

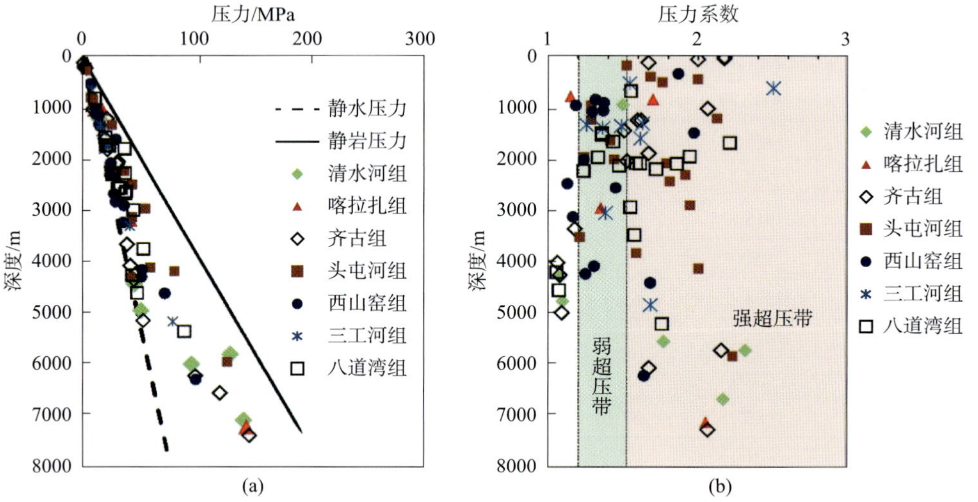

图6-9　准噶尔盆地南缘下组合实测地层压力—深度关系（a）和压力系数—深度关系（b）

$$q_s = -K_t \cdot \frac{dT}{dZ} \qquad (6\text{-}3)$$

式中，q_s为大地热流，mW·m^{-2}；K_t为调和平均热导率，W/（m·K）；dT/dZ为地温梯度，℃/km。

整体而言，准噶尔盆地南缘下组合现今地层温度西段整体高于中段和东段，而西段地层高温区域主要集中于高泉构造带附近，并且随着埋藏深度的增加储层内部地层温度也将不断增高。

二、准南下组合现今地层温度影响因素

准噶尔盆地具有稳定的克拉通基底，地壳厚44~46km。岩石圈的P波速度显示，高温低阻层埋藏较深（约30~40km），厚9~10km；上地幔高导层深度达130km以上，由此控制了盆地相对均一的低地温分布（邱楠生等，2002；支剑丽等，2018）。因此，准噶尔地区较大的地壳厚度、低速层埋深较大及稳定的陆块基底等地球动力学背景是决定盆地的低热状态的一级控制因素。其次，各次级构造单元及次级构造单元之间的地温场主要受基底形态的控制。新生代时期，受喜马拉雅运动的影响，天山褶皱带快速大幅度隆升，盆地南缘急剧沉降，接受了巨厚的新生代沉积，形成了北天山山前的新生代凹陷。因此，相对于准噶尔盆地东部隆起区（平均为23.4℃/km）、陆梁隆起区（平均为23.0℃/km）、中央坳陷（21.3℃/km）和西部隆起（20.5℃/km），北天山山前坳陷的地温梯度最低（平均仅为18.2℃/km）。齐古断褶带中部和阜康断裂带在南缘地区相对于周缘其他地区有较高的地温梯度（图6-8），这也是由于这两个区域相对处于高部位，

从而使得热流向构造高部位聚集，由此构造高部位形成相对高温区（图6-6，图6-7）。此外，在快速沉积的地区，前人研究表明，当沉积速率超过300m/Ma时，会导致地温场的异常扰动，热平衡被破坏造成低热异常，且沉积速率越大，热异常越明显（李文正等，2014）。准噶尔盆地南缘受喜马拉雅运动的影响急剧沉降，沉积速率最大可达到700m/Ma，因此可能造成北天山山前坳陷的地温梯度最低的原因之一。

岩性特征对地温分布的影响主要体现在岩石热导率不同进而对地层温度的热传导存在差异。岩石的热导率取决于矿物组成、结构和构造，一般金属矿物和结晶岩盐、膏盐及石英等都具有高的热传导能力；坚硬致密的岩石（灰岩、花岗岩、变质石英岩、石英岩等）同样具有较高的导热性；而煤炭、黏土、泥岩、页岩、粉砂岩等则具有较低的导热性。南缘地区岩石类型以泥岩和砂岩为主，虽然岩石热导率越高导热性能越好，但由于砂泥岩的热导率通常较低，因此岩石热导率差别较小，对温度的影响也并不明显。

断裂活动对地层温度的影响主要存在两个方面，一种是由应变引起的温度变化，另一种是断层错动引起的摩擦升温变化。前者的升温幅度较小且升温速率低，后者的升温幅度大并且升温幅度与断距和距断裂带的距离有关，断距越大的部位升温越高，断裂带和断裂两侧的位置升温幅度高于远离断裂的区域。准噶尔南缘经历晚侏罗世和中新世两期构造变形，晚侏罗世构造断裂活动可能引起的局部热异常难以持续到今，不会影响现今的地温场分布。但新生代逆冲推覆构造断裂活动使得天山山前托斯台背斜和独山子背斜变形强烈，并且构造运动时间较晚，断层错动引起的摩擦升温造成独山子盆地和托斯台背斜地温较高。

第三节 准噶尔盆地南缘下组合现今地层压力场特征

一、准南下组合现今地层压力特征及其差异变化

现今地层孔隙 流体压力分析手段主要包括直接测量手段和间接估算手段。压力直接测量主要包括电缆地层测试（FRT）和钻杆测试（DST）。对于渗透性地层，可通过直接进行压力的测试，但对于非渗透性地层的地层压力通常无法直接获得，可使用等效深度法、Eaton法、Fillippone法等压力预测方法进行预测。参考前人对准噶尔盆地地层压力系统的划分方案，将准噶尔盆地南缘地区地层压力划分为常压带（压力系数0.8~1.1）、压力过渡带（压力系数1.1~1.2）、超压带（压力系数1.2~1.5）和强超压带（压力系数大于1.5）。

通过对南缘地区42口钻井的DST测压数据统计分析，认为南缘地区下组合地层普遍存在超压（图6-9，表6-3），由于南缘同一地层在不同构造单元的埋深差别较大，仅用压力—深度关系并不能很好地反映超压出现的深度。据此建立了不同构造单元各层系的压力系数与深度的关系（图6-10）。从图6-10可见，南缘西段下组合地层在6000m左右埋深处出现强超压；而受控于资料条件，南缘中段下组合地层仅在7000m（大丰1井）以上出现超压数据点，但浅层基本处于弱超压状态；相比而言，南缘东段下组合地层超压较为典型，在1200~5400m埋深条件下均出现了地层超压现象。

表6-3 准噶尔盆地南缘下组合地层不同构造单元实测压力数据

构造单元	井名	层位	深度/m	压力系数	构造单元	井名	层位	深度/m	压力系数	构造单元	井名	层位	深度/m	压力系数
南缘西段	卡北1	K_1q	4405	1.06	南缘中段	清1	J_2t	997	1.28	南缘东段	牧7	J_2t	4148	2.00
	卡东1	K_1q	4914	1.07		齐古1	J_2t	2288	1.28		牧7	J_2t	2921	1.94
	高探1	K_1q	5778	2.30		清1	J_2x	1114.5	1.29		牧7	J_2t	3540	1.21
	西湖1	K_1q	5968	1.65		齐古1	J_2x	2876	1.30		米东1	J_2t	2330	1.91
	卡11	J_3q	4312	1.07		齐6	J_2x	1069	1.20		九运2	J_2t	3853	1.58
	卡001	J_3q	4042	1.06		齐古1	J_1s	3270	1.30		阜25	J_2t	1985	1.24
	卡东1	J_3q	5108	1.07		齐古2	J_1s	1684	1.29		台64	J_2t	1268.5	1.28
	西湖1	J_3q	6197	1.64		齐古3	J_1s	1568	1.24		台65	J_2t	1237	2.12
	独山1	J_3q	6529	1.89		齐6	J_1s	1705	1.21		台43	J_2t	1668	1.41
	托6	J_3q	194	1.36		喀拉1	J_1s	1304	1.25		台61	J_2t	2103.5	1.79
	高探1	J_2t	5920	2.20		齐古1	J_1b	3720	1.48		台62	J_2t	2454.5	1.81
	托6	J_2t	244	1.36		齐古2	J_1b	2516	1.32		牧7	J_2x	4425	1.68
	卡6	J_2x	4260	1.25		齐古3	J_1b	2532	1.25		米东1	J_2x	3150	1.16
	西湖1	J_2x	6268	1.63		齐6	J_1b	2519	1.35		九运2	J_2x	4101.5	1.31
	托6	J_2x	498	1.39		齐8	J_1b	1713	1.41		吉南2	J_2x	1515.5	1.97
	托6	J_1s	622	1.39		喀拉1	J_1b	2640	1.45		城1	J_2x	1091	1.36
	托6	J_1b	2262	1.23	南缘东段	长山1	J_3k	867	1.91		牧7	J_1s	4853	1.68
	托6	J_1b	786	1.39		米东1	J_3k	808.5	1.40		吉南2	J_1s	1620.5	1.61
	托6	J_1b	2598	1.51		九运2	J_3k	2972	1.43		城1	J_1s	1359	1.25
	四参1	J_1b	4573	1.07		长山1	J_3q	1272	1.62		牧7	J_1b	5226	1.75
	卡002	J_1b	4230	1.06		米东1	J_3q	1272	1.59		台64	J_1b	1989.5	1.33
南缘中段	齐古1	K_1q	1174	1.25		九运2	J_3q	3384	1.18		台44	J_1b	2960	1.54
	大丰1	K_1q	7062	2.05		台65	J_3q	1047	2.06		台7	J_1b	1522	1.35
	大丰1	J_3k	7184	2.05		台5	J_3q	2058	1.52		台61	J_1b	2218.5	1.71
	齐古1	J_3q	1778	1.25		台5	J_3q	1953	1.47		吉南2	J_1b	1711	2.21
	大丰1	J_3q	7353	2.04		台61	J_3q	1916	1.66		城1	J_1b	1557	1.35

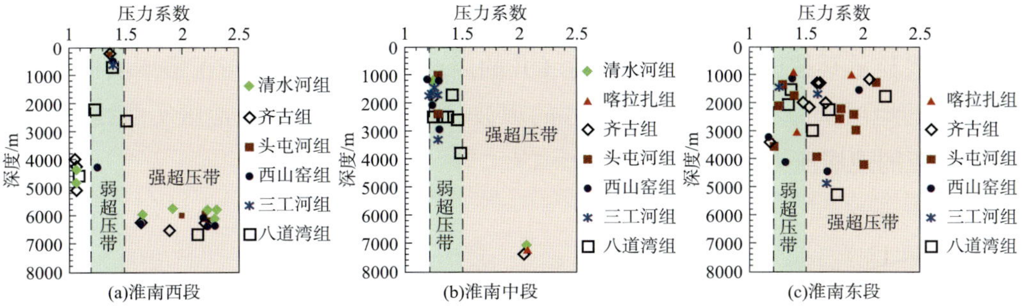

图 6-10　准噶尔盆地南缘下组合不同构造单元压力系数—深度变化关系

对于非渗透性岩层，如泥岩、页岩等，不能通过直接手段测量得到，需要利用声波测井等间接方法结合邻近渗透性地层的实测压力数据进行压力预测。目前研究显示，超压层段的泥岩有效垂直应力和声波传播速度降低，声波时差响应高于正常压实的泥岩（何生等，2009；金振奎等，2011）。根据这一规律对准噶尔盆地南缘不同构造带的下组合地层声波测井数据进行统计分析，进而明确超压段发育的层位和深度变化：

（1）准南西段，卡6井—卡8井—高泉5井—高102井—高101井，连井测井声波时差对比剖面显示（图6-11），南缘西段北部卡6井及卡8井下组合地层埋藏相对较浅，下组合顶界深度（清水河组顶界）在3800m左右，整体上测井声波时差响应曲线并未发生明显变化，即与正常压实曲线抑制，反映处于常压状态。相比而言，南缘西段南部高泉5井、高102井及高101井下组合地层埋藏相对较深，下组合顶界深度（清水河组顶界）基本均大于5800m，而上述三口井测井声波时差响应在上覆新近系地层内部便发生明显偏移，反映开始出现地层超压，并在下组合地层仍维持处于超压状态。

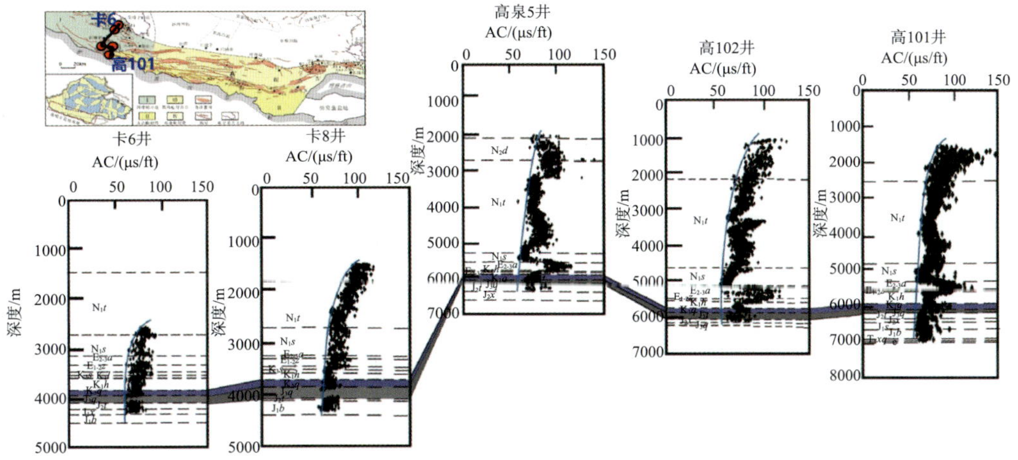

图 6-11　准噶尔盆地南缘西段下组合地层压力变化测井响应深度剖面

（2）准南西—中段，卡东1井—西湖1井—独山1井—高探1井—齐古1井，连井测井声波时差对比剖面显示（图6-12），准南中段齐古1井下组合地层埋藏相对较浅，小于4000m，而准南西段各井下组合地层埋藏明显深度更大，均在5500m以上。其中西湖1井、独山1井和高探1井的K_1q（清水河组）和J_3q（齐古组）的声波时差曲线偏离正常压实曲线显示其超压的存在，而卡东1井的声波时差曲线几乎与正常压实曲线一致，显示常压的地层压力状态，而齐古1井的声波时差曲线略偏离正常压实曲线，显示常压—弱超压的地层压力状态。

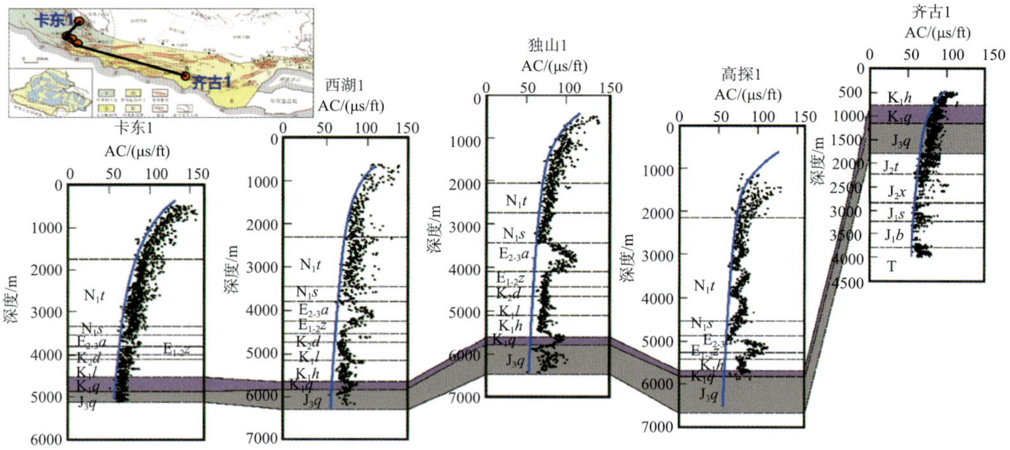

图6-12　准噶尔盆地南缘西段—中段下组合地层压力变化测井响应深度剖面

（3）准南中—东段，齐古1井—米东1井—九运2井—台64井，连井测井声波时差对比剖面显示（图6-13），准南中段和东段各井下组合地层埋藏深度整体均较浅，仅九运2井埋深达到深层标准，其余各井均小于3000m。其中齐古1井的声波时差曲线略偏离正常压实曲线，显示处于弱超压的地层压力状态；米东1井和台64井声波时差曲线明显偏离正常压实曲线变化，显示地层处于典型的强超压状态，但两口井自下组合地层顶向下声波时差曲线偏移程度逐渐减小，说明地层超压特征逐渐减弱；而九运2井声波时差曲线基本与正常压实变化曲线重合，因此地层处于常压状态。

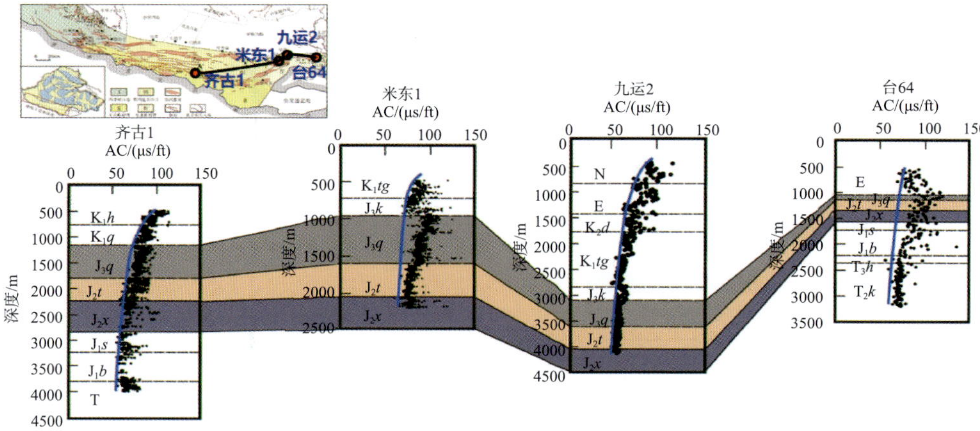

图6-13　准噶尔盆地南缘东段下组合地层压力变化测井响应深度剖面

在上述研究基础上，结合各井在不同层位实际的钻探地层压力数据绘制整个准噶尔盆地南缘齐古组现今地层压力平面等值线图（图6-14）。由图6-14可见，南缘西段卡因迪克地区压力系数以1.05~1.07的常压为主，位于四棵树凹陷的高探1井、独山1井和西湖1井下组合地层发育强超压。其中高探1井压力系数最高，在清水河组和头屯河组压力系数达到2.3左右，其次为独山1井（压力系数为1.89），西湖1井相对压力系数较低，为1.65左右，但也属于强超压带。南缘西段的托6井压力系数1.23~1.5，其压力性质与南缘中段的齐古断褶带压力状态相同，均为弱超压，属于同一压力单元。尽管南缘中段齐古地区为弱超压，但呼图壁地区齐古组地层出现强超压。南缘东段下组合层系均发育弱超压或强超压，自西向东压力系数逐渐增高。

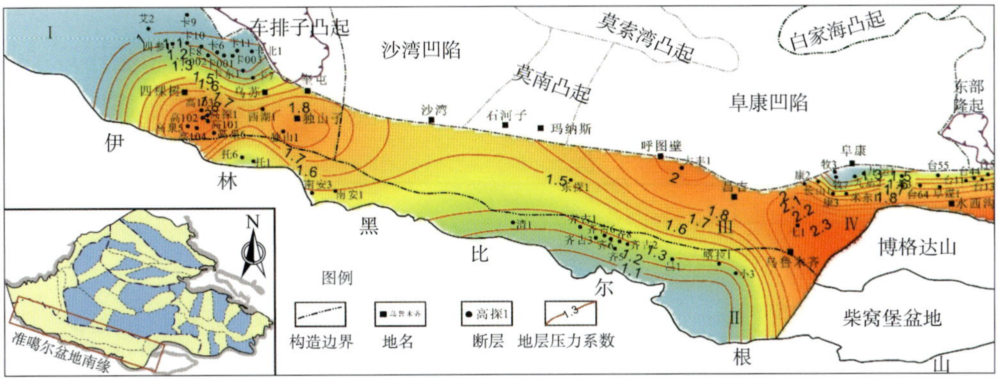

图6-14　准噶尔盆地南缘齐古组现今地层压力系数区域变化特征

二、准南下组合地层超压成因机制

地层压力的影响因素复杂且多变，将其归类后沉积盆地中超压的主要形成机制有以下5种类型：不均衡压实（垂向负荷为主）、流体膨胀、超压传递、水平构造挤压和成岩作用等（张凤奇等，2020）。准噶尔盆地南缘自新生代以来处于快速沉降阶段，沉积速率普遍在50~100m/Ma。其中独山子组和第四系地层沉积时期沉积速率从200m/Ma到700m/Ma不等，且第四系沉积速率达到最大（吕嵘等，2006）。由此可见，准噶尔盆地南缘自新生代以来的如此快的沉降速率使得不均衡压实作用在渗透性较差的地层中形成，产生异常高压。这也是前人对准南地区地层超压成因机制的普遍认识（李忠权等，2001；李铁军，2004；罗晓容等，2004）。

为了探讨是否还有其他增压机制作用产生超压，本文利用孔隙度—有效应力关系来判断南缘下组合地层超压成因。这主要是由于不同成因机制形成的超压在岩石物理性质上有不同的响应（Tingay等，2013；Zhang，2013）。不均衡压实形成的超压地层通常具有异常高的孔隙度和明显异常的地震波速度（Mouchet和Mitchell，1989；Osborne和Swarbrick，1997）。流体膨胀和横向构造挤压引起的超压地层孔隙度正常，更加难于探测和定量预测（Gutierrez和Wangen，2005；张凤奇等，2013）。

在埋深过程中，地层孔隙会由于有效应力增大而发生压实。正常压实的地层孔隙度随有效应力增大呈指数减小，此时的孔隙度有效应力关系曲线定义为压实曲线［图6–15（a）］。低渗地层快速埋藏时会造成不均衡压实，孔隙内流体排出受滞并形成异常高孔隙度。无论绝对零渗透的欠压实超压层还是发生了部分流体泄漏的超压层，其孔隙度有效应力关系仍然停留在压实线上。但如果地层先经历了正常压实，后期由于流体膨胀形成超压，地层的孔隙度有效应力关系将沿着卸压曲线演化（图6–15）。因此，流体膨胀形成的超压地层孔隙度—有效应力将偏离压实曲线。此外，若地层经历了横向的构造挤压作用后，垂向有效应力在构造挤压增压后出现减小，垂向有效应力与声波速度的变化关系也会偏离正常压实趋势线。综上所述，超压地层的孔隙度—有效应力关系落在压实曲线上就可以认为不均衡压实是主要超压机制；当超压地层的孔隙度有效应力关系偏离了压实曲线，就认为超压是流体膨胀或横向构造挤压作用所致（图6–15）（张凤奇等，2013、2020）。

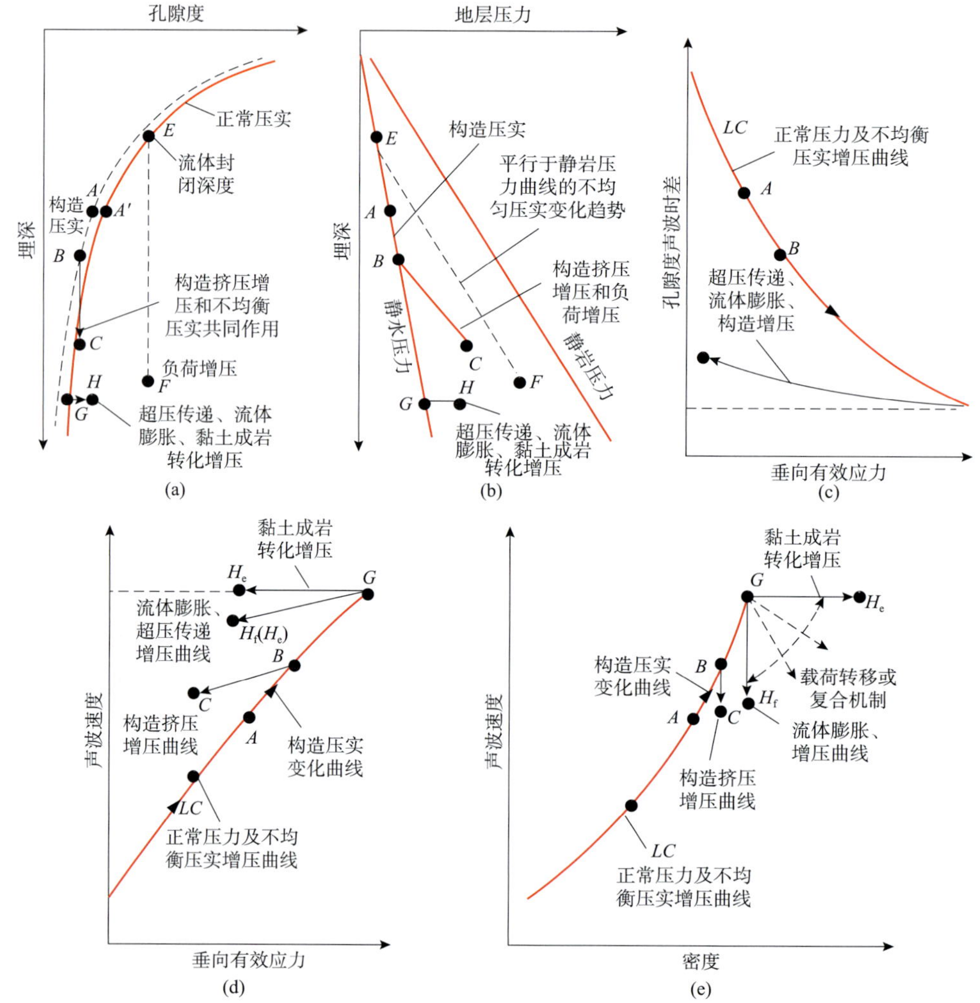

图 6–15　地层主要超压形成机制判别图版及识别模式（刘一锋等，2015；张凤奇等，2020）

本次研究利用孔隙度—有效应力关系来判断南缘下组合地层超压成因，具体的方法如下：首先利用Eaton 公式［式(6-4)］对南缘下组合地层孔隙流体压力进行计算，在得到孔隙流体压力后就可以计算有效应力，超压段的有效应力等于垂向应力减去实测地层压力［式(6-5)］，最后得到南缘地区下组合地层声波时差-有效应力的压实曲线关系。结果显示，下组合地层的声波时差-有效应力均明显偏离了正常压实曲线，这表明研究区下组合除了有不均衡压实作用形成超压外，还有其他增压机制产生超压，流体膨胀和横向构造挤压都可能是产生超压的原因(图6-16)。

$$P=\sigma_v-(\sigma_v-P_n)\times(\Delta t_n/\Delta t) \quad (6-4)$$

式中，P为孔隙流体压力，MPa；P_n为静水压力，MPa；σ_v为上覆岩石压力，MPa；Δt_n为正常压实曲线的声波时差；Δt为实测声波时差。

$$P=\sigma_v-\sigma_e \quad (6-5)$$

式中，P为孔隙流体压力，MPa；σ_v为垂向应力，MPa；σ_e为有效应力，MPa。

前人根据古地磁测量结果和岩心声发射试验均表明准南前陆盆地构造应力场的最大水平主应力方向为北东向，三向应力的关系为：最大水平主应力>垂向应力>最小水平主应力(吴晓智等，2000；李铁军，2004)，说明研究区发生了由南向北强烈的构造挤压作用。事实上，准噶尔盆地演化历史过程中主要发生两期挤压构造应力的作用：第一期为晚石炭世—早二叠世，其影响范围为玛湖凹陷、昌吉凹陷等具有前陆性质的坳陷；第二期为新生代期间，尤其是中新世以来，影响范围主要为盆地南缘及北天山山前坳陷(邱楠生等，2002)。晚石炭世—早二叠世期间的挤压应力由于时间太久的缘故，对异常流体压力的贡献可能不大；喜马拉雅期构造应力可能是盆地南缘发育异常高压的重要因素。

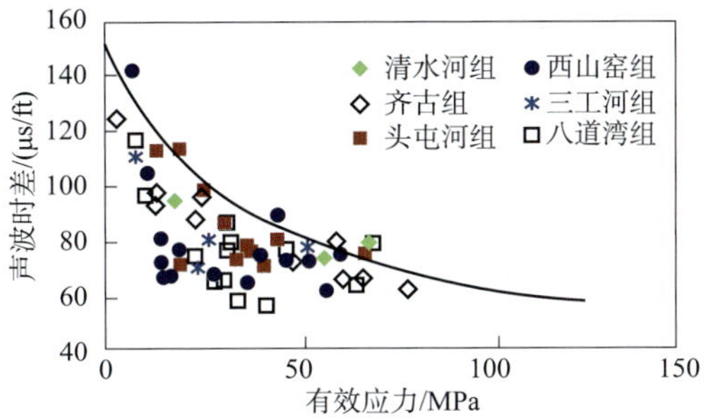

图6-16　准噶尔盆地南缘下组合地层声波时差-有效应力关系及超压机制判别曲线

流体膨胀机制主要包括烃类生成、水热膨胀、黏土矿物转化、以及纵向垂向流体运移伴随的压力传递。研究区侏罗系烃源岩有机质母质类型以Ⅱ型和Ⅲ型为主，有机碳含量(TOC)分布在0.5%~1.6%，有机质丰度均已达到中等—极好，具有较高的有机质丰度、较好的有机质成熟度和良好的生烃能力。从热演化程度看，侏罗系烃源岩于白垩纪末期进入生油高峰，新近纪末期进入生气高峰(杜金虎等，2019)。目前，侏罗系烃源岩仍处于生烃高峰期。因此，有机质生烃可能是准噶尔盆地南缘下组合地层超压形成的又一重要原因。

超压传递作用也会引起储层内部超压的出现，而超压传递包括垂向沿断裂的传递和侧向沿倾斜渗透性储层的传递(Yardley和Swarbrick，2000；Tingay等，2009；张凤奇等，2020）。准噶尔盆地南缘断裂和褶皱尤为发育，特别是褶皱内部均发育多条与深部油气源沟通的断裂（图6-17），这些断裂在强烈构造挤压作用下周期性开启，具备垂向超压传递的条件。另外背斜两翼地层发生倾斜，同一渗透性地层在不同埋深与具有不同过剩压力的地层接触，超压流体在过剩压力差的驱动下沿渗透性地层由深部侧向上向浅部流动直至达到压力平衡，这一过程即为超压的侧向传递。通过准南三口井的地层声波速度与垂向有效应力关系图可见，下组合齐古组超压点在途中均明显偏离正常压实关系曲线（图6-18）。而对于渗透性齐古组储层来说，超压传递不能排除。喜山运动晚期强烈构造挤压作用下的断裂形成和周期性开启及背斜形成引起的地层倾斜均可形成垂向和侧向超压传递（张凤奇等，2020）。

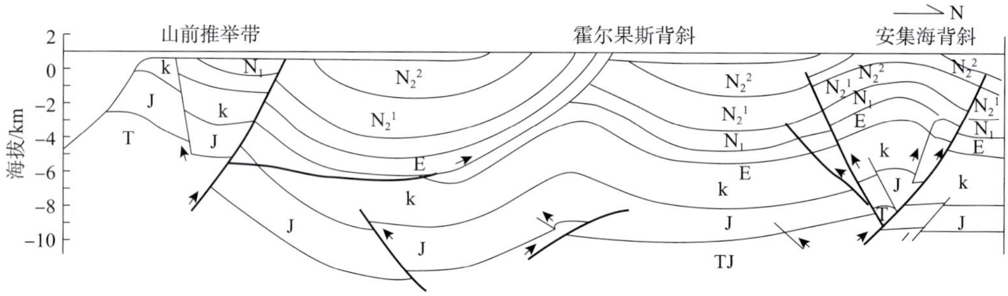

图6-17 准噶尔盆地南缘典型构造带地质剖面特征（罗晓容等，2004）

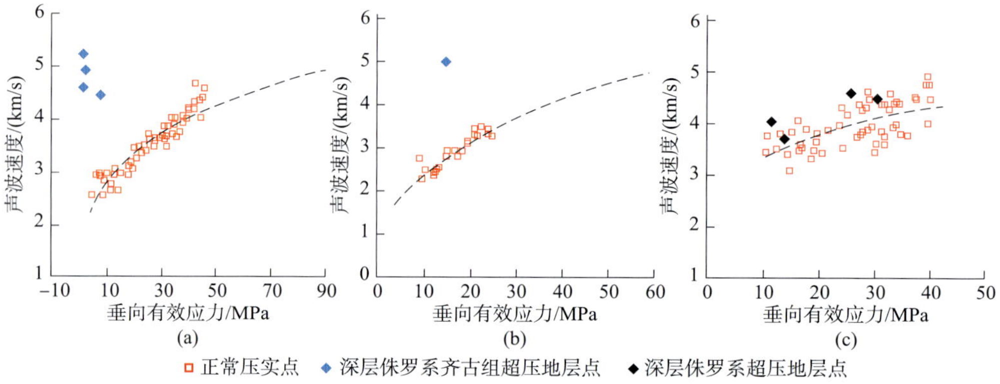

图6-18 准噶尔盆地南缘典型井垂向有效应力与声波波速的关系（张凤奇等，2020）

第四节 准噶尔盆地南缘下组合埋藏—地温演化史特征

恢复沉积盆地热历史有许多方法，沉积盆地尺度上，热历史研究一般常用各种古温标来恢复，主要有随机反演法、古地温梯度法和古热流法等（邱楠生等，2002）。根据准南目前实际资料情况，研究主要利用镜质体反射率作为古温标进行模拟计算。盆地内地层埋藏史可通过现今地层残留厚度利用回剥技术得到，而剥蚀厚度的确定是地史恢复的关键。地层中古温标间接记录了地层的埋藏史和盆地热历史，因此可用古温标来恢复盆地热历史和埋藏史。

前期研究表明，整个准噶尔盆地地温演化与地质构造演化密切相关，地温整体随地质历史的演化是逐渐减小的（图6-19）（邱楠生等，2002；饶松等，2018）。地温梯度在石炭纪末期较高，达43.3℃/km，二叠纪末减小为36.3℃/km，三叠纪末为33.8℃/km，侏罗纪末为28.4℃/km，白垩纪末为24.8℃/km，第三纪末与现今相似，为22.8℃/km，但各构造单元地温演化过程存在差异，东部和腹部地温在整个地质历史时期均较高，而南缘最低（图6-19）。

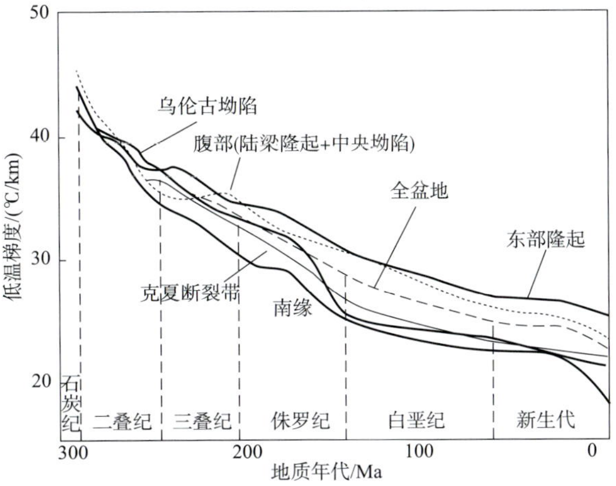

图6-19 准噶尔盆地不同构造单元地温梯度变化（邱楠生等，2002）

针对准噶尔盆地南缘地区，主要利用等效镜质体反射率为约束条件，采用古热流法对下组合各井进行热史—埋藏史恢复。利用古热流法重建热历史主要是对剥蚀量和古热流两个变量拟合，因此如果其中一个变量比较准确，另一个变量的反演结果就相对精确。主要步骤如下：首先依据调研明确各个时期的剥蚀量，依据完井报告，确定地层厚度、地层顶底深度、岩性、物性等基础地质参数，并假设古地表温度为20℃；然后以盆地特定的构造地质背景为基础，假定一个热流随时间变化的演化历史，采用平行化学反应模型（EASY%R_o）计算出R_o值；最后反复修改假定的热历史，以使构造层内实测R_o值与相应的EASY%R_o理论模型计算值达到最佳拟合，则认为此时得到了能正确反映盆地构造-热演化过程的热历史。本次研究利用古热流法对准噶尔盆地南缘西段和中段10余口井进行了热历史及埋藏史的恢复（图6-20、图6-21）。

一、准噶尔盆地南缘西段

准噶尔盆地南缘西段以恢复的6口典型井下组合地层埋藏史及热史曲线为例进行说明，即卡6井、艾2井、高探1井、高101井、独山1井及西湖1井（图6-20）。由图6-20可见，准南西段在北部卡因迪克构造带、南部高泉构造带和东部独山子、西湖构造带的下组合地层埋藏史及热史均存在显著差异。

其中南缘西段北部卡6井下组合（J-K）沉积后一直处于埋藏阶段，并且在新近纪早期发生快速深埋过程；而艾2井下组合沉积后至古近纪中期处于持续埋藏阶段，而自

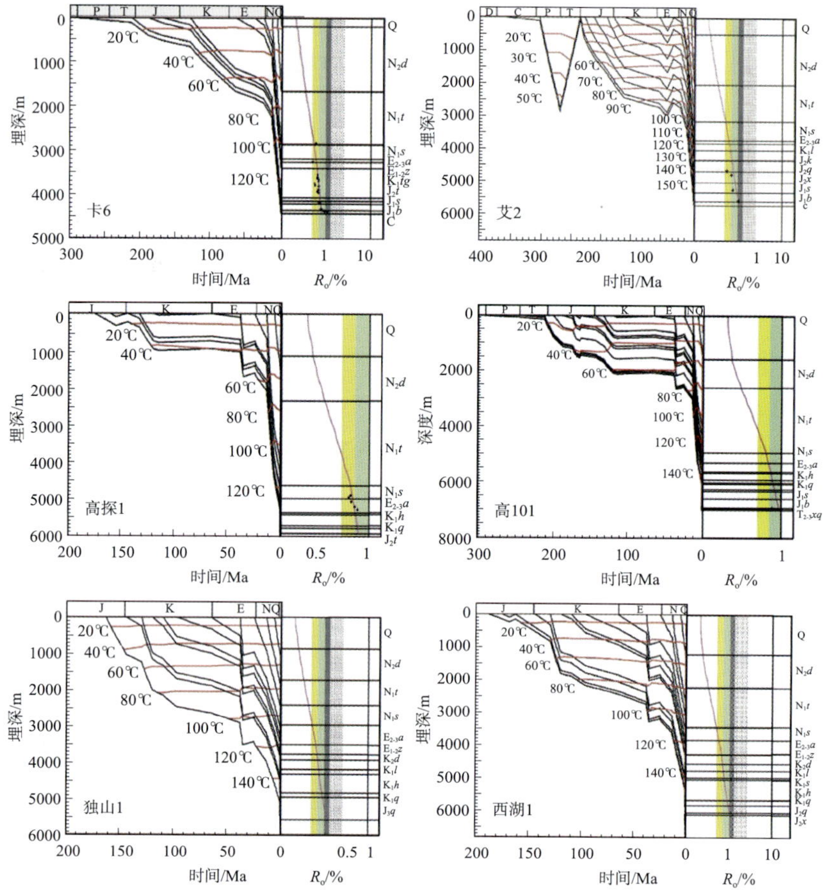

图 6-20　准噶尔盆地南缘西段各典型井埋藏史—热史恢复曲线

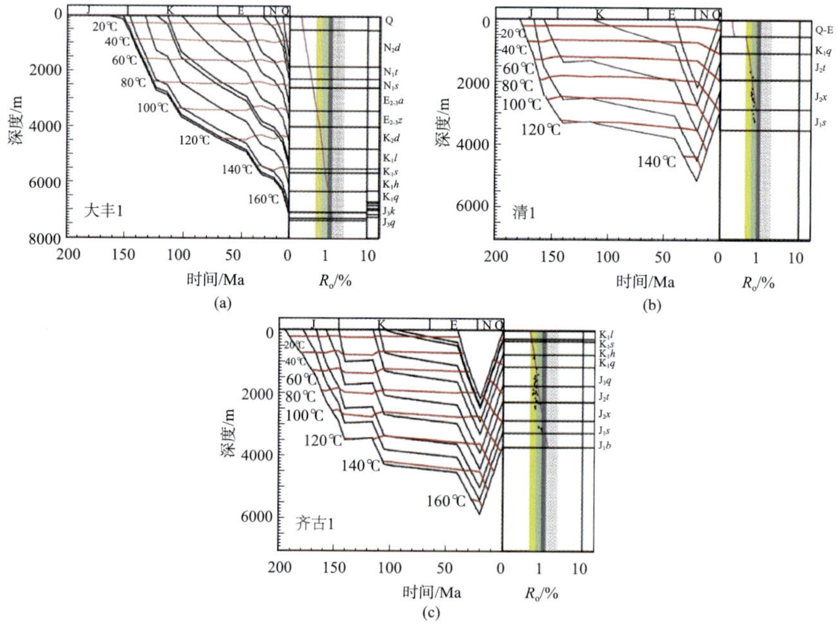

图 6-21　准噶尔盆地南缘中段各典型井埋藏史—热史恢复曲线

古近纪中期至新近纪出现短暂抬升过程，之后进入快速深埋阶段。而南部高泉地区各井（高探1井、高101井）显示下组合地层的埋藏史经历过程较为复杂，表现为下组合地层沉积后直至早白垩世整体处于缓慢浅埋过程，而自中白垩世至古近纪中期地层埋藏却整体处于停滞阶段，直至古近纪中晚期发生短暂快速埋藏后又经历一定的抬升和缓慢埋藏过程，并最终在新近纪早期开始出现快速深埋过程。而东部地区各井（独山1井、西湖1井）显示自下组合沉积后其一直处于持续埋藏阶段，但在古近纪中期出现一次快速埋藏过程，但埋深增加较小，随后出现短暂抬升，并在新近纪进入相对快速深埋阶段，但深埋速率相较于北部和南部地区而言较低。此外，南缘西段南部高泉地区及东部独山子、西湖构造带下组合地层埋深整体深于北部卡因迪克构造带。而从热史演化曲线上看，南部高泉地区各井侏罗系及下白垩统清水河组自沉积后直至40Ma左右地层温度基本均维持在40~60℃之间，处于缓慢增温阶段，而自40Ma（古近纪）开始由于地层快速深埋使得地层温度也随之迅速增高，而进入快速增温阶段，并最终达到现今140℃左右。北部卡6井侏罗系—下白垩统清水河组沉积后由于地层始终处于埋藏状态，而艾2井尽管出现过短暂抬升但对地温影响不大，因此地层温度处于逐渐升温状态，卡6井相对埋藏较浅现今地温在120℃左右，而艾2井相对埋藏较深，使得其低温可达150℃左右。而东部独山子构造带和西湖构造带自侏罗系—下白垩统沉积后同样处于持续埋藏状态，尽管在古近纪晚期存在小幅度抬升，但对地温影响不大，因此地层温度同样也处于持续升温状态，并且由于地层埋深较大，使得地温最终达现今140℃左右。

二、准噶尔盆地南缘中段

准噶尔盆地南缘中段以恢复的3口典型井下组合地层埋藏史及热史曲线为例进行说明，即大丰1井、清1井、齐古1井（图6-21）。其中大丰1井位于南缘中段霍玛吐背斜带内，靠近昌吉凹陷而使其埋藏较深，而清1井和齐古1井位于南缘中段齐古断褶带内，靠近北天山山前，因此受控于喜山构造运动而使得下组合地层遭受抬升，造成地层现今埋藏深度较浅。

具体而言，靠近昌吉凹陷的大丰1井侏罗系—下白垩统清水河组自沉积后一直处于持续埋藏状态，且埋藏速率相对稳定，因此使得地层温度处于持续增温状态，并且由于埋藏深度大（可达近7000m）使得现今地层温度可达160℃左右（图6-21）。相比而言，处于齐古断褶带内部的清1井和齐古1井侏罗系—下白垩统清水河组自沉积后直至20Ma左右，处于阶梯式持续性埋藏状态，因此使地层温度逐渐增加至142℃左右，但自20Ma左右即古近纪末期开始，地层遭受快速抬升，地层埋藏深度变浅，使得地层温度发生迅速降低，直至现今地层温度在80~100℃左右。

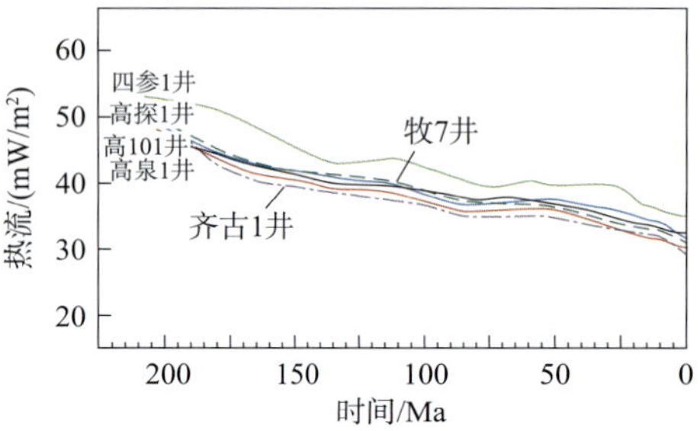

图6-22　准噶尔盆地南缘各构造区古大地热流值演化恢复曲线

而从准噶尔盆地南缘各构造区钻井资料恢复的古大地热流值演化曲线（图6-22）可见，尽管不同构造带和构造区地层埋深及埋藏过程不同，但整个准南地区自侏罗纪开始直至现今大地热流值处于持续减小的状态，这也与整个准噶尔盆地不断减小的古地温梯度相吻合（图6-19）。而上述逐渐降低的古大地热流值及地温梯度与盆地发生的3期大的构造运动关系密切，即二叠纪的晚海西运动、中生代的印支—燕山运动和新生代的喜马拉雅运动（邱楠生等，2002）。而从各期构造运动的代表性地温梯度分布图上（图6-23~图6-25），可以看出各构造运动时期盆地的地温及其演化差异。

具体而言，石炭纪末盆地地温梯度较高，大于38℃/km，最高可达50℃/km以上（图6-23）。这一时期由于岩浆活动较强烈，导致地温较高。地温梯度最高在陆梁隆起和东部隆起区域，地温梯度均在50℃/km以上。乌伦古坳陷地温也较高，但盆地南缘和西北缘相对较低。至二叠纪末，盆地地温梯度在30~45℃/km，大部分在36~38℃/km。整个晚古生代时期，受晚海西运动影响，盆地断裂活动强烈，火山活动频繁，导致整体较高的地温梯度和大地热流值，为典型的"热盆"（邱楠生等，2002；饶松等，2018）。

中生代印支—燕山运动时期，盆地沉积基底较为平缓，并形成统一的沉积盆地，其沉降、沉积中心主要位于中央坳陷和北天山山前坳陷，构造活动相对不强烈。早三叠世地温与晚二叠世相似，但晚三叠世，地温有所下降，盆地地温梯度在31~39℃/km，大部分在33~37~45℃/km。侏罗纪末，盆地平均地温在24.5~33.5~45℃/km，而准南地温较低为21.5~27.5~45℃/km（图6-24）。白垩纪以后盆地地温下降较大，白垩纪末地温梯度下降至19.5~28.5℃/km，而南缘仍然是全盆地的低温区（图6-24）（邱楠生等，2002）。

新生代受喜马拉雅运动影响，天山褶皱带大幅度隆升，盆地南缘急剧沉降，接受了巨厚的新生代沉积，并形成了北天山山前的坳陷。而沉积作用会导致地表热流偏低，且一般沉积速率越大热流减小越显著。准南第三纪开始发生的快速沉降使其区域沉积了巨厚的砂泥岩地层，特别是泥质岩热导率值较低，因此，快速沉积及较低的热导率使得准南热流值明显低于盆地其他地区（王社教等，2000）。早第三纪平均地温梯度为19.5~28℃/km，喜马拉雅运动对盆地地温影响不大，第三纪以来地温梯度略有降低，并与现今地温梯度接近（图6-25）（邱楠生等，2002）。

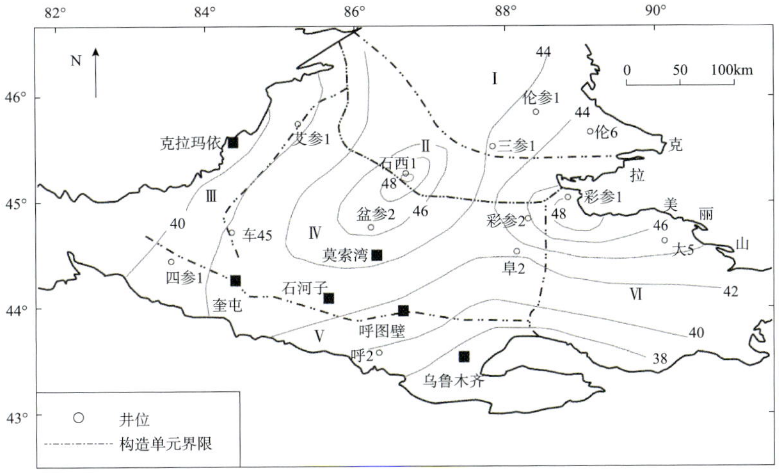

图 6-23　准噶尔盆地石炭纪末（290Ma 年）地温梯度分布特征（邱楠生等，2002）

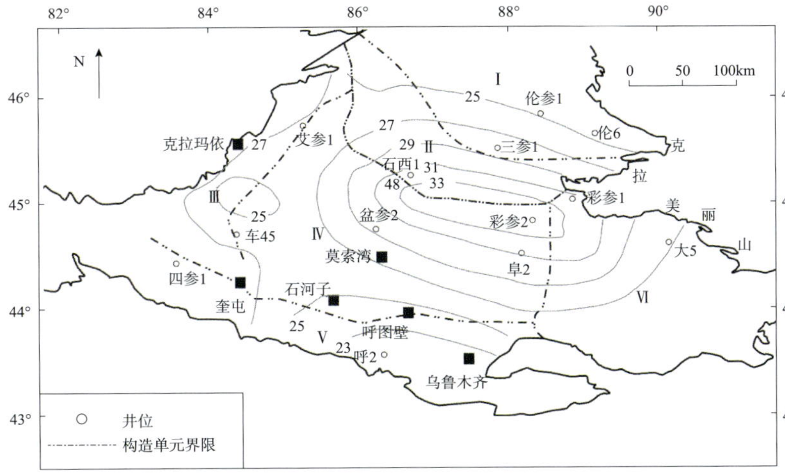

图 6-24　准噶尔盆地侏罗纪末（145Ma 年）地温梯度分布特征（邱楠生等，2002）

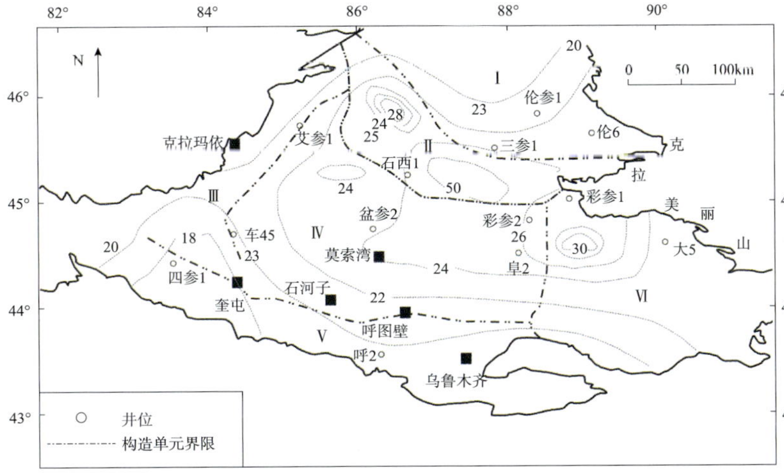

图 6-25　准噶尔盆地白垩纪末（65Ma 年）地温梯度分布特征（邱楠生等，2002）

第五节　准噶尔盆地南缘下组合地层压力演化史特征

地层压力是指作用于岩层孔隙空间内流体上的压力，又称孔隙流体压力，是盆地长期演化过程中形成的，并受控于盆地构造演化、沉积充填、成岩作用、流体流动及温度场演化、岩浆活动等因素。油气生成、聚集、保存及储层成岩成矿作用等均离不开地层压力的作用（邱楠生等，2020），因此恢复地层古压力演化对于明确深层储层成因和油气成藏机理至关重要。

地层古压力是时间和空间的函数，古压力研究就是依据不同的古压力计算方法进行古压力值计算，并结合地层埋藏史恢复埋藏过程中的压力变化，最终定量给出地史时期地层压力或压力系数。恢复沉积盆地地层古压力方法主要包括：盆地模拟法、流体包裹体法、差异应力法、黏土矿物转变法、泥岩声波时差法、地震波速法等。由于在地质演化的不同阶段地层压力或地层超压的主控因素也随之变化，因此明确不同时期超压主控因素并采用相对应的计算方法是古压力研究的前提和关键（邱楠生等，2020；张凤奇等，2020）。而影响地层异常高压的主要因素包括：不均衡压实、构造应力、水热增压、黏土矿物转换、成烃作用、原油裂解、渗透作用、反渗透作用、石膏/硬石膏转化、浮力、势面不规则和封隔体抬升等（邱楠生等，2020）。但上述大多数因素仅可在特殊条件下发生，而90%以上的地层超压是由生烃作用和不均衡压实及两种机制共同作用导致（郝芳，2005），仅有极少数超压是由构造运动引起。因此在进行古地层压力恢复中应首先分析各主控因素，并定量确定各主控因素对超压的贡献，在此基础上选取准确的地质和数学模型来分析地层压力的演化（邱楠生等，2020）。

前期研究证实，准噶尔盆地南缘下组合储层超压形成机制主要包括：不均衡压实作用、构造挤压作用及超压传递作用（罗晓容等，2004；张凤奇等，2020）。而通过数值模拟获得准南古近纪以来至塔西河时期，在下白垩统吐谷鲁群区域性盖层的封盖和快速深埋作用下，使得南缘部分地区（如大丰1井区）由于垂向不均衡压实作用而开始产生一定幅度的超压，其对现今强超压形成的贡献为33.3%（图6-26），而部分地区如第一排构造带、四棵树凹陷东部下组合齐古组储层内仅形成了较弱的垂向不均衡压实增压。说明在塔西河末期准南下组合储层中基本已形成了较好的封闭能力。而塔西河末期至现今，天山的强烈逆冲推覆作用使得下组合储层中普遍形成了强度不等的构造挤压增压，而构造挤压增压对现今储层强超压形成的贡献普遍在50%以上。独山子末期以来，特别是第四纪，准南大量背斜和断裂的形成促使侧向和垂向上的超压传递，其对现今强超压形成的贡献可达32.8%（图6-26）（张凤奇等，2020）。

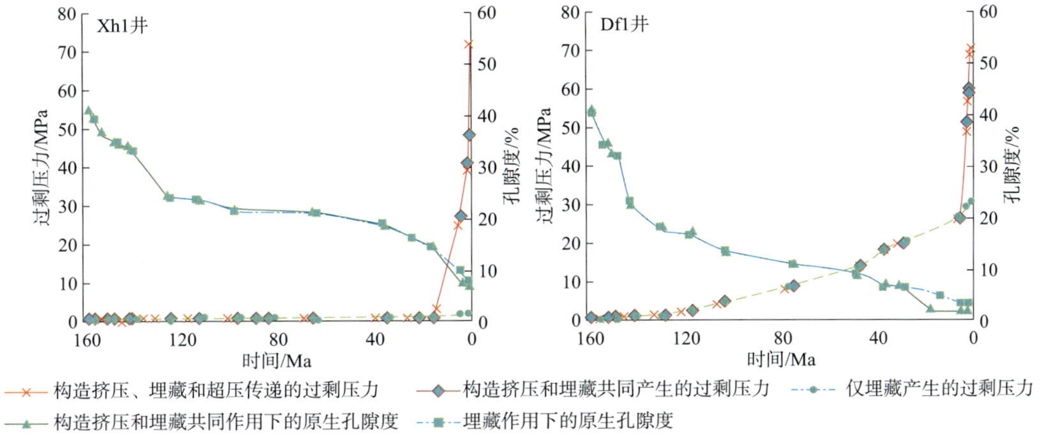

图 6-26 准噶尔盆地南缘典型井齐古组过剩压力和孔隙度演化（张凤奇等，2020）

由于准噶尔盆地南缘目前下组合储层资料相对有限，因此本次主要利用流体包裹体测试数据，并结合埋藏史等相关数据，采用盆地模拟方法对准南下组合古压力演化史进行恢复，其原理如下：由于烃类和盐水的等容线以及同一时期捕获的此两类包裹体均一温度存在差异，在*P*–*T* 相图上烃类包裹体和盐水包裹体等容线具有不同的斜率，且最终在单相区将发生相交，该交点即为捕获点，代表了不混溶包裹体组合捕获时的最小温度和最小压力值。该方法主要适用于油包裹体，利用其均一温度、流体成分等参数，通过PVTsim 模拟软件进行。具体操作流程如下：将现今油气藏组分或井流物组分暂定为初始原油组分。在软件的“Saturation Point”模块中计算初始原油在均一温度（即饱和温度）时的饱和压力。而后在“flash”模块的“PT non-aqueous”中利用该饱和温压值获取此类包裹体中原油的总摩尔体积；再在该模块的“VT”中计算初始油包裹体的气液比，如果计算所得室温下的气液比与用镜下观测到气液比一致，那么所暂定的原油初始成分即可代表包裹体内石油的实际成分，反之则说明初始原油组分不符合实际情况，需要向初始组分中增加气体或减少气体，并且重复整个模拟过程。直至模拟计算出的气液比和观测值一致，那么说明此时的石油的成分就非常接近包裹体所含的石油的成分，或者至少是一个“有效成分”，此时的原油组分可以较为精准地模拟包裹体内部的PVT 性质。利用其构建包裹体中原油的等容线，将同期盐水包裹体的均一温度带入其中求取捕获最小温度和压力值。利用上述的包裹体热动力学模拟法对准噶尔盆地南缘西段和中段各构造单元的下组合地层压力演化进行恢复（图6-27、图6-28）。下组合储层内的流体包裹体以气液两相包裹体为主，主要为油气两相和盐水气液两相包裹体。实验测得清水河组和齐古组储层内盐水包裹体均一温度在90~95℃之间，而头屯河组和八道湾组均一温度在100~110℃之间。

准噶尔盆地南缘西段下组合地层压力演化过程以独山1井、高101、高泉5井和卡6 井为例（图6-27）。由图6-27可见准南西段下组合地层压力演化特征基本一致，均在古近纪开始地层压力出现明显增大，而自新近纪开始地层压力出现快速大幅度增加。此外，准南西段东部（独山1井）和南部（高101井、高泉5井）下白垩统清水河组地层自150~10Ma左右地层剩余压力几乎保持为零，即未形成明显的地层超压，而自10Ma开始至今地层剩余压力迅速增加，即出现强地层超压现象（图6-27）。相比而言，准南西段北部的卡因迪克地区，即卡6井，清水河组地层剩余压力较小，即地层超压现象不明显（图6-27）。结合准南西段地层埋藏特征（图6-20）可知，上述地层压力演化特征揭示新生代的喜马拉雅构造运动的强烈逆冲推覆作用使得南缘西段在新近纪发生快速深埋，而快速深埋条件下清水河组顶部区域性泥岩段发生欠压实孔隙流体难以及时排出而使得地层压力发生快速增大，并可达超压状态。此外强烈的构造挤压作用和断层开启沟通侏罗系成熟的烃源岩也使得地层压力进一步增加。而卡6井未出现典型超压的原因可能与其埋藏相较于准南西段南部和东部较浅有关。

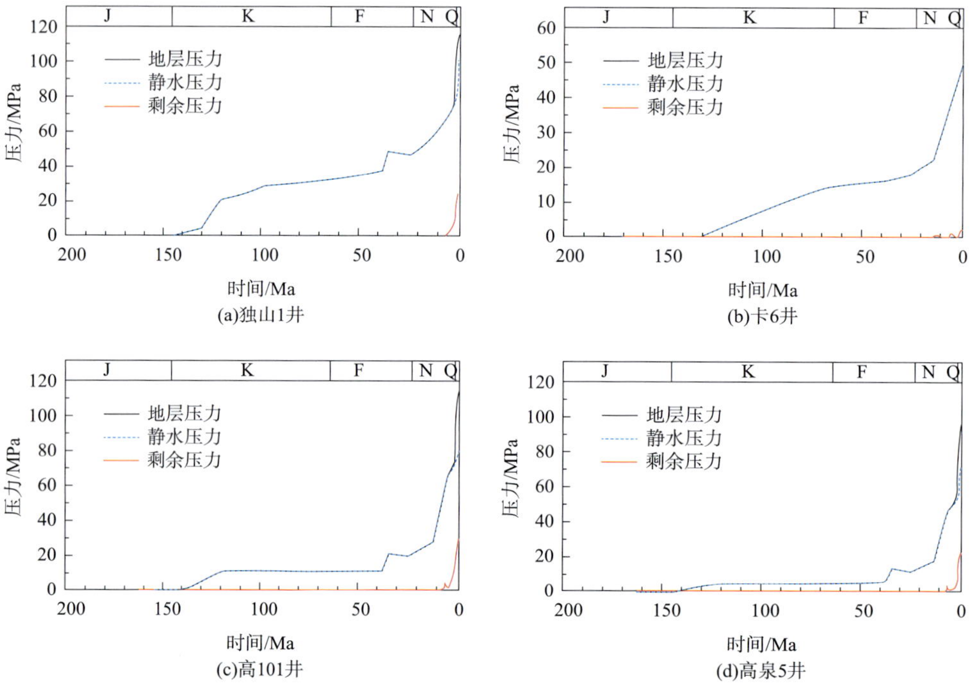

图6-27 准噶尔盆地南缘西段典型井下组合地层压力演化特征

准噶尔盆地南缘中段的地层压力演化历史与准南西段存在差异，同时位于霍玛吐背斜带北部且靠近昌吉凹陷的大丰1井地层压力演化与位于北天山山前齐古断褶带内部的齐古1井和清1井下组合地层压力演化也存在较大差异（图6-28）。具体而言，大丰1井下组合地层自150Ma开始地层压力持续增大，但自古近纪开始出现典型地层超压，直至现今地层超压达到最大。相比而言，北天山山前齐古断褶带内部的齐古1井及清1井下组合地层压力呈现出阶梯式增大的特点，并在新近纪出现地层压力的快速降低特征，且下组合地层一直处于为常压—弱超压的状态。结合准南中段地层埋藏特征（图6-21）可知，大丰1井下组合沉积后一直处于持续埋藏状态，并在新近纪开始出现快速深埋过程，且现今埋藏深度可达近7000m，因此地层压力处于持续增大状态，并且在新近纪出现快速增大及超压现象。同样准南中段新近纪地层压力快速增大及超压现象的出现与喜马拉雅构造运动造成的地层快速埋藏过程及构造挤压增压具有密切联系。但值得注意的是，受控于前陆盆地特殊的构造演化过程，齐古1井和清1井下组合地层在新生代北天山强烈逆冲推覆过程中先快速埋藏（图6-21），而后由于构造回返和造山带持续推进使其后期又被快速抬升，埋藏深度明显变浅甚至遭受剥蚀，因此地层压力在古近纪晚期首先表现为快速增大，甚至出现地层弱超压现象，但新近纪开始地层压力出现快速且大幅度降低过程（图6-28）。

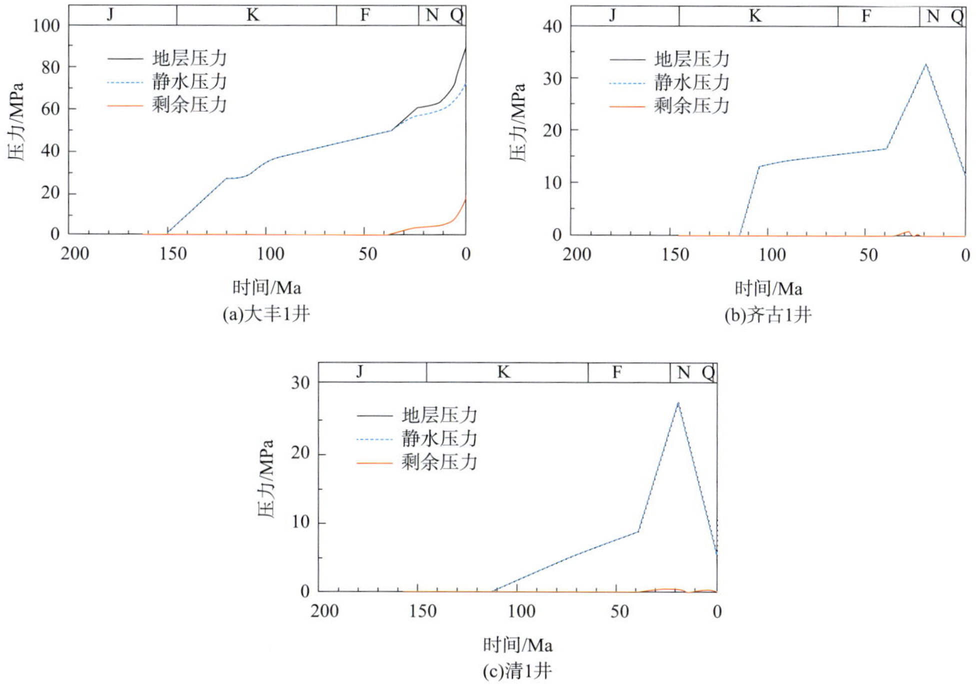

图6-28 准噶尔盆地南缘中段典型井下组合地层压力演化特征

第七章 准噶尔盆地南缘下组合储层岩石学及储集特征

储层岩石学特征是储层研究的基础，也是决定储集层储集条件及产能好坏的基本条件。而储层储集特征又是评价储层优劣的关键参数。因此明确储层的岩石学特征和储集特征是正确认识储层的基础。其中储层岩石学特征包括岩性、碎屑成分及含量、填隙物类型及含量、碎屑颗粒分选性及磨圆度等方面。而储集特征包括储层孔隙度、渗透率、储集空间类型以及孔喉特征等方面。

第一节 准南下组合储层岩石学特征

一、碎屑成分特征

1. 八道湾组

准南西段八道湾组储层岩石类型为岩屑砂岩[图7-1（a）]。储层成分成熟度较低，以富含岩屑为主要特征，石英和长石含量均较低。石英的平均含量为17%，长石的平均含量仅为10%，而岩屑平均含量高达74%。其中岩屑组分以塑性的凝灰岩（平均含量为67.8%）为主，次为花岗岩（平均含量为14.5%）[图7-2（a）]，同时还含有少量的硅质岩（平均含量9.59%）、霏细岩（平均含量4.51%）、泥岩（平均含量1.45%）、安山岩（平均含量1.34%）和千枚岩（平均含量0.82%）。

准南中段八道湾组储层岩石类型以长石质岩屑砂岩为主，次为岩屑砂岩[图7-1（a）]。储层成分成熟度较低，以富含岩屑为主要特征。石英平均含量为26%，长石平均含量仅为16%，而岩屑平均含量可高达58%。其中岩屑组分以凝灰岩含量（平均含量为54.09%）最高，次为硅质岩（平均含量16.77%）以及片岩（平均含量12.74%）[图7-2（a）]，同时含有少量的泥岩（平均含量7.76%）、石英岩（平均含量3.68%）、碳酸盐岩（平均含量1.61%）、千枚岩（平均含量0.88%）、花岗岩（平均含量0.79%）、霏细岩（平均含量0.75%）、菱铁矿（平均含量0.56%）、安山岩（平均含量0.29%）和云母（平均含量0.08%）。

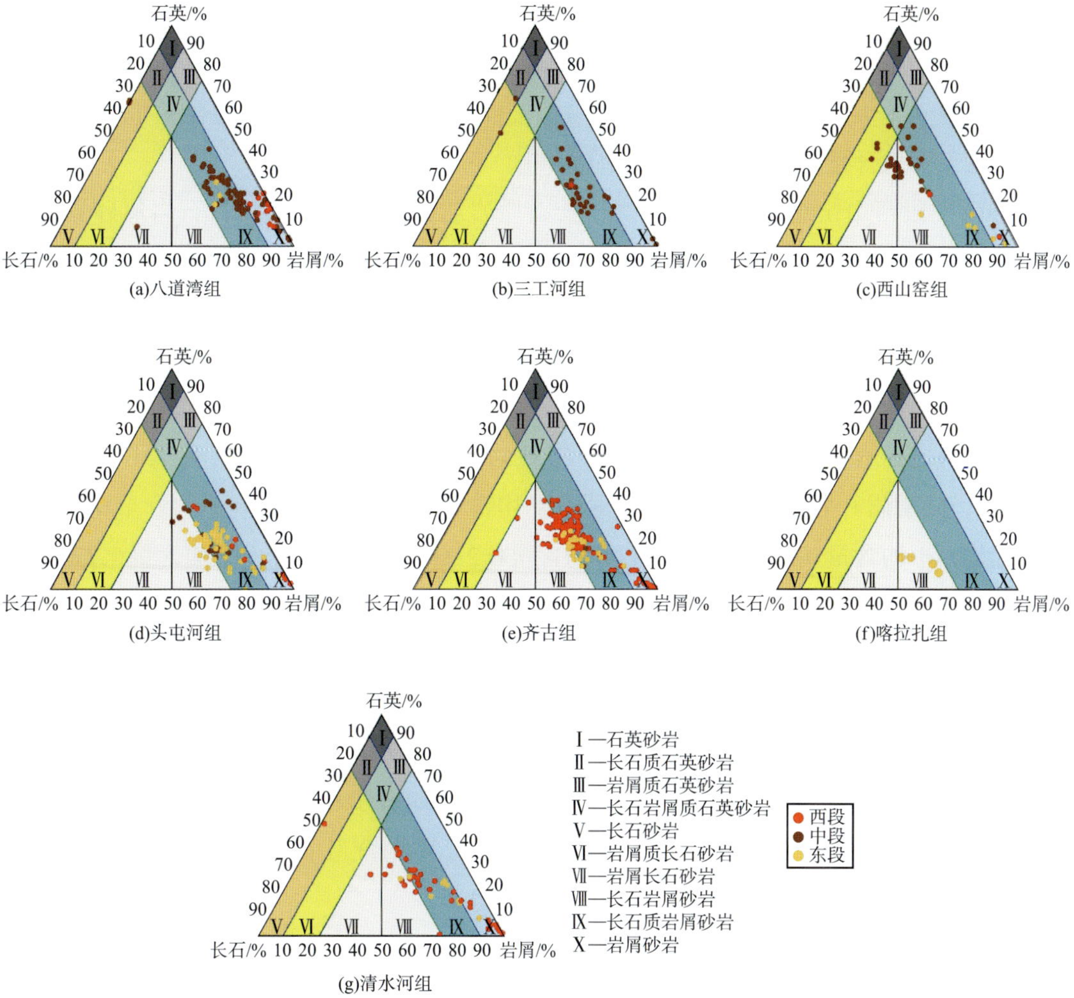

图 7-1 准噶尔盆地南缘下组合储层岩石类型三角图

2. 三工河组

准南中段三工河组储层岩石类型以长石质岩屑砂岩为主，次为岩屑砂岩［图7-1（b）］。储层成分成熟度较低，以富含岩屑为主要特征。石英平均含量为28%，长石平均含量仅为17%，而岩屑平均含量可高达55%。岩屑组分种类较多，其中以凝灰岩（平均含量66.32%）含量最高，次为泥岩（平均含量9.82%）以及霏细岩（平均含量为8.44%）［图7-2（b）］，同时含有少量的石英岩（平均含量2.74%）、碳酸盐岩（平均含量0.5%）、片岩（平均含量0.72%）、千枚岩（平均含量0.2%）、花岗岩（平均含量0.83%）、硅质岩（平均含量5.19%）、菱铁矿（平均含量0.07%）、安山岩（平均含量3.1%）和云母（平均含量0.82%）。

3. 西山窑组

准南西段西山窑组储层岩石类型以长石质岩屑砂岩为主，次为岩屑砂岩［图7-1

（c）]。储层成分成熟度较低，以富含岩屑为主要特征。石英平均含量为5%，长石平均含量仅为2%，而岩屑平均含量可高达93%。岩屑组分以花岗岩（平均含量39.77%）含量最高，次为凝灰岩（平均含量27.27%）以及霏细岩（平均含量19.32%），同时含有一定的泥岩（平均含量13.64%）[图7-2（c）]。

准南中段西山窑组储层岩石类型以长石质岩屑砂岩为主，次为长石岩屑砂岩[图7-1（c）]。储层成分成熟度中等，岩屑和石英的平均含量相同，皆为39%，长石平均含量为21%。岩屑组分种类较多，其中以凝灰岩（平均含量55.48%）含量最高，次为花岗岩（平均含量19.13%）以及霏细岩（平均含量8.29%）[图7-2（c）]，同时含有少量的石英岩（平均含量8.76%）、安山岩（平均含量1.63%）、流纹岩（平均含量0.73%）、板岩（平均含量2.12%）、千枚岩（平均含量0.76%）、片岩（平均含量1.62%）、硅质岩（平均含量2%）、泥岩（平均含量0.89%）、砂岩（平均含量0.45%）、碳酸盐岩（平均含量0.26%）、云母（平均含量0.21%）以及菱铁矿（平均含量0.77%）。

4. 头屯河组

准南西段头屯河组储层岩石类型以长石质岩屑砂岩为主，次为岩屑砂岩[图7-1（d）]。储层成分成熟度低，以富含岩屑为主要特征，石英平均含量为17%，长石平均含量为11%。岩屑平均含量高达71%，岩屑组分以凝灰岩（平均含量73.16%）含量最高，次为千枚岩（平均含量6.36%）以及霏细岩（平均含量6.84%）[图7-2（d）]，同时含有少量的花岗岩（平均含量4.71%）、安山岩（平均含量1.18%）、片岩（平均含量0.91%）以及硅质岩（平均含量3.32%）。

准南中段头屯河组储层岩石类型以长石质岩屑砂岩为主，次为岩屑砂岩及长石岩屑砂岩[图7-1（d）]。储层成分成熟度低，以富含岩屑为主要特征，石英平均含量26%，长石平均含量为20%。岩屑平均含量高达53%，岩屑组分以凝灰岩（平均含量85%）为主，次为石英岩（平均含量6.24%）[图7-2（d）]，同时含有少量的花岗岩（平均含量1.87%）、安山岩（平均含量1.96%）、流纹岩（平均含量1%）、板岩（平均含量1%）、千枚岩（平均含量2.59%）、片岩（平均含量0.36%）。

准南东段头屯河组储层岩石类型以长石质岩屑砂岩为主，次为长石岩屑砂岩[图7-1（d）]。储层成分成熟度低，以富含岩屑为主要特征，石英平均含量21%，长石平均含量为22%。岩屑平均含量高达57%，岩屑组分以凝灰岩（平均含量71.46%）为主，次为千枚岩（平均含量6.5%）[图7-2（d）]，同时含有少量的花岗岩（平均含量1.56%）、安山岩（平均含量4.22%）、霏细岩（平均含量5.19%）、片岩（平均含量0.36%）、石英岩（平均含量4.08%）、硅质岩（平均含量0.75%）、泥岩（平均含量2.56%）、砂岩（平均含量0.36%）、碳酸盐岩（平均含量1.88%）以及云母（平均含量0.48%）。

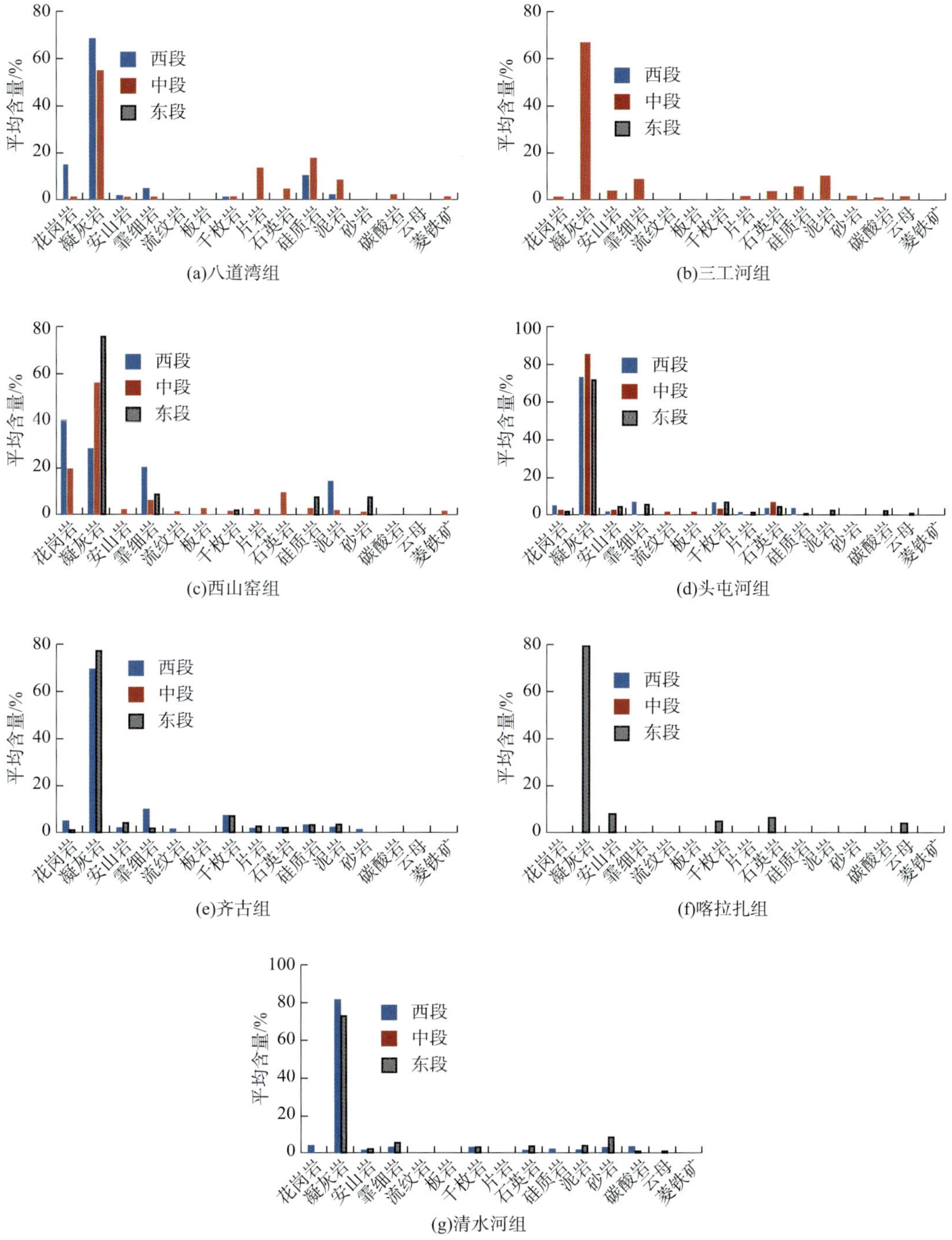

图 7-2　准噶尔盆地南缘下组合储层岩屑组分直方图

5. 齐古组

准南西段齐古组储层岩石类型以长石质岩屑砂岩为主，次为长石岩屑砂岩［图 7-1（e）］。储层成分成熟度低，以富含岩屑为主要特征，石英平均含量24%，长石平均含量为19%。岩屑平均含量高达56%，岩屑组分以凝灰岩（平均含量68.76%）含量最高，次为霏细岩（平均含量9.3%）[图7-2（e）]，同时含有少量的花岗岩（平均含量4.23%）、石英岩（平均含量1.73%）、安山岩（平均含量1.55%）、流纹岩（平均含量0.79%）、板岩（平均含量0.19%）、千枚岩（平均含量6.77%）、片岩（平均含量1.09%）、硅质岩（平均含量2.72%）、泥岩（平均含量1.62%）、砂岩（平均含量0.59%）、碳酸盐岩（平均含量0.42%）以及云母（平均含量0.26%）。

准南东段齐古组储层岩石类型以长石质岩屑砂岩为主，次为长石岩屑砂岩[图7-1（e）]。储层成分成熟度低，以富含岩屑为主要特征，石英平均含量21%，长石平均含量为20%。岩屑平均含量高达59%，岩屑组分以凝灰岩（平均含量76.92%）含量最高，次为千枚岩（平均含量6.67%）[图7-2（e）]，同时含有少量的花岗岩（平均含量0.5%）、石英岩（平均含量1.86%）、安山岩（平均含量3.67%）、霏细岩（平均含量1.54%）、千枚岩（平均含量6.67%）、片岩（平均含量2.29%）、硅质岩（平均含量2.74%）、泥岩（平均含量3.28%）、云母（平均含量0.14%）以及菱铁矿（平均值为0.39%）。

6. 喀拉扎组

准南东段喀拉扎组储层岩石类型为长石岩屑砂岩[图7-1（f）]。储层成分成熟度低，以富含岩屑为主要特征，石英平均含量13%，长石平均含量为32%。岩屑平均含量高达55%，岩屑组分以凝灰岩（平均含量79.85%）含量最高，次为安山岩（平均含量7.07%）[图7-2（f）]，同时含有少量的石英岩（平均含量5.55%）、千枚岩（平均含量4.12%）以及云母（平均含量3.41%）。

7. 清水河组

准南西段清水河组储层岩石类型以长石质岩屑砂岩为主，次为长石岩屑砂岩和岩屑砂岩[图7-1（g）]。储层成分成熟度低，以富含岩屑为主要特征，石英平均含量20%，长石平均含量为17%。岩屑平均含量高达63%，岩屑组分以凝灰岩（平均含量80.9%）含量最高[图7-2（g）]，同时含有少量的花岗岩（平均含量3.8%）、石英岩（平均含量0.58%）、安山岩（平均含量0.73%）、霏细岩（平均含量2.97%）、千枚岩（平均含量2.41%）、片岩（平均含量0.39%）、硅质岩（平均含量1.65%）、泥岩（平均含量1.19%）、砂岩（平均含量2.28%）、碳酸盐岩（平均含量2.91%）、云母（平均含量0.11%）以及菱铁矿（平均含量0.08%）。

准南东段清水河组储层岩石类型以长石质岩屑砂岩为主，次为长石岩屑砂岩和岩屑砂岩[图7-1（g）]。储层成分成熟度低，以富含岩屑为主要特征，石英平均含量20%，长石平均含量为14%。岩屑平均含量高达65%，岩屑组分以凝灰岩（平均含量72.17%）含量最高[图7-2（g）]，同时含有少量的石英岩（平均含量3.26%）、安山岩（平均含量1.7%）、霏细岩（平均含量5.3%）、千枚岩（平均含量2.93%）、片岩（平均含量0.32%）、硅质岩（平均含量0.23%）、泥岩（平均含量4.08%）、砂岩（平均含量8.19%）、碳酸盐岩

（平均含量0.72%）、云母（平均含量0.92%）以及菱铁矿（平均含量0.17%）。

二、碎屑结构特征

1. 八道湾组

准南西段八道湾组储层岩性以巨砂岩为主，储层碎屑颗粒粒度在0.39~1.65mm之间，平均值为1.22mm，以巨砂（粒径1~2mm）为主要颗粒类型［图7-3（a）］，其中巨砂岩占各岩性比例的66.67%。

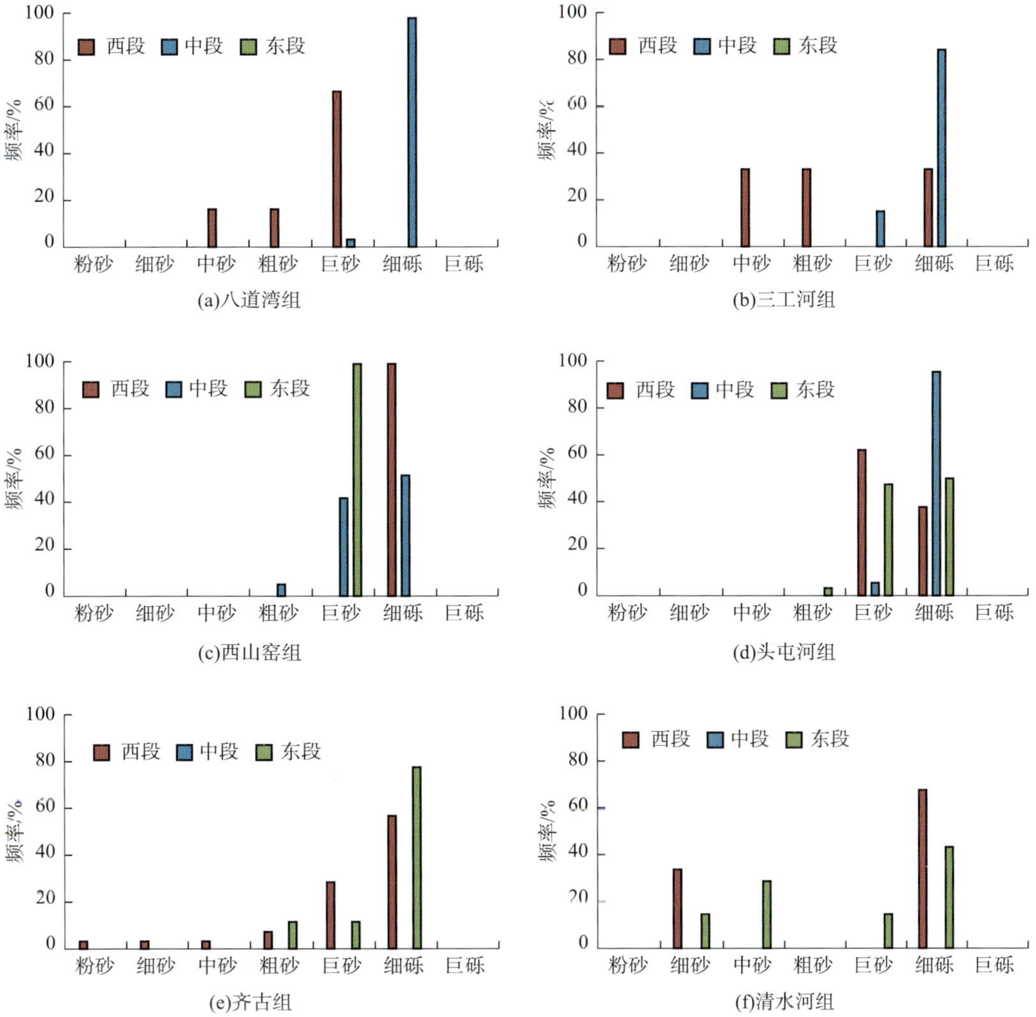

图7-3 准噶尔盆地南缘下组合储层碎屑岩粒径分布频率直方图

准南中段八道湾组储层岩性以细砾岩为主，储层碎屑颗粒粒度在1.84~4.32mm之间，平均值为3.13mm，以细砾（粒径2~10mm）为主要颗粒类型［图7-3（a）］。储层结构成熟度中等，碎屑颗粒中等分选的样品所占比例最高，达到80%，碎屑颗粒分选好的样品所占比例为20%［图7-4（a）］。碎屑颗粒磨圆度以次圆状为主，所占样品比例为60%；次棱角—次圆状以及次棱角状的样品所占比例均为20%［图7-5（a）］。

2. 三工河组

准南西段三工河组储层岩性以中砂岩为主，储层碎屑颗粒粒度在0.26~3.06mm之间，平均值为1.31mm，主要为中砂（粒径0.25~0.5mm）、粗砂（粒径0.5~1mm）和细砾（粒径2~10mm）［图7-3（b）］，其中中砂岩、粗砂岩及细砾岩三者的样品占各岩性比例均为33%。

准南中段三工河组储层岩性以细砾岩为主，储层碎屑颗粒粒度在1.03~4.73mm之间，平均值为3.54mm，以细砾（粒径2~10mm）为主要碎屑颗粒类型［图7-3（b）］，细砾成分占比为84%。储层碎屑颗粒中等分选和分选差的样品所占比例相同，均为38%［图7-4（b）］。碎屑颗粒磨圆中等，次圆状与次圆—次棱角状所占样品比例皆为46%；其余为次棱角状的样品所占比例为8%［图7-5（b）］。

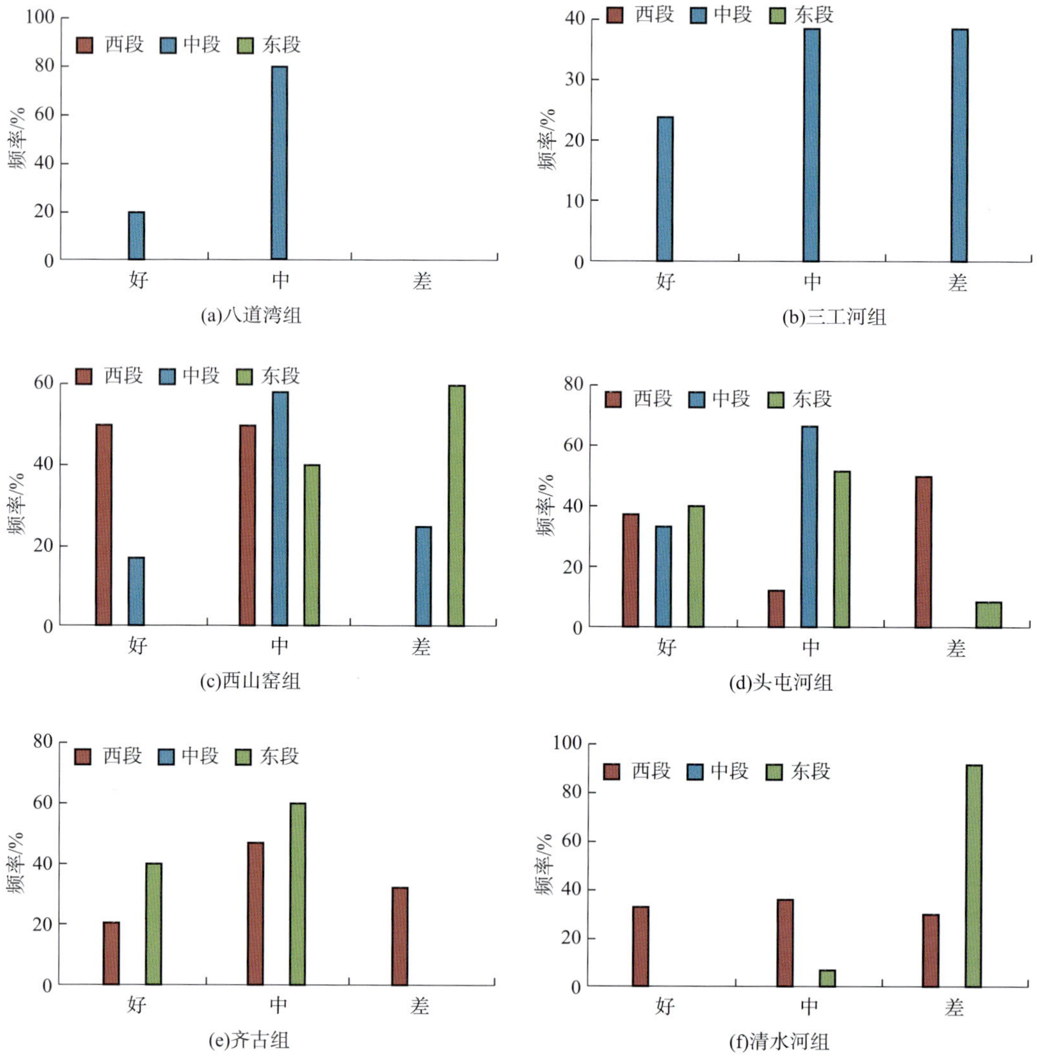

图7-4　准噶尔盆地南缘下组合储层岩石分选性直方图

3. 西山窑组

准南西段西山窑组储层以细砾岩为主，储层碎屑颗粒粒度平均值为3.86mm，以细砾（粒径2~10mm）为主要颗粒类型［图7-3（c）］。储层结构成熟度中等，碎屑颗粒中等分选和分选差所占样品比例相同，均为50%［图7-4（c）］。碎屑颗粒磨圆中等，次圆状所占样品比例为53%；其次圆状的样品所占比例为25%［图7-5（c）］。

准南中段西山窑组储层以细砾岩为主，储层碎屑颗粒粒度在1~5.13mm之间，平均值为2.11mm，以细砾（粒径2~10mm）为主要颗粒类型［图7-3（c）］，细砾岩占各岩性比例的53%。储层结构成熟度中等，碎屑颗粒中等分选的样品所占比例为58%［图7-4（c）］。碎屑颗粒磨圆中等，次圆状的样品所占比例为70%［图7-5（c）］。

4. 头屯河组

准南西段头屯河组储层以巨砂岩为主，储层碎屑颗粒粒度在1.1~3.85mm之间，平均值为2.06mm，以巨砂（粒径1~2mm）为主要颗粒类型［图7-3（d）］，巨砂岩占各岩性比例的62.5%。储层结构成熟度中等，碎屑颗粒分选差的样品所占比例为50%，但同时分选好的样品所占比例为37.5%［图7-4（d）］。碎屑颗粒磨圆中等，圆状和次圆状的样品所占比例均为28.6%［图7-5（d）］。

准南中段头屯河组储层以细砾岩为主，储层碎屑颗粒粒度在1.66~3.44mm之间，平均值为2.93mm，以细砾（粒径2~10mm）为主要颗粒类型［图7-3（d）］，细砾岩占各岩性比例的95%。储层结构成熟度中等，碎屑颗粒中等分选的样品所占比例为67%，同时分选好的样品所占比例为33%［图7-4（d）］。碎屑颗粒磨圆中等，次棱角—次圆状的样品所占比例皆为66%，次圆状及次棱角状的样品均为17%［图7-5（d）］。

准南东段头屯河组储层以细砾岩为主，储层碎屑颗粒粒度在0.72~4.58mm之间，平均值为2.29mm，以细砾（粒径2~10mm）为主要颗粒类型［图7-3（d）］，细砾岩占各岩性比例的为49%。储层结构成熟度中等，碎屑颗粒中等分选的样品所占比例为52%，同时分选好的样品所占比例为40%［图7-4（d）］。碎屑颗粒磨圆中等，次圆状的样品所占比例均为57%［图7-5（d）］。

5. 齐古组

准南西段齐古组储层以细砾岩为主，储层碎屑颗粒粒度在0.04~4.8mm之间，平均值为2.1mm，以细砾（粒径2~10mm）为主要颗粒类型［图7-3（e）］，细砾岩占各岩性比例的57%。储层结构成熟度中等，碎屑颗粒中等分选的样品所占比例为47%，同时分选好的样品所占比例为21%［图7-4（e）］。碎屑颗粒磨圆中等，次圆状的样品所占比例为52%、次棱角状—次圆状的样品所占比例为43%［图7-5（e）］。

准南东段齐古组储层以细砾岩为主，储层碎屑颗粒粒度在0.84~3.14mm之间，平均值为2.3mm，以细砾（粒径2~10mm）为主要颗粒类型［图7-3（e）］，细砾岩占各岩性比例的77%。储层结构成熟度中等。储层碎屑颗粒中等分选的样品所占比例为60%，其余为分选好的样品所占比例为40%［图7-4（e）］。碎屑颗粒磨圆中等，次圆状的样品所占比例为60%［图7-5（e）］。

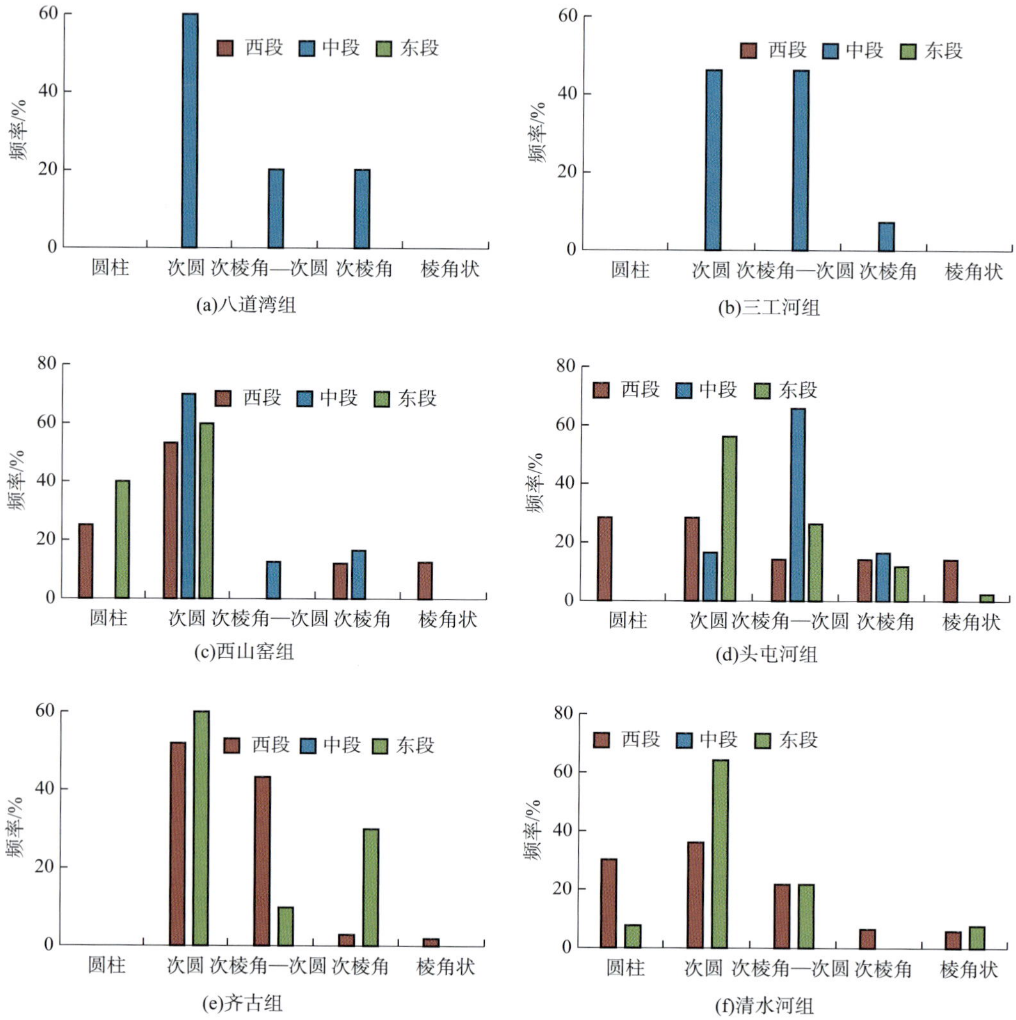

图7-5 准噶尔盆地南缘下组合储层岩石磨圆性直方图

6. 清水河组

准南西段清水河组储层以细砾岩为主，储层碎屑颗粒粒度在0.1~4.5mm之间，平均值为2.91mm，以细砾（粒径2~10mm）为主要颗粒类型［图7-3（f）］，细砾岩占各岩性比例的66%。储层结构成熟度中等，碎屑颗粒中等分选的样品所占比例为36%，同时分选好的样品所占比例为33%［图7-4（f）］。碎屑颗粒磨圆中等，次圆状的样品所占比例为36%、圆状的样品所占比例为30%［图7-5（f）］。

准南东段清水河组储层以细砾岩为主，储层碎屑颗粒粒度在0.2~2.3mm之间，平均值为1.29mm，以细砾（粒径2~10mm）为主要颗粒类型［图7-3（f）］，细砾岩占各岩性比例的43%。储层结构成熟度较低，储层碎屑颗粒分选差的样品所占比例为93%

[图7-4（f）]。碎屑颗粒磨圆中等，次圆状的样品所占比例为64% [图7-5（f）]。

三、填隙物特征

1. 八道湾组

准南西段八道湾组储层填隙物含量整体较低，其中杂基的平均含量仅为2.1%，胶结物的平均含量为3.8%。其中胶结物类型以碳酸盐胶结物为主，并以方解石为主，平均含量达2.3%，次为黄铁矿，其平均含量为1.4%，同时含有铁方解石（平均含量0.1%）[图7-6（a）]。

准南中段八道湾组储层填隙物含量较低，杂基平均含量为3.49%，胶结物平均含量仅为1.77%。胶结物以黄铁矿含量最高，平均含量为1.23%，其次为方解石，其平均含量为0.53% [图7-6（a）]，同时含有少量的白云石（平均含量0.07%）、铁方解石（平均含量0.03%）以及硅质（平均含量0.04%）。

2. 三工河组

准南中段三工河组储层填隙物含量较低，杂基平均含量为3.83%，胶结物平均含量仅为1.8%。胶结物以铁方解石含量最高，平均含量为1.17%，其次为方解石，其平均含量为0.34% [图7-6（b）]，同时含有少量的白云石（平均含量0.03%）、石英（平均含量0.11%）、黄铁矿（平均含量0.03%）、菱铁矿（平均含量0.09%）以及褐铁矿（平均含量0.03%）。

3. 西山窑组

准南西段西山窑组储层填隙物含量较低，杂基平均含量为2%，胶结物平均含量仅为3%。

准南中段西山窑组储层填隙物含量较低，杂基平均含量为2.34%，胶结物平均含量仅为1.26%。胶结物以铁方解石和菱铁矿含量最高，平均含量皆为0.37%，其次为铁白云石，其平均含量为0.14% [图7-6（c）]，同时含有少量的白云石（平均含量0.03%）、铁方解石（平均含量0.06%）、石英（平均含量0.03%）、黄铁矿（平均含量0.03%）、菱铁矿（平均含量0.37%）、硅质（平均含量0.11%）以及硬石膏（平均含量0.11%）。

4. 头屯河组

准南西段头屯河组储层填隙物含量较低，杂基平均含量仅为1.75%，胶结物平均含量为3.75%。胶结物主要为碳酸盐胶结物，以方解石平均含量最高为1.75%，其次为铁方解石和菱铁矿，其平均含量均为1% [图7-6（d）]。

准南中段头屯河组储层填隙物含量较低，杂基平均含量仅为1.75%，胶结物平均含量为2.13%。胶结物主要为碳酸盐胶结物，以方解石平均含量最高为1.79%，其次为铁方解石，其平均含量为0.29%，同时含有少量硅质胶结物平均含量为0.04% [图7-6（d）]。

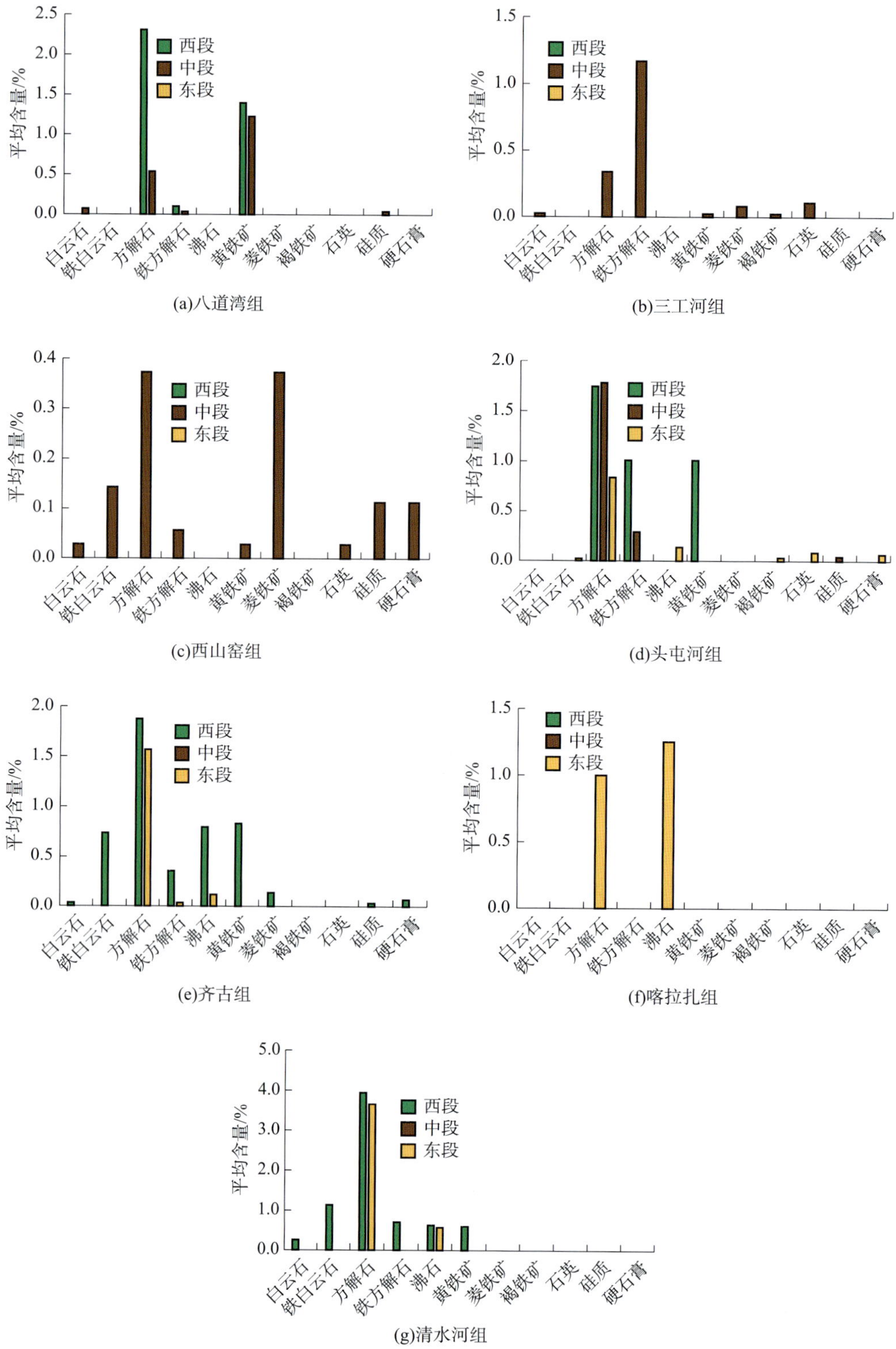

图 7-6　准噶尔盆地南缘下组合储层胶结物组分直方图

准南东段头屯河组储层填隙物含量较低，杂基平均含量为2.09%，胶结物平均含量仅为1.21%。胶结物主要是方解石平均含量为0.85%［图7-6（d）］，同时含有少量沸石（平均含量0.15%）、石英（平均含量0.09%）、褐铁矿（平均含量0.03%）以及硬石膏（平均含量0.07%）。

5. 齐古组

准南西段齐古组储层填隙物含量较低，杂基平均含量为2.48%，胶结物平均含量为4.87%。胶结物主要是方解石平均含量为1.88%［图7-6（e）］，同时含有少量黄铁矿（平均含量0.82%）、铁白云石（平均含量0.74%）、沸石（平均含量0.79%）、菱铁矿（平均含量0.13%）、白云石（平均含量0.04%）以及硬石膏（平均含量0.08%）。

准南东段齐古组储层填隙物含量较低，杂基平均含量为2.72%，胶结物平均含量为1.72%。胶结物主要是方解石平均含量为1.56%［图7-6（e）］，同时含有少量铁方解石（平均含量0.03%）以及沸石（平均含量0.13%）。

6. 喀拉扎组

准南东段喀拉扎组储层填隙物含量较低，杂基平均含量为2%，胶结物平均含量为2.25%。胶结物主要是沸石平均含量为1.25%［图7-3（f）］，其次为方解石（平均含量1%）。

7. 清水河组

准南西段清水河组储层填隙物含量较低，杂基平均含量为1.39%，胶结物平均含量为7.42%。胶结物主要是方解石平均含量为3.97%［图7-6（g）］，同时含有少量黄铁矿（平均含量0.61%）、铁白云石（平均含量1.13%）、沸石（平均含量0.66%）、菱铁矿（平均含量0.03%）、白云石（平均含量0.26%）以及铁方解石（平均含量0.74%）。

准南东段清水河组储层填隙物含量较低，杂基平均含量为1.89%，胶结物平均含量为4.22%。胶结物主要是方解石平均含量为3.67%［图7-6（g）］，同时含有少量沸石（平均含量0.56%）。

第二节　准南下组合储层储集特征

一、孔渗特征

1. 八道湾组

准南西段八道湾组3口井48件实测岩心物性数据统计结果表明，准噶尔盆地南缘西段八道湾组储层孔隙度分布在4.1%~14.55%（表7-1），且主要集中在5%~10%［图7-6（a）］，平均为9.65%；储层渗透率分布在0.051×10^{-3}~$21.4 \times 10^{-3}\mu m^2$，主要集中在$1\times10^{-3}$~$10\times10^{-3}\mu m^2$［图7-6（a）］，平均为$3.46\times10^{-3}\mu m^2$。依据储层物性分类划分标准（纪友亮，2015），准南西段八道湾组储层属特低孔低渗储层。据储层物性交互散点图分析，储层孔隙度和渗透率相关性呈正相关［图7-7（a）］，表明储层孔隙连通性较好，孔隙类型以粒间孔为主体。

准南中段八道湾组10口井169件实测岩心物性数据统计结果表明，准噶尔盆地南缘西段八道湾组储层孔隙度分布在0.17%~14.84%（表7-1），且主要集中在5%~10%［图7-7（a）］，平均为8.37%；储层渗透率分布在0.11×10^{-3}~$17.68\times10^{-3}\mu m^2$（表7-1），主要集中在$0.02\times10^{-3}$~$1\times10^{-3}\mu m^2$［图7-7（a）］，平均为$0.84\times10^{-3}\mu m^2$。依据储层物性分类划分标准（纪友亮，2015），准南中段八道湾组储层属特低孔低渗储层。据储层物性交互散点图分析，储层孔隙度和渗透率相关性呈正相关［图7-8（a）］，表明储层孔隙连通性较好，孔隙类型以粒间孔为主体。

2. 三工河组

准南西段三工河组2口井19件实测岩心物性数据统计结果表明，准噶尔盆地南缘西段三工河组储层孔隙度分布在3.96%~14.82%（表7-1），且主要集中在0.02%~10%［图7-7（b）］，平均为9.1%；储层渗透率分布在0.01×10^{-3}~$55.54\times10^{-3}\mu m^2$（表7-1），主要集中在$0.02\times10^{-3}$~$10\times10^{-3}\mu m^2$［图7-7（b）］，平均为$11.18\times10^{-3}\mu m^2$。依据储层物性分类划分标准（纪友亮，2015），准南西段三工河组储层属特低孔低渗储层。据储层物性交互散点图分析，储层孔隙度和渗透率相关性呈正相关［图7-8（b）］，表明储层孔隙连通性较好，孔隙类型以粒间孔为主体。

准南中段三工河组11口井77件实测岩心物性数据统计结果表明，准噶尔盆地南缘中段三工河组储层孔隙度分布在0.69%~13.5%（表7-1），且主要集中在10%~15%［图7-7（b）］，平均为8.15%；储层渗透率分布在0.01×10^{-3}~$8.79\times10^{-3}\mu m^2$（表7-1），主要集中在0.02×10^{-3}~$1\times10^{-3}\mu m^2$［图7-7（b）］，平均为$1.44\times10^{-3}\mu m^2$。依据储层物性分类划分标准（纪友亮，2015），准南中段三工河组储层属特低孔低渗储层。据储层物性交互散点图分析，储层孔隙度和渗透率相关性呈正相关［图7-8（b）］，表明储层孔隙连通性较好，孔隙类型以粒间孔为主体。

准南东段三工河组2口井13件实测岩心物性数据统计结果表明，准噶尔盆地南缘东段三工河组储层孔隙度分布在4.2%~9.93%（表7-1），且主要集中在5%~10%［图7-7（b）］，平均为7.29%；储层渗透率分布在0.1×10^{-3}~$0.018\times10^{-3}\mu m^2$（表7-1），主要集中在$0.02\times10^{-3}$~$1\times10^{-3}\mu m^2$［图7-7（b）］，平均为$0.09\times10^{-3}\mu m^2$。依据储层物性分类划分标准（纪友亮，2015），准南东段三工河组储层属一般致密储层。据储层物性交互散点图分析，储层孔隙度和渗透率相关性较差［图7-8（b）］，表明储层孔隙连通性较差。

表 7-1 准噶尔盆地南缘下组合物性

层位	地区	孔隙度/%			渗透率/$10^{-3}\mu m^2$			样品数
		最大	最小	均值	最大	最小	均值	
八道湾组	西段	14.55	4.1	9.65	21.4	0.051	3.46	48
	中段	14.84	0.17	8.37	17.68	0.11	0.84	169
三工河组	西段	14.82	3.96	9.1	55.54	0.01	11.18	19
	中段	13.5	0.69	8.15	8.79	0.01	1.44	77
	东段	9.93	4.2	7.29	0.1	0.018	0.09	13
西山窑组	西段	9.02	1.5	5.69	2.6	0.01	0.39	59
	中段	10.6	2	4.93	5.87	0.01	0.36	143
	东段	8.7	1.9	4.02	0.892	0.015	0.47	24
头屯河组	西段	16.57	2.9	9.42	97.28	0.169	6.57	26
	中段	17.7	1.3	9.44	83.4	0.016	4.04	151
	东段	23.9	0.8	9.24	27.2	0.01	1.31	365
齐古组	西段	24.35	2.1	10.39	3810	0.01	34.68	759
	中段	20.9	4.7	12.06	12.1	0.027	1.65	19
	东段	18.4	5.1	12.49	168	0.075	19.71	79
清水河组	西段	22.5	0.6	6.82	71.36	0.01	4.17	167
	东段	17.6	3.7	8.12	82.3	0.261	5.62	35

3. 西山窑组

准南西段西山窑组3口井59件实测岩心物性数据统计结果表明，准噶尔盆地南缘西段西山窑组储层孔隙度分布在1.5%~9.02%（表7-1），且主要集中在5%~10%［图7-7（c）］，平均为5.69%；储层渗透率分布在0.01×10^{-3}~$2.6\times10^{-3}\mu m^2$（表7-1），主要集中在0.02×10^{-3}~$1\times10^{-3}\mu m^2$［图7-7（c）］，平均为$0.39\times10^{-3}\mu m^2$。依据储层物性分类划分标准（纪友亮，2015），准南西段西山窑组储层属一般致密储层。

据储层物性交互散点图分析，储层孔隙度和渗透率相关性呈正相关［图7-8（c）］，表明储层孔隙连通性较好，孔隙类型以粒间孔为主体。

准南中段西山窑组7口井143件实测岩心物性数据统计结果表明，准噶尔盆地南缘中段西山窑组储层孔隙度分布在2%~10.6%（表7-1），且主要集中在2%~5%［图7-7（c）］，平均为4.93%；储层渗透率分布在0.01×10^{-3}~$5.87\times10^{-3}\mu m^2$（表7-1），主要集中在0.02×10^{-3}~$1\times10^{-3}\mu m^2$［图7-7（c）］，平均为$0.36\times10^{-3}\mu m^2$。依据储层物性分类划分标准（纪友亮，2015），准南中段西山窑组储层属一般致密储层。据储层物性交互散点图分析，储层孔隙度和渗透率相关性呈正相关［图7-8（c）］，表明储层孔隙连通性较好，孔隙类型以粒间孔为主体。

准南东段西山窑组3口井24件实测岩心物性数据统计结果表明，准噶尔盆地南缘东段西山窑组储层孔隙度分布在1.9%~8.7%（表7-1），且主要集中在2%~5%

[图7-7（c）]，平均为4.02%；储层渗透率分布在0.015×10^{-3}~$8.89\times10^{-3}\mu m^2$（表7-1），主要集中在0.02×10^{-3}~$1\times10^{-3}\mu m^2$[图7-7（c）]，平均为$0.47\times10^{-3}\mu m^2$。依据储层物性分类划分标准（纪友亮，2015），准南东段西山窑组储层属一般致密储层。据储层物性交互散点图分析，储层孔隙度和渗透率相关性较差[图7-8（c）]，表明储层孔隙连通性较差。

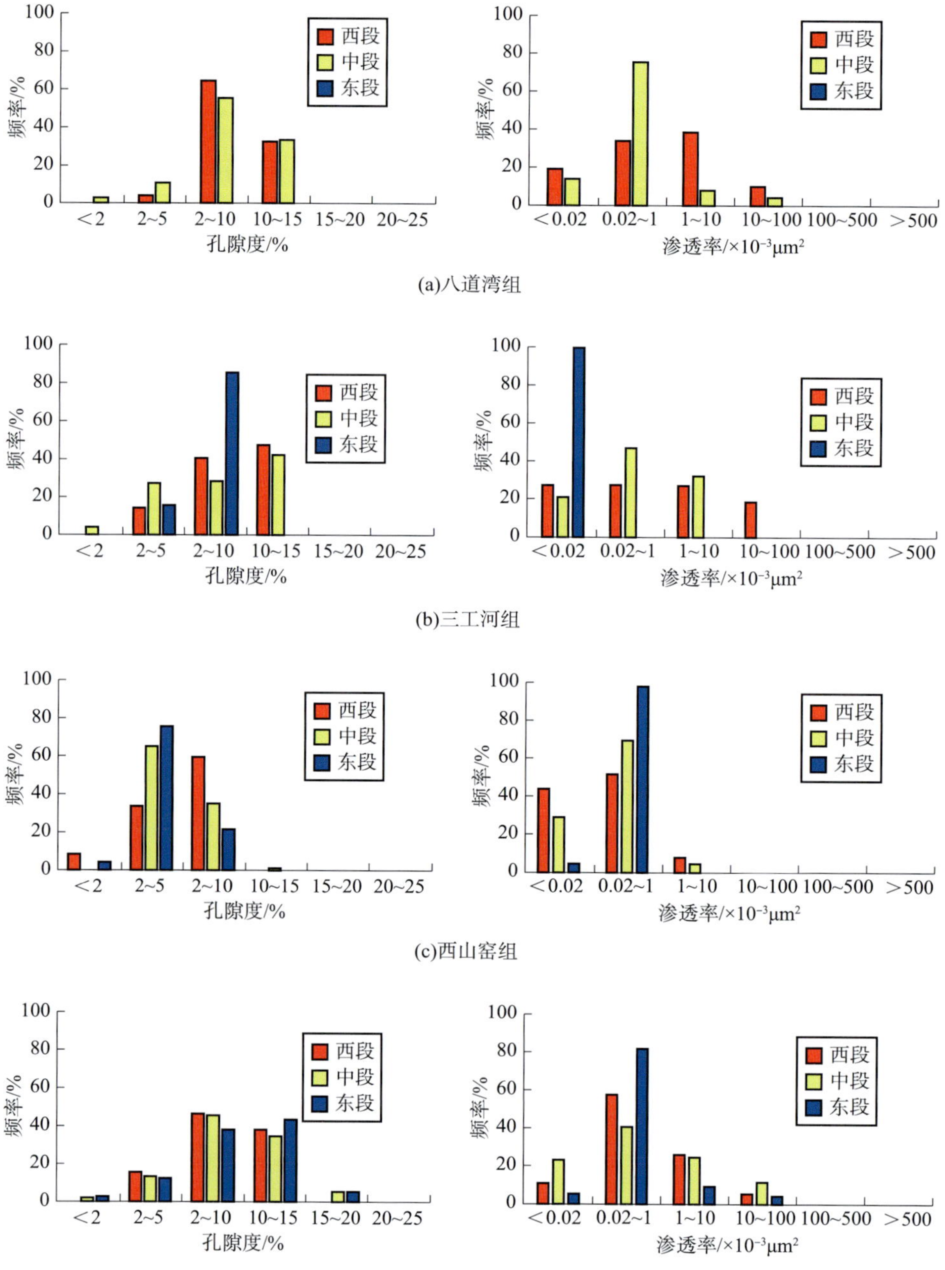

(a)八道湾组

(b)三工河组

(c)西山窑组

(d)头屯河组

图7-7 准噶尔盆地南缘下组合储层物性频率分布直方图

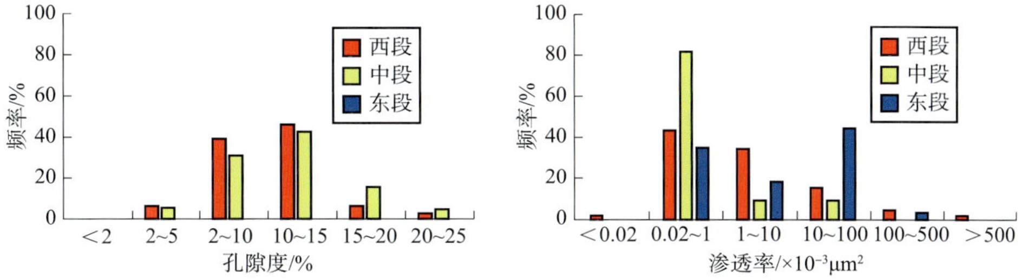

(e)齐古组

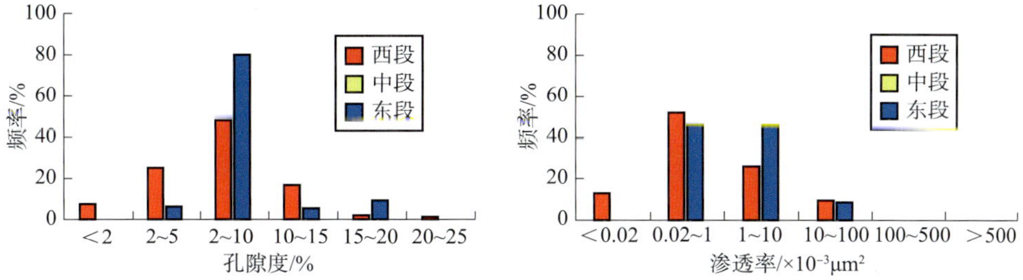

(f)清水河组

图 7–7 准噶尔盆地南缘下组合储层物性频率分布直方图（续）

4. 头屯河组

准南西段头屯河组5口井26件实测岩心物性数据统计结果表明，准噶尔盆地南缘西段头屯河组储层孔隙度分布在2.9%~16.57%（表7–1），且主要集中在5%~15%［图7–7（d）］，平均为9.42%；储层渗透率分布在0.169×10^{-3}~$97.28\times10^{-3}\mu m^2$（表7–1），主要集中在$0.02\times10^{-3}$~$1\times10^{-3}\mu m^2$［图7–7（d）］，平均为$6.57\times10^{-3}\mu m^2$。依据储层物性分类划分标准（纪友亮，2015），准南西段头屯河组储层属特低孔低渗储层。据储层物性交互散点图分析，储层孔隙度和渗透率相关性呈正相关［图7–8（d）］，表明储层孔隙连通性较好，孔隙类型以粒间孔为主体。

准南中段头屯河组6口井151件实测岩心物性数据统计结果表明，准噶尔盆地南缘中段头屯河组储层孔隙度分布在1.3%~17.7%（表7–1），且主要集中在5%~15%［图7–7（d）］，平均为9.44%；储层渗透率分布在0.016×10^{-3}~$83.4\times10^{-3}\mu m^2$（表7–1），主要集中在0.02×10^{-3}~$1\times10^{-3}\mu m^2$［图7–7（d）］，平均为$4.04\times10^{-3}\mu m^2$。依据储层物性分类划分标准（纪友亮，2015），准南中段头屯河组储层属特低孔低渗储层。据储层物性交互散点图分析，储层孔隙度和渗透率相关性呈正相关［图7–8（d）］，表明储层孔隙连通性较好，孔隙类型以粒间孔为主体。

准南东段头屯河组8口井365件实测岩心物性数据统计结果表明，准噶尔盆地南缘东段头屯河组储层孔隙度分布在0.8%~23.9%（表7–1），且主要集中在5%~15%［图7–7（d）］，平均为9.24%；储层渗透率分布在0.01×10^{-3}~$27.2\times10^{-3}\mu m^2$（表7–1），主要集中在0.02×10^{-3}~$1\times10^{-3}\mu m^2$［图7–7（d）］，平均为$1.31\times10^{-3}\mu m^2$。依据储层

物性分类划分标准（纪友亮，2015），准南东段头屯河组储层属特低孔低渗储层。据储层物性交互散点图分析，储层孔隙度和渗透率相关性呈正相关［图7-8（d）］，表明储层孔隙连通性较好，孔隙类型以粒间孔为主体。

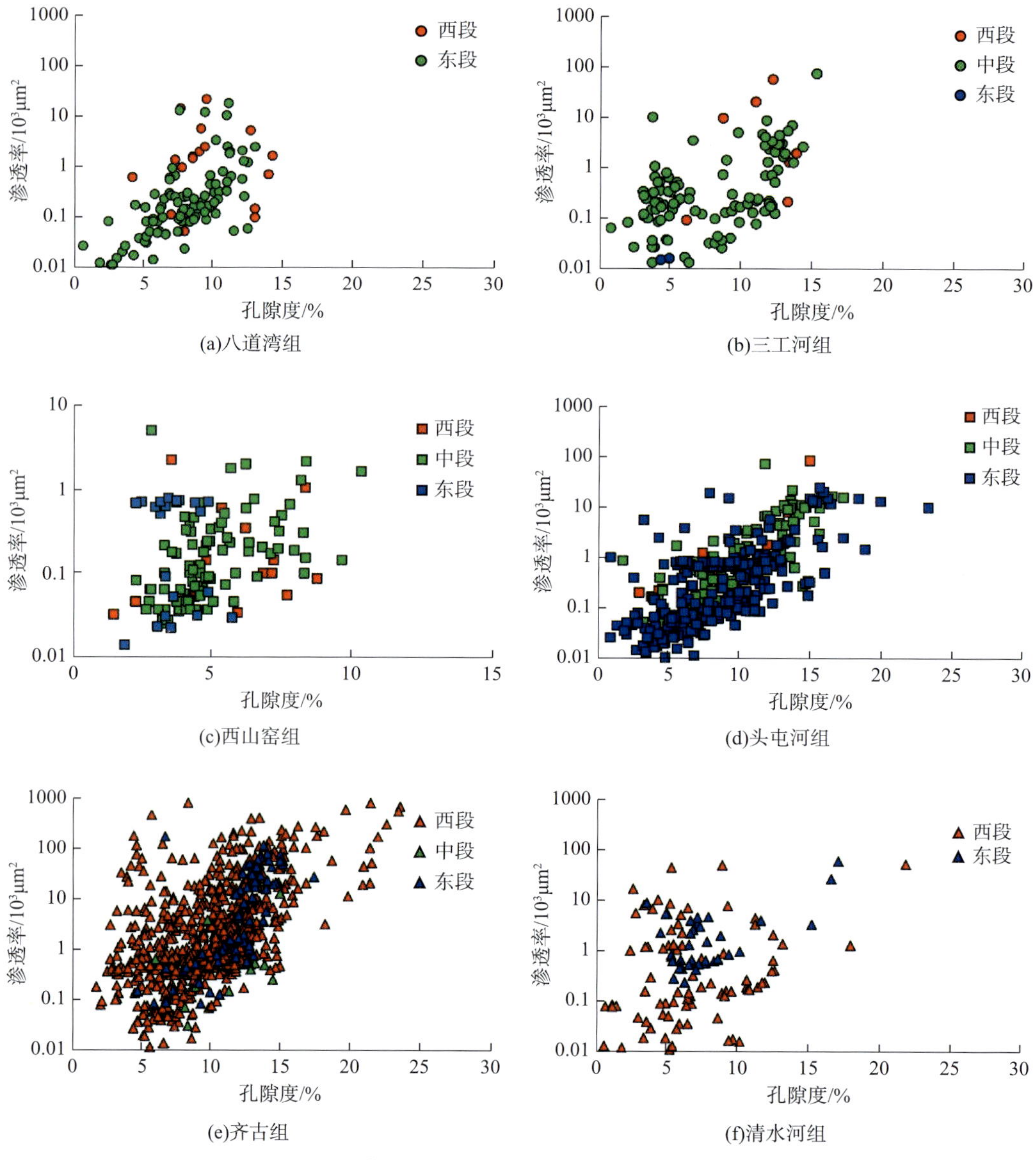

图 7-8　准噶尔盆地南缘下组合储层物性交互散点图

5. 齐古组

准南西段齐古组13口井759件实测岩心物性数据统计结果表明，准噶尔盆地南缘西段齐古组储层孔隙度分布在2.1%~24.35%（表7-1），且主要集中在10%~15%［图7-7（e）］，平均为10.39%；储层渗透率分布在0.01×10^{-3}~$3810\times10^{-3}\mu m^2$（表7-1），主要集中在0.02×10^{-3}~$1\times10^{-3}\mu m^2$［图7-7（e）］，平均为$759\times10^{-3}\mu m^2$。依据储层物

性分类划分标准（纪友亮，2015），准南西段齐古组储层属特低孔低渗储层。据储层物性交互散点图分析，储层孔隙度和渗透率相关性呈正相关［图7-8（e）］，表明储层孔隙连通性较好，孔隙类型以粒间孔为主体。

准南中段齐古组2口井19件实测岩心物性数据统计结果表明，准噶尔盆地南缘中段齐古组储层孔隙度分布在4.7%~20.9%（表7-1），且主要集中在10%~15%［图7-7（e）］，平均为12.06%；储层渗透率分布在0.027×10^{-3}~$12.1\times10^{-3}\mu m^2$（表7-1），主要集中在0.02×10^{-3}~$1\times10^{-3}\mu m^2$［图7-7（e）］，平均为$1.65\times10^{-3}\mu m^2$。依据储层物性分类划分标准（纪友亮，2015），准南中段齐古组储层属特低孔低渗储层。据储层物性交互散点图分析，储层孔隙度和渗透率相关性呈正相关［图7-8（e）］，表明储层孔隙连通性较好，孔隙类型以粒间孔为主体。

准南东段齐古组5口井79件实测岩心物性数据统计结果表明，准噶尔盆地南缘东段齐古组储层孔隙度分布在5.1%~18.4%（表7-1），且主要集中在10%~15%［图7-7（e）］，平均为12.49%；储层渗透率分布在0.075×10^{-3}~$168\times10^{-3}\mu m^2$（表7-1），主要集中在10×10^{-3}~$100\times10^{-3}\mu m^2$［图7-7（e）］，平均为$19.71\times10^{-3}\mu m^2$。依据储层物性分类划分标准（纪友亮，2015），准南东段齐古组储层属低孔低渗储层。据储层物性交互散点图分析，储层孔隙度和渗透率相关性呈正相关［图7-8（e）］，表明储层孔隙连通性较好，孔隙类型以粒间孔为主体。

6. 清水河组

准南西段清水河组11口井167件实测岩心物性数据统计结果表明，准噶尔盆地南缘西段清水河组储层孔隙度分布在0.6%~22.5%（表7-1），且主要集中在5%~10%［图7-7（e）］，平均为6.82%；储层渗透率分布在0.01×10^{-3}~$71.36\times10^{-3}\mu m^2$（表7-1），主要集中在$0.02\times10^{-3}$~$1\times10^{-3}\mu m^2$［图7-7（e）］，平均为$4.17\times10^{-3}\mu m^2$。依据储层物性分类划分标准（纪友亮，2015），准南西段清水河组储层属特低孔低渗储层。据储层物性交互散点图分析，储层孔隙度和渗透率相关性呈正相关［图7-8（e）］，表明储层孔隙连通性较好，孔隙类型以粒间孔为主体。

准南东段清水河组2口井35件实测岩心物性数据统计结果表明，准噶尔盆地南缘东段清水河组储层孔隙度分布在3.7%~17.6%（表7-1），且主要集中在5%~10%［图7-7（e）］，平均为8.12%；储层渗透率分布在0.261×10^{-3}~$82.3\times10^{-3}\mu m^2$（表7-1），主要集中在0.02×10^{-3}~$10\times10^{-3}\mu m^2$［图7-7（e）］，平均为$5.62\times10^{-3}\mu m^2$。依据储层物性分类划分标准（纪友亮，2015），准南东段清水河组储层属特低孔低渗储层。据储层物性交互散点图分析，储层孔隙度和渗透率相关性呈正相关［图7-8（e）］，表明储层孔隙连通性较好，孔隙类型以粒间孔为主体。

二、储集空间类型

1. 八道湾组

准噶尔盆地南缘八道湾组储层储集空间类型主要有粒间孔（原生粒间孔和剩余粒间孔）、溶蚀孔（粒间溶孔和粒内溶孔）以及微裂缝。其中粒间孔以剩余粒间孔为主，剩余粒间孔约占总孔隙的28.79%［图7–10（a）］，镜下薄片可见剩余粒间孔中有黏土矿物等填隙物充填［图7–9（a）（b）］。溶蚀孔以粒内溶孔为主，粒内溶孔约占总孔隙的40.89%［图7–10（a）］，镜下可见以长石碎屑的溶蚀较为普遍，甚至可见个别颗粒完全溶蚀［图7–9（c）（d）］。微裂缝约占总孔隙的7.64%［图7–10（a）］，镜下薄片可见部分微裂缝可完全贯穿碎屑颗粒［图7–9（e）（f）］。

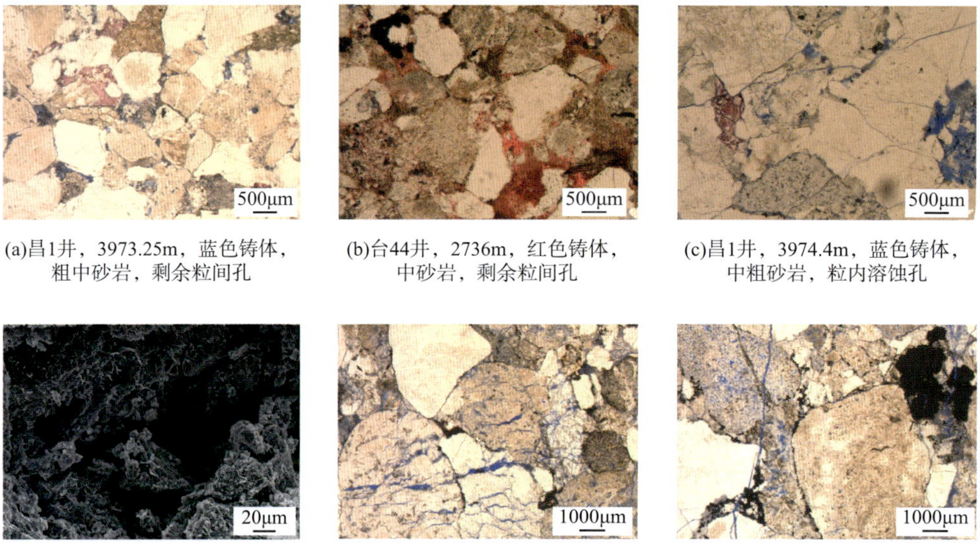

(a)昌1井，3973.25m，蓝色铸体，粗中砂岩，剩余粒间孔

(b)台44井，2736m，红色铸体，中砂岩，剩余粒间孔

(c)昌1井，3974.4m，蓝色铸体，中粗砂岩，粒内溶蚀孔

(d)台64井，1787.28m，扫描电镜，粒内溶孔

(e)卡8井，4227m，蓝色铸体，砂砾岩，微裂缝

(f)卡8井4227m，蓝色铸体，砂砾岩，微裂缝

图7–9 准噶尔盆地南缘八道湾组储层储集空间类型

2. 三工河组

准噶尔盆地南缘三工河组储层储集空间类型主要有粒间孔（原生粒间孔和剩余粒间孔）、溶蚀孔（粒内溶孔和粒间溶孔）以及微裂缝。其中粒间孔以原生粒间孔为主，原生粒间孔约占总孔隙的25.71%［图7–10（b）］，剩余粒间孔约占总孔隙的21.64%［图7–10（b）］，镜下薄片可见大量原生粒间孔保存较为完好，未被填隙物充填［图7–11（a）（b）］。溶蚀孔以粒内溶孔为主，粒内溶孔约占总孔隙的32.14%［图7–10（b）］，粒间溶孔约占总孔隙的15.36%［图7–10（b）］，镜下薄片可见细小粒内溶孔［图7–11（e）］。微裂缝约占总孔隙的4.64%［图7–10（b）］，镜下薄片可见弯曲状微裂缝，且微裂缝宽度较大［图7–11（d）~（f）］。

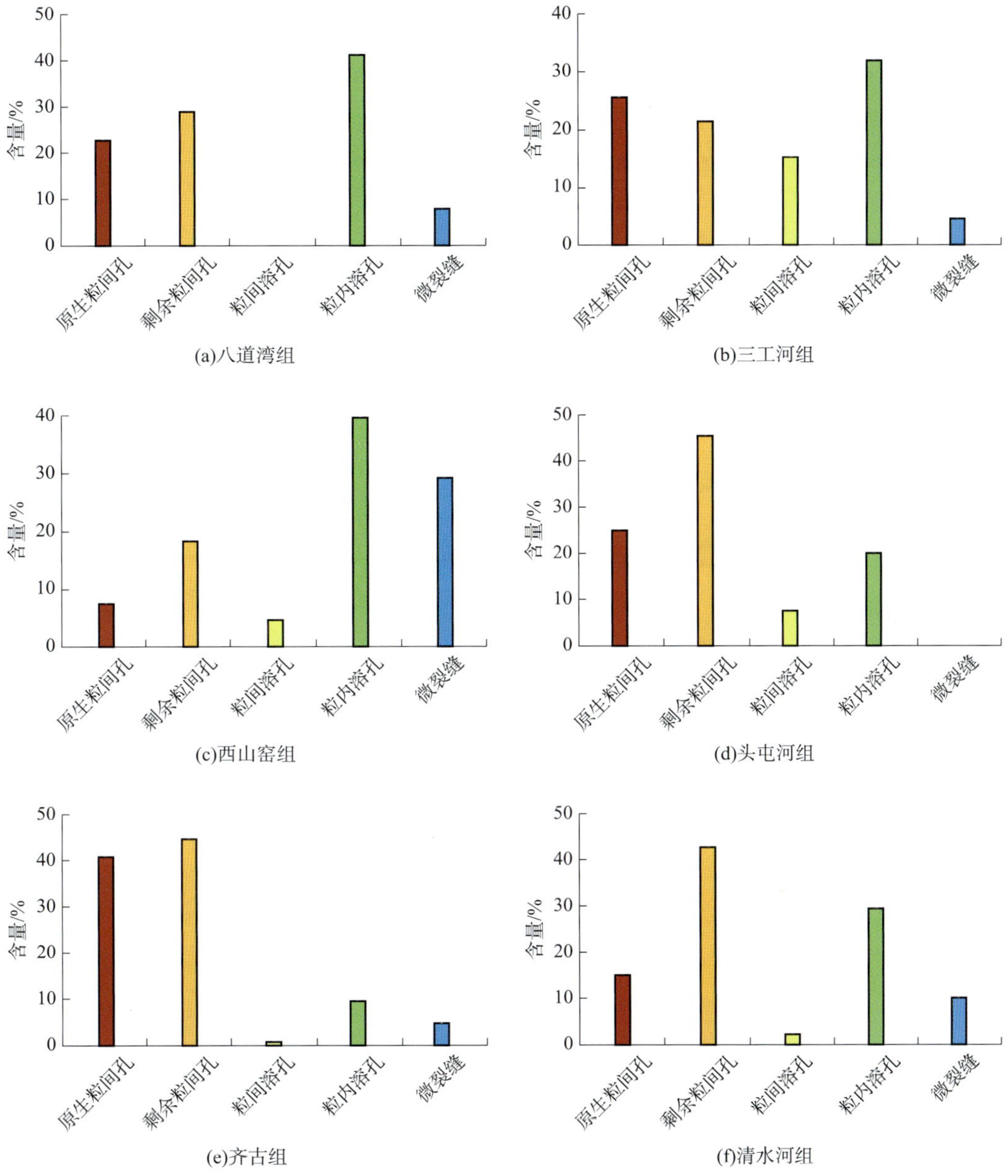

图 7-10 准噶尔盆地南缘下组合储层储集空间类型

3. 西山窑组

准噶尔盆地南缘西山窑组储层储集空间类型主要有粒间孔（原生粒间孔和剩余粒间孔）、溶蚀孔（粒内溶孔和粒间溶孔）以及微裂缝。其中粒间孔以剩余粒间孔为主，剩余粒间孔约占总孔隙的18.47%［图7-10（c）］，原生粒间孔约占总孔隙的7.5%［图7-10（c）］，镜下薄片可见原生粒间孔保存较少，剩余粒间孔内有高岭石充填［图7-12（a）（b）］。溶蚀孔以粒内溶孔占比最高，约占面孔率总量的39.53%［图7-10（c）］，粒间溶孔约占总孔隙的4.5%［图7-10（c）］，镜下薄片可见粒内溶孔较多发育，且通过扫描电镜可观察到溶蚀孔内有绿泥石充填［图7-12（c）（d）］。微裂缝较多发育，其约占总孔隙的29.33%［图7-10（c）］，镜下薄片可以看到微裂缝发育，且微裂缝连续贯穿多个颗粒［图7-12（e）（f）］。

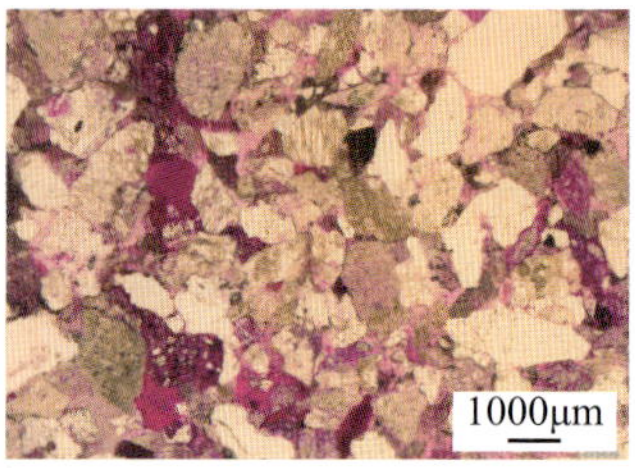

(a)台55井，2734m，红色铸体，原生粒间孔

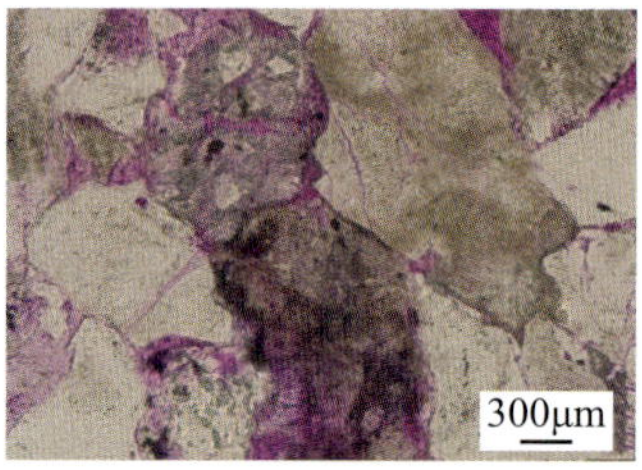

(b)台55井，2733.44m，红色铸体，剩余粒间孔

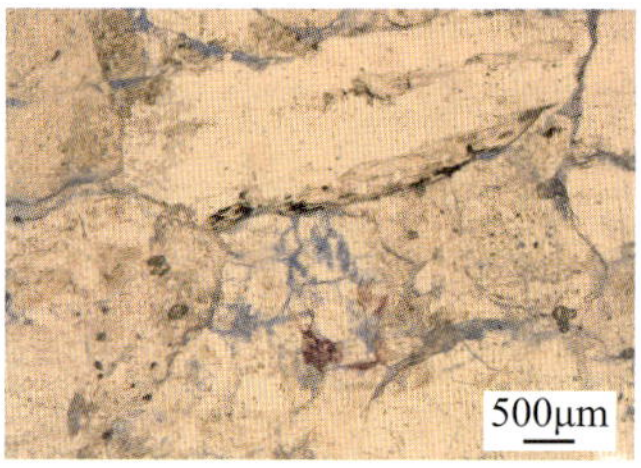

(c)清1井，2655.35m，蓝色铸体，不等粒砂岩，粒内溶孔

(d)清1井，2853.45m，蓝色铸体，细砂岩，微裂缝

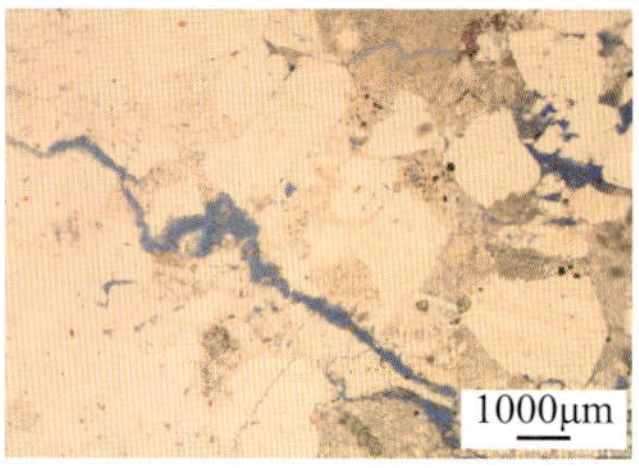

(e)卡003井，4237m，蓝色铸体，含砾中粗砂岩，微裂缝

(f)清1井，2853.45m，蓝色铸体，细砂岩，微裂缝

图7-11　准噶尔盆地南缘三工河组储层储集空间类型

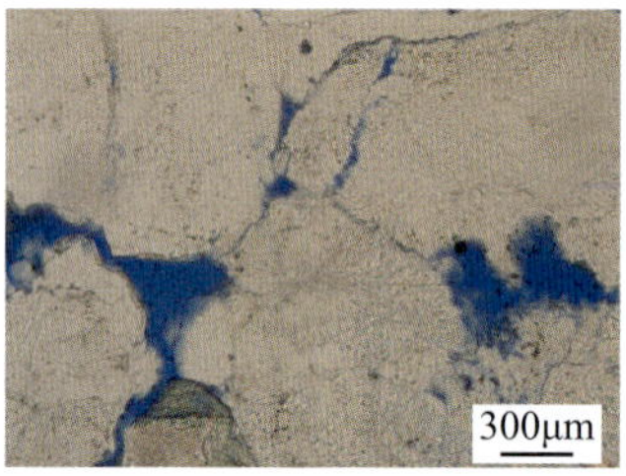

(a)昌1井，3407.25m，蓝色铸体，中砂岩，剩余粒间孔

(b)昌1井，3509.15m，蓝色铸体，中砂岩，原生粒间孔

(c)九运1井，4805.91m，扫描电镜，粒内溶孔

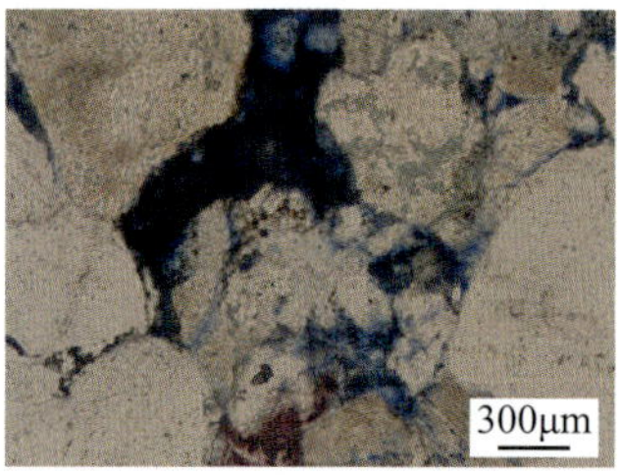

(d)昌1井，3509.15m，蓝色铸体中砂岩，粒内溶孔

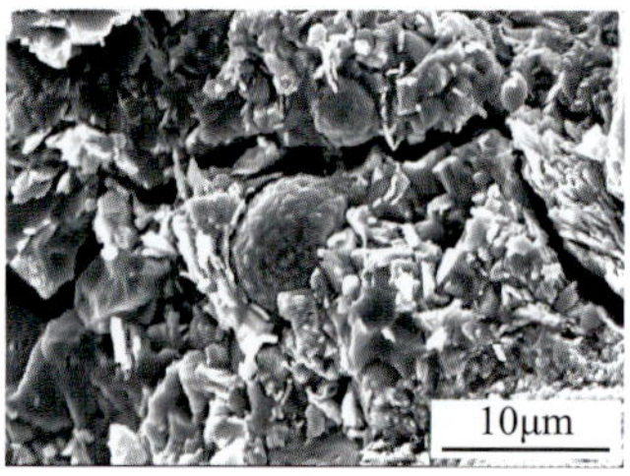

(e)九运1井，4805.4m，扫描电镜，微裂缝

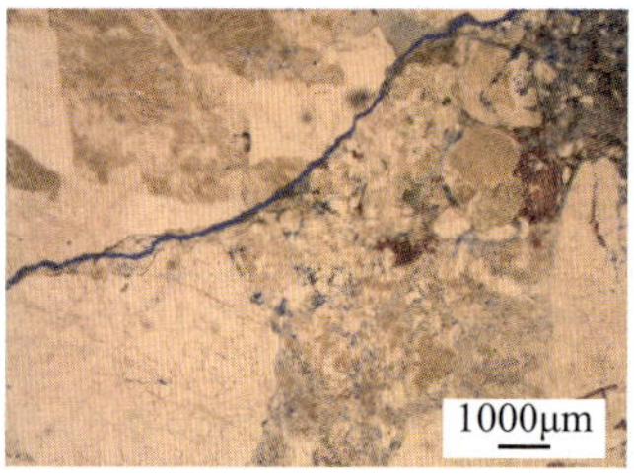

(f)昌1井，3512.38m，蓝色铸体，砂质砾岩

图7-12　准噶尔盆地南缘西山窑组储层储集空间类型

4. 头屯河组

准噶尔盆地南缘头屯河组储层储集空间类型主要有粒间孔（原生粒间孔和剩余粒间孔）、溶蚀孔（粒内溶孔和粒间溶孔）以及微裂缝。其中粒间孔以剩余粒间孔为主，剩余粒间孔约占总孔隙的45.47%［图7–10（d）］，原生粒间孔约占总孔隙的25.44%［图7–10（d）］，镜下薄片可见大量剩余粒间孔，其中有自生石英、绿泥石和伊利石的充填，部分原生粒间孔保存完好［图7–13（a）~（c）］。溶蚀孔以粒内溶孔占比最高，约占面孔率总量的20.51%［图7–10（d）］，粒间溶孔约占总孔隙的7.81%［图7–10（d）］，镜下薄片可见大量粒内溶孔，可见部分颗粒被完全溶蚀［图7–13（d）~（g）］。微裂缝约占总孔隙的0.49%［图7–10（d）］，镜下可见少量微裂缝发育，且微裂缝宽度较宽［图7–13（h）（i）］。

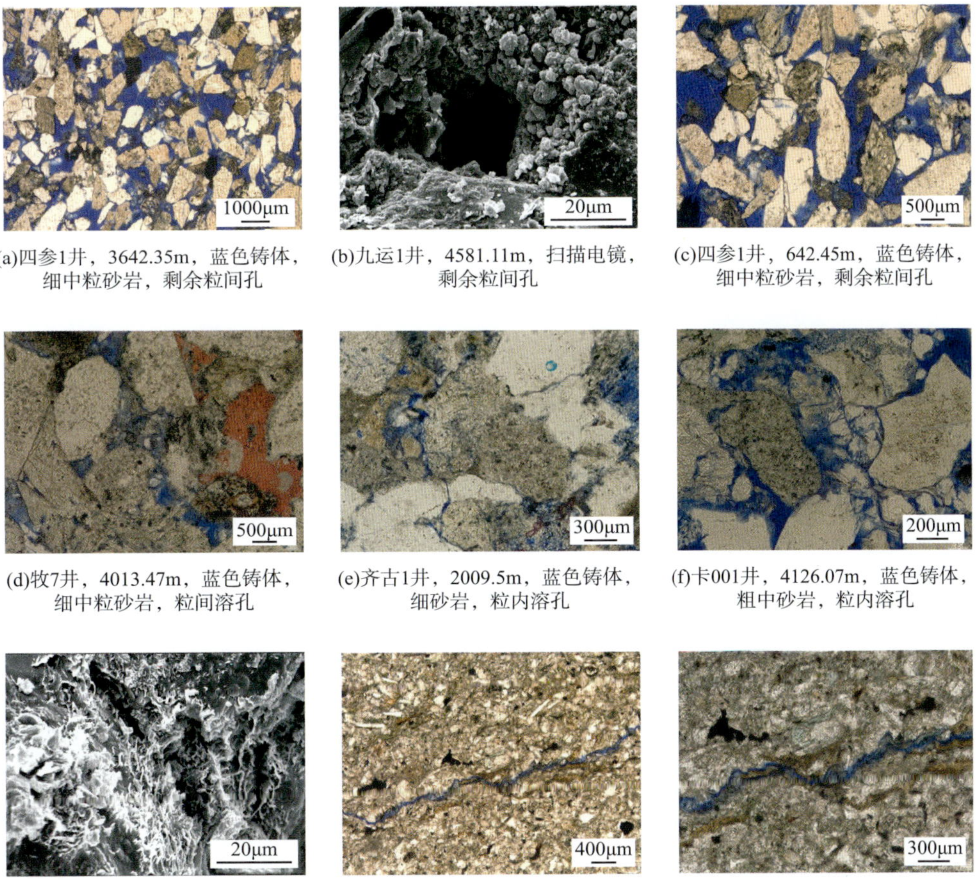

(a)四参1井，3642.35m，蓝色铸体，细中粒砂岩，剩余粒间孔
(b)九运1井，4581.11m，扫描电镜，剩余粒间孔
(c)四参1井，642.45m，蓝色铸体，细中粒砂岩，剩余粒间孔
(d)牧7井，4013.47m，蓝色铸体，细中粒砂岩，粒间溶孔
(e)齐古1井，2009.5m，蓝色铸体，细砂岩，粒内溶孔
(f)卡001井，4126.07m，蓝色铸体，粗中砂岩，粒内溶孔
(g)九运1井，4432.3m，扫描电镜，粒内溶孔
(h)牧7井，4004.48m，蓝色铸体，泥质粉砂岩，微裂缝
(i)牧7井，4004.48m，蓝色铸体，泥质粉砂岩，微裂缝

图 7–13　准噶尔盆地南缘头屯河组储层储集空间类型

5. 齐古组

准噶尔盆地南缘齐古组储层储集空间类型主要有粒间孔（原生粒间孔和剩余粒间

孔）、溶蚀孔（粒内溶孔和粒间溶孔）以及微裂缝。其中粒间孔以剩余粒间孔为主，剩余粒间孔约占总孔隙的44.57%［图7–10（e）］，原生粒间孔约占总孔隙的40.72%［图7–10（e）］，镜下薄片可见大量剩余粒间孔，其中有自生石英和伊利石充填［图7–14（a）～（c）］，同时有大量原生粒间孔保存完好。溶蚀孔以粒内溶孔占比最高，约占面孔率总量的9.33%［图7–10（e）］，粒间溶孔约占总孔隙的0.5%［图7–10（e）］，镜下可见较多粒内溶孔，以长石颗粒的溶蚀为主，粒间溶孔发育较少［图7–14（d）～（f）］。微裂缝约占总孔隙的4.45%［图7–10（e）］，镜下薄片可见少量网状微裂缝，但裂缝宽度较细［图7–14（g）～（i）］。

(a)卡002井，3994.04m，蓝色铸体，不等粒砂岩，剩余粒间孔

(b)卡002井，3995.51m，蓝色铸体，不等粒砂岩，剩余粒间孔

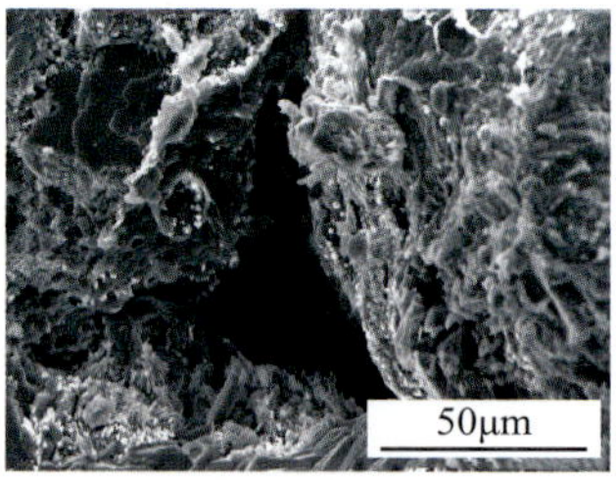

(c)九运1井，4120.60m，扫描电镜，原生粒间孔

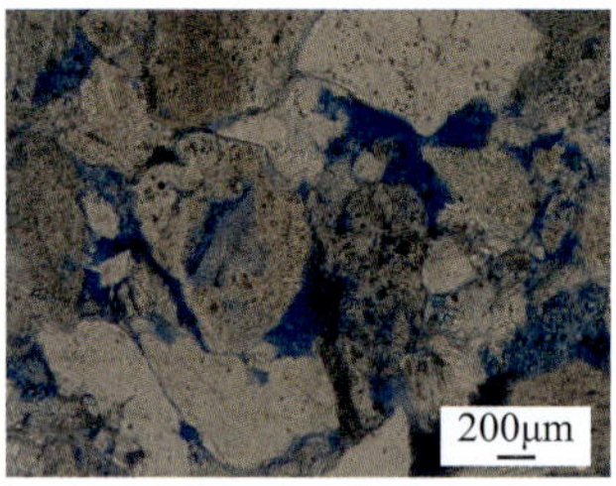

(d)卡001井，4122.48m，蓝色铸体，中细砂岩，粒内溶孔

(e)九运1井，3330.50m，扫描电镜，粒内溶孔

(f)卡002井，3995.51m，蓝色铸体，不等粒砂岩，粒间溶孔

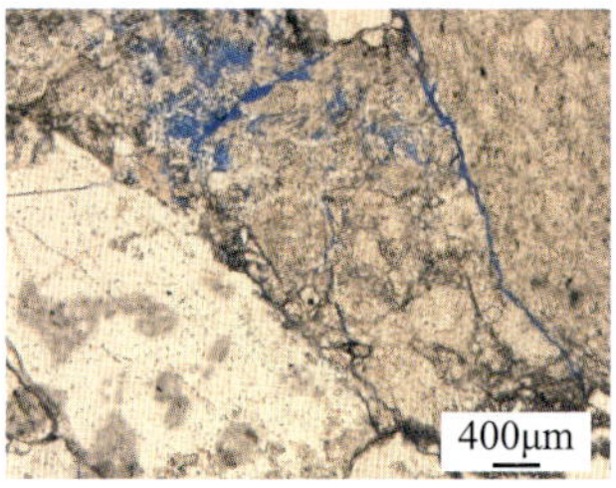

(g)卡002井，3999.97m，蓝色铸体，含灰质砾岩，微裂缝

(h)卡8井，4075.72m，蓝色铸体，微裂缝

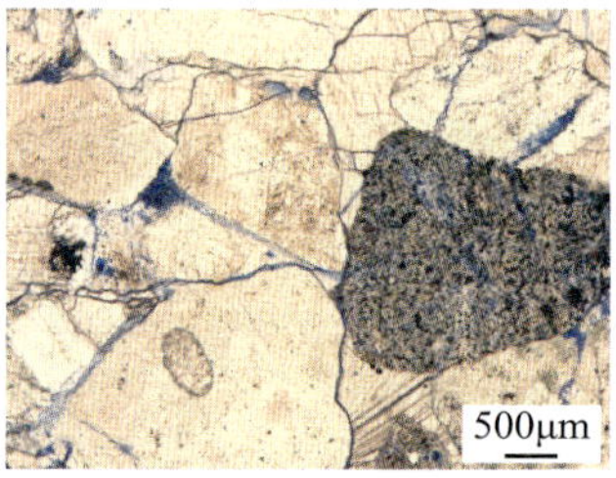

(i)卡8井，4075.72m，蓝色铸体，微裂缝

图7–14　准噶尔盆地南缘齐古组储层储集空间类型

6. 清水河组

准噶尔盆地南缘清水河组储层储集空间类型主要有粒间孔（原生粒间孔和剩余粒间孔）、溶蚀孔（粒内溶孔和粒间溶孔）以及微裂缝。其中粒间孔以剩余粒间孔为主，

剩余粒间孔约占总孔隙的42.61%［图7-10（f）］，原生粒间孔约占总孔隙的14.88%［图7-10（f）］，镜下薄片可见相互连通的剩余粒间孔［图7-15（a）~（c）］。溶蚀孔以粒内溶孔占比最高，约占面孔率总量的29.71%［图7-10（f）］，粒间溶孔约占总孔隙的2.2%［图7-10（f）］，镜下薄片可见大量粒内溶孔，以长石颗粒溶蚀为主，部分颗粒溶蚀孔较大［图7-15（d）~（f）］。微裂缝约占总孔隙的10.07%［图7-10（e）］，镜下薄片可见少量微裂缝，且发育有碳酸盐胶结物微裂缝［图7-15（g）~（i）］。

(a)卡002井，3874.54m，蓝色铸体，细砂岩，剩余粒间孔

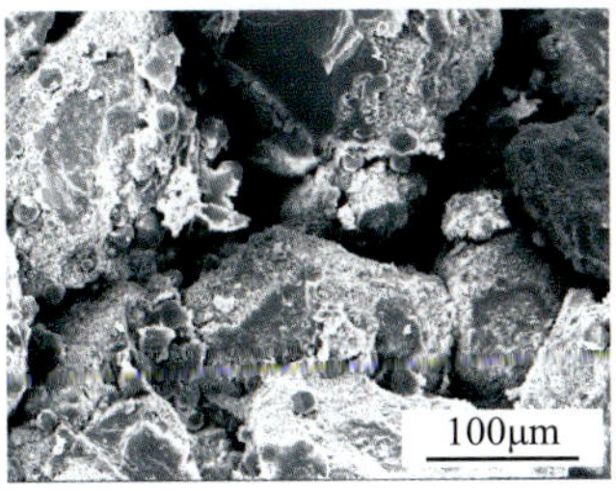

(b)九运1井，3333.89m，扫描电镜，剩余粒间孔

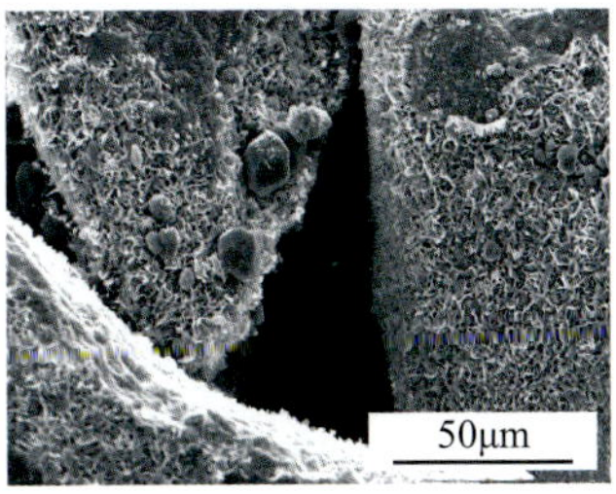

(c)九运1井，3334.67m，扫描电镜，原生粒间孔

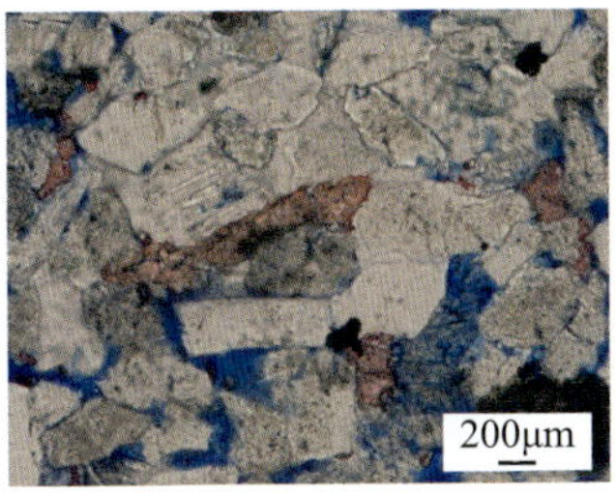

(d)卡002井，3874.54m，蓝色铸体，细砂岩，粒内溶孔

(e)九运1井，3330.5m，扫描电镜，粒内溶孔

(f)卡11井，4245.73m，蓝色铸体，中细砂岩，粒间溶孔

(g)卡11井，4245.73m，蓝色铸体，中细砂岩，粒内溶孔

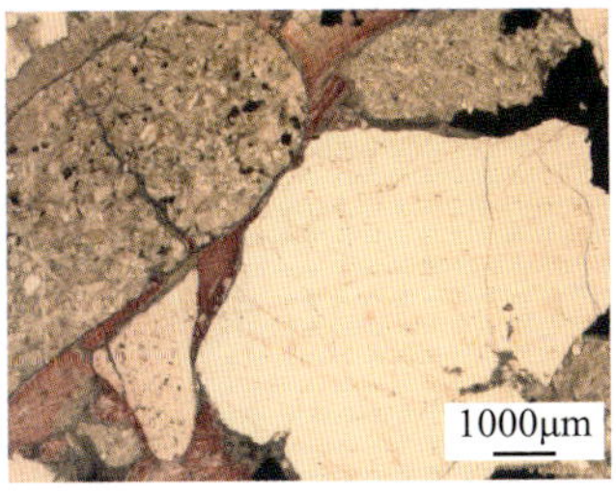

(h)卡11井，4247.82m，蓝色铸体，含砾不等粒砂岩，微裂缝

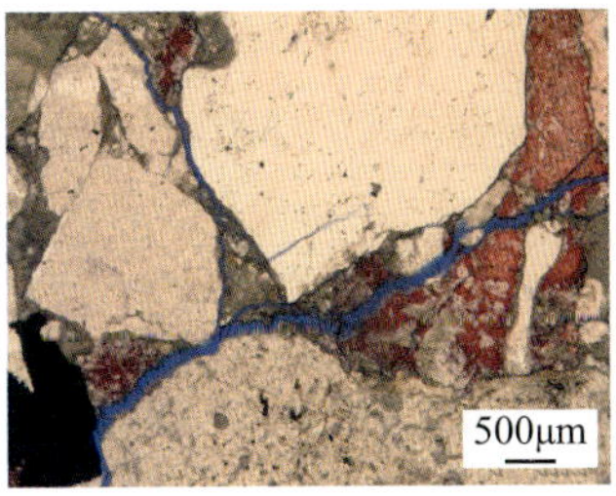

(i)卡11井，4247.82m，蓝色铸体，含砾不等粒砂岩，微裂缝

图7-15　准噶尔盆地南缘清水河组储层储集空间类型

三、孔喉结构特征

1. 八道湾组

3口井7件样品压汞数据分析结果显示，准南西段八道湾组储层孔喉特征以细孔隙为主（孔隙直径<25μm），其次为小孔隙（孔隙直径25~50μm），细孔隙占比为60%，小

孔隙占比为38%［图7-16（a）］。2口井5个样品压汞数据分析结果显示，中段以中孔隙（孔隙直径50~100μm）为主，中孔隙占比为36%，此外还有占比为14%的大孔隙（>100μm）［图7-16（a）］，喉道直径以中—细喉道（喉道宽度<5μm）为主，其占比达到80%［图7-17（a）］。东段以小孔隙（孔隙直径<25μm）为主，小孔隙占比为68%［图7-16（a）］。整体而言，准南八道湾组储层排驱压力为0.1MPa（表7-2），与此同时最大孔喉半径为1.13μm（表7-2），表现为储层的孔喉半径较大；储层孔喉分选系数为1.73，表现为储层的孔喉分选性较好。同时，储层样品压汞曲线呈一定程度的平台段，显示孔喉分选性较好且表现为偏粗歪度［图7-18（a）］。总体来说，准南八道湾组储层孔喉结构为较粗孔喉且分选较好。

表7-2　准噶尔盆地南缘下组合储层压汞参数

层位	排驱压力/MPa	分选系数	中值半径/μm	中值压力/MPa	最大孔喉半径/μm	平均毛管半径/μm	样品数
八道湾组	0.10	1.73	0.07	1.40	1.13	0.28	11
三工河组	0.61	1.21	0.02	2.09	0.23	0.07	10
西山窑组	1.01	1.55	0.01	3.17	0.68	0.17	17
头屯河组	1.23	1.73	0.01	20.85	0.35	0.09	10
齐古组	0.54	2.18	0.46	4.96	5.64	1.55	120
清水河组	1.02	2.07	0.11	3.71	2.07	0.50	134

2. 三工河组

3口井9件样品压汞数据分析结果显示，准南中段三工河组储层孔喉特征以细孔隙为主（孔隙直径<25μm），其占比达到33%［图7-16（b）］，喉道直径以中—细喉道（喉道宽度<5μm）为主，其占比达到58%［图7-17（b）］。整体而言，准南三工河组储层排驱压力相对较大达到0.61MPa（表7-2），相应最大孔喉半径也较小为0.68μm（表7-2），表现为储层孔喉半径较小。同时，储层样品的压汞曲线没有平台段，孔喉分选较差，偏细歪度［图7-18（b）］。总体来说，准南三工河组储层孔喉结构为细孔喉且分选较差。

3. 西山窑组

2口井15件样品压汞数据分析结果显示，准南中段西山窑组储层孔喉特征以细孔隙为主（孔隙直径<25μm），其占比达到55%，其次为小孔隙（孔隙直径25~50μm），小孔隙占比为25%［图7-16（c）］。整体而言，准南西山窑组储层排驱压力高达1.01MPa（表7-2），相应最大孔喉半径仅为0.68μm（表7-2），表现为储层孔喉半径较小。同时，储层样品的压汞曲线没有明显的平台段，储层孔喉分选较差，但歪度较为偏粗［图7-18（c）］。总体来说，准南西山窑组储层孔喉结构特征为细孔喉，且孔喉分选较差。

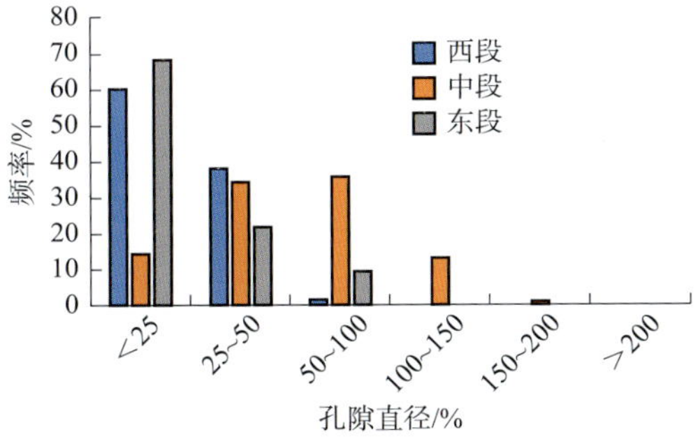

(a)八道湾组

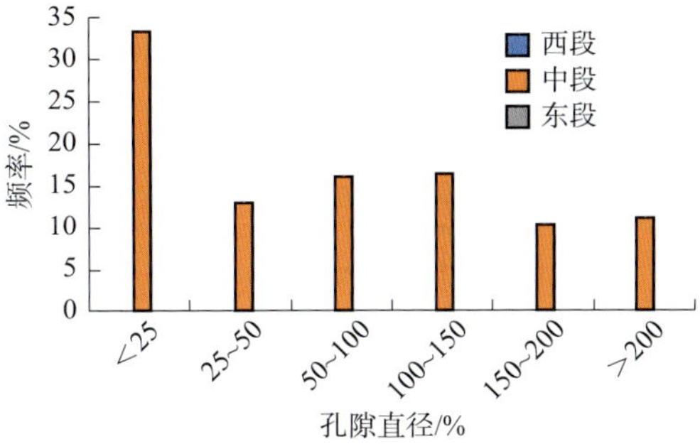

(b)三工河组

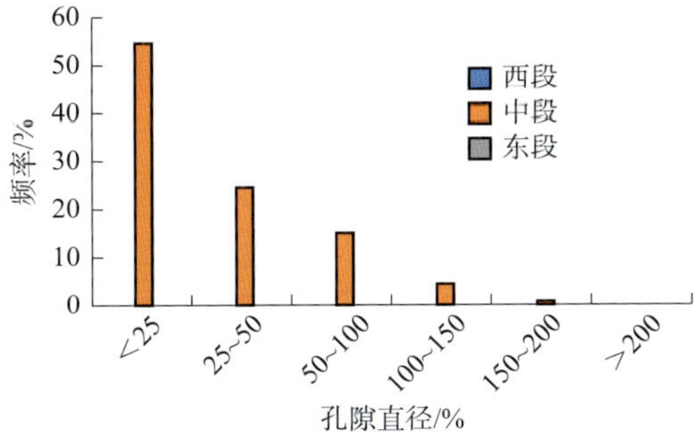

(c)西山窑组

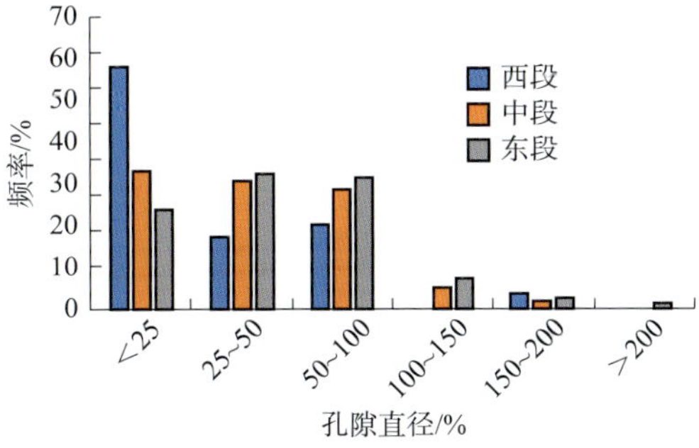

(d)头屯河组

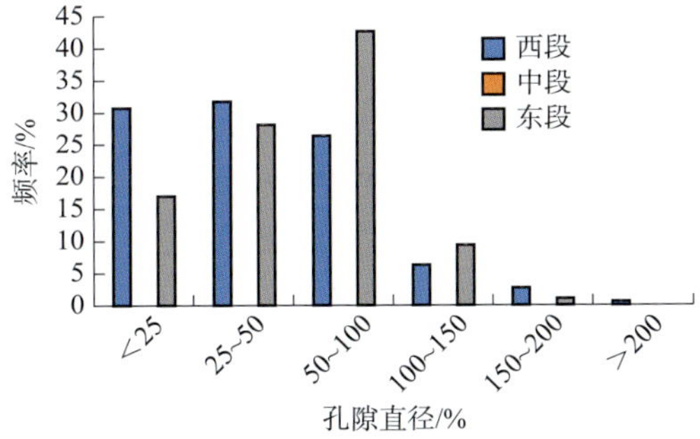

(e)齐古组

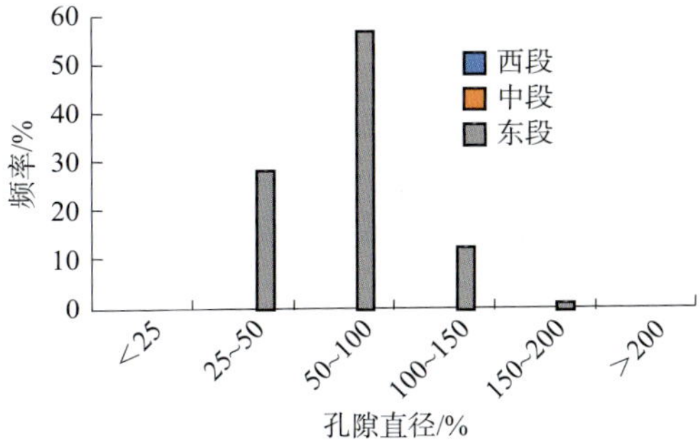

(f)喀拉扎组

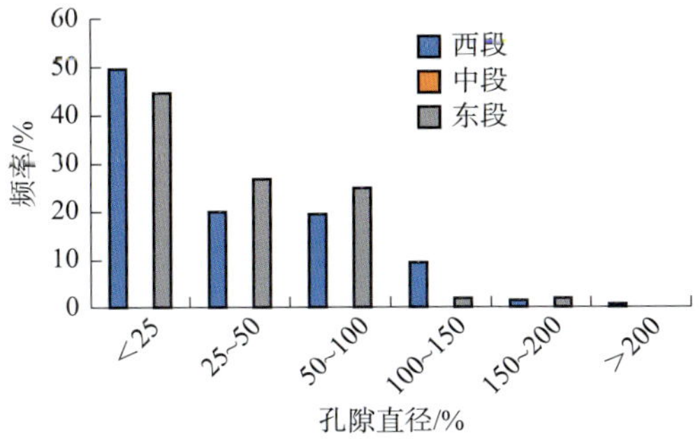

(g)清水河组

图 7-16 准噶尔盆地南缘下组合储层孔隙直径频率分布直方图

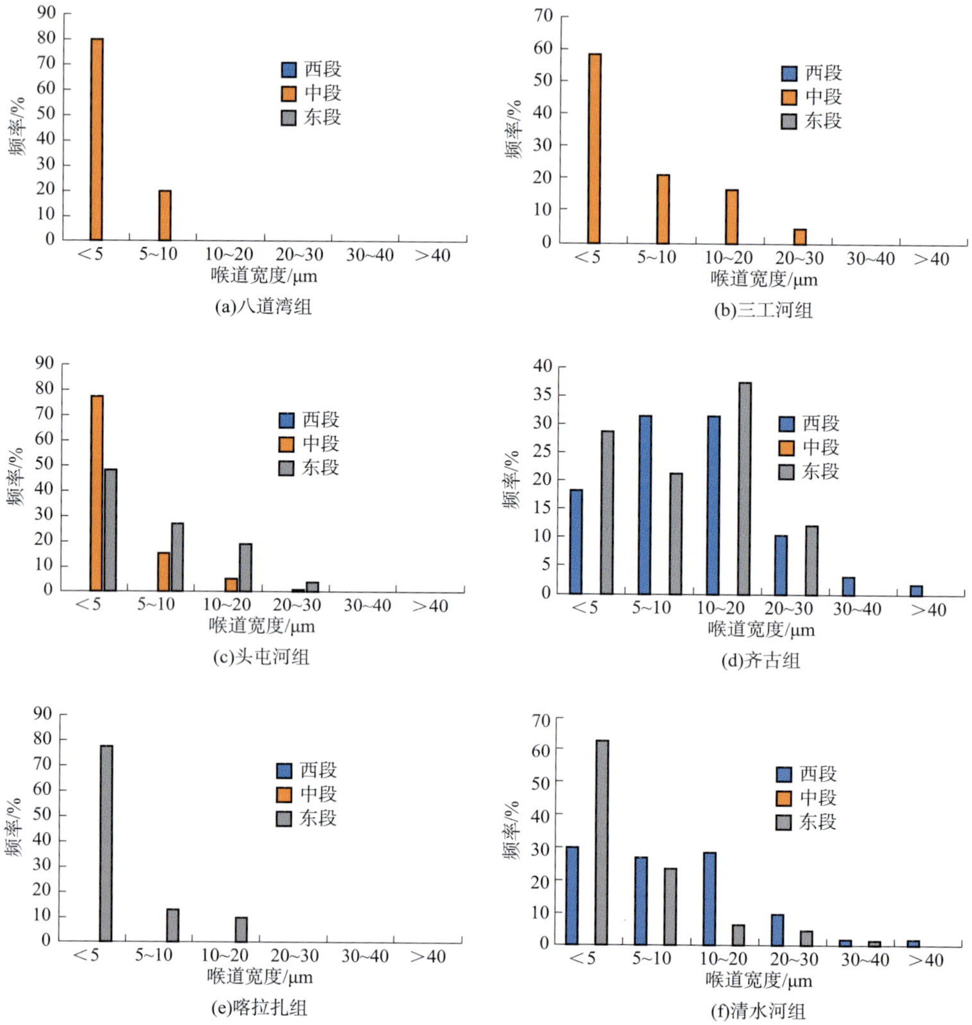

图 7-17　准噶尔盆地南缘下组合储层喉道直径频率分布直方图

4. 头屯河组

2口井2件样品压汞数据分析结果显示，准南西段头屯河组储层孔喉特征以细孔隙（孔隙直径<25μm）为主，其占比达到58%［图7-16（d）］；4口井12件样品压汞数据分析结果显示，中段头屯河组储层孔喉特征以细孔隙（孔隙直径<25μm）和中—细喉道（喉道宽度<5μm）为主，细孔隙占比达到33%［图7-16（d）］，中—细喉道占比达到78%［图7-17（c）］。7口井81件样品压汞数据分析结果显示，东段头屯河组储层孔喉特征以中孔隙（孔隙直径50~100μm）中—细喉道（喉道宽度<5μm）为主，中孔隙占比达到33%［图7-16（d）］，中—细喉道占比79%［图7-17（c）］。整体而言，准南头屯河组储层排驱压力高达1.23MPa（表7-2），相应的最大孔喉半径也较小为0.35μm（表7-2），表现为储层孔喉半径较小，且分选系数高达1.73，表明储层孔喉分选较差。同时，储层样品的压汞曲线只有少数具有一定的平台段，大部分没有明显的平台段，且歪度偏细

[图 7-18（d）]。总体来说，准南头屯河组储层孔喉特征为细孔喉且分选较差。

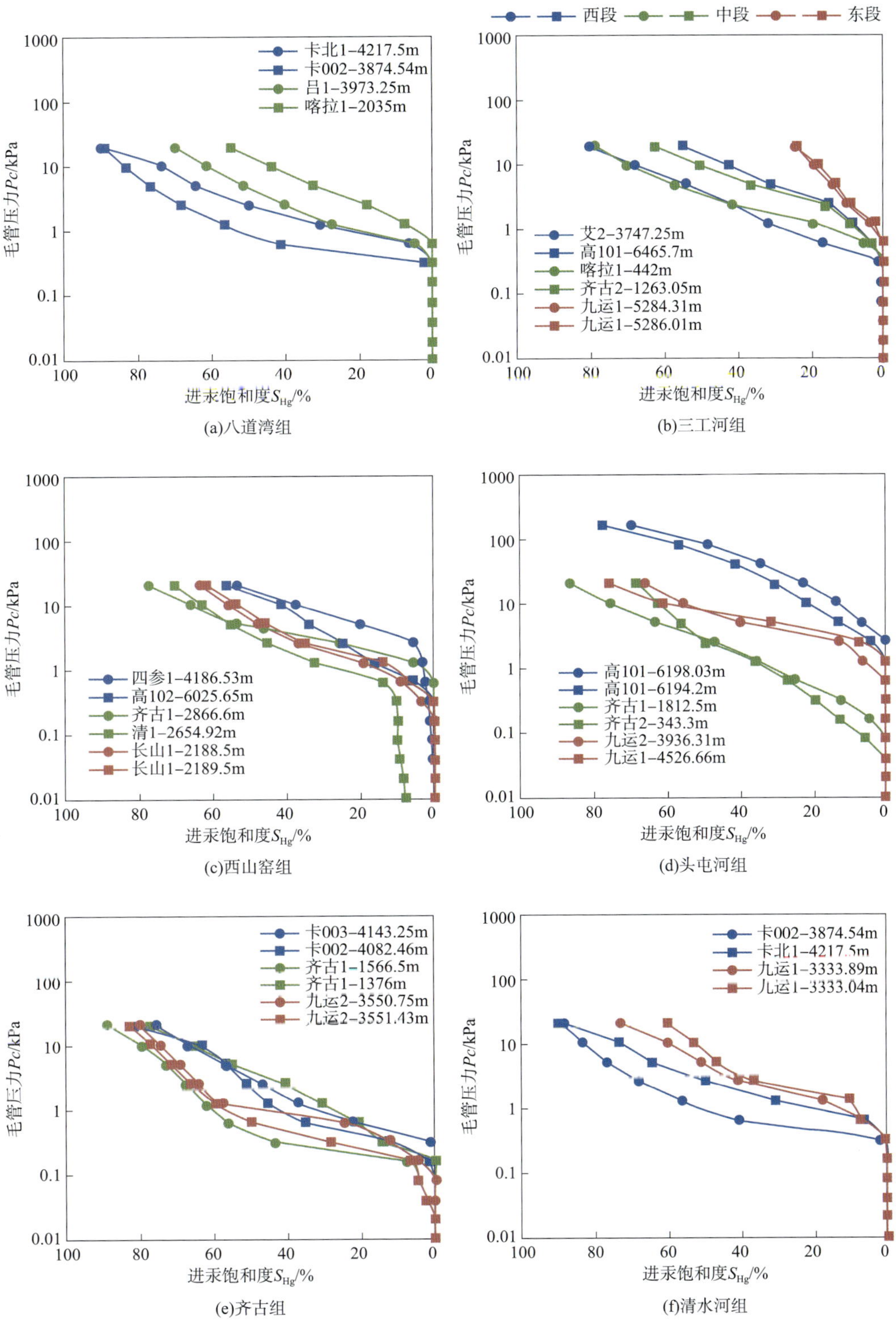

图 7-18　准噶尔盆地南缘下组合储层压汞曲线

5. 齐古组

10口井85件样品压汞数据分析结果显示，准南西段齐古组储层孔喉特征以小孔隙（孔隙直径25~50μm）和粗喉道（喉道宽度>5μm）为主，小孔隙占比33%［图7-16（e）］，粗喉道占比为60%［图7-17（d）］；2口井9件样品压汞数据分析结果显示，准南东段齐古组储层孔喉特征以中孔隙（孔隙直径50~100μm）和粗喉道（喉道宽度>5μm）为主，中孔隙占比44%［图7-16（e）］，粗喉道占比为70%［图7-17（d）］。整体而言，准南齐古组储层排驱压力低至0.54MPa（表7-2），相应的最大孔喉半径高达5.64μm（表7-2），表明储层孔喉半径较大。同时，储层样品的压汞曲线具有一定的平台段，并且为偏粗歪度［图7-18（e）］。总体来说，准南齐古组储层孔喉较粗，且孔喉分选较好。

6. 清水河组

9口井15件样品压汞数据分析结果显示，准南西段清水河组储层孔喉特征以细孔隙（孔隙直径<25μm）和中—细喉道（喉道宽度<5μm）为主，细孔隙占比为48%［图7-16（f）］，中—细喉道占比为30%［图7-17（f）］；2口井13件样品压汞数据分析结果显示，准南东段清水河组储层孔喉特征以细孔隙（孔隙直径<25μm）和中—细喉道（喉道宽度<5μm）为主，细孔隙占比为45%［图7-16（f）］，中—细喉道占比为62%［图7-17（f）］。整体而言，准南清水河组储层排驱压力1.02MPa（表7-2），相应的最大孔喉半径也较大，达到2.07μm（表7-2），表明储层孔喉半径较大。同时，储层样品的压汞曲线具有一定的平台段，且为偏粗歪度［图7-18（f）］。总体来说，准南清水河组储层孔喉较粗，且孔喉分选较好。

第八章 准噶尔盆地南缘下组合储层成岩作用及成岩演化特征

储层的原始物性条件、孔隙结构特征和分布规律受沉积因素的控制，但在埋藏成岩演化过程中，储层的储集空间将会受到成岩作用的改造。成岩作用既可以促进次生孔隙的发育，又可破坏原生孔隙，使原始孔隙分布规律发生变化，甚至变得面目全非（纪友亮，2009），从而使储层孔隙度和渗透率发生极大的改变。因此，围绕储层成岩作用所展开的一系列研究是储层评价及预测的重要内容之一，同时也是扩大油气勘探领域的一个重要途径。

第一节 成岩作用类型

应用普通薄片、铸体薄片、扫描电镜、黏土矿物X射线衍射、Ro镜质体反射率测定等多种实验测试手段，对准噶尔盆地南缘下组合储层成岩作用类型及成岩特征进行了系统研究。结果表明准南下组合储层成岩作用类型包括：压实作用、胶结作用、溶蚀作用、破裂作用等。

一、压实作用

压实作用通常在早成岩期表现的比较显著，主要使储层逐渐致密化，导致储层物性变差，属于破坏性成岩作用。其主要表现形式为石英和长石等刚性颗粒的压碎或压裂、火山岩岩屑和云母等塑性颗粒因挤压而变形、黏土岩屑和灰质岩屑等的假杂基化等。压实作用的强度可以通过碎屑颗粒的点、线、凹凸以及缝合接触特征来进行定性描述。而压实作用的另一种表现形式为压溶作用，其是指随着压应力的增加，固体的溶解度会随之增加，从而导致颗粒相互接触处发生晶格变形以及溶解作用。压溶作用主要表现为碎屑颗粒间的凹凸接触、缝合接触等，其中石英碎屑颗粒间的压溶现象最为常见，局部可在石英碎屑颗粒发育黏土矿物包膜时表现得更为明显，其原因是黏土矿物包膜一方面可以催化压溶作用的进行，另一方面也可以作为压溶物质运移和渗滤的通道（郑浚茂，1989）。整体而言准南下组合储层压实作用较为显著，仅局部可见压溶现象。

具体而言，准噶尔盆地南缘下组合储层整体压实作用较强，碎屑颗粒间的接触关系以线接触为主，其次为点—线接触和凹凸接触。由于准噶尔盆地南缘西段下组合储层埋深整体大于中段和东段，使得西段下组合储层压实强度总体要高于中段和东段。准南西段下组合储层压实作用较强，颗粒间以线接触为主，其次为点—线接触，甚至局部出现凹凸接触和缝合接触，使得部分碎屑颗粒间接触界线较为模糊［图8-1（a）（b）］；准南中段下组合储层压实作用强度仅次于西段，碎屑颗粒间以线接触为主，其次为点—线接触，同时局部也可见有凹凸接触和缝合接触［图8-1（c）（d）］；相比而言，准南东段下组合储层压实强度较弱，颗粒间以点—线接触为主，其次为点接触［图8-1（e）（f）］，这与准南东段下组合储层埋深相对较浅有关。除了碎屑颗粒间的接触关系外，准南下组合储层的压实作用还表现为塑性岩屑颗粒因挤压变形而呈假杂基化、塑性岩屑变形嵌入［图8-1（f）］；石英、长石等刚性颗粒及早期碳酸盐胶结物被压碎或产生压裂纹及微裂缝等［图8-1（g）~（h）］。而压溶作用主要表现为颗粒间的凹凸接触或缝合接触［图8-1（a）~（d）］，主要发育于准南西段和中段中下侏罗统储层中。

二、胶结作用

胶结作用是使松散的碎屑沉积物逐渐固结的成岩作用类型，并使储层物性变差，同样属于破坏性成岩作用。其中胶结物的成分、含量及胶结方式等均影响着储层物性演化过程及储集空间类型的差异。准噶尔盆地南缘下组合储层胶结作用普遍较弱，主要表现为胶结物总体含量较低，一般小于30%，而发育的胶结物成分主要包括碳酸盐、硅质、自生黏土矿物、沸石类及自生黄铁矿等。其中碳酸盐胶结物包括方解石、菱铁矿、铁方解石以及铁白云石；硅质胶结物主要包括石英次生加大以及自生微晶石英；自生黏土矿物主要发育高岭石、绿泥石、伊利石和伊蒙混层；而沸石类胶结物主要发育方沸石、浊沸石以及少量片沸石。

1. 碳酸盐胶结

碳酸盐胶结物是碎屑岩储层中最普遍、最常见的自生胶结矿物类型之一，其含量、赋存状态、分布特征及溶解程度等都会对储层孔隙演化产生重要影响（Morad等，2000；王琪，2010；Gao等，2021）。准噶尔盆地南缘下组合储层内碳酸盐胶结物以方解石含量最高，此外还含一定量的铁方解石及铁白云石，少量的白云石和菱铁矿。整体而言，较少的含铁碳酸盐胶结物（铁方解石、铁白云石）反映准南下组合储层成岩进程尚未达到典型的中晚成岩阶段，成岩程度相对较低。

(a)高101井，6194.2m，头屯河组，蓝色铸体，细砂岩，颗粒间呈线接触，塑性岩屑变形假杂基化

(b)西湖1井，6091m，头齐古组，蓝色铸体，细中粒砂岩，颗粒间呈线接触，局部呈缝合线接触，塑性岩屑变形假杂基化

(c)昌1井，3400.99m，西山窑组，蓝色铸体，粗巨砂岩，颗粒缝合线接触

(d)大丰1井，7018m，清水河组，蓝色铸体，中细砂岩，强烈压实，孔隙基本不发育

(e)牧7井，3955.09m，头屯河组，蓝色铸体，细砂岩，塑性岩屑变形假杂基化

(f)牧7井，4012.94m，头屯河组，蓝色铸体，细中粒砂岩，塑性岩屑变形嵌入

(g)卡8井，4227m，八道湾组，蓝色铸体，压实裂缝

(h)卡001井，4034.92m，齐古组，蓝色铸体含砾巨粗砂岩，颗粒及碳酸盐胶结物发育裂缝

图 8-1　准噶尔盆地南缘下组合储层压实作用特征镜下照片

准南下组合储层方解石胶结物含量一般在1%~25%之间，平均含量为1.32%。各组段储层中均有发育，但在下白垩统清水河组储层中最为发育，其平均含量可达到11%。方解石胶结物的胶结结构类型主要为孔隙式胶结，部分呈基底式胶结，同时部分碳酸盐胶结物内部可发育典型裂缝［图8–2（a）~（e）］。由此可见方解石胶结物应多发育于早成岩期，使得碎屑颗粒在尚未受到强烈压实而保存有大量粒间孔隙条件下而被方解石胶结充填。同时早期胶结的方解石可在后期深埋过程中遭受压实而破裂形成微裂缝，进而使得物性得以一定程度恢复［图8–2（d）］。

(a)高101井，6017.55m，清水河组，砂砾岩，方解石胶结物呈基底式和孔隙式胶结

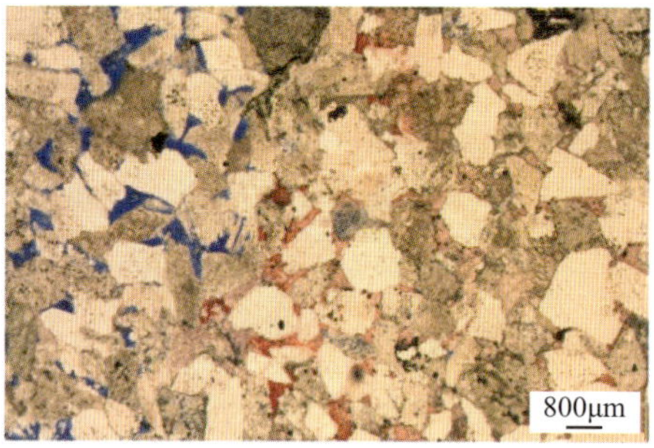

(b)西湖1井，6007.2m，齐古组，中细粒砂岩，方解石呈孔隙式胶结

(c)卡001井，4128.36m，头屯河组，不等粒砂岩，方解石呈基底式胶结

(d)昌1井，3512.38m，西山窑组，砂质砾岩，方解石胶结物发育裂缝

(e)高101井，6023.7m，清水河组，岩心照片，方解石胶结明显，滴盐酸起泡明显

(f)卡10井，3850.28m，齐古组，铁方解石呈斑块状分布

图8–2　准噶尔盆地南缘下组合储层方解石和铁方解石镜下照片及岩心照片

铁方解石胶结物在准南下组合各组段储层中均有发育，其含量在0.1%~10%之间，平均含量为0.3%。相比而言，三工河组储层铁方解石胶结物较为发育，含量在0.1%~12%之间，其平均含量为1%。整体而言，铁方解石胶结物多呈斑点状、斑块状不均匀分布于孔隙中，局部可见其交代碎屑颗粒现象［图8-2（f）］。

菱铁矿胶结物在准南下组合储层中含量很低，0.02%~1%不等，平均含量仅为0.08%，多见于三工河组、西山窑组及齐古组储层。镜下观察可见自生菱铁矿多以泥晶团块状、放射球粒状等形式呈不均匀态分布于碎屑颗粒间［图8-3（a）］。

铁白云石胶结物在准南下组合储层中含量较低，其平均含量仅为0.24%。其在上侏罗统齐古组和下白垩统清水河组储层内较为发育，其次为中侏罗统西山窑组。镜下薄片观察可见，铁白云石多呈斑点状、凝块状不均匀分布于碎屑颗粒间，并具交代碎屑颗粒现象［图8-3（b）］。

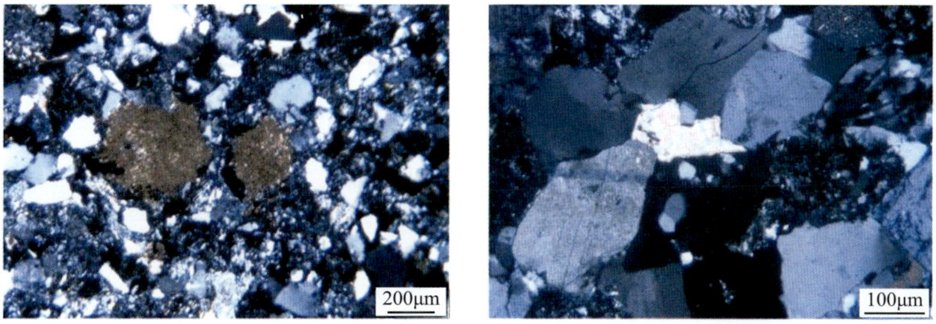

(a)南安1井，786.31m，八道湾组，菱铁矿呈团块状 (b)昌1井，3973.25m，八道湾组，铁白云石充填粒间孔隙

图8-3 准噶尔盆地南缘下组合储层菱铁矿和铁白云石胶结物镜下照片

白云石胶结物在准南下组合储层中含量较低，通常小于1%，平均含量仅为0.18%。其偶见于三工河组、齐古组和清水河组储层中，多呈星点状分布于碎屑颗粒间。

2. 硅质胶结

储层在深埋成岩演化过程中长石碎屑颗粒的溶蚀、黏土矿物的转化以及碎屑石英的压溶作用都可以为成岩流体提供丰富的硅质来源（武文慧等，2011；周瑶琪等，2011）。因此，硅质胶结物也是碎屑岩储层中十分常见的自生矿物，并主要包括晶质（玉髓和石英）和非晶质（蛋白石）两种形式（于兴河，2008）。自生硅质胶结物根据其产出状态又可进一步划分为两种表现形式：一种是石英次生加大，而另一种是自生石英微晶。石英次生加大是最常见的硅质胶结物类型，根据其发育程度不同可以划分为四级：Ⅰ级加大，少量碎屑石英具有较窄的加大边或自形晶面；Ⅱ级加大，大部分碎屑石英和部分碎屑长石具有次生加大，自形晶面较发育，有的可见石英小晶体；Ⅲ级加大，几乎所有的碎屑石英和长石都具有次生加大，且加大边发育较宽，多呈镶嵌状接触；Ⅳ级加大，碎屑颗粒间呈缝合状接触，自形晶面基本消失（裘怿楠，1993；纪友亮，2015）。自生微晶石英是指孔隙流体中的SiO_2达到饱和并沉淀形成多个自形的石英微小晶体，其大小通常为几微米至几十微米，呈微晶或细晶垂直于孔隙壁生长，或者与自生绿泥石等黏土矿物共生于粒间孔隙中（黄善炳，1993；Oluwadebi等，2018）。垂直孔隙壁（碎屑颗粒表面）生长的自生微晶石英还可以一定程度抑制压溶作用的进行，进而使原生孔隙得以保存（Lima R D，2002）。

准噶尔盆地南缘下组合储层硅质胶结强度较弱，主要表现为硅质胶结物含量较低，其平均含量仅为0.04%。相比而言，西山窑组储层内硅质胶结相对更发育，其平均含量为0.1%。整体而言，准南下组合储层硅质胶结主要表现为石英次生加大和自生微晶石英两种形式。镜下薄片观察可见，石英次生加大发育程度较低，仅个别石英颗粒可见明显加大，且加大边宽度较窄，因此多属Ⅰ级加大［图8-4（a）（b）］。而自生石英微晶发育相对典型，扫描电镜下可见其多与绿泥石、伊蒙混层等黏土矿物呈晶簇状共生于碎屑颗粒表面或充填于粒间孔隙中，少量垂直于孔隙壁生长［图8-4（c）（d）］，而自生石英微晶大小一般为10~100μm。

(a)卡001井，4128.36m，头屯河组，蓝色铸体，茜素红染色，不等粒砂岩，自生石英Ⅰ级次生加大，加大边窄

(b)卡001井，4030.92m，齐古组，蓝色铸体，中细砂岩，自生石英Ⅰ级次生加大，加大边窄

(c)卡001井，4060.03m，齐古组，扫描电镜，石英碎屑颗粒表面自生石英微晶

(d)高泉5井，6051.34m，清水河组，扫描电镜，石英碎屑颗粒表面自生石英微晶与自生绿泥石共生

图8-4　准噶尔盆地南缘下组合储层硅质胶结镜下照片及扫描电镜照片

3. 黏土矿物胶结

自生黏土矿物在碎屑岩储层中普遍存在，几乎所有碎屑岩储层中都含有一定量的自生黏土矿物，其是碎屑岩储层中又一重要的胶结物类型，同时也是划分成岩阶段的重要依据之一。碎屑岩储层中较为常见的自生黏土矿物主要包括蒙脱石（蒙皂石）、伊利石、高岭石、绿泥石、伊蒙混层和绿蒙混层等。而各类自生黏土矿物胶结结构通常可划分为四种类型，即孔隙充填式、孔隙衬垫或包膜式（包壳式）、交代假象及裂缝和晶洞充填式。一般认为，孔隙衬垫或包膜式产出的自生黏土矿物对储层孔隙的保存最为有利（郑浚茂，1989；Zhou等，2016；高崇龙等，2017）。准南下组合储层内自生黏土矿物主要发育伊蒙混层、绿泥石、伊利石、高岭石及少量的绿蒙混层（表8-1）。

表 8-1　准噶尔盆地南缘下组合储层黏土矿物含量

层位	样品数量	高岭石/%		绿泥石/%		伊利石/%		伊蒙混层/%	
		范围	平均值	范围	平均值	范围	平均值	范围	平均值
八道湾组	28	36~47	41.71	16~39	27.29	10~17	13.71	5~39	19.82
三工河组	11	28~44	36.00	13~52	32.50	8~16	12.00	12~45	26.55
西山窑组	3	28~33	30.33	15~21	18.67	17~27	23.67	20~32	27.33
头屯河组	58	0~44	14.42	1~53	20.62	2~33	13.22	8~88	41.4
齐古组	122	0~59	3.91	5~96	35.77	7~20	13.91	2~81	46.41
喀拉扎组	2	21~24	22.5	5~6	5.5	8~8	8	62~66	64
清水河组	30	0~9	2	11~64	30.47	11~65	28.73	6~76	39.6

自生伊蒙混层黏土矿物是准南下组合储层较为发育的自生黏土矿物。黏土矿物X衍射分析数据显示其平均约占黏土矿物总量的37.87%，其中以喀拉扎组储层内部伊蒙混层黏土矿物含量最高，其平均含量可达64%（表8-1）。扫描电镜下可见自生伊蒙混层黏土矿物单晶体形态介于伊利石与蒙脱石之间，呈丝发片状，而聚集体多呈不规则状或蜂巢状分布于碎屑颗粒表面，部分呈似蜂巢状包裹碎屑颗粒［图8-5（a）~（d）］。

自生绿泥石在准南下组合储层内同样较为发育，其平均约占黏土矿物总量的24.44%，在下组合各组段储层内均较为常见。但其中以齐古组储层中自生绿泥石含量最高，其含量可达35.77%（表8-1）。扫描电镜下可见自生绿泥石单晶体呈叶片状，集合体呈颗粒表面包壳、包膜状或呈绒球状充填粒间孔及溶蚀孔隙中，此外还可见叶片状绿泥石单晶体聚集呈玫瑰花瓣状充填于碎屑颗粒间［图8-6（a）~（d）］。同时扫描电镜下可见自生绿泥石往往与微晶石英、高岭石、方沸石等胶结物共生于粒间孔隙中。一般而言，呈包壳状产出的自生绿泥石对于储层孔隙保存具有重要意义（田建峰等，2014；Zhou等，2016；高崇龙等，2017）。

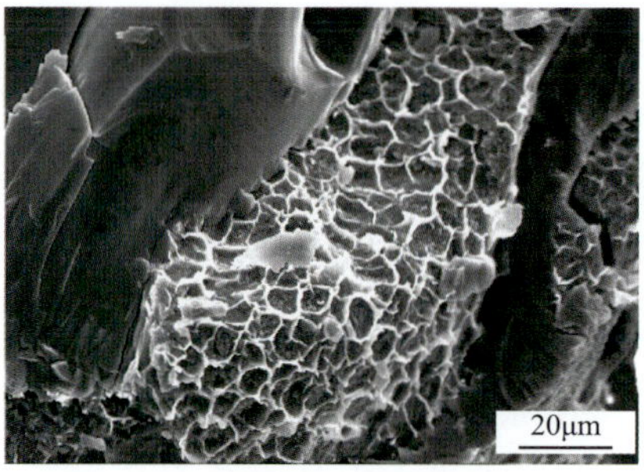

(a)九运1井，4119.81m，齐古组，扫描电镜，蜂巢状伊蒙混层黏土矿物

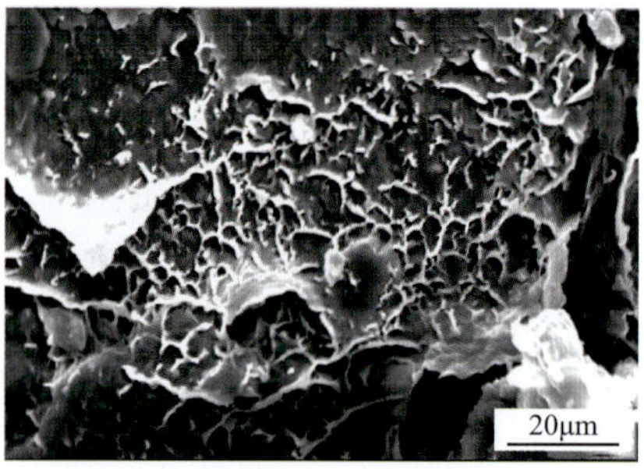

(b)九运1井，4120.57m，齐古组，扫描电镜，蜂巢状伊蒙混层黏土矿物

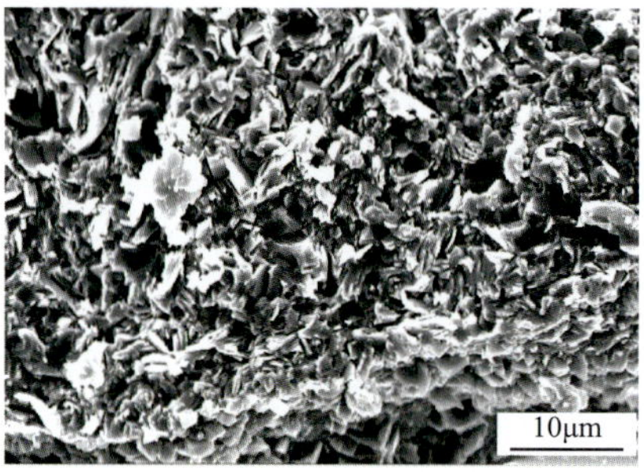

(c)卡001井，4050.75m，齐古组，扫描电镜，碎屑颗粒表面不规则伊蒙混层黏土矿物

(d)吉南2井，1588.27m，头屯河组，扫描电镜，碎屑颗粒表面不规则状伊蒙混层黏土矿物

图 8-5　准噶尔盆地南缘下组合储层自生伊蒙混层黏土矿物扫描电镜照片

(a)牧7井，3955.09m，头屯河组，蓝色铸体，细砂岩，碎屑颗粒表面绿泥石包壳发育

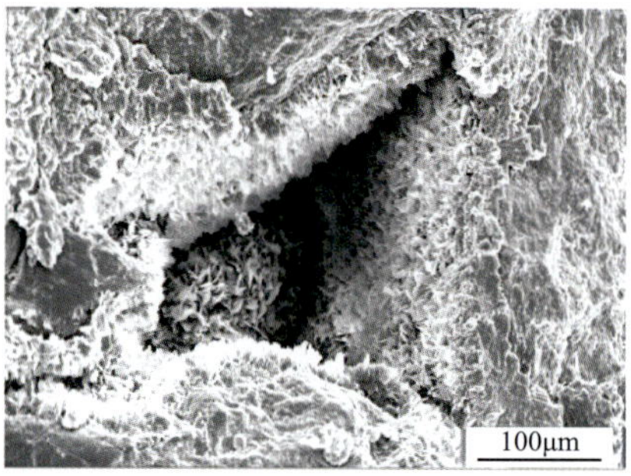

(b)卡002井，3996.68m，齐古组，扫描电镜，碎屑颗粒表面绿泥石包壳

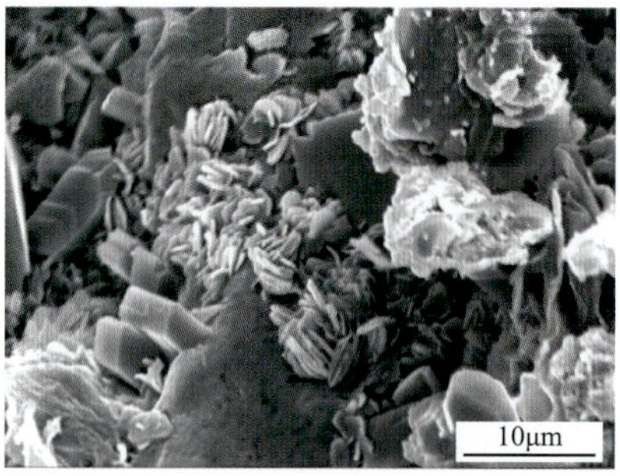

(c)九运1井，4119.7m，齐古组，扫描电镜，叶片状绿泥石集合体呈玫瑰花状集合体充填于粒间孔隙

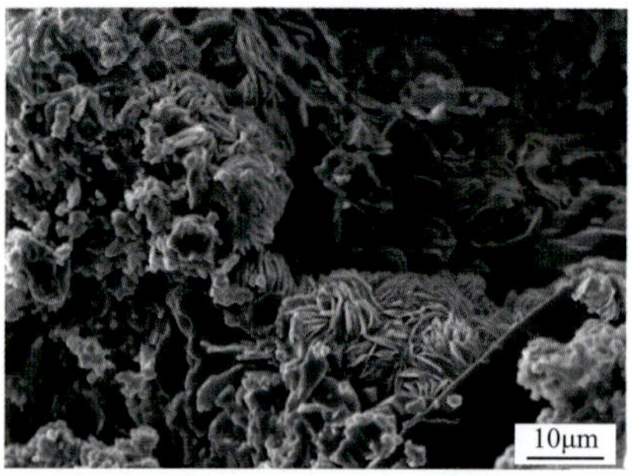

(d)九运2井，3550.75m，齐古组，扫描电镜，叶片状绿泥石集合体呈绒球状充填粒间孔隙

图 8-6　准噶尔盆地南缘下组合储层自生绿泥石黏土矿物镜下照片及扫描电镜照片

自生高岭石在准南下组合储层内整体含量较低，其平均约占黏土矿物总量的21.55%，其在八道湾组储层内相对含量最高，平均含量可达41.71%（表8-1）。扫描电镜下可见自生高岭石单晶体呈假六方片状、板状，而集合体可呈书页状、手风琴状及蠕虫状，且自生高岭石主要以孔隙充填形式产出，因此可堵塞部分孔隙［图8-7（a）~（d）］。其中储层内部自生高岭石成因多与酸性成岩流体条件下长石及岩屑的溶解蚀变作用有关（陈波，2016；冯佳睿等，2018）。

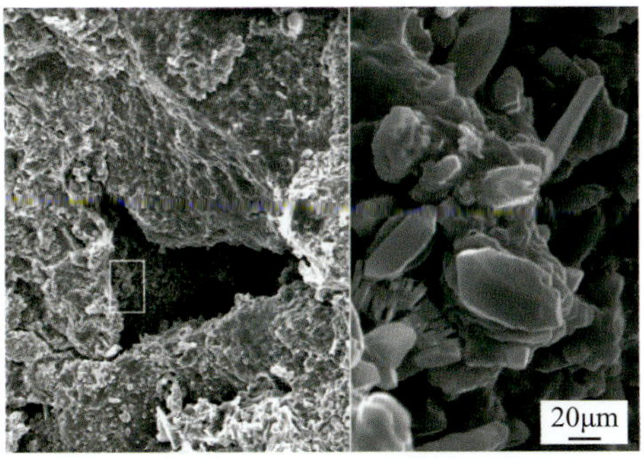

(a)台62井，2424.63m，头屯河组，扫描电镜，粒间充填的蠕虫状高岭石集合体，单晶体呈六方片状

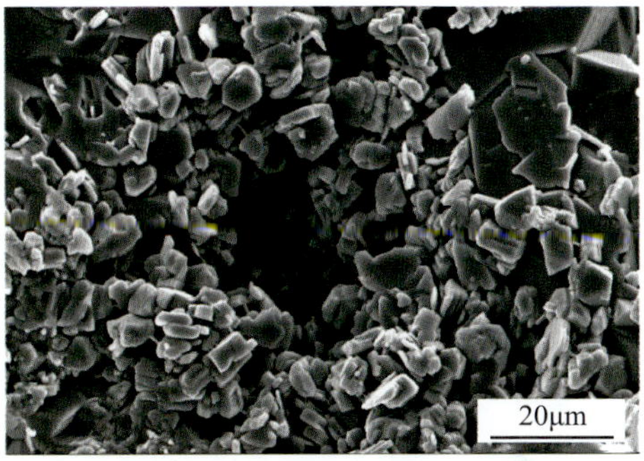

(b)昌1井，3399.33m，西山窑组，扫描电镜，粒间充填的不规则状高岭石集合体，单晶体呈六方片状

(c)昌1井，3407.25m，西山窑组，扫描电镜，粒间充填的不规则状高岭石集合体，单晶体呈六方片状

(d)吉南2井，1591.00m，头屯河组，扫描电镜，粒间充填的蠕虫状高岭石集合体，单晶体呈六方片状

图8-7　准噶尔盆地南缘下组合储层自生高岭石黏土矿物扫描电镜照片

准南下组合储层内部自生伊利石含量在各自生黏土矿物中所占比重最低，其平均约占自生黏土矿物总量的16.18%，但其在清水河组储层内含量相对较高，平均含量可达28.73%（表8-1）。扫描电镜下可见自生伊利石单晶体形态主要呈丝发状、弯曲片状及网状［图8-8（a）~（d）］，而集合体可呈聚片状并形成碎屑颗粒包壳或呈搭桥状充填于粒间孔隙中。值得注意的是，呈搭桥状产出的自生伊利石对于储层物性，特别是渗透率的负面影响最为显著。但包壳状伊利石在一定条件下仍可提高储层的抗压实强度（高崇龙等，2017）。

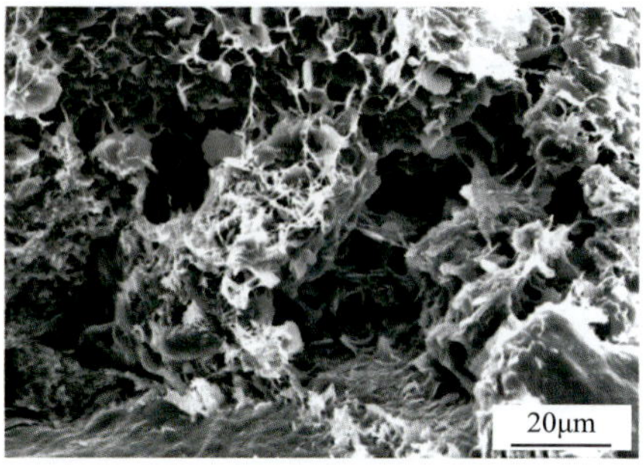

(a)高泉5井，6060.11m，清水河组，扫描电镜，自生伊利石呈丝发状产出

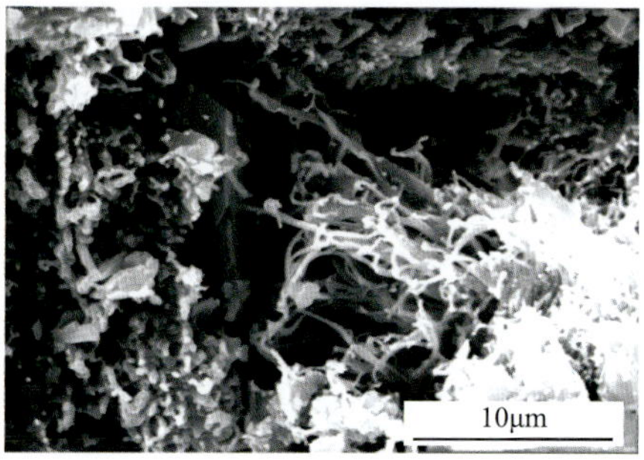

(b)独山1井，6418.68m，齐古组，扫描电镜，丝发状自生伊利石

(c)卡001井，4064.53m，齐古组，扫描电镜，片状自生伊利石

(d)独山1井，6414.04m，齐古组，扫描电镜，丝状自生伊利石

图 8–8　准噶尔盆地南缘下组合储层自生伊利石黏土矿物扫描电镜照片

4. 沸石类胶结

沸石是一类含水的铝硅酸盐类矿物，相当于长石的水合物，自生沸石胶结物通常发育于富含火山碎屑物质或长石的碎屑岩中，多由火山碎屑及长石在碱性流体环境中水解蚀变形成（Chipera等，2008；雷海艳，2020）。一般碎屑岩储层中多发育浊沸石、方沸石和片沸石等类型沸石类矿物，而自生沸石矿物晶体多呈柱状、板状、纤维状或针状集合体（朱世发，2011；王朝等，2019）。整体而言，准噶尔盆地南缘下组合储层自生沸石类矿物胶结程度较低，沸石类胶结物平均含量仅为0.38%。下组合储层内发育的沸石胶结物类型主要为方沸石和浊沸石，其中方沸石在正交光下表现为消光现象，多呈等轴粒状、板状充填于粒间孔隙，并可见其发生不同程度的溶蚀溶解现象［图8–9（a）~（c）］；而浊沸石正交光下干涉色呈一级黄，并呈斑块状或斑点状产出，局部可呈孔隙式胶结［图8–9（d）］。由于沸石具有“相当于长石的水合物”的特征，其溶解作用的产物也与长石溶解的产物相类似，包括高岭石、硅质成分以及其他类型黏土矿物（常丽华，2006）。因此，在准南下组合储层内常见方沸石与微晶石英以及绿泥石、伊蒙混层等黏土矿物共生于粒间孔隙中。

5. 黄铁矿

自生黄铁矿是碎屑岩储层内部最常见的硫化物矿物，并通常被认为是还原环境下的典型自生矿物，其主要形成于水循环较差且水体相对较深的中深湖（海）相、三角洲前缘—前三角洲、沼泽等水下还原环境（朱政璋，2001）。准噶尔盆地南缘下组合储层内部自生黄铁矿少量发育，其平均含量仅为0.35%，其中以八道湾组储层内部含量最高，平均含量为1.09%。岩心及镜下薄片观察可见自生黄铁矿产状主要呈不规则浸染粒状、立方体状、莓球粒状、结核状或脉状，但局部发育较多时可呈孔隙式-基底式胶结状态产出［图8-10（a）~（d）］。特别地，莓球状黄铁矿多为成岩早期弱碱性地层流体条件下形成（操应长等，2014）。

(a)卡001井，4056.50m，齐古组，蓝色铸体，单偏光，不等粒砂岩，方沸石胶结

(b)卡001井，4056.50m，齐古组，正交偏光，不等粒砂岩，方沸石胶结正交消光

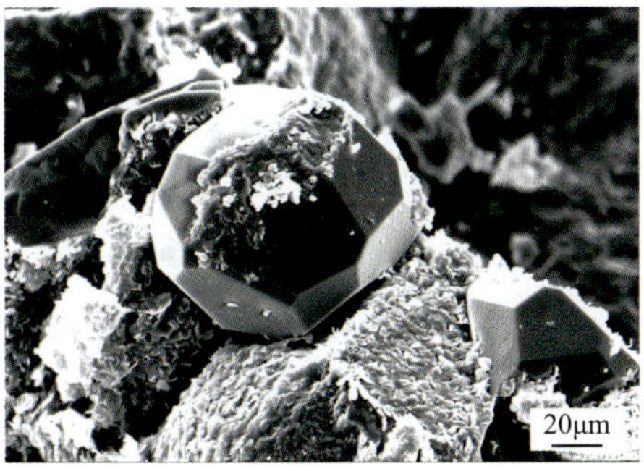

(c)卡001井，4114.66m，齐古组，扫描电镜，等轴粒状方沸石晶体，可见发生一定程度溶蚀

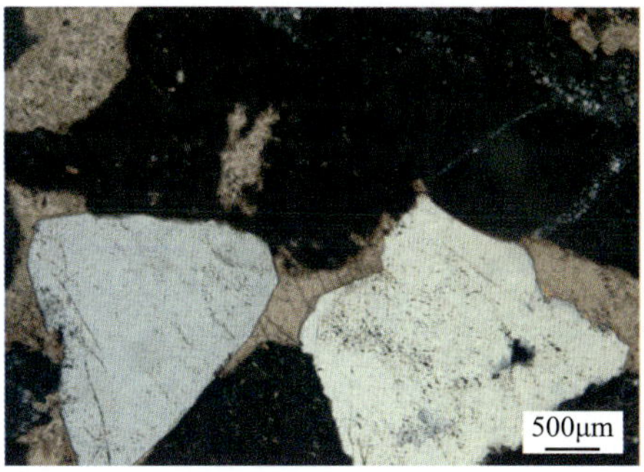

(d)艾2井，3747.25m，三工河组，正交偏光，细砂岩，干涉色呈一级黄，自生浊沸石呈孔隙式胶结

图8-9 准噶尔盆地南缘下组合储层自生沸石类矿物胶结物镜下照片及扫描电镜照片

(a)卡8井，4227m，八道湾组，碎屑颗粒间及裂缝内自生黄铁矿胶结，黑色不透光

(b)卡003井，4057.35m，齐古组，不等粒砂岩，黄铁矿胶结，局部呈孔隙式-基底式胶结

图8-10 准噶尔盆地南缘下组合储层自生黄铁矿镜下照片及扫描电镜照片

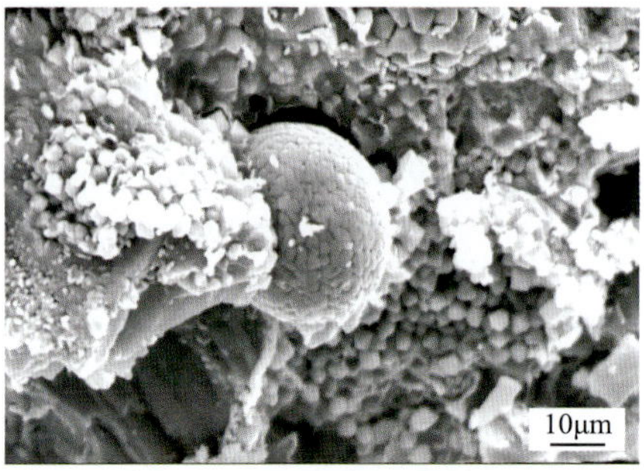

(c)牧7井，3956m，头屯河组，扫描电镜，自生莓球粒状黄铁矿晶体

(d)卡003井，4062.36m，齐古组，扫描电镜，自生立方体状黄铁矿晶体

图 8-10 准噶尔盆地南缘下组合储层自生黄铁矿镜下照片及扫描电镜照片（续）

三、溶蚀作用

溶蚀作用是指储层内部酸性或碱性成岩流体与储层碎屑颗粒或胶结物发生水—岩反应进而使得储层内各岩石组分发生溶解的过程（于兴河，2008；纪友亮，2015）。溶蚀作用在成分成熟度较低的砂岩中易形成较为发育的次生孔隙，从而使储层物性得以明显改善（孙永传，1996；潘荣等，2014）。一般而言，导致次生孔隙形成的原因是多样的（主要包括溶蚀作用、收缩作用以及岩石或颗粒破碎作用），但溶蚀作用是产生次生孔隙最普遍、最主要的原因。因此目前绝大多数学者围绕储层内次生孔隙所开展的一系列研究都是从溶蚀机制出发，并以其所产生的次生孔隙作为研究对象（李义军，2002；远光辉等，2015）。早在20世纪30年代便有学者针对碎屑岩次生孔隙开展了研究，但并未受到重视，直到20世纪70年代学者们才意识到碎屑岩次生孔隙的普遍性和重要性，并从此展开了广泛而深入的研究（Surdam等，1984；Meshri，1986）。近年研究表明，形成储层内部次生孔隙的主要溶蚀作用机制包括：有机质热演化过程中所生成和释放的有机酸、大气水的淋滤溶蚀作用、碳酸水溶液溶蚀、黏土矿物转化溶蚀机制、深部热液溶蚀机制、碱性溶蚀机制、碳酸盐—黏土反映溶蚀机制、硅酸盐矿物水解生酸机制以及烃类微生物降解、硫酸盐热化学反应导致成岩流体性质改变而发生的溶蚀机制等（Surdam等，1984；Giles，1997；邱隆伟等，2001；远光辉等，2015）。而储层内易溶组分通常包括长石、部分岩屑、碳酸盐胶结物以及盐类和沸石类胶结物等（李会军等，2004；钟大康等，2008）。一般而言，深层碎屑岩储层异常高孔带的形成和演化往往与深层次生溶蚀作用密切相关。

准南下组合各组段储层内溶蚀作用较为发育，其所形成的次生溶蚀孔隙平均占总面孔率的34%。其中八道湾组、西山窑组煤系地层的溶蚀作用相对较强，整体发育较多的溶蚀孔隙，对储层物性起到了明显的改善作用。镜下薄片及扫描电镜观察可见溶蚀作用主要发育于长石及易溶岩屑颗粒和早期碳酸盐胶结物边缘及其内部［图8-11（a）~（f）］，局部可见石盐晶体的溶蚀现象，而上述溶蚀现象所反映的主要为酸性成岩流体的溶蚀作用。相比而言，碱性成岩流体溶蚀作用，及石英的溶蚀现象在准南下组合储层内不甚发育。特别地，溶蚀颗粒边缘可呈港湾状或不规则状，当局部碎屑颗粒溶蚀作用较强时可形成铸模孔。而早期碳酸盐胶结物在遭受晚期酸性溶蚀后可恢复部分所充填损失的原生孔隙。一般而言，储层成岩演化过程出现的酸性成岩流体主要受控于中成岩期地层内烃源岩中有机质大量成熟排烃前所释放的酚类和羧酸等有机溶剂，进而使得成岩流体pH值不断降低并最终呈酸性（Surdam等，1984；黄洁等，2007；远光辉，2013）。准南下白垩统清水河组顶部的大段厚层深湖相泥岩以及侏罗系烃源岩成熟过程中所释放的有机酸可为下组合储层次生溶蚀作用提供大量酸性成岩流体来源。

(a)独山1井，6418.68m，齐古组，扫描电镜，长石碎屑颗粒溶蚀

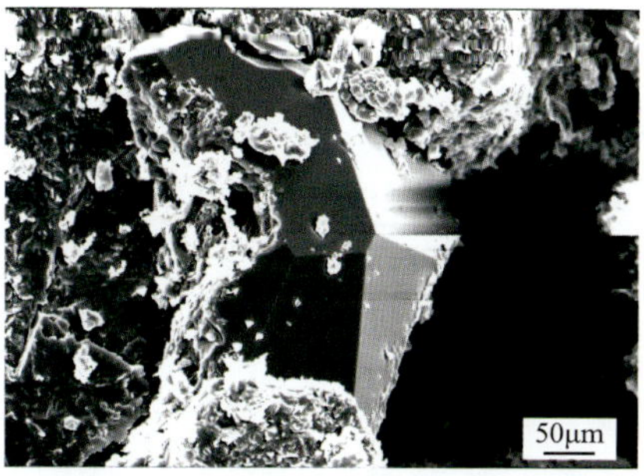

(b)卡001井，4116.34m，齐古组，扫描电镜，方沸石胶结物溶蚀

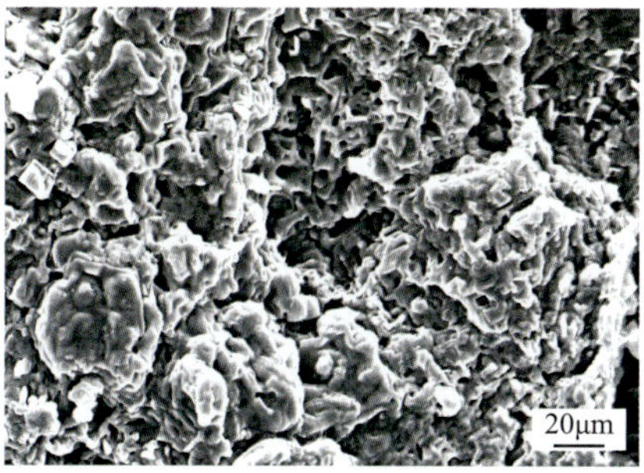

(c)卡6井，3957.79m，齐古组，扫描电镜，石盐晶体溶蚀

(d)高泉5井，6060.11m，清水河组，含砾砂岩，长石及岩屑粒内溶孔发育

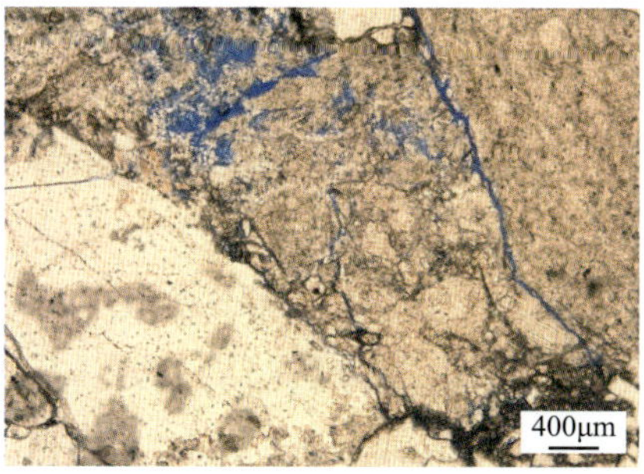

(e)卡002井，3999.97m，齐古组，含灰质砾岩，粒内及粒间溶孔发育

(f)卡11井，4259.87m，齐古组，蓝色铸体，茜素红染色，含砾中粗砂岩，碳酸盐胶结物溶蚀

图 8-11　准噶尔盆地南缘下组合储层溶蚀作用镜下照片及扫描电镜照片

四、重结晶作用

重结晶作用是指储层在成岩作用过程中，随着地层温度和压力的不断增大或应力的变化，导致储层内矿物组分发生溶解并再次沉淀结晶的作用（王衍琦，1996；纪友亮，2015）。碎屑岩储层中的重结晶作用通常发育于胶结物中，其最大的特点是使微小晶体发生溶解、重新组合并结晶成较大的晶体。准噶尔盆地南缘下组合储层最常见的为碳酸盐类胶结物的重结晶作用，表现为早期的泥晶碳酸盐矿物经重结晶作用形成微晶、粉晶、细晶，甚至出现连晶或嵌晶结构［图8-12（a）］。此外，还观察到非晶质硅质重结晶为微晶石英、隐晶质的高岭石重结晶成蠕虫状或鳞片状高岭石、黏土矿物转变为绢云母或白云母等现象［图8-12（b）］。

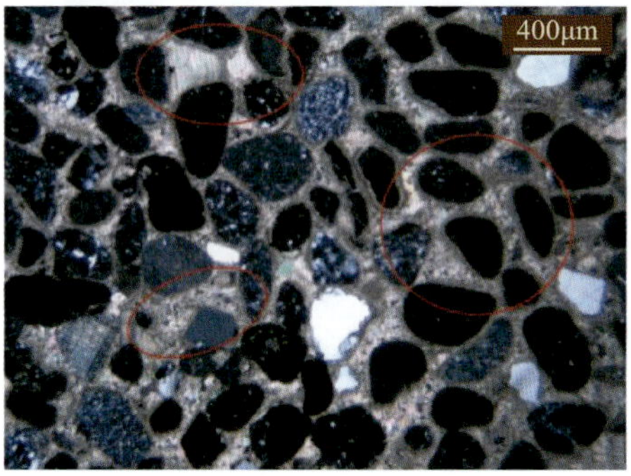

(a)卡6井，3949.76m，齐古组，正交偏光，早期泥晶方解石重结晶呈粉晶、细晶

(b)野外露头样品，距底275.9m，齐古组，黏土矿物重结晶为绢云母

图8-12　准噶尔盆地南缘下组合储层内部胶结物重结晶作用镜下照片

五、破裂作用

破裂作用是指储层在成岩作用过程中岩石和矿物发生破裂并形成裂缝的作用（刘林玉，2006）。从形成机制上，可以将破裂作用分为两类，一类是成岩收缩缝，另一类是构造裂缝。前者是在成岩作用早期沉积物因干缩、脱水而产生的裂缝；后者是指在构造外力的作用下岩石和矿物发生的脆性破裂（顾家裕，2003；巩磊等，2017；张荣虎等，2020）。准噶尔盆地南缘下组合储层的破裂作用多为构造作用引起，常表现为碎屑颗粒内部的压碎缝、粒内缝及粒缘缝，不同规模和级次的裂缝延伸距离可较远并且可呈分叉、相互切割状等（图8-13）。准南下组合储层裂缝宽度一般不大，通常在0.1~0.5mm之间［图8-13（a）］，在扫描电镜下还可观察到5~10μm的微裂缝［图8-13（b）］，个别微裂缝宽度甚至小于1μm。裂缝的发育对于改善储层物性，特别是渗透率具有重要意义。此外，还可见到裂缝周围碎屑颗粒的溶蚀现象［图8-13（c）（d）］，说明裂缝除可扩大原生孔隙空间外对于次生孔隙的发育具有一定贡献，可以沟通并促进酸性成岩流体的渗流，对于储层物性具有重要的积极改造作用。

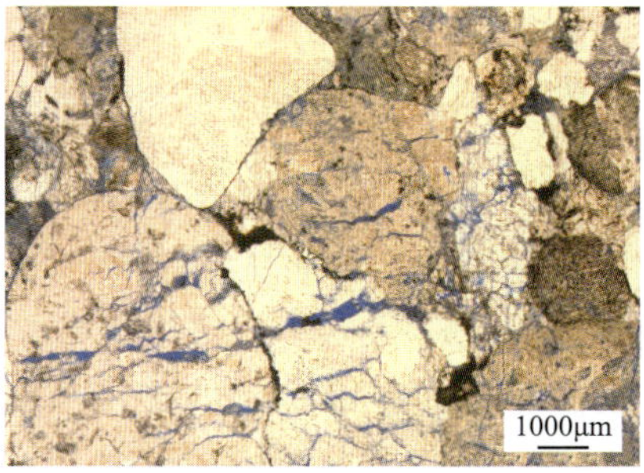

(a)卡8井，4227m，八道湾组，蓝色铸体，砂砾岩，压实穿粒裂缝大量发育

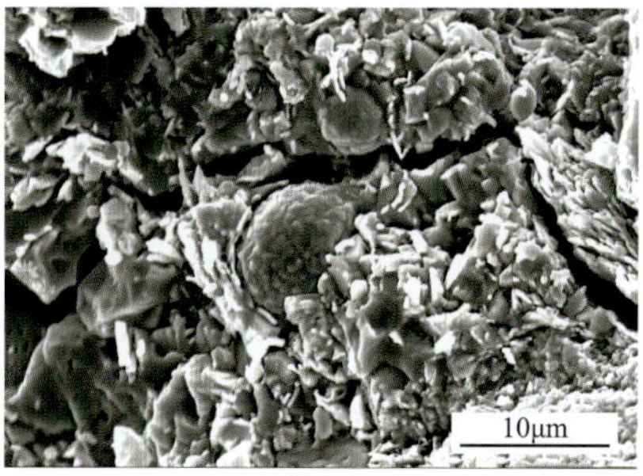

(b)九运1井，4805.4m，西山窑组，微裂缝发育

(c)卡003井，4067.2m，齐古组，含灰质粗中砂岩，粒缘及穿粒裂缝发育

(d)牧7井，4004.48m，头屯河组，蓝色铸体，泥质粉砂岩，穿粒微裂缝发育

图 8-13　准噶尔盆地南缘下组合储层破裂作用镜下照片及扫描电镜照片

第二节　成岩阶段及成岩序列

一、成岩阶段划分

成岩阶段是指碎屑沉积物沉积后，在埋藏过程中经历压实、胶结固结成岩直到变质作用之前所经历的各种物理以及化学作用的不同时期（朱筱敏，2007；纪友亮，2015）。不同成岩阶段所对应的储层成岩强度不同，导致储层微观结构和物性特征也可有所差异。因此，碎屑岩储层成岩阶段的划分也是储层评价中的一项重要研究内容。按照中国石油天然气集团公司2003年颁发的碎屑岩成岩阶段划分依据及划分方案（SY/T 5477—2003），结合准南下组合碎屑岩储层岩矿组分、结构特征、自生胶结矿物类型、成岩共生序列及孔隙类型等参数特征，选取镜质体反射率R_o、黏土矿物组合及含铁碳酸盐胶结物含量、伊蒙混层中蒙脱石的含量（伊蒙混层比）等参数，对准噶尔盆地南缘下组合储层的成岩阶段进行厘定。但需要注意的是，侏罗系八道湾组和西山窑组为含煤地层（张健，2012；高崇龙等，2017），其成岩阶段的划分应参考酸性水介质（含煤地层）碎屑岩成岩阶段划分标志和方案进行，而其他组段应按淡水—半咸水介质碎屑岩储层进行成岩阶段划分。

1. 镜质体反射率

镜质体或者镜质组是最常见的固体沉积有机质，其反射率的大小随着有机质成熟度的增加而增大，并具有不可逆性，因此镜质体反射率（R_o）是衡量有机质成熟度公认的指标之一，并且可以反映地层所经历的最大古地温（邱楠生等，2002；佟彦明等，2005）。而有机质成熟度和最大古地温是碎屑岩成岩阶段划分的两项重要指标，故镜质体反射率也常常作为划分储层成岩阶段的依据之一。准噶尔盆地南缘八道湾组储层镜质体反射率分布在0.57%~1.43%之间，平均为0.71%；三工河组储层镜质体反射率分布在0.54%~1%，平均为0.72%；西山窑组储层镜质体反射率分布在0.49%~1.74%，平均为0.77%；头屯河组储层镜质体反射率分布在0.48%~1.42%，平均为0.79%；清水河组储层镜质体反射率分布在0.5%~1%，平均为0.7%（表8-2）。

表 8-2　准噶尔盆地南缘下组合储层伊蒙混层比和及镜质体反射率数据统计表

层位	样品数量	伊蒙混层比/%		样品数量	镜质体反射率/%	
		范围	平均值		范围	平均值
八道湾组	7	20~30	21.40	36	0.57~1.43	0.71
三工河组	2	20	20.00	20	0.54~1.00	0.72
西山窑组	3	60~80	68.33	38	0.49~1.74	0.77
头屯河组	58	20620~100	56.89	16	0.48~1.42	0.79
齐古组	122	15~85	34.40	0	—	—
清水河组	27	20~80	42.59	12	0.50~1.00	0.7

注：“—”为无效数据。

因此，总体上看，准南下组合各组段储层镜质体反射率R_o主要分布在0.5%~1%之间，揭示准南下组合储层成岩阶段主要处于中成岩A期，同时部分样品数据显示下组合储层仍处于早成岩B期，但部分样品也可达到中成岩B期（图8-14）。

2. 自生黏土矿物组合及含铁碳酸盐胶结物

自生黏土矿物类型及组合也是判断碎屑岩储层成岩阶段的重要参数之一。准南八道湾组储层自生黏土矿物中高岭石含量最高（平均含量41.71%），其次为绿泥石（平均含量27.29%）、伊蒙混层（平均含量19.82%）和伊利石（平均含量13.71%）。三工河组储层自生黏土矿物以高岭石最为发育（平均含量36%），其次为绿泥石（平均含量32.5%）、伊蒙混层（平均含量26.55%）和伊利石（平均含量12%）。西山窑组储层自生黏土矿物同样以高岭石最为发育（平均含量30.33%），其次为伊蒙混层（平均含量27.33%）、伊利石（平均含量23.67%）和绿泥石（平均含量18.67%）。头屯河组储层自生黏土矿物则以伊蒙混层最为发育（平均含量41.4%），其次为绿泥石（平均含量20.62%）、高岭石（平均含量14.42%）和伊利石（平均含量13.22%）。齐古组储层自生黏土矿物同样以伊蒙混层最为发育（平均含量46.41%），其次为绿泥石（平均含量35.77%）、伊利石（平均含量13.91%）和高岭石（平均含量3.91%）。喀拉扎组储层自生黏土矿物以伊蒙混层最为发育（平均含量64%），其次为高岭石（平均含量22.5%）、伊利石（平均含量8%）和绿泥石（平均含量5.5%）。清水河组储层自生黏土矿物以伊蒙混层最为发育（平均含量39.6%），其次为绿泥石（平均含量30.47%）、伊利石（平均含量28.73%）和高岭石（平均含量2%）（表8-1）。

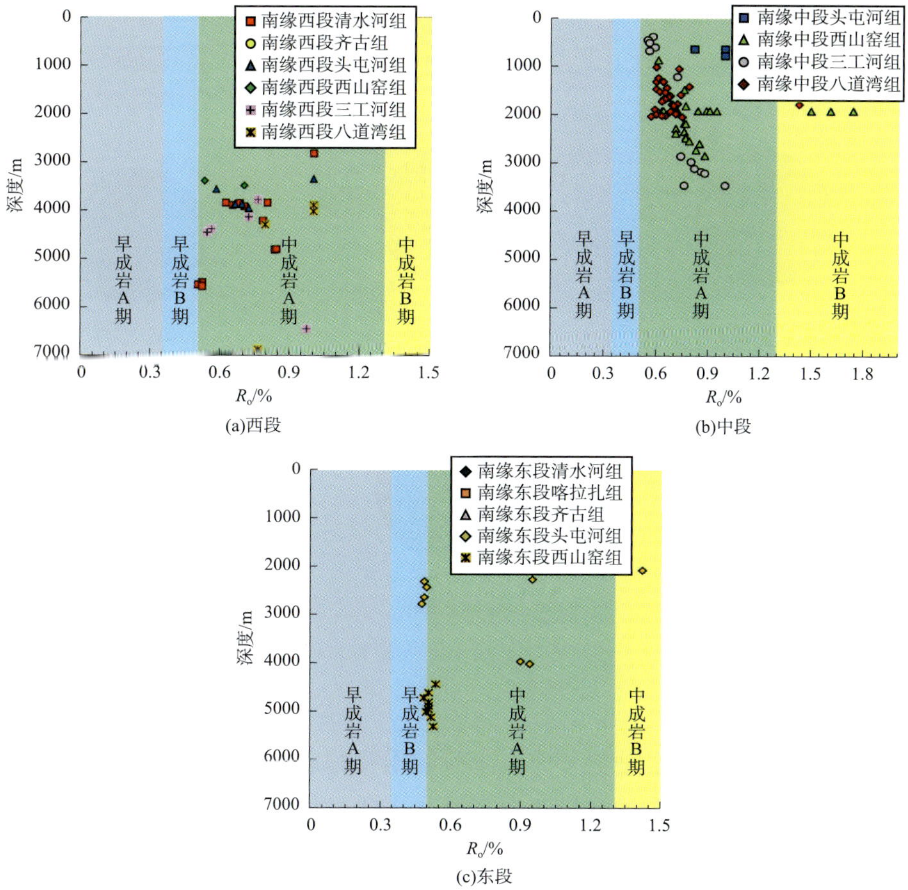

图8-14 准南西段、中段及东段下组合储层镜质体反射率随埋深变化及成岩阶段划分

整体而言，八道湾组、三工河组和西山窑组自生黏土矿物中高岭石较为发育，而头屯河组、齐古组、喀拉扎组和清水河组自生黏土矿物中伊蒙混层黏土矿物相对发育（图8-15）。各组储层内部自生黏土矿物的产状特征相似，伊蒙混层多呈不规则状或似蜂巢状贴附于碎屑颗粒表面；伊利石多呈弯曲片状、丝片状和搭桥状附着于颗粒表面或充填于孔隙；高岭石多呈书页状、手风琴状及蠕虫状等集合体充填于粒间孔隙；而绿泥石多呈叶片包壳状、玫瑰花瓣状及绒球状贴附在碎屑颗粒表面或充填粒间孔隙中。上述准南下组合储层内自生黏土矿物类型、组合及其产状特征是中成岩阶段A–B期的基本特点。

此外，值得注意的是，准南下组合储层内碳酸盐胶结物以方解石为主，其平均含量占碳酸盐胶结物总量的51%，而反映晚成岩期的含铁碳酸盐胶结物，即铁方解石及铁白云石相对不发育（平均含量仅占碳酸盐胶结物总量的9.6%）。上述碳酸盐胶结物成分特征也可反映准南下组合储层尚未进入典型的晚成岩期或中成岩晚期。

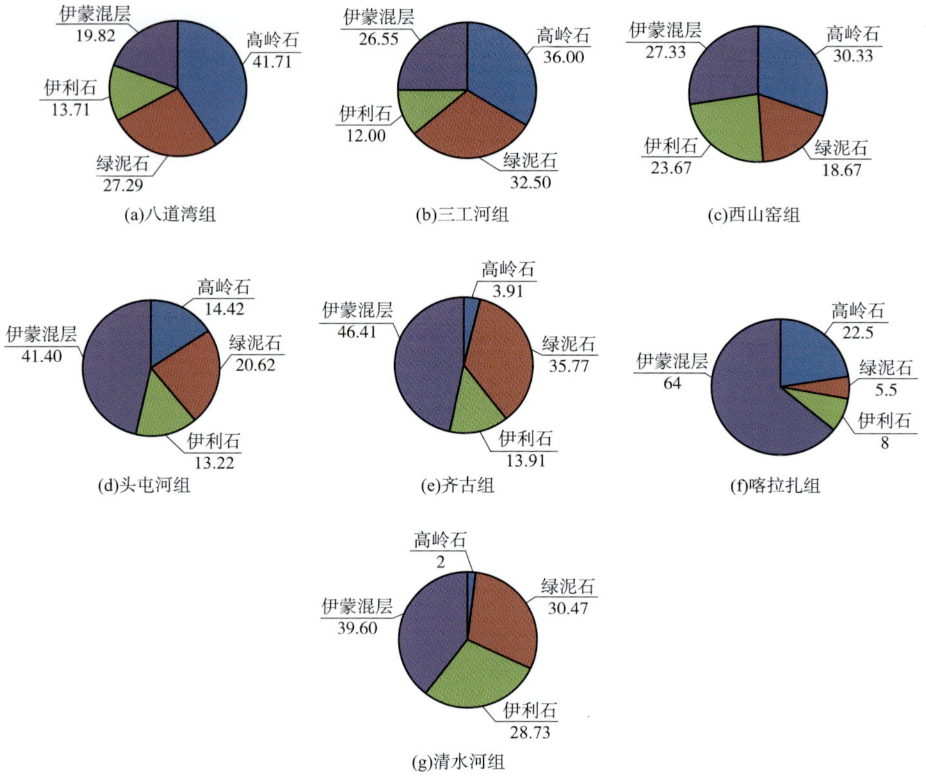

图 8–15　准噶尔盆地南缘下组合各组储层不同类型黏土矿物相对含量饼图（单位：%）

3. 混层黏土矿物演化

混层黏土矿物的转化也是划分成岩阶段的重要标志之一。蒙脱石在埋藏过程中的演化通常存在两种途径：一是向伊蒙混层黏土矿物的转化，最终转变为伊利石，这一过程主要发生于富钾的水介质条件下；另一个是向绿蒙混层黏土矿物的转化，最终转变为绿泥石，主要发生于富镁的水介质条件下（纪友亮，2009）。准噶尔盆地南缘下组合储层的混层黏土矿物主要为伊蒙混层，绿蒙混层相对不发育。而伊蒙混层中蒙脱石的含量在15%~95%之间，主要集中在40%~80%之间（表8–2），因此依据碎屑岩储层成岩阶段划分标准，上述伊蒙混层比所揭示的准南下组合储层对应的成岩阶段主要为中成岩A期，部分处于早成岩阶段和中成岩B期（图8–16）。

4. 石英次生加大级别

碎屑岩储层内自生石英次生加大级别也是反映成岩阶段的重要标志之一。自生石英是碎屑岩中最常见的硅质胶结物，常围绕碎屑石英颗粒表面呈自生加大边形式产出。自生石英Ⅰ级加大往往发生在早成岩阶段，Ⅱ级加大发生在中成岩A期，Ⅲ级加大对应中成岩A期和B期，而Ⅳ级加大则反映晚成岩期（纪友亮，2015）。准噶尔盆地南缘下组合储层内部自生石英次生加大级别较低，仅个别石英碎屑颗粒可见明显加大，整体属Ⅰ级加大，而Ⅱ级加大少见［图8–4（a）~（c）］。因此，根据自生石英次生加大级别可以判断准噶尔盆地南缘下组合储层部分仍处于早成岩阶段或中成岩阶段早期。

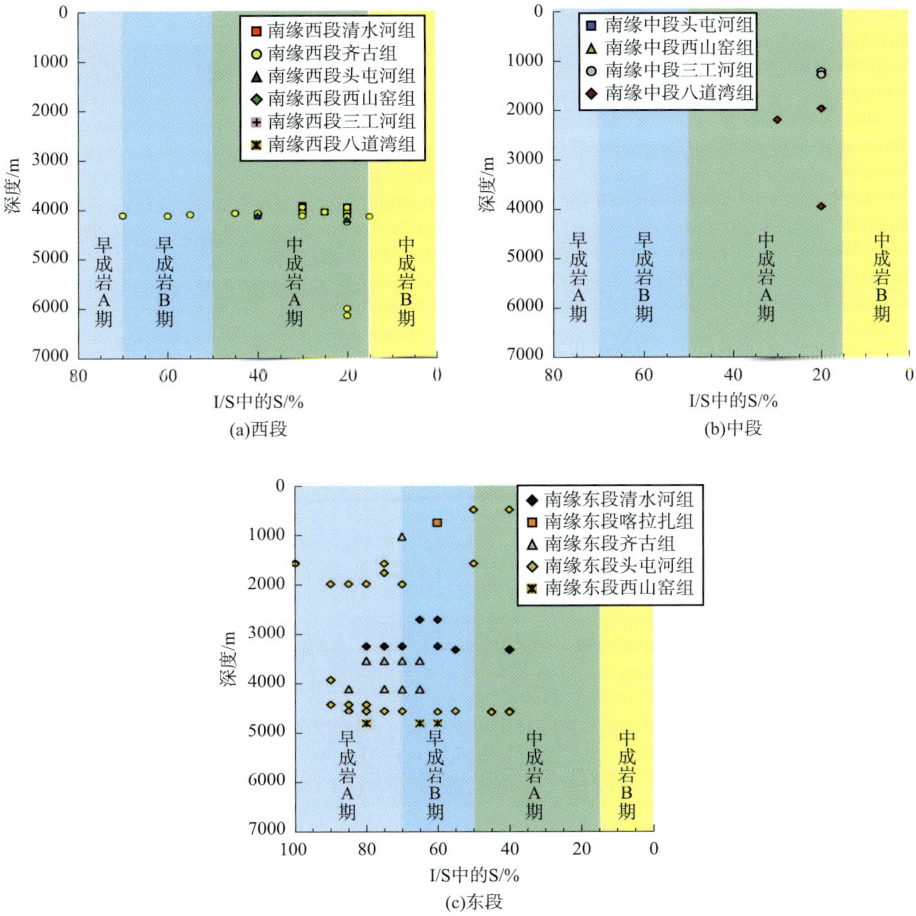

图 8-16　准南西段、中段及东段下组合储层伊蒙混层比随埋深变化特征及成岩阶段划分

综合上述准南下组合储层镜质体反射率、黏土矿物组合和碳酸盐胶结物含量以及伊蒙混层中蒙脱石的含量（伊蒙混层比）、自生石英次生加大级别等参数特征，并结合下组合储层碎屑岩的岩石组构特征、自生矿物类型、成岩共生序列及储集空间类型等发育特征，综合确定准噶尔盆地南缘下组合储层成岩阶段主体处于中成岩A期，但部分仍处于早成岩阶段，仅部分可达到中成岩B期。

二、成岩序列特征

成岩序列是指同一成岩体所经历的各类成岩作用的先后次序（赵澄林，2001），主要受成岩环境的控制，不同的成岩环境所对应得成岩流体温度、压力和成分有所不同，导致胶结物的类型不断地随之改变，并且在一定条件下还可以发生溶解作用。因此，成岩序列对储层成岩演化及孔隙演化具有极其重要的控制作用（Cookenboo，1999）。按照碎屑岩成岩序列的判别原则（纪友亮，2015），应用偏光显微镜、扫描电镜、黏土矿物X射线衍射等多种测试手段，综合确定准噶尔盆地南缘下组合储层的成岩序列及其成岩过程。

准噶尔盆地南缘下组合储层可按照是否含煤层划分为煤系地层和非煤系地层，其中煤系地层包括侏罗系八道湾组和西山窑组，而非煤系地层为侏罗系三工河组、头屯河组、齐古组、喀拉扎组和白垩系清水河组。特别地，郑俊茂（1997）对煤系地层中的煤及淡水—半咸水泥岩中的有机酸含量做了对比研究，实验结果表明，煤样中有机酸浓度为11~95mg/g，而提取1g干酪根需泥岩500~1000g，煤层中所产生的有机酸是其他地层的数百倍。故而煤系地层和非煤系地层的成岩流体环境存在明显差异，进而造成成岩序列和成岩演化上的差异，据此可以分煤系地层和非煤系地层进行差异化成岩序列分析和重建。

1. 非煤系储层成岩演化序列及成岩过程

准噶尔盆地南缘下组合非煤系储层（J_1s、J_2t、J_3q、K_1q）的成岩序列及演化过程（图8-17）可以总结如下：

机械压实作用伴随着非煤系储层的整个埋藏演化过程，但在早成岩阶段其作用效果最为明显。随着埋藏深度加大，压实作用持续进行，使得碎屑颗粒间逐渐由点接触转变为线接触甚至凹凸接触和缝合接触。而在早成岩A期，随着埋深增大，地层温度及压力也不断增大，当古地温达到60℃以上时，蒙脱石开始向伊蒙混层黏土矿物转化。并且早成岩期准南下组合储层内部凝灰岩等火山岩岩屑将发生水解蚀变作用（雷海艳，2020），使得成岩流体内部碱金属阳离子含量不断增加，因此早成岩期储层成岩流体主要呈碱性条件。而在碱性成岩流体条件下，加之大量火山岩岩屑特别是凝灰岩岩屑水解游离出的Ca^{2+}、Fe^{2+}和Mg^{2+}，促使早成岩期碳酸盐及自生包壳状绿泥石胶结物的形成（高崇龙等，2017）。此外，碱性流体及凝灰岩岩屑水解蚀变同样利于自生沸石矿物的形成（Chipera，2008；朱世发，2011），由于沸石主要呈孔隙充填状产出，因此其形成时间应晚于绿泥石包壳。相比而言，碱性流体不利于硅质胶结物的形成（邱隆伟，2005；周瑶琪等，2011），因此自生石英微晶及石英次生加大边发育受到抑制，仅可在早期围绕石英碎屑颗粒发育晶体较小的石英微晶。与此同时，在碱性流体条件下由于Ca^{2+}、Fe^{2+}的存在，还可形成少量的莓球状黄铁矿和石膏。进入早成岩B期，有机质孢粉颜色由淡黄变为深黄，并且有机质开始趋向半成熟，在这一过程中会释放少量有机酸，地层流体开始由碱性向酸性转变，蒙脱石含量进一步减少，并向伊蒙混层和高岭石转化。与此同时，由于成岩流体碱性变弱，自生石英微晶和石英次生加大边开始逐步发育。而随着埋藏作用的进行，当储层成岩演化进入中成岩A期，随着地层内有机质成熟而释放大量有机酸，使得储层成岩流体pH值持续降低，地层流体最终完全转变为酸性。而酸性成岩流体除可进一步促进自生石英微晶和石英次生加大边发育，还可明显促进易溶岩屑、长石及早期碳酸盐胶结物的溶蚀。伴随着长石颗粒的溶蚀，其溶蚀产物即自生高岭石随长石的不断溶蚀而逐渐沉淀，并可充填在孔隙内部。此外，蒙脱石将进一步转变为伊蒙混层黏土矿物，而随着成岩进程的持续进行，其最终将完全转变为伊利石。而准南下组合储层部分样品成岩进入中成岩B期后，地层内成岩流体酸性逐渐减弱，碱性再次有所增强，使得储层局部可逐渐发育含铁碳酸盐胶结物（图8–17）。整体而言，随着储层成岩过程得进行，储层孔隙类型逐渐由原生孔隙主导转变为原生孔和次生孔主导，同时在局部应力集中部位可发育典型裂缝。

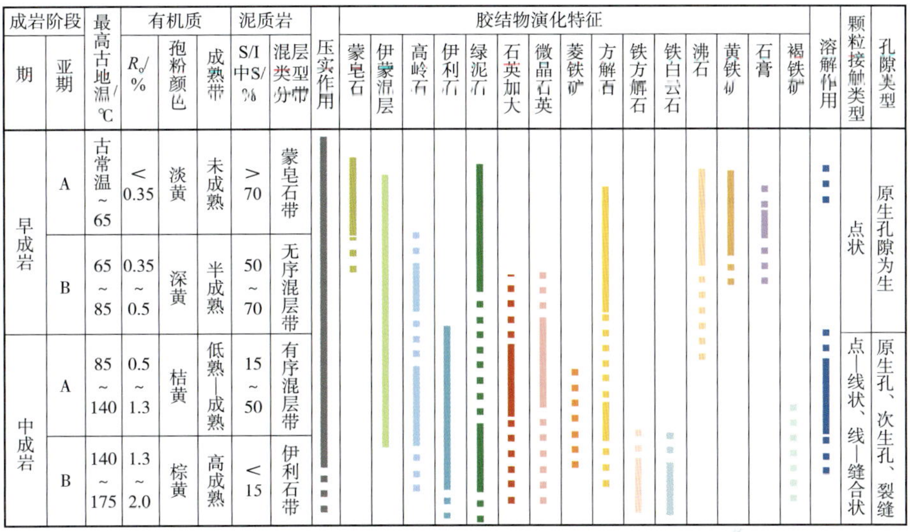

图8–17 准噶尔盆地南缘下组合非煤系储层成岩演化序列（J_1s、J_2t、J_3q、K_1q）

2. 煤系储层成岩演化序列及成岩过程

煤系储层（J_1b、J_2x）的成岩序列与非煤系储层成岩序列（图8–17）的主要区别在于煤系地层内部会在早成岩期释放大量有机酸而使得成岩流体在成岩早期便可呈酸性特征：

陆伟文（1989）针对沼泽化过程中的流体介质条件变化进行了模拟实验，实验证明在沼泽化过程中，起始阶段pH较小，介质酸性较强；而在气体大量产出期，pH近于7，介质呈中性，其后介质逐渐转化为弱碱性。而郑浚茂（1997）对煤系地层中的煤及淡水—半咸水泥岩中的有机酸含量做了对比研究，实验结果表明煤样中有机酸浓度为11~95mg/g，而淡水—半咸水中所提取的干酪根中有机酸浓度为30~60mg/g，个别深黑色泥岩可达90~120mg/g，而提取1g干酪根需泥岩500~1000g，煤层中所产生的有机酸是其他地层的数百倍。因此，在早成岩期，煤系储层内部成岩流体处于酸性状态，蒙脱石在酸性条件下可向高岭石转化。随着储层埋藏深度的逐渐增大，地层温度和压力也不断增大，当古地温达到60℃以上时，蒙脱石开始向伊蒙混层黏土矿物转化，同时易溶岩屑及长石将发生明显的溶蚀作用。特别地，方解石、沸石和石膏等碱性条件下产出的胶结物在早成岩期将受到抑制。随着成岩进程的加大，至早成岩晚期煤层释放的有机酸含量将减少，加之储层内部凝灰岩等火山岩岩屑的水解蚀变作用（雷海艳，2020），使得储层内成岩流体碱金属阳离子含量不断增加，因此储层流体酸性将逐渐减弱，并促使方解石、绿泥石、沸石等碱性自生矿物的发育。而进入中成岩期，随着地层内有机质成熟而释放大量有机酸，煤系储层内成岩流体pH值再次持续降低，并最终使得地层成岩流体再次转变为酸性。而酸性成岩流体除可进一步促进自生石英微晶和石英次生加大边发育外，还可促进酸性溶蚀作用在深部的再次发育。此外，随着成岩进程的持续进行，蒙脱石将完全转变为伊蒙混层黏土矿物，并可最终消失而完全转变为伊利石。而下组合煤系储层进入中成岩B期后，地层内成岩流体酸性将逐渐减弱，碱性逐渐增强，使得储层局部含铁碳酸盐胶结物和菱铁矿等开始逐渐发育（图8-18）。煤系储层所经历的两期酸性溶蚀也促使储层内高岭石含量的明显增大，并缺少早成岩期绿泥石包壳，而自生绿泥石仅可在中成岩早期碱性流体条件下部分生成。值得注意的是，由于早期溶蚀作用的发生，使得储层早期胶结较弱且碎屑颗粒可发生一定程度溶蚀缺损，进而使得储层抗压实能力较低，因此压实作用相比于非煤系储层强度更大，致使损失的孔隙也越大。整体而言，随着储层成岩过程得进行，储层孔隙类型同样逐渐由原生孔隙主导转变为原生孔和次生孔主导，同时在局部应力集中部位可发育典型裂缝，但相较于非煤系储层而言，孔隙度损失将更大。

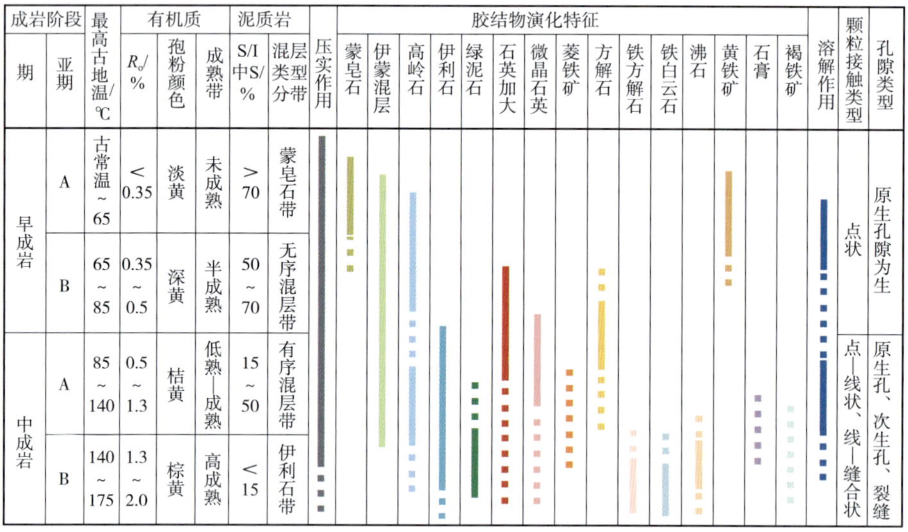

图8-18 准噶尔盆地南缘下组合煤系储层成岩演化序列（J_1b、J_2x）

第九章 准噶尔盆地南缘下组合深层优质储层特征及物性控制因素

随着世界范围内中浅层油气勘探开发程度的提高及油气需求的日益增长，油气勘探不断向深层拓展，全球含油气盆地研究表明，在一定条件下深层仍可发育异常高孔渗碎屑岩储层。据不完全统计，目前国外正在生产的深层（埋深>5000m）油气藏达31个，而我国深层油气勘探始于20世纪70年代渤海湾盆地，而后在四川、塔里木和准噶尔盆地均有重大发现，而其形成机理和影响因素一直是石油地质学家关注的热点。相较于中浅层，深层储层由于埋藏过程及成岩温—压场多变，因此造成其成岩作用和物性控制因素的复杂性。值得注意的是，不同地质条件下深层碎屑岩储层物性保存各控制因素间既相互联系又相互独立，既相互制约又相互促进，因此深层优质储层不是单因素成因而是多因素在时空上的耦合结果。明确准噶尔盆地南缘下组合深层优质储层特征及其物性控制因素实际其油气勘探开发具有重要意义。

第一节 准南深层优质储层发育特征及分布

一、准南下组合储层埋深特征

所谓深层储层，一般指埋藏深度在3500m以下的储层。受控于准噶尔盆地南缘复杂的构造样式及构造演化特征，准南不同构造带下组合储层埋深存在较大差异（表9-1），部分储层呈深埋藏特征，而部分下组合储层甚至可被抬升至地表而暴露遭受风化剥蚀。

表9-1 准噶尔盆地南缘下组合埋深

构造单元	埋深/m						
	八道湾组	三工河组	西山窑组	头屯河组	齐古组	喀拉扎组	清水河组
西段	3900~6900	3700~6540	3360~6540	2700~6270	2570~6540	—	2430~6070
中段	480~3720	0~3500	770~2840	95~2290	0~1780	—	780~1170
东段	1710~3000	1540~5400	1325~5250	1210~4675	975~4210	500~3700	180~3390

具体而言，准噶尔盆地南缘西段下组合储层除在山前托6井被抬升至近地表外，其余地层钻井显示其埋深基本在2500~6900m之间，整体埋深较大，属于典型的深层储层。其中准南西段下侏罗统八道湾组埋深在托6井为230m，其余钻井埋藏深度在3900~6900m之间（表9-1）；下侏罗统三工河组埋深在3700~6540m之间；中侏罗统西山窑组埋深在3360~6540m之间；中侏罗统头屯河组埋深在2700~6270m之间；上侏罗统齐古组在托6井埋深为125m，而其余钻井埋藏深度在2570~6540m之间；下白垩统清水河组在托6井部分地层已出露至地表，而其余钻井埋藏深度在2430~6070m之间。

由准南西段近垂直物源方向的过艾2井—四参1井—卡10井—卡8井—卡6井—卡003井—卡东1井—西湖1井—独山1井的下组合地层对比剖面可见（图9-1），自准南西段西部艾—卡构造带到东部独山子背斜构造带，准南西段下组合地层埋深整体呈加深趋势。其中在西部艾2井区附近下组合储层埋深在2820~4120m之间，而东部独山1井下组合储层埋深在5610~6530m之间，但其间在卡因迪克构造带（卡字号井区）下组合储层出现一定程度抬升。

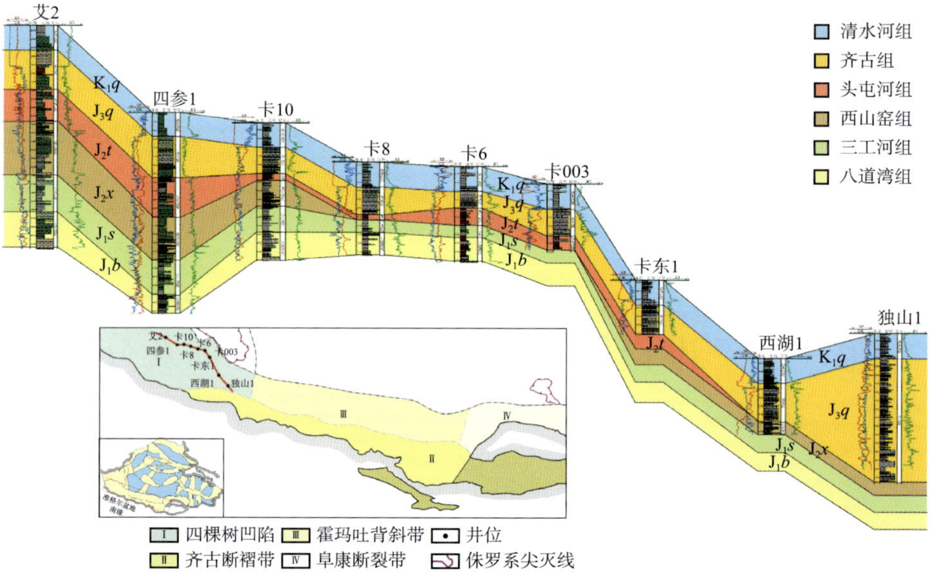

图9-1 准噶尔盆地南缘西段近垂直物源方向现今下组合地层埋深连井对比剖面

由准南西段近于顺物源方向的剖面，即过卡北1井—卡东1井—西湖1井—独山1井—托6井下组合地层对比剖面可见（图9-2），自准南西段北部卡因迪克构造带（卡字号井区）到东部独山子背斜构造带，准南下组合储层埋深同样呈加深趋势，其中北部卡北1井区位置下组合储层埋深在4250~5000m左右，但至南部托斯台构造带下组合储层又出现显著构造抬升并可达地表而呈风化剥蚀状态。特别地，托6井区位置下组合储层埋深在0~500m之间，导致独山子背斜构造带与托斯台构造带下组合储层的现今埋深相差超过5000m。另两条近于顺物源方向连井地层对比剖面，即过卡9井—卡10井—卡8井—卡002井—高探1井—托6井地层对比剖面和过卡9井—卡10井—卡8井—卡002

井—高102井—高101井—高泉5井地层对比剖面可见（图9-3、图9-4），自准南西段北部卡因迪克构造带（卡字号井区）到高泉构造带，准南下组合地层埋深同样呈逐渐加深趋势，其中卡9井区位置处下组合储层埋深在2420~2880m之间，而高101井区位置处下组合储层埋深在5930~6910m之间。特别地，卡002井区到高102井区下组合储层埋深相差达2000m以上，但自高泉地区到托斯台构造带下组合储层又出现明显的构造抬升，并可出露地表遭受剥蚀。

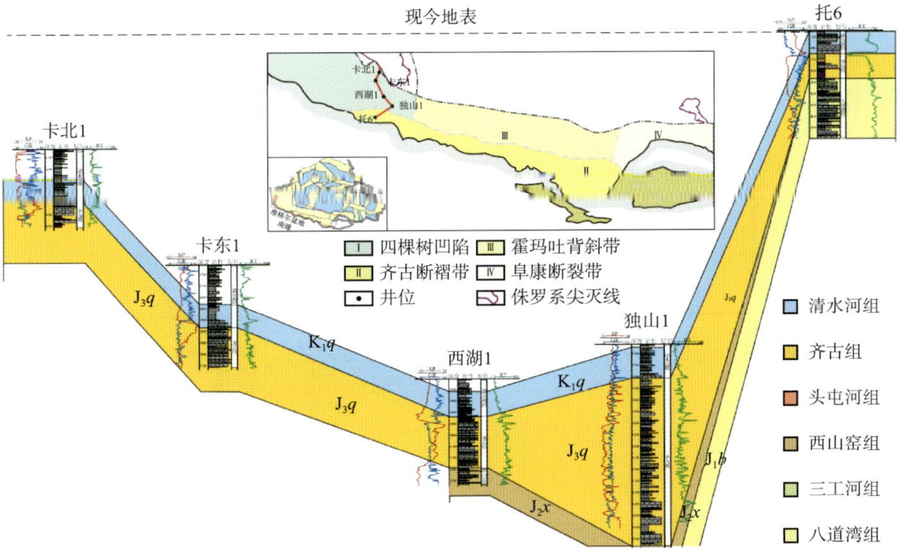

图9-2　过准南西段卡因迪克构造带、西湖—独山构造带及托斯台构造带现今下组合地层埋深连井对比剖面

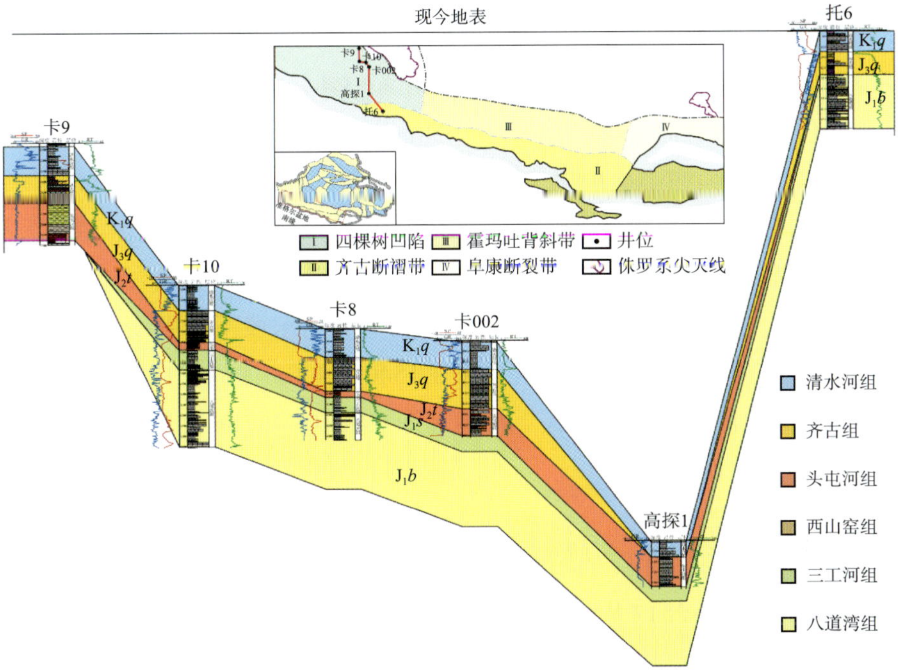

图9-3　过准南西段卡因迪克构造带、高泉构造带及托斯台构造带现今下组合地层埋深连井对比剖面1

准噶尔盆地南缘中段整体处于山前冲断带内部，下组合地层埋深在0~3720m之间，整体埋深较浅（表9-1）。其中准南中段下侏罗统八道湾组埋深在480~3720m之间；下侏罗统三工河组埋深在0~3500m之间；中侏罗统西山窑组埋深在770~2840m之间；中侏罗统头屯河组埋深在95~2290m之间；上侏罗统齐古组埋深在0~1780m之间；下白垩统清水河组埋深在780~1170m之间。

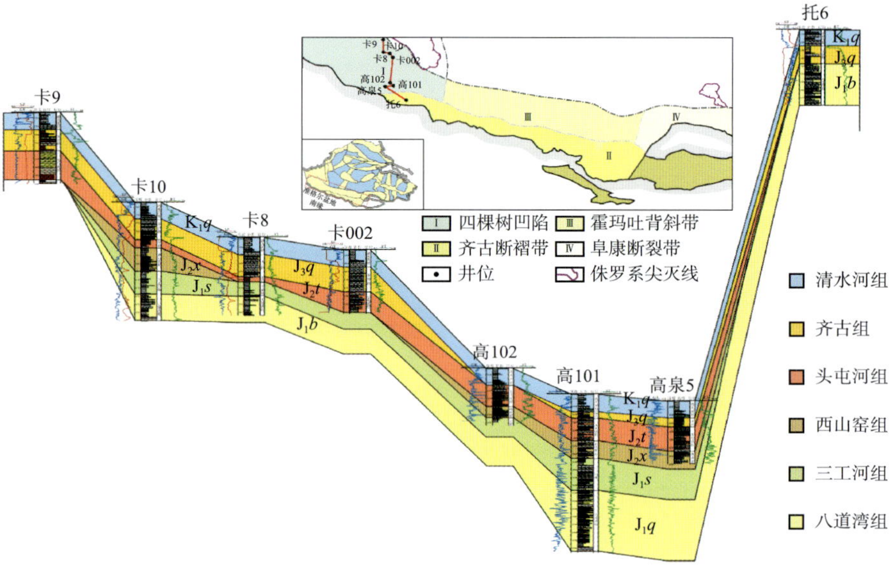

图9-4　过准南西段卡因迪克构造带、高泉构造带及托斯台构造带现今下组合地层埋深连井对比剖面2

由准南中段近于垂直物源方向的过长山1井—牧7井—九运2井—九运1井—台64井—台55井—台44井—台13井下组合连井地层对比剖面可见（图9-5），自准南中段西部南安井区到东部小3井区，准南下组合储层埋深整体呈抬升趋势。其中在准南中段西部南安1井区位置下组合储层埋深在300~1550m之间，而至东部小3井区位置下组合埋深在0~1350m之间。而在准南中段中部齐古构造带位置，下组合地层出现了一定程度的埋藏加深，如在齐古1井区位置下组合储层埋深在770~3720m之间。

准噶尔盆地南缘东段位于博格达山前阜康断裂带内部，下组合储层区域埋深在180~5400m之间，整体埋深中等（表9-1）。其中准南东段下侏罗统八道湾组埋深在1710~3000m之间；下侏罗统三工河组埋深在1540~5400m之间；中侏罗统西山窑组埋深在1325~5250m之间；中侏罗统头屯河组埋深在1210~4675m之间；上侏罗统齐古组埋深在975~4270m之间；上侏罗统喀拉扎组埋深在500~3700m之间；下白垩统清水河组埋深在180~3390m之间。

由准南东段近于垂直物源方向的过长山1井—牧7井—九运2井—九运1井—台64井—台55井—台44井—台13井下组合地层对比剖面可见（图9-6），自准南东段西部长山—古牧地构造带到九运构造带下组合储层埋深整体呈加深趋势，在准南东段西部牧

7井区位置下组合储层埋深在180~5320m之间，向东至九运1井区位置处下组合储层埋深在3250~5400m之间。值得注意的是，从儿运构造带到北三台地区下组合储层埋深又呈明显的抬升趋势，其中台13井处下组合储层埋深在1950~2650m之间，特别是在台64井区位置下组合抬升至最高点，下组合埋深在1150~2270m，而台64井至台13井区位置处下组合储层埋深又呈现一定程度的加深。

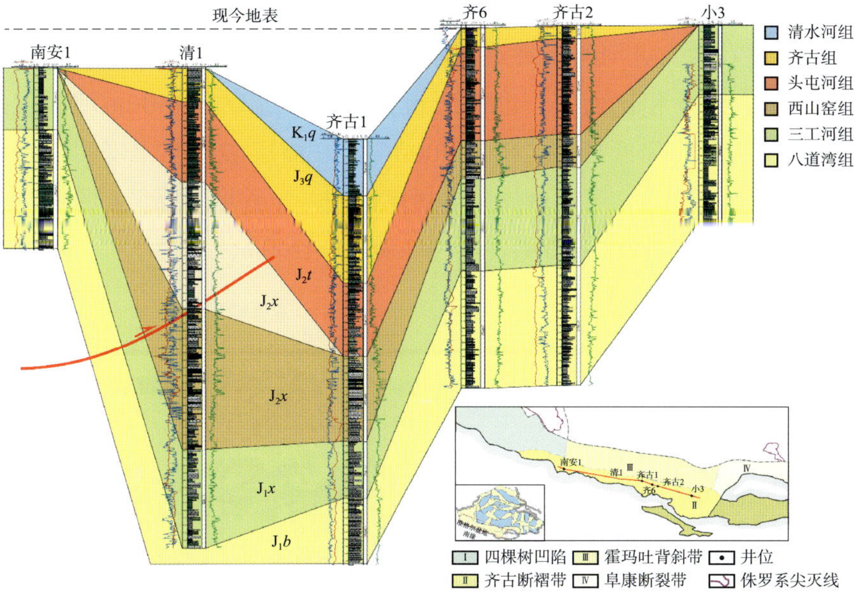

图9-5 准噶尔盆地南缘中段近垂直物源方向现今下组合地层埋深连井对比剖面

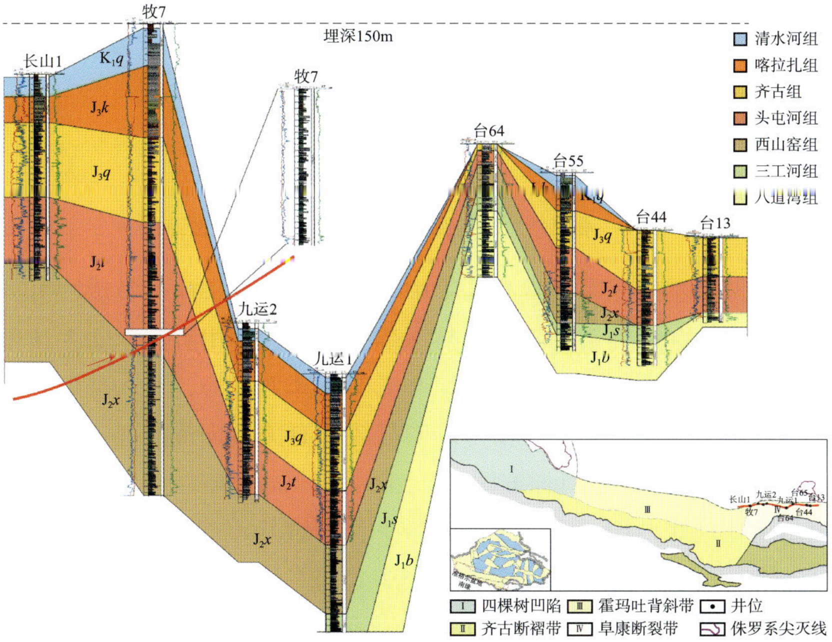

图9-6 过准噶尔盆地南缘东段近垂直物源方向现今下组合地层埋深连井对比剖面

二、准南下组合储层物性垂向变化特征

一般而言，深层碎屑岩储层物性随埋深增大而整体呈逐渐降低趋势。由图9–7可见，准噶尔盆地南缘下组合储层孔隙度随埋深增加整体呈降低趋势，但垂向上可明显识别出3个异常高孔隙发育带，各异常高孔带储层孔隙度数据均大于相邻深度的储层正常孔隙度演化趋势。具体而言，这三个异常高孔带发育深度和出现层位分别为：埋藏深度为500m左右的头屯河组、埋藏深度为1500m左右的头屯河组以及埋藏深度为3700m左右的齐古组。相比而言，准南下组合储层渗透率在4500m埋深以内，随深度变化尚不存在明显的降低趋势，但在4000m左右储层渗透率出现明显增大，而自4500~7000m的埋深范围内，下组合储层渗透率出现一定程度的降低（图9–7）。其中相对较高渗透率储层主要发育于齐古组，埋深在3800~4200m之间。

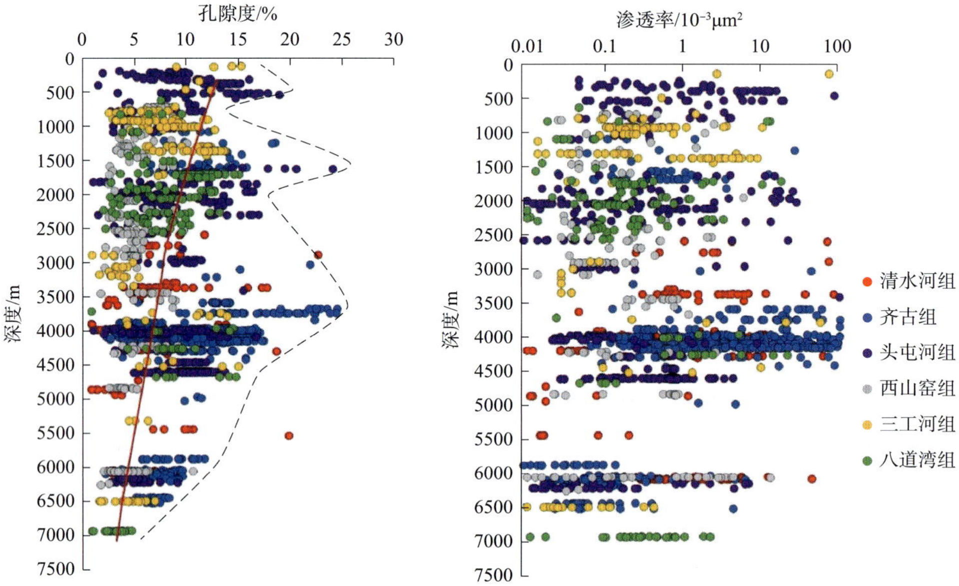

图9–7 准噶尔盆地南缘各组物性随深度变化散点图

上述下组合储层垂向三个异常高孔带中，浅层两个异常高孔带成因可能与构造抬升淋滤作用有关，而深层异常高孔带可与深部次生溶蚀作用有关。而渗透率在垂向上变化趋势并不明显，特别是在3500m以深并无明显降低趋势，这一现象应与储层内部形成构造裂缝进而使得储层渗流特征得以明显改善有关。现就准南不同构造带及不同组段储层物性垂向变化特征进行详细阐述。

就准噶尔盆地南缘西段而言，该构造带下侏罗统八道湾组储层埋深范围在4000~7000m之间，储层孔隙度范围在4.1%~14.55%之间［图9–8（a）］，平均值为9.65%；渗透率范围在0.051×10^{-3}~$21.4\times10^{-3}\mu m^2$之间［图9–9（a）］，平均值为$3.46\times10^{-3}\mu m^2$。整体而言，储层物性在垂向上受深度影响，随深度加深物性逐渐变差。下

侏罗统三工河组储层埋深在3500~6500m之间，孔隙度的变化范围在3.96%~14.82%之间［图9-8（b）］，平均值为9.1%；渗透率的变化范围在0.01×10^{-3}~$55.54\times10^{-3}\mu m^2$之间［图9-9（b）］，平均值为$11.18\times10^{-3}\mu m^2$，其物性在垂向上受深度影响，随深度加深物性逐渐变差。中侏罗统西山窑组储层埋深在3500~6200m之间，孔隙度的变化范围在1.5%~9.02%之间［图9-8（c）］，平均值为5.69%；渗透率的变化范围在0.01×10^{-3}~$2.6\times10^{-3}\mu m^2$之间［图9-9（c）］，平均值为$0.39\times10^{-3}\mu m^2$，其物性在垂向上不受深度影响，随深度加深物性几乎不变。中侏罗统头屯河组储层埋深在3500~6200m之间，孔隙度的变化范围在2.9%~16.57%之间［图9-8（d）］，平均值为9.42%；渗透率的变化范围在0.2×10^{-3}~$97.28\times10^{-3}\mu m^2$之间［图9-9（d）］，平均值为$6.57\times10^{-3}\mu m^2$，其物性在垂向上受深度影响，随深度加深物性逐渐变差。上侏罗统齐古组储层埋深在3500~6500m之间，孔隙度的变化范围在2.1%~24.35%之间［图9-8（e）］，平均值为10.39%；渗透率的变化范围在0.01×10^{-3}~$3810\times10^{-3}\mu m^2$之间［图9-9（e）］，平均值为$34.68\times10^{-3}\mu m^2$，其物性在垂向上受深度影响，随深度加深物性显著变差。下白垩统清水河组储层埋深在2500~6000m之间，孔隙度的变化范围在0.6%~22.5%之间［图9-8（f）］，平均值为6.82%；渗透率的变化范围在0.01×10^{-3}~$71.36\times10^{-3}\mu m^2$之间［图9-9（f）］，平均值为$4.17\times10^{-3}\mu m^2$，其物性在垂向上受深度影响较小。

就准噶尔盆地南缘中段而言，下侏罗统八道湾组储层埋深在500~4000m之间，孔隙度的变化范围在0.17%~14.84%之间［图9-8（a）］，平均值为8.37%；渗透率的变化范围在0.011×10^{-3}~$17.68\times10^{-3}\mu m^2$之间［图9-9（a）］，平均值为$0.84\times10^{-3}\mu m^2$，其物性在垂向上受深度影响，随深度加深物性逐渐变差。下侏罗统三工河组储层埋深在0~3500m之间，孔隙度的变化范围在0.69%~13.5%之间［图9-8（b）］，平均值为8.15%；渗透率的变化范围在0.01×10^{-3}~$8.79\times10^{-3}\mu m^2$之间［图9-9（b）］，平均值为$1.44\times10^{-3}\mu m^2$。其物性在垂向上受深度影响较大，随深度加深物性逐渐变差。中侏罗统西山窑组储层埋深在500~3500m之间，孔隙度的变化范围在2%~10.6%之间［图9-8（c）］，平均值为4.93%；渗透率的变化范围在0.01×10^{-3}~$5.87\times10^{-3}\mu m^2$之间［图9-9（c）］，平均值为$0.36\times10^{-3}\mu m^2$，其物性在垂向上不受深度影响，随深度加深物性几乎不变。中侏罗统头屯河组储层埋深在0~2500m之间，孔隙度的变化范围在1.3%~17.7%之间［图9-8（d）］，平均值为9.44%；渗透率的变化范围在0.016×10^{-3}~$83.4\times10^{-3}\mu m^2$之间［图9-9（d）］，平均值为$4.04\times10^{-3}\mu m^2$，其物性在垂向上受深度影响较大，随深度加深物性逐渐变差。上侏罗统齐古组储层埋深在1000~2000m之间，孔隙度的变化范围在4.7%~20.9%之间［图9-8（e）］，平均值为12.06%；渗透率的变化范围在0.027×10^{-3}~$12.1\times10^{-3}\mu m^2$之间［图9-9（e）］，平均值为$1.65\times10^{-3}\mu m^2$，其物性在垂向上受深度影响较小。

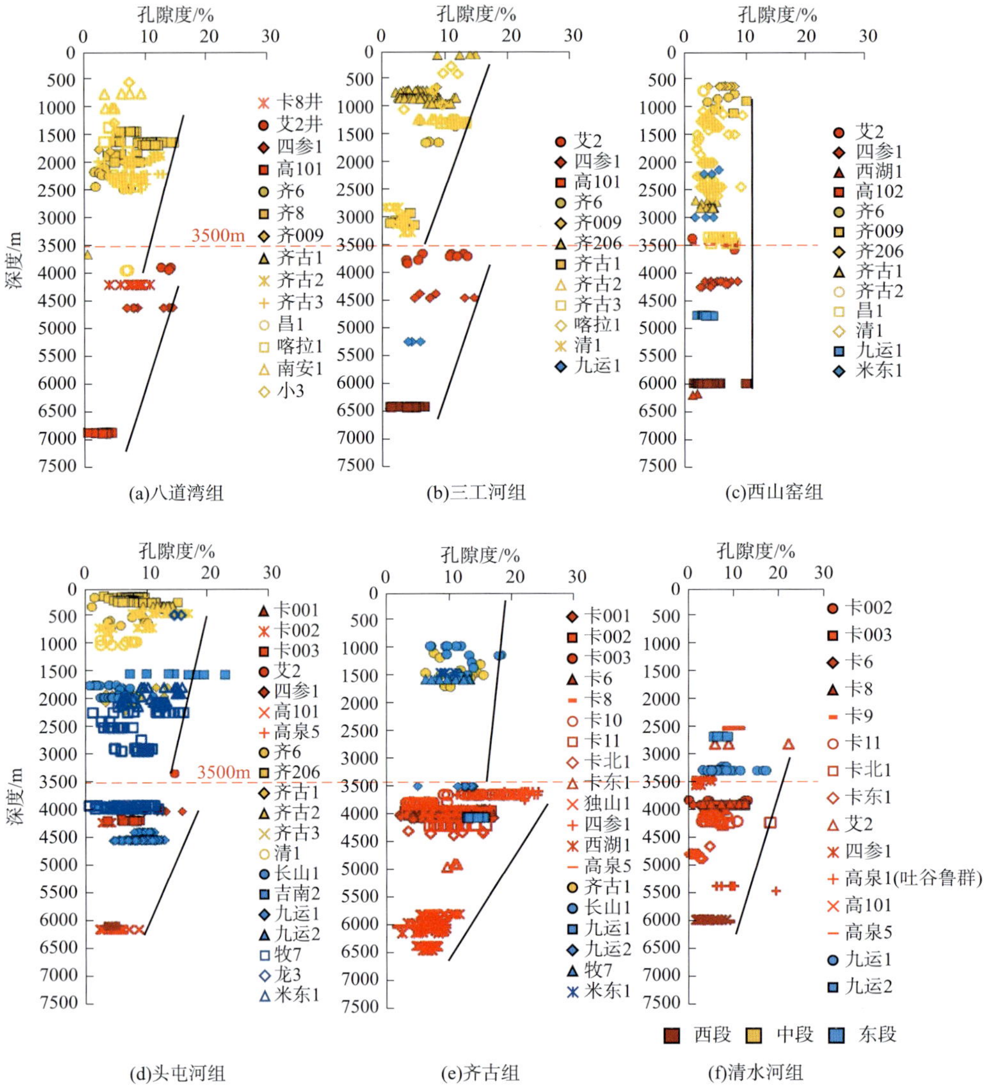

图 9-8　准噶尔盆地南缘下组合各组段储层孔隙度随深度变化特征

就准噶尔盆地南缘东段而言，暂无下侏罗统储层物性数据。而中侏罗统西山窑组储层埋深在2200~4800m之间，孔隙度的变化范围在1.9%~8.7%之间［图9-8（c）］，平均值为4.02%；渗透率的变化范围在0.015×10^{-3}~$0.892\times10^{-3}\mu m^2$之间［图9-9（c）］，平均值为$0.47\times10^{-3}\mu m^2$，其物性在垂向上不受深度影响，随埋深加深储层物性几乎不变，但物性整体较差。中侏罗统头屯河组储层埋深在500~4600m之间，孔隙度的变化范围在0.8%~23.9%之间［图9-8（d）］，平均值为9.24%；渗透率的变化范围在0.01×10^{-3}~$27.2\times10^{-3}\mu m^2$之间［图9-9（d）］，平均值为$1.31\times10^{-3}\mu m^2$，其物性在垂向上受深度影响较大，随深度加深物性逐渐变差。上侏罗统齐古组储层埋深在1000~4100m之间，孔隙度的变化范围在5.1%~18.4%之间，平均值为12.49%［图9-8（e）］；渗透率的变化范围在0.075×10^{-3}~$168\times10^{-3}\mu m^2$之间［图9-9（e）］，平均值为

$19.81\times10^{-3}\mu m^2$，其物性在垂向上受深度影响较小，且在3500~4000m出现异常高孔渗带［图9-8（e）~图9.9（e）］。下白垩统清水河组储层埋深在2700~3400m之间，孔隙度的变化范围在3.7%~17.6%之间［图9-8（f）］，平均值为8.12%；渗透率的变化范围在0.261×10^{-3}~$82.3\times10^{-3}\mu m^2$之间［图9-9（f）］，平均值为$5.62\times10^{-3}\mu m^2$，其物性在垂向上受深度影响较小，但随着埋深加大孔隙度仍呈一定程度的降低趋势，而渗透率随埋深变化不明显，但其在埋深6000m左右储层渗透率明显高于相邻深度储层，因此出现异常高渗带［图9-9（f）］。

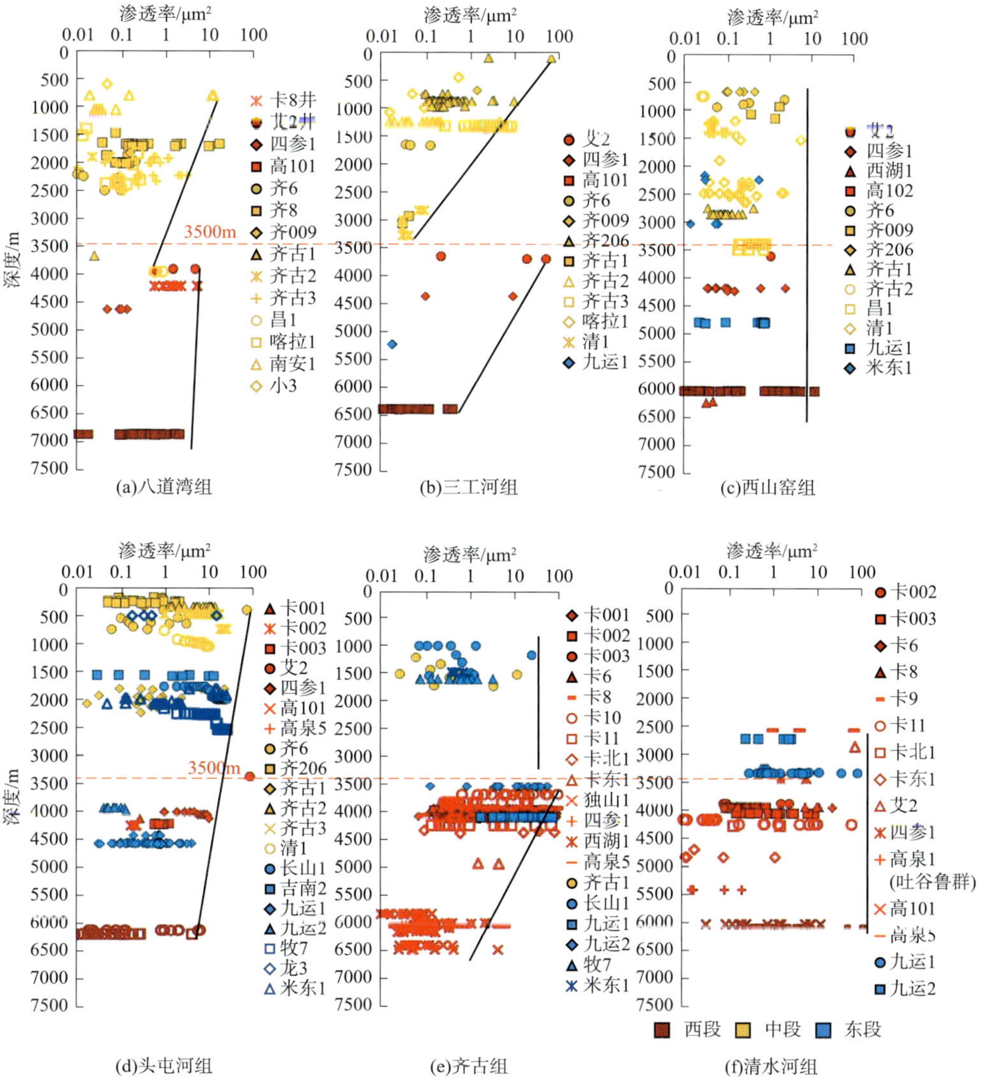

图 9-9 准噶尔盆地南缘各组渗透率随深度变化散点图

三、准南下组合优质储层发育层位

对比准南下组合各组段储层埋深及其储层物性差异特征，可见准南下组合中优质储层发育于上侏罗统齐古组（埋深在3500~4500m）及下白垩统清水河组（埋深在3000~4500m）。

其中以上侏罗统齐古组储层物性条件最优，其孔隙度在10%~15%范围内的储层所占比为47.37%［图9-10（e）］，孔隙度在5%~15%范围内的储层占比更是高达84.13%，且渗透率在1×10^{-3}~$100\times10^{-3}\mu m^2$范围内占比为49.62%［图9-11（e）］，整体属于低孔低渗储层，部分可以达到中孔中渗储层。而从物性平面差异变化来看，又以西段齐古组物性条件最优（平均孔隙度10.39%，平均渗透率$34.68\times10^{-3}\mu m^2$），东段齐古组的物性条件次之（平均孔隙度12.49%，平均渗透率$19.71\times10^{-3}\mu m^2$），中段齐古组的物性条件相对较差（平均孔隙度12.06%，平均渗透率$1.65\times10^{-3}\mu m^2$）。值得注意的是，准南西段齐古组在埋深3500~4000m范围内出现异常高孔渗带，其孔隙度和渗透率明显高于相邻深度位置的储层。

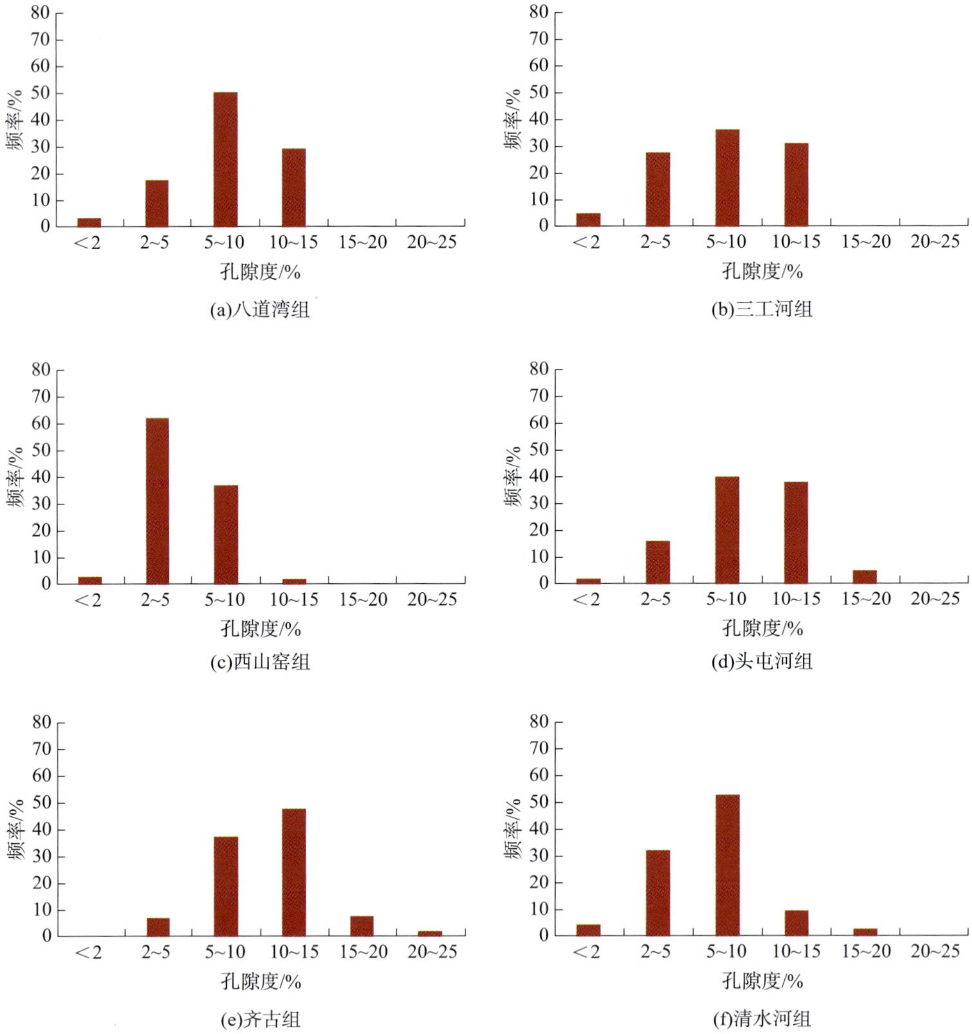

图 9-10　准噶尔盆地南缘各组孔隙度频率分布直方图

而下白垩统清水河组储层物性条件仅次于齐古组，其孔隙度在5%以上的储层占比为74%［图9-10（f）］，渗透率在$1 \times 10^{-3}\mu m^2$以上的储层占比为40%［图9-11（f）］，整体属于特低孔低渗储层，部分达到中孔中渗储层。此外，从清水河组储层物性平面差异特征来看，准南东段清水河组储层物性（平均孔隙度8.12%，平均渗透率$5.62 \times 10^{-3}\mu m^2$）要优于西段（平均孔隙度6.82%，平均渗透率$4.17 \times 10^{-3}\mu m^2$）。但东段埋深相对较浅（一般埋深在750~1170m），因此尚不能归为深层储层。在垂向上，清水河组储层随埋深加大孔隙度呈一定程度降低趋势，但渗透率无明显降低趋势，随深度变化不明显。

除齐古组和清水河组外，中侏罗统头屯河组储层孔隙度整体也相对较为优越，其孔隙度在10%~15%范围内的储层占比为37.67%［图9-10（d）］，孔隙度在5%~15%范围内的储层占比更是高达77.25%。但头屯河组储层渗透率却整体相对较差，渗透率在0.02×10^{-3}~$1 \times 10^{-3}\mu m^2$范围内的储层占比可达68.76%［图9-11（d）］，整体属于特低孔低渗储层储层，部分达到中孔中渗储层。

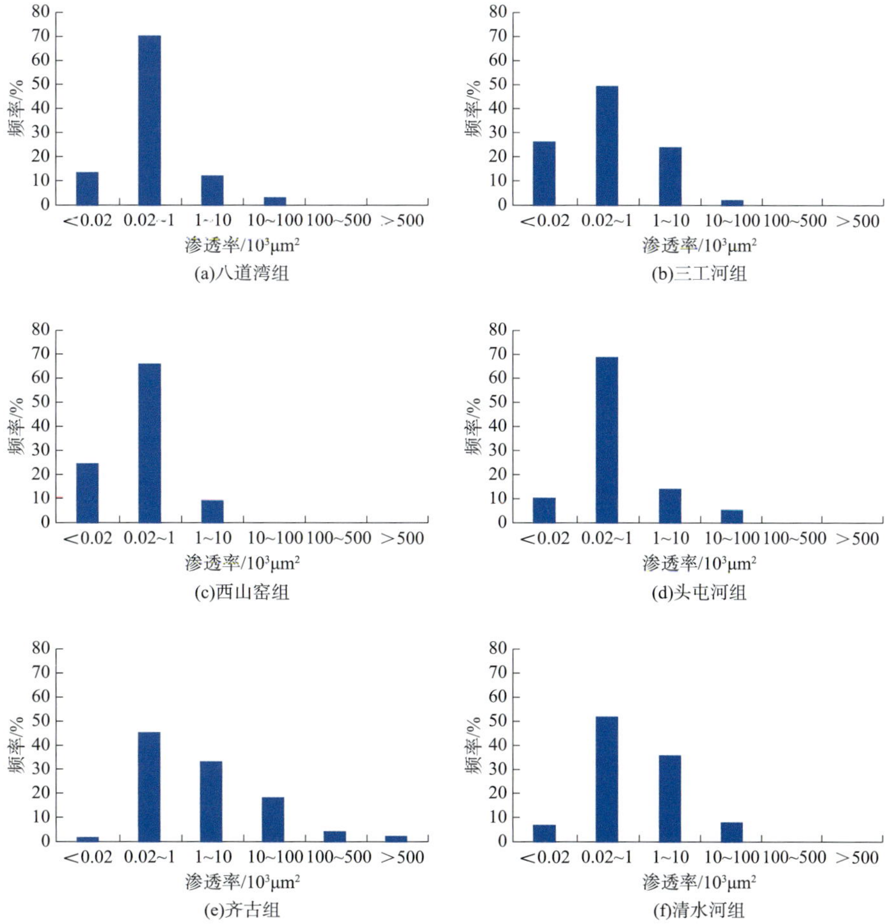

图 9-11　准噶尔盆地南缘各组渗透率频率分布直方图

综上可见，准南下组合储层中属于深层优质储层的为准南西段上侏罗统齐古组和下白垩统清水河组储层。

第二节　准南下组合深层碎屑岩储层古孔隙度恢复及其演化特征

储层物性特征，特别是孔隙度研究是深层油气勘探潜力评价的基础和关键，而精确恢复地质历史时期碎屑岩储层古孔隙度演化历史，可有效的预测深层油气成藏时期储层的孔隙度，并可准确评价优质储层成因机制，从而为深层油气储层有效性分析提供重要指导。近年来，储层孔隙度演化研究已从定性化研究转变为半定量—定量化的研究，并且随着油气勘探程度的不断提高，对地质历史时期孔隙度演化恢复精度的要求也越来越高。目前学者们主要借助于碎屑岩岩石铸体薄片，以成岩演化序列为约束，定量统计各种自生矿物和溶解孔隙的含量，进而恢复储集层古孔隙度参数及其演化过程（王瑞飞和陈明强，2007；于雯泉，2010；朱世发，2010；欧成华，2011；操应长，2012；鲁新川，2012；蒽克来，2013；钟大康，2013）。

准南下组合储层成岩序列研究表明，储层所经历的成岩作用依次为机械压实作用、胶结作用、溶蚀作用以及构造破裂作用四个演化作用阶段。因此根据储层孔隙成因及储层各成岩作用类型及其对孔隙的改造过程，进行准南下组合深层碎屑岩储层古孔隙度各相关参数的定量计算和恢复。所计算的参数包括：储层原始孔隙度（ϕ_0）、压实后剩余粒间孔的孔隙度（ϕ_1）、压实—胶结后剩余粒间孔的孔隙度（ϕ_2）、压实损失的孔隙度（ϕ_1'）、胶结损失的孔隙度（ϕ_2'）及溶蚀孔隙度（ϕ_3），具体计算步骤如下。

首先通过储层粒度分析实验获取各储层样品的粒度分选系数S_0值（粒度概率累计曲线上碎屑颗粒含量分别为25%和75%处所对应的粒径比值的平方根）；并通过物性分析测试实验获取，样品现今孔隙度（ϕ）值；此外，还需通过储层岩石铸体薄片鉴定厘定各样品剩余粒间孔相对含量（S_g）、胶结物含量（C）和溶蚀孔的相对含量（S_d）这3个参数值。

在获取上述各参数值基础上，根据Beard等所建立的原始孔隙度ϕ_0和Trask分选系数S_0的关系（Beard，1973）计算各储层样品原始孔隙度大小：

$$\phi_0=20.91+22.90/S_0 \tag{9-1}$$

储层原始孔隙损失的一个重要因素就是压实作用，并且压实作用贯穿储层的整个埋藏过程，压实后剩余粒间孔隙度除包含现今剩余粒间孔隙度外，还应包含胶结物所占据的孔隙空间，因此压实后剩余粒间孔的孔隙度（ϕ_1）为：

$$\phi_1=S_g/100\times\phi+C \quad (9\text{-}2)$$

压实作用损失孔隙度为ϕ_0与ϕ_1之差：

$$\phi_1'=\phi_0-\phi_1 \quad (9\text{-}3)$$

压实和胶结作用之后仅有溶蚀作用，因此样品现今的实测孔隙度与溶蚀增加的孔隙度之差即为压实—胶结后剩余粒间孔的孔隙度：

$$\phi_2=(1-S_d/100)\times\phi \quad (9\text{-}4)$$

胶结作用损失的孔隙度即为ϕ_1与ϕ_2之差：

$$\phi_2'=\phi_1-\phi_2 \quad (9\text{-}5)$$

溶蚀增孔孔隙度为现今孔隙度中溶蚀孔的百分含量：

$$\phi_3=S_d/100\times\phi \quad (9\text{-}6)$$

就目前数据资料而言，准噶尔盆地南缘西段仅有下侏罗统八道湾组和上侏罗统齐古组储层可进行古孔隙度恢复。其中准南西段八道湾组储层古孔隙度恢复相关参数来源于1口井内部两个储层样品点，通过对各个储层样品分别计算古孔隙度各相关参数，最终通过取平均值的方法表征整个八道湾组储层的古孔隙度各参数的演化过程和相关孔隙的增加—损失量（表9-2）。通过数据计算可得，八道湾组储层样品埋深在4227.8m，现今实测孔隙度平均值为8.15%，其中所计算所得的初始孔隙度平均值为33.18%；计算所得的压实后剩余粒间孔的孔隙度平均值为2.04%；计算所得压实损失孔隙度的平均值为31.14%；计算所得压实—胶结后剩余粒间孔隙度和胶结损失孔隙度平均值分别为0.04%和2%；计算所得溶蚀增孔孔隙度平均值为4.34%；计算所得微裂缝增孔孔隙度平均值为3.77%。因此整体而言，准南西段八道湾组储层孔隙度损失以压实减孔为主，而胶结损失的孔隙所占比例较低。同时，由于西段八道湾组为煤系地层，有机质成熟过程中释放大量有机酸，导致其溶蚀增孔较为明显，并且晚期剪切破裂作用产生的微裂缝又对储层的孔隙有一定的改善（图9-12）。

其中准南西段齐古组储层古孔隙度恢复相关参数来源于7口井内部45个储层样品点，通过对各个储层样品分别计算古孔隙度各相关参数，最终通过取平均值的方法表征整个齐古组储层的古孔隙度各参数的演化过程和相关孔隙的增加—损失量（表9-2）。通过数据计算可得，齐古组储层样品埋深在3700~4200m，现今实测孔隙度平均为11.32%，其中所计算所得的初始孔隙度平均值为35.66%；计算所得的压实后剩余粒间孔的孔隙度平均值为14.95%；计算所得压实损失孔隙度为20.71%；计算所得压实—胶结后剩余粒间孔隙度和胶结损失孔隙度平均值分别为10.42%和4.53%；计算所得溶蚀增孔孔隙度平均值为0.9%。整体而言，准南西段齐古组储层孔隙损失以压实减孔为主，而胶结损失的孔隙所占比例较低，溶蚀增孔不明显，对储层孔隙改善微弱，但其现今仍保持一个相对较高的孔隙度（图9-13）。

表 9-2 准噶尔盆地南缘西段下组合储层孔隙度演化计算表

层位	井号	深度/m	初始孔隙度/%	实测孔隙度/%	胶结物总含量/%	剩余粒间孔/%	压实作用后剩余粒间孔隙度/%	压实损失孔隙度/%	压实减孔率/%	溶蚀孔/%	压实胶结作用后剩余粒间孔隙度/%	胶结物作用损失孔隙度/%	溶蚀增孔孔隙度/%
齐古组	卡001	4049.33	34.72	9.2	1	95	9.74	24.98	0.72	5	8.74	1.00	0.46
		4060.03	35.86	7	14	100	21.00	14.86	0.41	0	7.00	14.00	0.00
		4080.78	36.55	15.9	6	100	21.90	14.65	0.40	0	15.90	6.00	0.00
		4083.1	35.01	9.5	6	99	15.41	19.60	0.56	1	9.41	6.00	0.10
		4087.9	36.28	14.2	3	100	17.20	19.08	0.53	0	14.20	3.00	0.00
		4088.86	36.94	7.1	2	99	9.03	27.91	0.76	1	7.03	2.00	0.07
		4090.74	34.72	11.9	2	99	13.78	20.94	0.60	1	11.78	2.00	0.12
		4095.07	36.39	12.8	2	98	14.54	21.85	0.60	2	12.54	2.00	0.26
		4096.34	36.82	12.4	1	98	13.15	23.67	0.64	2	12.15	1.00	0.25
		4098.52	36.55	11.5	9	95	19.93	16.63	0.45	2	11.27	8.66	0.23
		4103.79	35.81	10.8	4	100	14.80	21.01	0.59	0	10.80	4.00	0.00
		4107.64	37.16	11.9	4	98	15.66	21.50	0.58	2	11.66	4.00	0.24
		4110.48	36.39	12.1	3	99	14.98	21.41	0.59	1	11.98	3.00	0.12
		4111.7	36.39	8.9	11	94	19.37	17.02	0.47	2	8.72	10.64	0.18
		4120.07	35.91	7.3	11	100	18.30	17.61	0.49	0	7.30	11.00	0.00
		4122.48	34.76	10	10	85	18.50	16.26	0.47	10	9.00	9.50	1.00
		4126.07	34.53	13.1	5	98	17.84	16.69	0.48	2	12.84	5.00	0.26
		4127.24	36.50	8.3	1	100	9.30	27.20	0.75	0	8.30	1.00	0.00
	卡002	3993.08	33.93	12.2	3	100	15.20	18.73	0.55	0	12.20	3.00	0.00
		3994.04	33.97	12.9	2	100	14.90	19.07	0.56	0	12.90	2.00	0.00
		3995.51	35.50	14	2	100	16.00	19.50	0.55	0	14.00	2.00	0.00
		3996.68	36.34	11.3	1	100	12.30	24.04	0.66	0	11.30	1.00	0.00
		4001.45	33.35	10.1	2	100	12.10	21.25	0.64	0	10.10	2.00	0.00
		4007.81	36.94	10	3	100	13.00	23.94	0.65	0	10.00	3.00	0.00
		4071.14	36.94	10.2	1	100	11.20	25.74	0.70	0	10.20	1.00	0.00
		4075.47	36.07	11.8	3	100	14.80	21.27	0.59	0	11.80	3.00	0.00
		4079.93	37.22	12.9	2	100	14.90	22.32	0.60	0	12.90	2.00	0.00
		4124.18	36.39	9.5	13	100	22.50	13.89	0.38	0	9.50	13.00	0.00
	卡003	4063.23	36.39	10.3	6	100	16.30	20.09	0.55	0	10.30	6.00	0.00
	卡6	3957.79	36.23	13	0	50	6.50	29.73	0.82	50	6.50	0.00	6.50
		3958.7	36.34	15.3	7	100	22.30	14.04	0.39	0	15.30	7.00	0.00
		3959.31	35.55	14.4	4	99	18.26	17.30	0.49	1	14.26	4.00	0.14
	卡8	3929.37	35.25	16.4	6	98	22.07	13.18	0.37	2	16.07	6.00	0.33
		3949.36	36.77	15.8	6	99	21.64	15.13	0.41	1	15.64	6.00	0.16
		3953.9	34.62	6	13	10	13.60	21.02	0.61	10	5.40	8.20	0.60
		3958.35	36.12	13.9	9	65	18.04	18.09	0.50	35	9.04	9.00	4.87
		4075.17	34.96	9.8	10	98	19.60	15.35	0.44	2	9.60	10.00	0.20
		4075.72	34.62	10.8	1	98	11.58	23.04	0.67	1	10.69	0.89	0.11

续表

层位	井号	深度/m	初始孔隙度/%	实测孔隙度/%	胶结物总含量/%	剩余粒间孔/%	压实作用后剩余粒间孔隙度/%	压实损失孔隙度/%	压实减孔率/%	溶蚀孔/%	压实胶结作用后剩余粒间孔隙度/%	胶结物作用损失孔隙度/%	溶蚀增孔孔隙度/%
齐古组	卡10	3702.82	34.63	16.9	4	100	20.90	13.73	0.40	0	16.90	4.00	0.00
		3709.05	37.59	22.1	1	100	23.10	14.49	0.39	0	22.10	1.00	0.00
		3848.08	34.77	7.2	1	0	1.00	33.77	0.97	100	0.00	1.00	7.20
		3848.74	35.94	6.7	4	0	4.00	31.94	0.89	100	0.00	4.00	6.70
		3849.78	33.88	5.4	6	0	6.00	27.88	0.82	100	0.00	6.00	5.40
		3850.28	35.02	5	5	0	5.00	30.02	0.86	100	0.00	5.00	5.00
	卡11	4258.27	32.07	11.4	0	100	11.40	20.67	0.64	0	11.40	0.00	0.00
八道湾组	卡8	4227.8	33.01	8.5	3	0	3.00	30.01	0.91	70	2.55	0.45	5.95
		4230.2	33.35	7.8	1	1	1.08	32.28	0.97	35	5.07	3.99	2.73

孔隙计算演化参数	数值/%
初始孔隙度ϕ_0	33.18
压实损失孔隙度ϕ'_1	31.14
胶结损失孔隙度ϕ'_2	2.00
溶蚀孔隙度ϕ_3	4.34
微裂缝增加孔隙度ϕ_4	3.77
现今孔隙度ϕ	8.15

不同成岩阶段的孔隙度变化

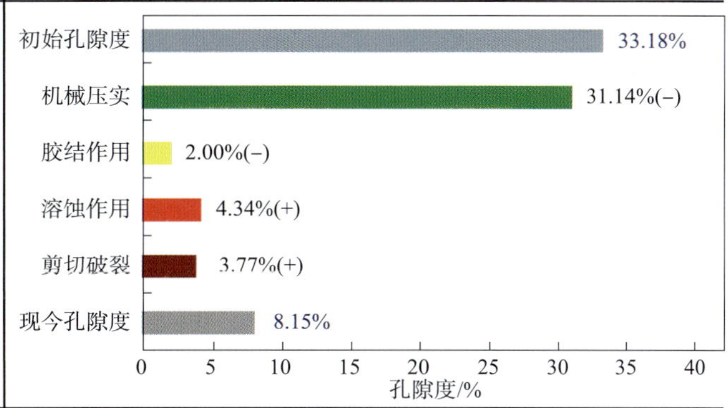

图 9-12　准噶尔盆地南缘西段八道湾组孔隙度演化的定量参数统计

孔隙计算演化参数	数值/%
初始孔隙度ϕ_0	35.66
压实损失孔隙度ϕ'_1	20.71
胶结损失孔隙度ϕ'_2	4.53
溶蚀孔隙度ϕ_3	0.90
现今孔隙度ϕ	11.32

不同成岩阶段的孔隙度变化

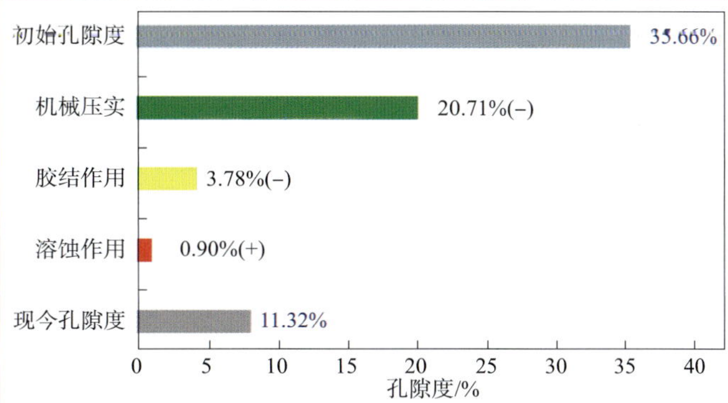

图 9-13　准噶尔盆地南缘西段齐古组孔隙度演化的定量参数统计

准噶尔盆地南缘中段八道湾组、三工河组、西山窑组和头屯河组储层可进行孔隙度恢复。其中准南中段八道湾组储层古孔隙度恢复相关参数来源于2口井内部4个储层样品点，通过对各个储层样品分别计算古孔隙度各相关参数，最终通过取平均值的方法表征整个八道湾组储层的古孔隙度各参数的演化过程和相关孔隙的增加—损失量（表9-3）。通过数据计算可得，八道湾组储层样品埋深在1650~3973m，现今实测孔隙度平均值为7.29%，其中所计算所得的初始孔隙度平均值为34.26%；计算所得的压实后剩余粒间孔的孔隙度平均值为7.13%；计算所得压实损失孔隙度平均值为27.13%；计算所得压实—胶结后剩余粒间孔隙度和胶结损失孔隙度平均值分别为4.67%和0.66%；计算所得溶蚀增孔孔隙度为0.81%。整体而言，准南中段八道湾组储层孔隙损失以机械压实为主要作用，胶结减孔以及溶蚀增孔均较弱损失孔隙所占比例较低（图9-14）。

孔隙计算演化参数	数值/%
初始孔隙度ϕ_0	34.26
压实损失孔隙度ϕ'_1	27.13
胶结损失孔隙度ϕ'_2	0.66
溶蚀孔隙度ϕ_3	0.81
现今孔隙度ϕ	7.29

不同成岩阶段的孔隙度变化

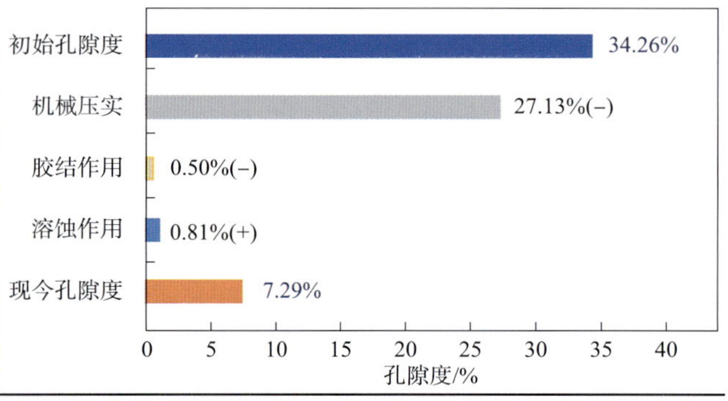

图9-14　准噶尔盆地南缘中段八道湾组孔隙度演化的定量参数统计

准南中段三工河组储层古孔隙度恢复相关参数来源于1口井内部3个储层样品点，通过对各个储层样品分别计算古孔隙度各相关参数，最终通过取平均值的方法表征整个三工河组储层的古孔隙度各参数的演化过程和相关孔隙的增加—损失量（表9-3）。通过数据计算可得，三工河组储层样品埋深在1259~1263m，现今实测孔隙度平均值为8.67%，其中所计算所得的初始孔隙度平均值为30.02%；计算所得的压实后剩余粒间孔的孔隙度平均值为5.74%；计算所得压实损失孔隙度平均值为24.28%；计算所得压实—胶结后剩余粒间孔隙度和胶结损失孔隙度平均值分别为1.4%和4. 3%；计算所得溶蚀增孔孔隙度平均值为7.26%。整体而言，准南中段三工河组储层孔隙损失以机械压实为主，同时胶结作用相对较强也对储层孔隙造成一定程度的损失，同时储层溶蚀作用也较强，因此溶蚀改善储层孔隙较为明显（图9-15）。

准南中段西山窑组储层古孔隙度恢复相关参数来源于1口井内部5个储层样品点，通过对各个储层样品分别计算古孔隙度各相关参数，最终通过取平均值的方法表征整个西山窑组储层的古孔隙度各参数的演化过程和相关孔隙的增加—损失量（表9-3）。

通过数据计算可得，西山窑组储层样品埋深在3399~3510m，现今实测孔隙度平均值为7.12%，其中所计算所得的初始孔隙度平均值为34.26%；计算所得的压实后剩余粒间孔的孔隙度平均值为8.85%；计算所得压实损失孔隙度平均值为25.41%；计算所得压实—胶结后剩余粒间孔隙度和胶结损失孔隙度平均值分别为6.55%和2.3%；计算所得溶蚀增孔孔隙度平均值为0.57%。整体而言，准南中段西山窑组储层孔隙演化以机械压实为主，压实作用造成的孔隙损失较大，胶结作用和溶蚀作用均较弱，因此胶结减孔和溶蚀增孔均不显著（图9-16）。

表 9-3 准噶尔盆地南缘中段下组合储层孔隙度演化计算表

层位	井号	深度/m	初始孔隙度/%	实测孔隙度/%	胶结物总含量/%	剩余粒间孔/%	压实作用后剩余粒间孔隙度/%	压实损失孔隙度/%	压实减孔率/%	溶蚀孔/%	压实胶结作用后剩余粒间孔隙度/%	胶结物作用损失孔隙度/%	溶蚀增孔孔隙度/%
头屯河组	齐古3	740.53	34.52	10.70	0	90	9.63	24.89	0.72	10	9.63	0.00	1.07
西山窑组	昌1	3399.33	33.07	6.70	5	95	11.37	21.70	0.66	5	6.37	5.00	0.34
		3400.99	34.23	5.10	0	50	2.55	31.68	0.93	40	3.06	−0.51	2.04
		3407.25	35.58	8.00	3	95	10.60	24.98	0.70	5	7.60	3.00	0.40
		3509.15	34.28	8.50	2	100	10.50	23.78	0.69	0	8.50	2.00	0.00
		3510.13	34.13	7.30	2	99	9.23	24.90	0.73	1	7.23	2.00	0.07
三工河组	齐古2	1259.95	30.58	8.00	12	1	12.08	18.50	0.60	99	0.08	12.00	7.92
		1261.75	28.92	6.20	0	0	0.00	28.92	1.00	100	0.00	0.00	6.20
		1263.05	30.55	11.80	1	35	5.13	25.42	0.83	65	4.13	1.00	7.67
八道湾组	齐8	1652.35	31.27	5.10	0	85	4.34	26.93	0.86	15	4.34	0.00	0.77
		1669.63	34.50	9.15	0	85	7.78	26.73	0.77	15	7.78	0.00	1.37
		2011.25	33.49	7.69	2	95	9.31	24.18	0.72	5	7.31	2.00	0.38
	昌1	3973.25	37.79	7.20	1	85	7.12	30.67	0.81	10	6.48	0.64	0.72

孔隙计算演化参数	数值/%
初始孔隙度ϕ_0	30.02
压实损失孔隙度ϕ'_1	24.28
胶结损失孔隙度ϕ'_2	4.33
溶蚀孔隙度ϕ_3	7.26
现今孔隙度ϕ	8.67

不同成岩阶段的孔隙度变化

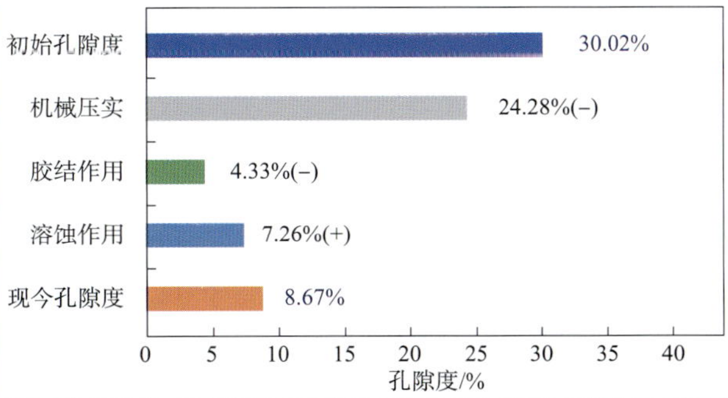

图 9-15 准噶尔盆地南缘中段三工河组孔隙度演化的定量参数统计

孔隙计算演化参数	数值/%
初始孔隙度ϕ_0	34.26
压实损失孔隙度ϕ'_1	25.41
胶结损失孔隙度ϕ'_2	2.30
溶蚀孔隙度ϕ_3	0.57
现今孔隙度ϕ	7.12

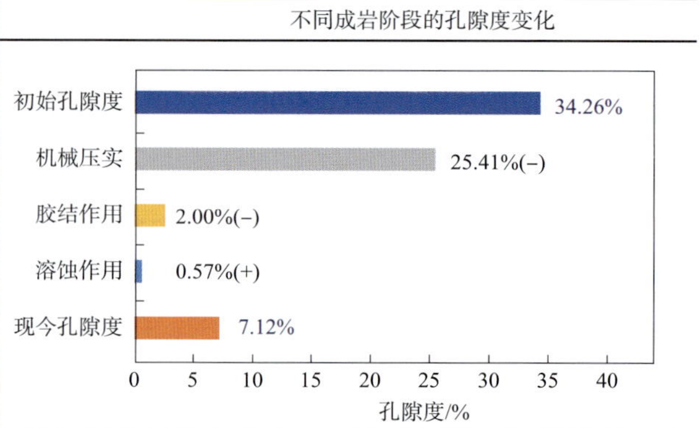

图 9-16　准噶尔盆地南缘中段西山窑组孔隙度演化的定量参数统计

准南中段头屯河组储层古孔隙度恢复相关参数来源于1口井内部2个储层样品点，通过对各个储层样品分别计算古孔隙度各相关参数，最终通过取平均值的方法表征整个头屯河组储层的古孔隙度各参数的演化过程和相关孔隙的增加—损失量（表9-3）。通过数据计算可得，头屯河组储层样品埋深在740.3m，现今实测孔隙度平均值为10.7%，其中所计算所得的初始孔隙度平均值为34.52%；计算所得的压实后剩余粒间孔的孔隙度平均值为9.63%；计算所得压实损失孔隙度平均值为24.89%；计算所得压实—胶结后剩余粒间孔隙度和胶结损失孔隙度平均值均为0%；计算所得溶蚀增孔孔隙度平均值为1.07%。准南中段头屯河组储层孔隙损失以机械压实为主，样品中未出现胶结物，因此可推断其胶结物损失孔隙度所占比例极低，并且溶蚀作用较弱，溶蚀增孔不显著（图9-17）。

孔隙计算演化参数	数值/%
初始孔隙度ϕ_0	34.52
压实损失孔隙度ϕ'_1	24.89
胶结损失孔隙度ϕ'_2	0.00
溶蚀孔隙度ϕ_3	1.07
现今孔隙度ϕ	10.70

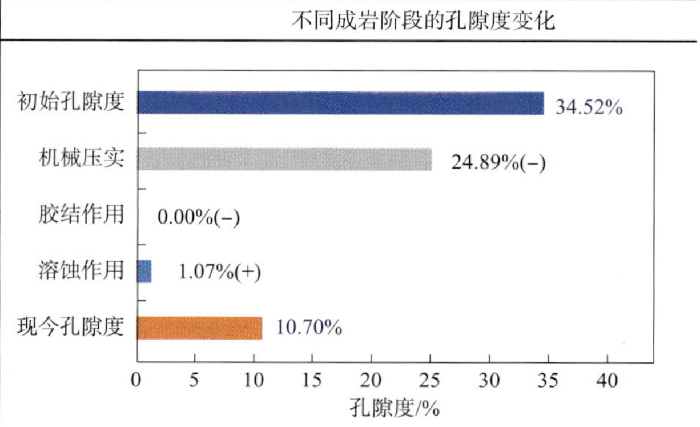

图 9-17　准噶尔盆地南缘中段头屯河组孔隙度演化的定量参数统计

准噶尔盆地南缘东段有头屯河组和齐古组储层可进行孔隙度恢复。其中准南东段头屯河组储层古孔隙度恢复相关参数来源于3口井内部9个储层样品点，通过对各个储层样品分别计算古孔隙度各相关参数，最终通过取平均值的方法表征整个头屯河组储层的古孔隙度各参数的演化过程和相关孔隙的增加—损失量（表9-4）。通过数据计算可得，头屯河组储层样品埋深在2002~4564m，现今实测孔隙度平均值为8%，其中所计算所得的初始孔隙度平均值为32.59%；计算所得的压实后剩余粒间孔的孔隙度平均值为11.09%；计算所得压实损失孔隙度平均值为21.5%；计算所得压实—胶结后剩余粒间孔隙度和胶结损失孔隙度平均值为分别7.14%和3.94%；计算所得溶蚀增孔孔隙度平均值为0.86%。整体而言，准南东段头屯河组储层孔隙损失以压实减孔为主，同时胶结损失孔隙度所占比例较低，此外溶蚀作用较弱，溶蚀增孔不显著（图9–18）。

表 9–4 准噶尔盆地南缘东段下组合储层孔隙度演化计算表

层位	井号	深度/m	初始孔隙度/%	实测孔隙度/%	胶结物总含量/%	剩余粒间孔/%	压实作用后剩余粒间孔隙度/%	压实损失孔隙度/%	压实减孔率/%	溶蚀孔/%	压实胶结作用后剩余粒间孔隙度/%	胶结物作用损失孔隙度/%	溶蚀增孔孔隙度/%
齐古组	九运2	3550.75	32.11	12.60	0	100	12.60	19.51	0.61	0	12.60	0.00	0.00
		3551.43	32.81	12.90	1	100	13.90	18.91	0.58	0	12.90	1.00	0.00
		3552.88	32.01	13.80	0	100	13.80	18.21	0.57	0	13.80	0.00	0.00
		3553.28	33.84	13.90	0	100	13.90	19.94	0.59	0	13.90	0.00	0.00
		3553.64	31.07	12.60	0	100	12.60	18.47	0.59	0	12.60	0.00	0.00
头屯河组	长山1	2002.14	29.33	3.20	1	0	1.00	28.33	0.97	100	0.00	1.00	3.20
	牧7	3955.09	33.17	9.20	0	100	9.20	23.97	0.72	0	9.20	0.00	0.00
		3956	33.10	6.90	0	100	6.90	26.20	0.79	0	6.90	0.00	0.00
		3957	33.44	10.70	1	100	11.70	21.74	0.65	0	10.70	1.00	0.00
		3958	33.12	6.80	8	100	14.80	18.32	0.55	0	6.80	8.00	0.00
		4012.94	32.37	8.20	8	55	12.51	19.86	0.61	45	4.51	8.00	3.69
		4013.47	34.14	10.20	1	100	11.20	22.94	0.67	0	10.20	1.00	0.00
	九运1	4564.56	32.32	7.70	8	98	15.55	16.78	0.52	5	7.32	8.23	0.39
		4564.56	32.32	9.10	8	98	16.92	15.41	0.48	5	8.65	8.27	0.46

孔隙计算演化参数	数值/%
初始孔隙度ϕ_0	32.59
压实损失孔隙度ϕ'_1	21.50
胶结损失孔隙度ϕ'_2	3.94
溶蚀孔隙度ϕ_3	0.86
现今孔隙度ϕ	8.00

不同成岩阶段的孔隙度变化

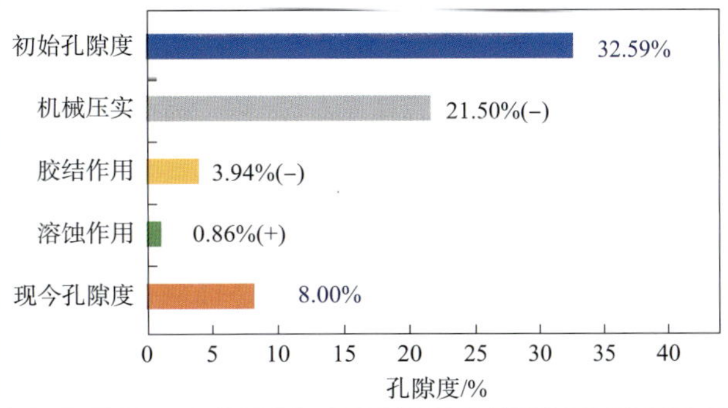

图 9–18 准噶尔盆地南缘东段头屯河组孔隙度演化的定量参数统计

准南东段齐古组储层古孔隙度恢复相关参数来源于1口井内部5个储层样品点，通过对各个储层样品分别计算古孔隙度各相关参数，最终通过取平均值的方法表征整个齐古组储层的古孔隙度各参数的演化过程和相关孔隙的增加—损失量（表9-4）。通过数据计算可得，齐古组储层样品埋深在3550~3553m，现今实测孔隙度平均值为13.16%，其中所计算所得的初始孔隙度平均值为32.37%；计算所得的压实后剩余粒间孔的孔隙度平均值为13.36%；计算所得压实损失孔隙度平均值为19.01%；计算所得压实—胶结后剩余粒间孔隙度和胶结损失孔隙度平均值分别为13.16%和0.2%；计算所得溶蚀增孔孔隙度平均值为0%。整体而言，准南东段齐古组储层孔隙演化主要经历机械压实，孔隙损失以压实减孔为主，胶结作用和溶蚀作用均较弱，胶结减孔和溶蚀增孔不显著（图9-19）。

孔隙计算演化参数	数值/%
初始孔隙度ϕ_0	32.37
压实损失孔隙度ϕ'_1	19.01
胶结损失孔隙度ϕ'_2	0.20
溶蚀孔隙度ϕ_3	0.00
现今孔隙度ϕ	13.16

不同成岩阶段的孔隙度变化

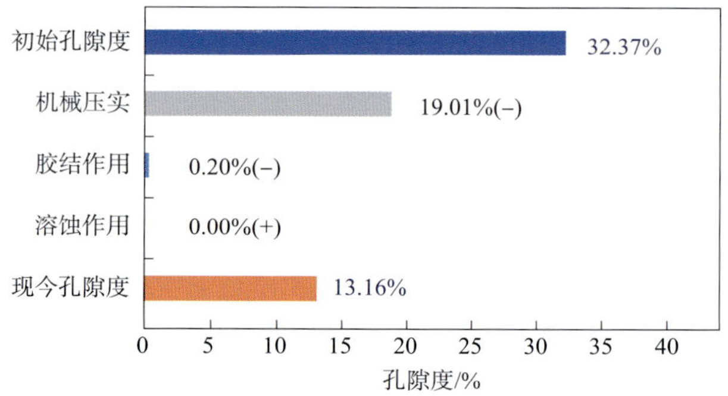

图9-19　准噶尔盆地南缘东段齐古组孔隙度演化的定量参数统计

整体来说，准噶尔盆地南缘下组合储层孔隙损失以压实减孔为主，压实损失孔隙度为20%~30%。胶结作用和溶蚀作用对储层孔隙演化影响不大，其中中段齐古组、中段三工河组和东段头屯河组储层胶结作用损失孔隙相对较大，但其胶结物损失孔隙度都在5%以下。有少量组段如中段八道湾组和中段三工河组储层溶蚀作用对储层孔隙产生了较为明显的改善作用，溶蚀增孔孔隙度最高可以达到7%左右。

第三节　沉积条件对储层物性的影响

沉积水动力条件控制了碎屑岩的岩石组构特征，包括其成分、粒度、分选、磨圆和杂基含量等，而这些因素又直接或间接地制约着后期成岩过程中的孔隙演化。为研究岩石组构对储层物性的影响，分别对碎屑岩的成分、粒度、分选、与储层物性的关系进行了研究。

一、储层碎屑成分

碎屑成分是直接参与储层成岩演化的物质基础。较高的石英体积分数使得储层抗压实能力提高；而塑性岩屑体积分数的增加却大大降低储层的抗压实能力，同时部分塑性岩屑假杂基化也可使得物性进一步损失；长石主要是通过溶蚀增孔作用而改善储层物性，与此同时其溶蚀产物高岭石会占据部分储集空间，但在相对开放的成岩环境下，流体在孔隙网格系统中流动速度快，溶蚀产物可有效带出溶蚀区，仍然能对储层物性保存起到促进作用。

准南下组合储层物性与石英及长石体积分数呈正相关关系，而与塑性岩屑体积分数呈负相关［图9-20（a）~（c）］。石英等刚性颗粒含量的增加能够有效提高储层抗压实性及孔隙保存效果，由压实减孔率与石英体积分数的关系可见，压实减孔率与石英体积分数呈负相关关系［图9-21（a）］，充分证明石英可有效提高储层的抗压实性，此外下组合整体埋深较大压实强度较大，使得这一效果更加明显。因此石英体积分数增加可有效提高储层物性。同时，由于准南下组合溶蚀作用相对较强，长石体积分数增加溶蚀作用的效果显著，尽管其溶蚀产物高岭石会占据部分储集空间，但下组合储层渗透率相对较高，属开放流体环境，因此储层内较高的长石体积分数是维持有效溶蚀的物质基础，同时也使得储层发育较高的溶蚀孔隙。但长石体积分数与压实减孔率无明显相关关系［图9-21（b）］。此外，随岩屑体积分数增加压实减孔率随之增加［图9-21（c）］，这是因为塑性岩屑体积分数的增加大大降低储层的抗压实能力，同时部分岩屑假杂基化也使得物性进一步损失，因此岩屑体积分数的增加不利于储层物性的保存。

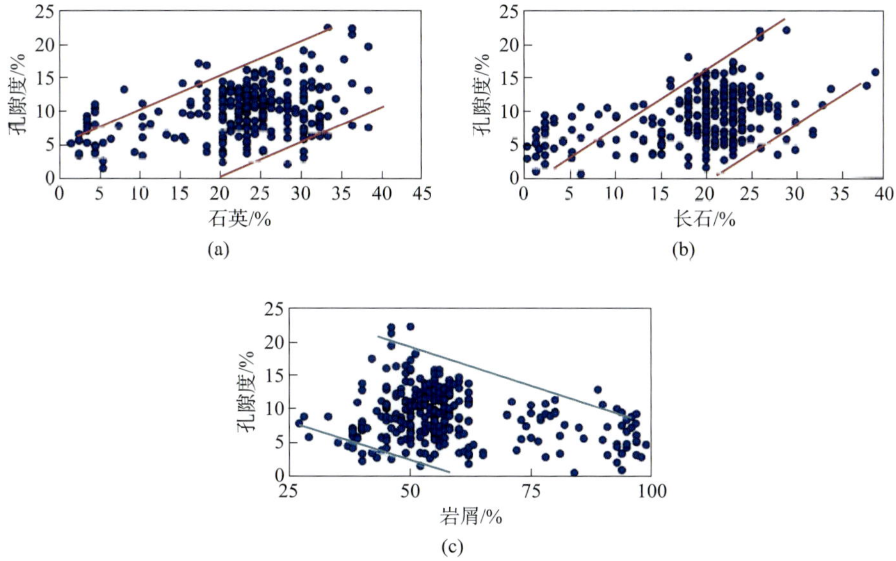

图9-20 准噶尔盆地南缘下组合储层碎屑成分与孔隙度关系

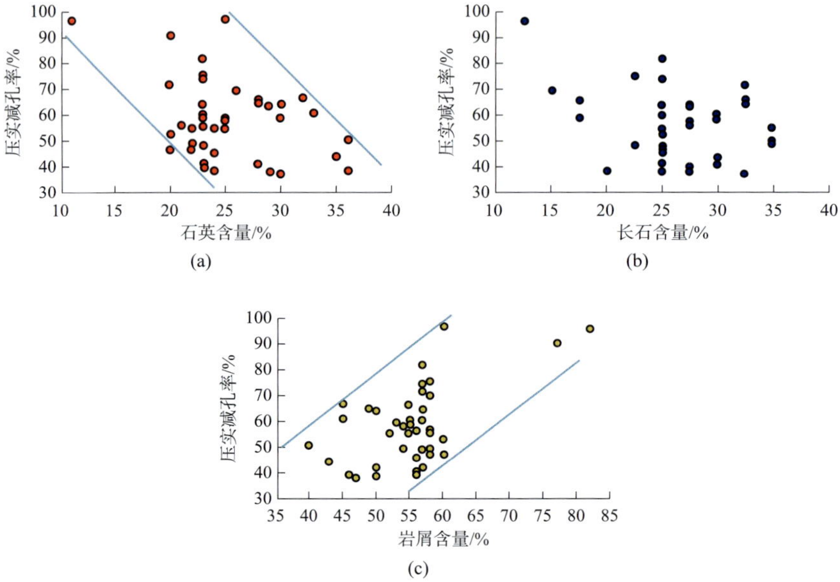

图 9-21 准噶尔盆地南缘下组合储层碎屑成分与压实减孔率关系

杂基含量与孔隙度呈明显的负相关关系（图9-22）。当杂基含量大于6%时，孔隙度均小于15%；而孔隙度大于15%的碎屑岩，其杂基含量均小于6%，说明二者的相关性较好。值得注意的是，部分碎屑岩其杂基含量虽然很低，但对应的孔隙度也较低，这可能与后期成岩作用的强烈改造作用有关。

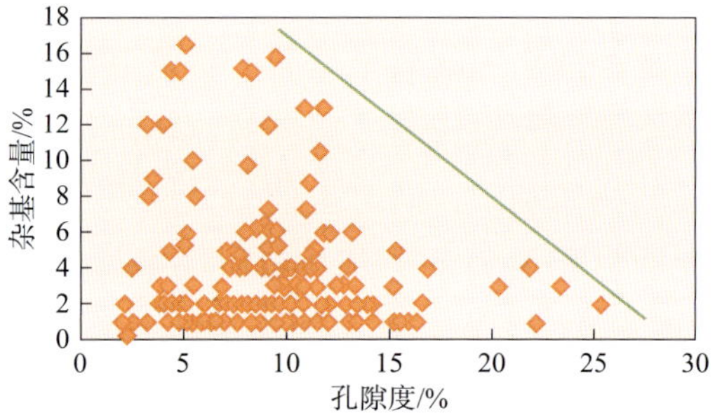

图 9-22 准噶尔盆地南缘下组合储层杂基含量与孔隙度的关系

二、沉积水动力条件

沉积水动力条件决定着储层碎屑沉积物粒度及分选，进而影响储层后期成岩及物性演化。从准南下组合储层不同粒径的物性数据可见，粗砂岩的的物性最好，粗砂岩的孔隙度平均值为10.49%且渗透率平均值高达$104.41 \times 10^{-3}\mu m^2$，而中砂岩、细砂岩、粉砂岩的物性逐渐变差，砂砾岩—砾岩的物性中等［图9-23（a）（b）］。究其原因，主要是粉砂岩粒度最细，原始物性就差，加之后期埋藏造成孔隙度损失使得现今物性最低，而砂砾岩虽然沉积粒度粗，但分选较细、中、粗砂岩差，造成原始物性降低。与此同时，随着碎屑颗粒的分选变差，物性也变差，分选系数与孔隙度大体呈负相关关系［图9-24（a）（b）］。一方面，对于孔隙度大于15%的碎屑岩，其对应的分选系数均小于2；而另一方面，对于分选系数大于2的碎屑岩，其孔隙度均小于15%，说明碎屑岩的分选性对准南下组合储层物性具有明显的控制作用。

一般情况下，较强水动力条件下形成的储集砂体对应孔隙度和渗透率相对较高，如三角洲砂体、河流相砂体等。分析其原因，主要与两方面因素有关，一方面强水动力条件下形成的砂体分选较好、粒度较粗、杂基含量也相对低，储层的初始孔隙度较高，抗压实能力较强；另一方面上述砂体往往厚度较大，导致砂体中部自生矿物的来源较为有限，胶结作用相对不发育，因而有利于原生孔隙的保存（李会军，2004）。对研究区13口井沉积微相与储层物性关系进行统计，结果表明心滩、辫状河三角洲前缘的水下分流河道储层物性最好，孔隙度平均在10%以上，渗透率平均达40×$10^{-3}\mu m^2$；边滩、辫状河三角洲平原的辫状河道、曲流河三角洲平原的分支河道储层物性次之，孔隙度平均在8%以上，渗透率较低，平均在（0.11~1.09）×$10^{-3}\mu m^2$；辫状河三角洲前缘的远砂坝、曲流河三角洲平原的陆上天然堤以及前缘的水下天然堤物性较差，尤其是辫状河三角洲前缘的远砂坝，其平均孔隙度仅为3.7%，平均渗透率为0.20×$10^{-3}\mu m^2$（图9-25、图9-26、表9-5）。上述特征基本符合水动力较强、分选较好则物性好这一规律。

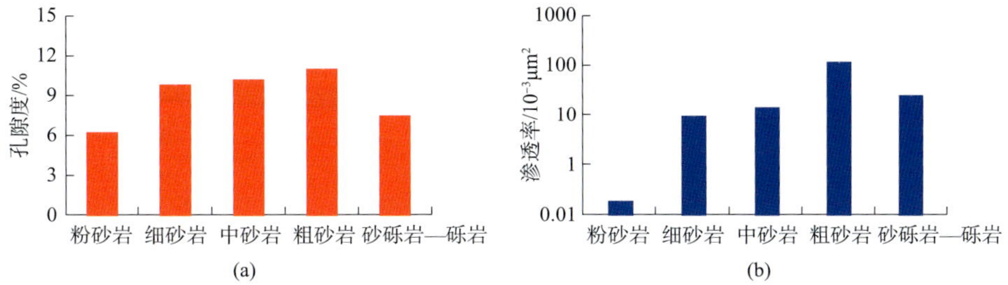

图9-23　准噶尔盆地南缘下组合储层物性与粒度交互图

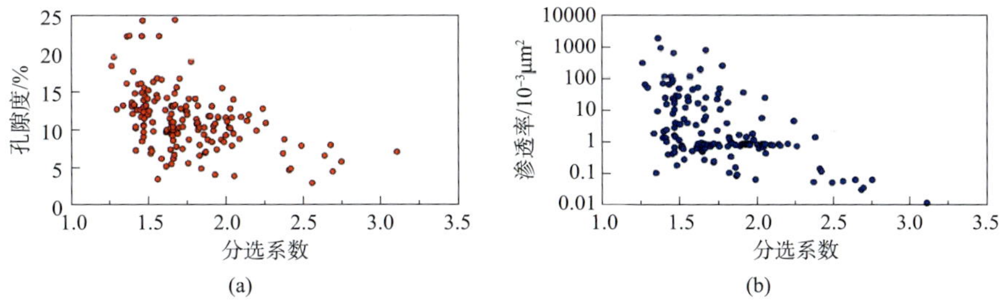

图9-24　准噶尔盆地南缘下组合储层物性与分选系数交互图

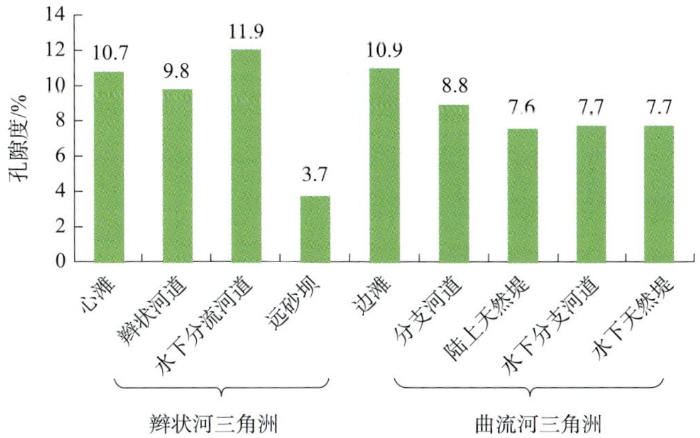

图9-25　准噶尔盆地南缘下组合储层沉积微相与孔隙度的关系

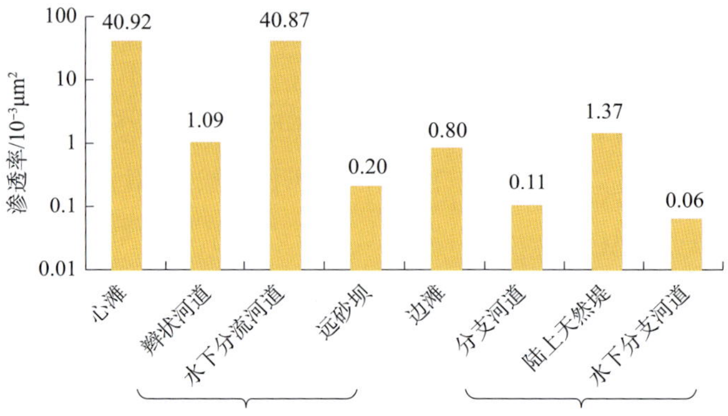

图 9-26　准噶尔盆地南缘下组合储层沉积微相与渗透率的关系

表 9-5　准噶尔盆地南缘下组合储层沉积微相与储层物性关系

微相	孔隙度/%			渗透率/$10^{-3}\mu m^2$		
	最大值	最小值	平均值	最大值	最小值	平均值
心滩	24.4	2.1	10.7	3810.00	0.07	40.92
辫状河道	14.8	4.0	9.8	17.68	0.04	1.09
水下分流河道	16.6	4.6	11.9	406.00	0.21	40.87
远砂坝	4.3	2.9	3.7	0.22	0.17	0.20
边滩	13.4	6.3	10.9	3.45	0.08	0.80
分支河道	11.3	5.0	8.8	0.14	0.04	0.11
陆上天然堤	16.8	0.8	7.6	21.60	0.01	1.37
水下分支河道	12.5	4.4	7.7	0.08	0.03	0.06
水下天然堤	10.4	3.2	7.7			

第四节　成岩作用对储层物性的控制作用

一、压实作用对储层物性的影响

压实作用是导致储层孔隙度和渗透率降低的主要因素，属于破坏性成岩作用，并且这种破坏性是不可逆的。整体而言，由于准南下组合储层埋深较大，压实减孔较为明显，准南各构造带下组合储层的压实减孔量均远大于胶结减孔量。古孔隙度计算显示压实作用造成的原生孔隙相对损失量一般大于70%，并可达90%以上［图9-27（a）、表9-6］，而各组段储层的胶结作用造成的原生孔隙相对损失量均小于25%，且绝大部分储层样品显示均小于10%。

就准南西段而言，各组段储层的压实减孔率平均值在75.69%~94.62%之间（表9-6），储层的粒间体积损失以压实减孔为主，整体上压实作用造成的原生孔隙相对损失量主要分布在70%~95%之间，极少数小于50%［图9-27（b）］。此外，据准南西段下组合储层压实—胶结作用减孔率分布［图9-28（a）］可见，随着地层时代愈老，西段下组合储层的压实减孔率出现增大的趋势，清水河组和齐古组储层的压实减孔率分别为75.69%和69.97%，而头屯河组、西山窑组和八道湾组储层的压实减孔率均大于90%。

就准南中段而言，各组段储层的压实减孔率平均值在79.62%~97.25%之间（表9-6），储层的粒间体积损失同样以压实减孔为主，整体上压实作用造成的原生孔隙相对损失量均大于60%［图9-27（c）］。而据准南中段下组合储层压实—胶结作用减孔率分布频率［图9-28（b）］可见，准南中段下组合储层的压实减孔率没有出现随着地层时代愈老而增大的趋势，其中齐古组平均压实减孔率最高（97.25%），而其余各组储层均小于90%。

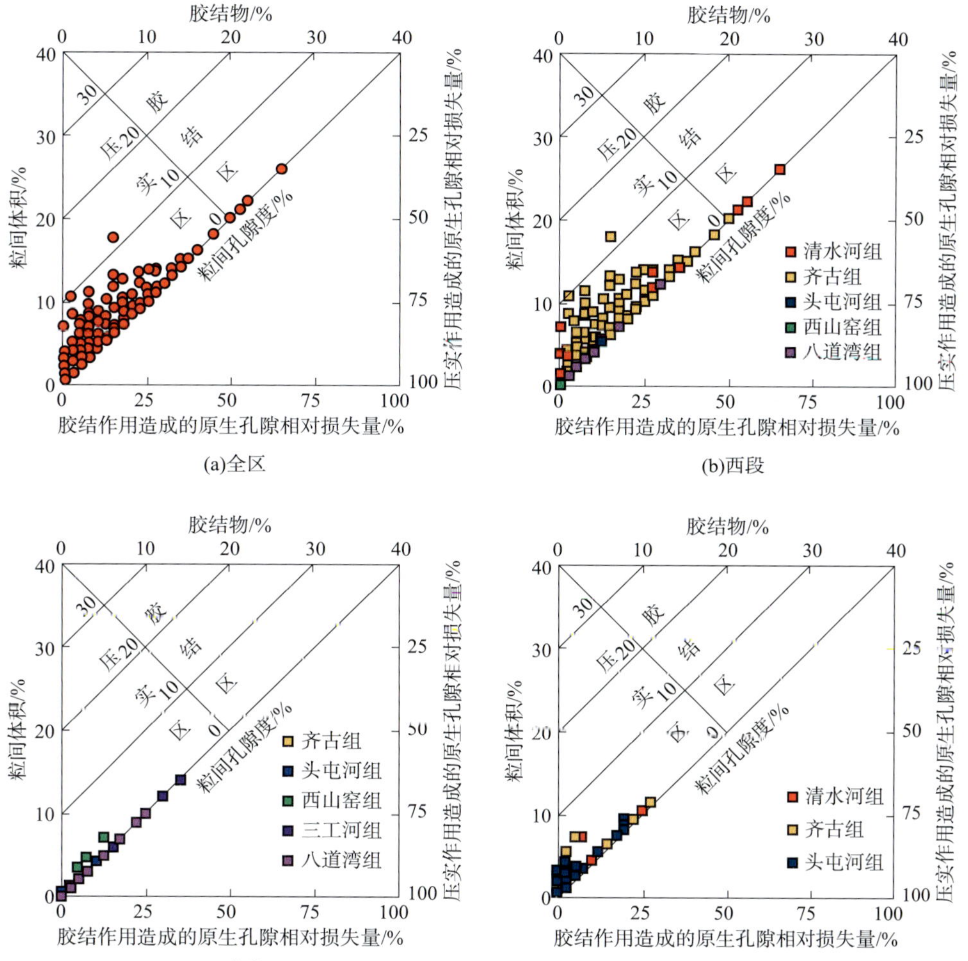

(a)全区　(b)西段　(c)中段　(d)东段

图9-27　准噶尔盆地南缘下组合储层压实和胶结作用在孔隙损失的贡献

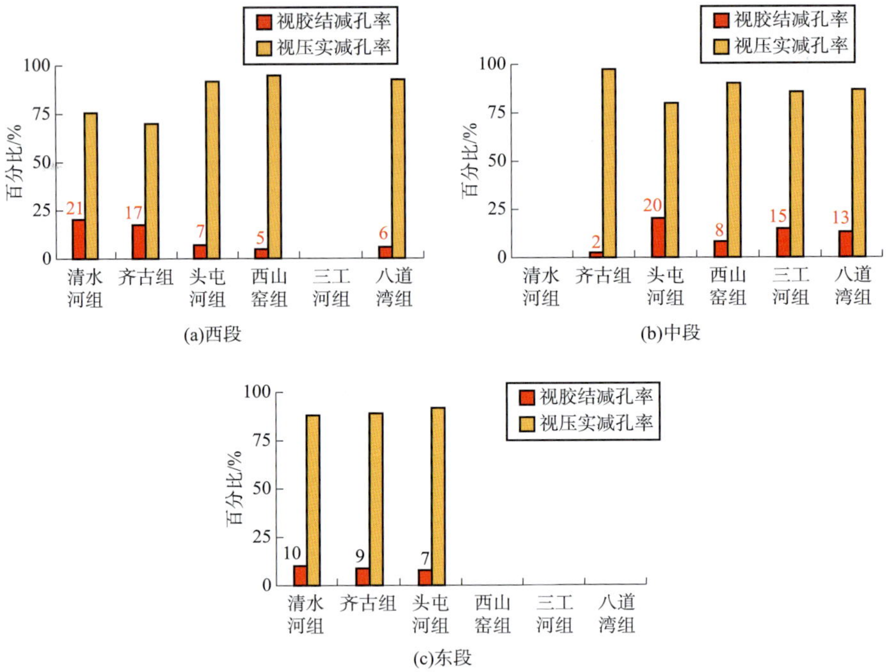

图 9-28　准噶尔盆地南缘下组合储层压实—胶结作用减孔率分布

表 9-6　准噶尔盆地南缘下组合储层压实减孔率平均值

层位	准南西段		准南中段		准南东段	
	压实减孔率/%	样品数量	压实减孔率/%	样品数量	压实减孔率/%	样品数量
清水河组	75.69	28	—	—	88.59	7
齐古组组	69.97	86	97.25	9	88.87	8
头屯河组	92.14	2	79.62	7	92.00	5
西山窑组	94.62	3	89.85	7	—	—
三工河组	—	—	85.15	8	—	—
八道湾组	92.55	7	86.78	8	—	—

就准南东段而言，各组段储层的压实减孔率平均值在88.59%~92%之间（表9-6），储层的粒间体积损失以压实减孔为主，整体上压实作用造成的原生孔隙相对损失量分布在70%~99%之间［图9-27（d）］。此外，据准南东段下组合储层压实—胶结作用减孔率分布频率［图9-28（c）］可见，东段下组合储层的压实减孔率有随地层时代愈老而增大的趋势。

二、胶结作用对储层物性的影响

1. 碳酸盐胶结作用

准噶尔盆地南缘下组合储层碳酸盐胶结物以方解石为主，而反映晚成岩阶段的铁方解石及铁白云石胶结物不甚发育。镜下薄片观察可见方解石胶结物茜素红溶液染色呈红色，并且可呈现出孔隙式和基底式（嵌晶式）两种胶结类型［图9-29（a）（b）］，可对储层物性造成明显的损失。此外，方解石胶结物含量高或呈嵌晶式胶结的样品内部碎屑颗粒多呈点接触甚至可呈漂浮状［图9-29（b）］，从侧面也反映出方解石胶结发生时间较早，甚至可早于有效压实作用的出现，即形成于早成岩期，并在一定程度上抑制了后期压实作用的强度。

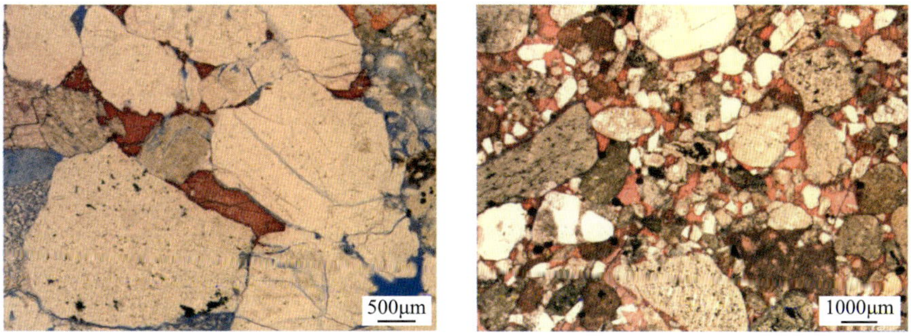

(a)卡8井，齐古组，4075.72m，蓝色铸体，中粗砂岩，茜素红染色呈红色，方解石呈孔隙式胶结　(b)卡11井，清水河组，4243.22m，含砾粗砂岩，茜素红染色呈红色，方解石嵌晶式胶结

图 9-29　准噶尔盆地南缘下组合储层碳酸盐胶结物铸体薄片照片

准噶尔盆地南缘下组合储层9口井共24个样品碳酸盐胶结物碳、氧同位素的分析结果显示（表9-7），八道湾组储层的样品深度为4229m，岩性为粗砂岩—砂砾岩，所测碳酸盐胶结物$\delta^{13}C_{carb}$为-23.6‰，$\delta^{18}O_{carb}$为-15.2‰；三工河组储层的样品深度为4491.5m，岩性为细砂岩，所测碳酸盐胶结物$\delta^{13}C_{carb}$为-2.7‰，$\delta^{18}O_{carb}$为-17.8‰；西山窑组储层的样品深度为4243.5m，岩性为粉砂岩，所测碳酸盐胶结物$\delta^{13}C_{carb}$为-12.1‰，$\delta^{18}O_{carb}$为-15.8‰；头屯河组储层的样品深度在4060.4~4133.3m之间，岩性主要为中砂岩，所测碳酸盐胶结物$\delta^{13}C_{carb}$为-15.1‰~-12.9‰，$\delta^{18}O_{carb}$为-17.3‰~-15.5‰；齐古组储层的样品深度在3932.64~6415.48m之间，岩性主要为细砂岩，所测碳酸盐胶结物$\delta^{13}C_{carb}$为-19.4‰~-8.6‰，$\delta^{18}O_{carb}$为-17.3‰~-15.5‰；清水河组储层的样品深度在3874.98~6054.1m之间，岩性主要为砾岩，所测碳酸盐胶结物$\delta^{13}C_{carb}$为-23‰~-1.1‰，$\delta^{18}O_{carb}$为-18.2‰~-12.5‰。

将上述各样品点数据在碳酸盐胶结物碳氧同位素成因图版进行投点可见（图9-30），准南下组合储层碳酸盐胶结物成因主要为有机质热成熟脱羧成因及大气水、沉积水成因。同时，部分样品中$\delta^{18}O_{carb}$偏负值的程度较大，表明碳酸盐胶结物形成于埋深较大、温度较高的中成岩阶段（宋土顺，2015；王大锐，2000）。其中八道湾组储层碳酸盐胶结物一个样品点显示为有机质热成熟脱羧成因；三工河组储层碳酸盐胶结物一个样品点为大气水沉积成因；西山窑组储层碳酸盐胶结物一个样品点为有机质热成熟脱羧成因；头屯河组储层碳酸盐胶结物两个样品点均为有机质热成熟脱羧成因；齐古组储层碳酸盐胶结物主要为有机质热成熟脱羧成因，部分为大气水沉积成因；清水河组储层碳酸盐主要为大气水沉积成因，部分为有机质热成熟脱羧成因。

表 9-7 准噶尔盆地南缘下组合储层碳酸盐胶结物碳氧同位素测试数据及计算温度

层位	井号	深度/m	岩性	$\delta^{13}C_{carb}$/‰	$\delta^{18}O_{carb}$/‰	计算温度
清水河组	卡002	3874.98	细砂岩	-1.1	-14.5	79.09
	卡11	4244.5	含砾粗砂岩	-9.9	-12.5	63.88
	卡6	3950.2	砾岩	-6.7	-15.4	86.64
	高101	6017.05	棕红色砾岩	-23	-15.8	90.16
		6017.72	灰绿色砂砾岩	-3.9	-17.6	107.35
		6017.9	棕红色砾岩	-2.9	-16.7	98.46
		6022.3	棕红色砾岩	-5.4	-17.6	107.35
		6023.43	棕红色砾岩	-4.7	-18.2	113.65
		6023.7	棕红色砾岩	-4.6	-17.1	102.33
	高泉5	6051.31	灰绿色砾岩	-17.9	-17.8	109.42
		6053.08	灰绿色砾岩	-19.9	-17.6	107.35
		6054.1	灰绿色砂砾岩	-22.1	-15.9	91.05
齐古组	卡001	4065.48	细砂岩	-17	-15.2	107.61
		4064.6	细砂岩	-19.4	-14.7	102.58
	独山1	6414.46	细砂岩	-8.6	-17.3	131.18
		6415.48	中—细砂岩	-9.6	-19.5	161.27
	卡6	3961.2	砾岩	-14.2	-9.2	57.82
	卡8	3932.64	中—粗砂岩	-13.8	-14.7	102.58
头屯河组	四参1	4060.4	中砂岩	-15.1	-17.3	131.18
		4133.3	细—中砂岩	-12.9	-15.5	110.73
	高泉5	6125.55	棕红色砂砾岩	-21.7	-16.2	118.31
西山窑组	四参1	4243.5	粉砂岩	-12.1	-15.8	113.92
三工河组	四参1	4491.5	细砂岩	-2.7	-17.8	137.47
八道湾组	卡8	4229	粗砂岩—砂砾岩	-23.6	-15.2	107.61

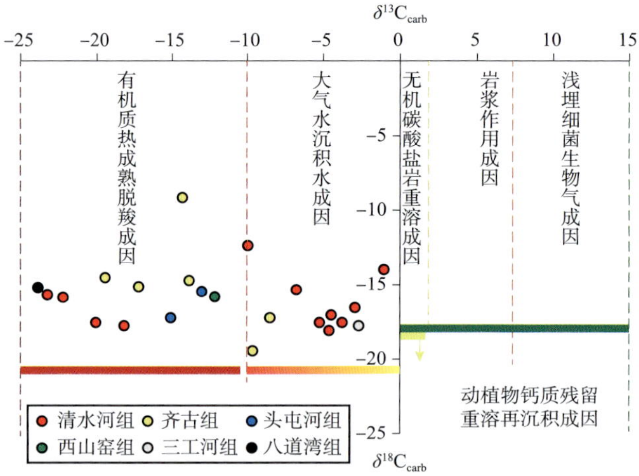

图 9-30 准噶尔盆地南缘下组合储层碳酸盐胶结物碳氧同位素成因判别

$$1000\ln\alpha_{\text{calcite-water}}=2.78\times10^{6}T^{-2}-2.89 \qquad (9-1)$$

此外，根据经验公式（9-1），可通过碳酸盐胶结物氧同位素值计算其形成温度，计算结果显示：八道湾组储层样品碳酸盐胶结物形成温度为107.61℃；三工河组储层样品碳酸盐胶结物形成温度为137.47℃；西山窑组储层样品碳酸盐胶结物形成温度为113.92℃；头屯河组储层样品碳酸盐胶结物形成温度为110.73~113.18℃（平均120.07℃）；齐古组储层样品碳酸盐胶结物形成温度为57.82~161.27℃（平均110.51℃）；清水河组储层样品碳酸盐胶结物形成温度为63.88~113.65℃（平均96.4℃）（表9-7）。整体而言，准南下组合储层碳酸盐胶结物氧同位素计算其形成温度主体在90~130℃之间，其反映成岩阶段为中成岩A期，部分样品仍处于早成岩B期。

另一方面，通过对准南下组合储层9口井共110个样品方解石胶结物内部原生流体包裹体均一温度分析显示：准南下组合储层碳酸盐胶结物内流体包裹体大小多在2~12μm，呈星点状及串珠状分布［图9-31（a）（b）］，包裹体均一温度测定在81~112.1℃之间（表9-8、表9-9）。其中八道湾组储层样品深度为4229m，所测得方解石包裹体均一温度为101.2~112.1℃（平均107.89℃）；齐古组储层样品深度为6061.02m，所测得方解石包裹体均一温度为89~103℃（平均99.54℃）；清水河组储层样品深度为3950.2~6054.1m，所测得方解石包裹体均一温度为81~107.1℃（平均95.5℃）（表9-8、表9-9）。整体而言，准南下组合多数样品方解石胶结物内包裹体均一温度主体处于90~110℃之间，部分样品小于85℃（图9-32），反映方解石胶结发生于早成岩B期及中成岩A期，相对形成时间较早。

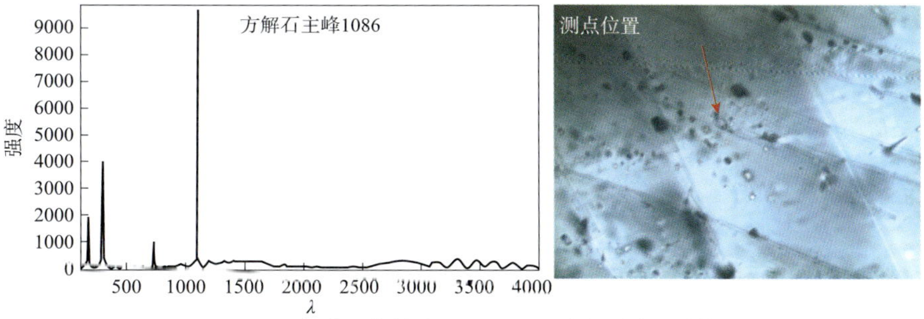

(a)卡6井，清水河组，3950.2m，砾岩，方解石胶结

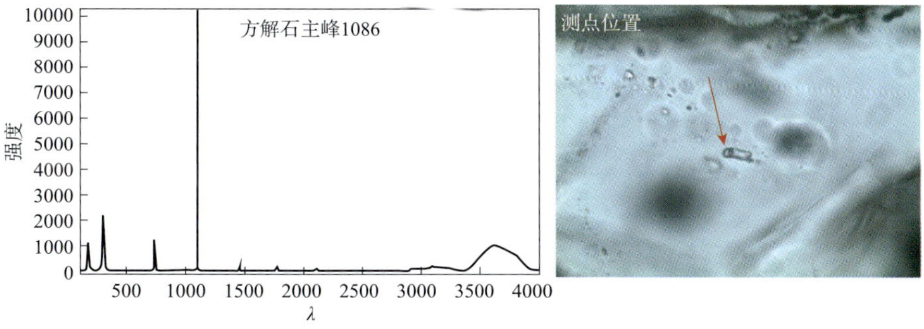

(b)卡8井，八道湾组，4229m，砂砾岩，方解石胶结

图9-31　准噶尔盆地南缘下组合储层方解石胶结物流体包裹体特征

表 9-8 准噶尔盆地南缘清水河组及齐古组储层胶结物流体包裹体均一温度

层位	井号	深度/m	宿主矿物	均一温度/℃
清水河组	卡 6	3950.2	方解石	88.6
	卡 6	3950.2	方解石	93.2
	卡 6	3950.2	方解石	89.8
	卡 6	3950.2	方解石	95
	卡 6	3950.2	方解石	101.7
	卡 6	3950.2	方解石	89.7
	高 101	6022.6	方解石	94.3
	高 101	6022.6	方解石	107.1
	高 101	6022.6	方解石	100.6
	高 101	6022.6	方解石	98.4
	高 101	6023.7	石英微裂隙	83
	高 101	6023.7	方解石	93
	高 101	6023.7	方解石	104
	高 101	6023.7	方解石	97
	高 101	6023.7	方解石	99
	高 101	6023.7	方解石	105
	高 101	6023.7	方解石	92
	高 101	6023.7	方解石	88
	高 101	6023.7	方解石	100
	高 101	6023.7	方解石	97
	高泉 5	6054.1	方解石	96.9
	高泉 5	6054.1	方解石	100.6
	高泉 5	6054.1	方解石	97.5
	高泉 5	6054.1	方解石	95
	高泉 5	6054.1	方解石	90.2
	高泉 5	6054.1	方解石	100.7
	高泉 5	6054.1	方解石	81
	高泉 5	6054.1	方解石	85.1
	高泉 5	6054.1	方解石	93.5
齐古组	卡 001	4086.65	硅质	98
	卡 001	4086.65	硅质	95.4
	卡 001	4086.65	硅质	99.3
	卡 001	4086.65	硅质	108.1
	卡 001	4086.65	硅质	95.5
齐古组	卡 001	4086.65	硅质	103.2
	独山 1	6414.46	石英加大边	98.1
	独山 1	6414.46	石英加大边	106.4
	独山 1	6414.46	石英加大边	106.2
	独山 1	6414.46	石英加大边	95.5
	独山 1	6414.46	石英加大边	100.1
	独山 1	6414.46	石英加大边	98.8
	独山 1	6414.46	石英加大边	101.6
	独山 1	6414.46	石英加大边	100.4
	独山 1	6414.46	石英加大边	99.3
	高泉 5	6063.53	石英加大边	105
	高泉 5	6063.53	石英加大边	99
	高泉 5	6063.53	石英加大边	88
	高泉 5	6063.53	石英微裂隙	105
	高泉 5	6063.53	石英微裂隙	103
	高泉 5	6063.53	石英微裂隙	112
	高泉 5	6063.53	石英	93
	高泉 5	6063.53	石英	97
	高泉 5	6063.53	石英	100
	高泉 5	6063.53	石英	102
	高泉 5	6061.02	石英微裂隙	85
	高泉 5	6061.02	方解石	93
	高泉 5	6061.02	方解石	97
	高泉 5	6061.02	方解石	89
	高泉 5	6061.02	方解石	96
	高泉 5	6061.02	方解石	92
	高泉 5	6061.02	方解石	90
	高泉 5	6061.02	方解石	91
	高泉 5	6061.02	方解石	93
	高泉 5	6061.02	方解石	103
	高泉 5	6061.02	方解石	94
	高泉 5	6061.02	方解石	96
	高泉 5	6061.02	方解石	98

表 9-9　准噶尔盆地南缘头屯河组、西山窑组、三工河组及八道湾组储层胶结物流体包裹体均一温度

层位	井号	深度/m	宿主矿物	均一温度/℃	层位	井号	深度/m	宿主矿物	均一温度/℃
头屯河组	四参1	4133.3	石英加大边	110.7	西山窑组	高102	6033.35	石英微裂隙	107
	四参1	4133.3	石英加大边	109.5		高102	6033.35	石英微裂隙	120
	四参1	4133.3	石英加大边	111.9		高102	6033.35	石英微裂隙	119
	四参1	4133.3	石英加大边	108.9		高102	6033.35	石英微裂隙	118
	高泉5	6129.3	石英微裂隙	108		高102	6033.35	石英微裂隙	109
	高泉5	6129.3	石英微裂隙	83		高102	6033.35	石英微裂隙	116
	高泉5	6129.3	石英微裂隙	92	三工河组	高101	6471.97	石英微裂隙	81
	高泉5	6129.3	石英微裂隙	87		高101	6471.97	石英微裂隙	96
	高泉5	6129.3	石英微裂隙	83		高101	6471.97	石英微裂隙	94
	高泉5	6129.3	石英加大边	72		高101	6471.97	石英微裂隙	106
	高泉5	6129.3	石英加大边	92		高101	6471.97	石英微裂隙	97
	高泉5	6129.3	石英加大边	84		高101	6471.97	石英	99
	高泉5	6129.3	石英加大边	87		高101	6471.97	石英	96
	高泉5	6129.3	石英加大边	89		高101	6471.97	石英	118
	高泉5	6129.3	石英加大边	91	八道湾组	卡8	4229	方解石	111
	高泉5	6129.3	石英加大边	86		卡8	4229	方解石	112.1
西山窑组	高102	6033.35	石英加大边	117		卡8	4229	方解石	103.5
	高102	6033.35	石英加大边	108		卡8	4229	方解石	110.4
	高102	6033.35	石英加大边	105		卡8	4229	方解石	109.2
	高102	6033.35	石英加大边	113		卡8	4229	方解石	107.8
	高102	6033.35	石英加大边	121		卡8	4229	方解石	101.2
	高102	6033.35	石英微裂隙	121					

综合碳酸盐胶结物氧同位素计算温度及包裹体均一温度来看，准南下组合储层碳酸盐胶结物主要形成于早成岩B期以及中成岩A期。其中清水河组和八道湾组储层碳酸盐胶结物的氧同位素计算温度平均值与包裹体均一温度平均值较为一致，分别为96℃和107℃，且温度分布范围相近［表9-10、图9-33（a）（f）］。整体对比而言，准南下组合各组段储层碳酸盐胶结物形成温度及形成期次存在一定差异，碳酸盐胶结物包裹体均一温度及氧同位素计算温度显示，八道湾组储层的碳酸盐胶结物形成温度在100~120℃；三工河组储层碳酸盐胶结物形成温度在大于120℃范围内；西山窑组储层碳酸盐胶结物形成温度在110~120℃范围内；头屯河组储层碳酸盐胶结物形成温度在110~120℃均有分布，部分样品大于120℃；齐古组储层碳酸盐胶结物形成温度主要集中在90~110℃，且部分样品小于90℃及大于120℃；

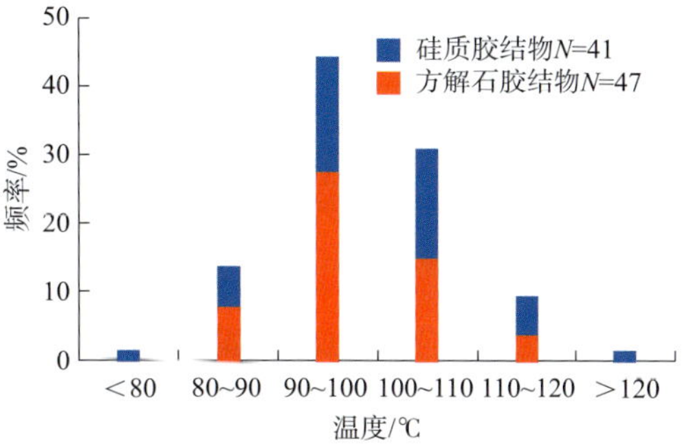

图 9-32　准噶尔盆地南缘下组合储层胶结物包裹体均一温度分布频率

清水河组储层碳酸盐胶结物形成温度在80~120℃均有分布，且部分样品小于80℃。整体上，准南下组合储层内的方解石胶结物存在明显的两期胶结特征（图9-33）。

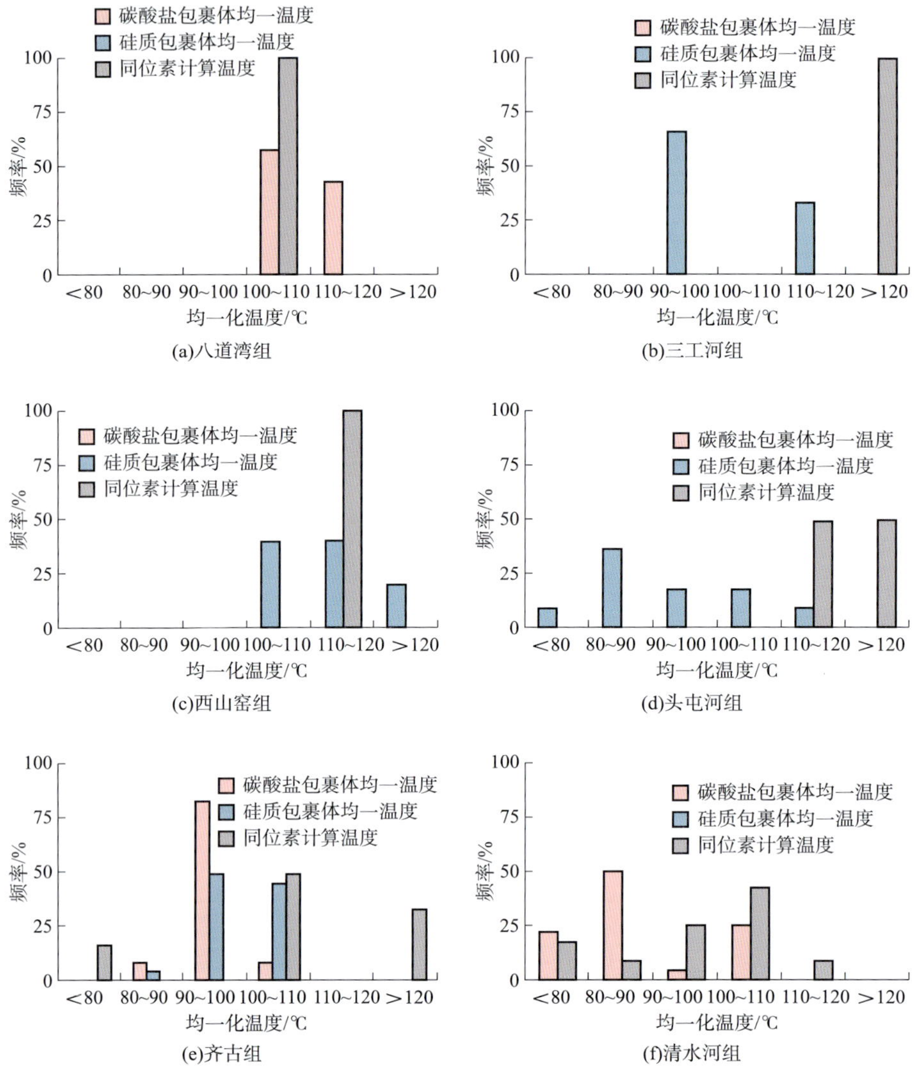

图9-33 准南下组合储层碳酸盐、硅质胶结物包裹体均一温度及碳酸盐胶结物氧同位素计算温度

整体而言，由准噶尔盆地南缘下组合储层碳酸盐含量与物性关系可见，储层孔隙度和渗透率随碳酸盐胶结物含量增加而逐渐降低［图9-34（a）（b）］，碳酸盐胶结整体对储层物性保存及演化起明显的负面作用。因此，虽然早成岩期出现的碳酸盐胶结物可有效增加储层的抗压实能力，使得储层原生孔隙得以一定程度得保存，但由于下组合储层整体处于早—中成岩期，储层内部成岩流体酸性较弱，使得碳酸盐胶结物尚未受到有效的溶蚀改造，因此碳酸盐胶结物整体上对储层物性保存仍起到抑制作用。根据碳酸盐胶结物含量与岩性交互关系可见［图9-34（c）］，砂砾岩的碳酸盐胶结物含量最高达到35%，导致砂砾岩物性相对较差［图9-23（a）（b）］。此外，虽然粉砂

岩的碳酸盐胶结物的含量较低，但由于其粒度较细，导致其原始物性条件差，所以其物性仍然最差［图9-23（a）（b）］。

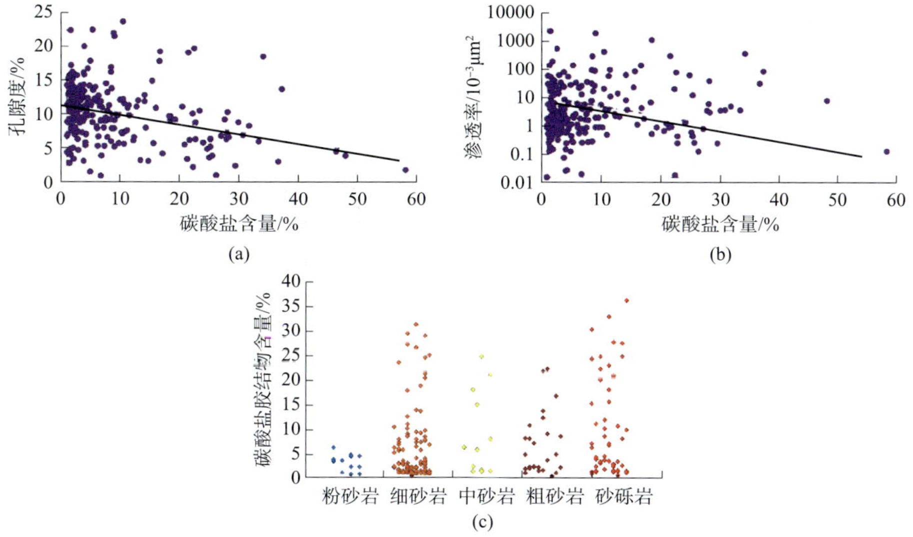

图9-34　准噶尔盆地南缘下组合储层碳酸盐含量与物性及岩性关系

2. 硅质胶结作用

准噶尔盆地南缘下组合储层硅质胶结物主要以石英次生加大边和自生石英微晶的形式存在［图9-35（a）（b）］，但相比而言自生石英微晶更为发育。自生石英微晶生长于石英碎屑颗粒表面或充填于粒间孔隙内，生长空间较大时自形晶体形态完整，呈典型的六方柱状，而生长空间有限时则呈一定不规则状。整体上，准南下组合硅质胶结发育程度较低，仅少部分石英颗粒发育明显的次生加大边，且次生加大边较窄，同时石英微晶发育较小，因此准南下组合储层硅质胶结作用形成时间较早。

通过对准南下组合储层7口井共62个样品硅质胶结物内部原生流体包裹体均一温度分析显示：准南下组合储层硅质胶结物内流体包裹体大小多在3~8μm，颜色多呈灰白色或无色透明，呈长方形离散分布或不规则线状分布［图9-36（a）（b）］，包裹体均一温度测定为72~121℃（表9-8）。其中三工河组储层样品深度为6471.97m，所测得硅质胶结物包裹体均一温度为81~118℃（平均104.33℃），且主要集中在90~100℃与110~118℃两个温度区间，呈现出两期胶结的特征［图9-33（b）］；西山窑组储层样品深度为6033.35m，所测得硅质胶结物包裹体均一温度为81~121℃（平均112.8℃），并主要集中在100~120℃；头屯河组储层样品深度为4133.3~6129.3m，所测得硅质胶结物包裹体均一温度为72~111.9℃（平均94.73℃），主要集中在80~90℃；齐古组储层样品深度为4086.65~6414.46m，所测得硅质胶结物包裹体均一温度为85~106.4℃（平均99.54℃）（表9-8，表9-9）。整体而言，准南下组合储层多数样品硅质胶结物内包裹体均一温度主体处于100~120℃之间，部分样品小于85℃（图9-32、图9-33），反映硅质胶结发生于早成岩B期及中成岩A期，形成时间相对较早。

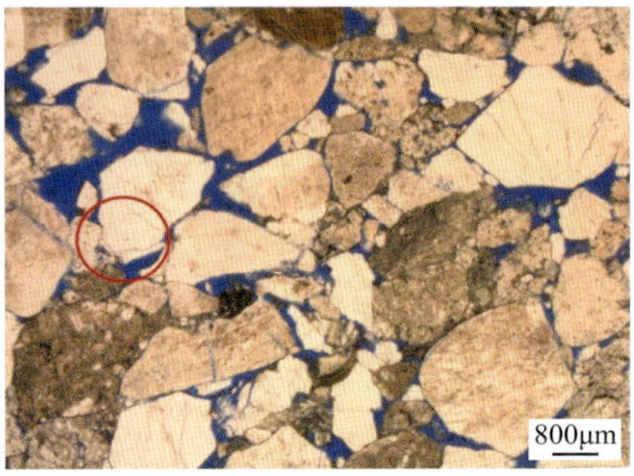

(a)卡002井，齐古组，3993.08m，粗砂岩，蓝色铸体，石英次生加大

(b)卡001井，齐古组，4060.03m，自生石英晶体

图 9-35　准噶尔盆地南缘下组合储层硅质胶结铸体薄片及扫描电镜照片

表 9-10　准噶尔盆地南缘下组合储层胶结物包裹体均一温度及碳酸盐胶结物氧同位素计算温度平均值

单位：℃

项目	清水河组		齐古组		头屯河组		西山窑组		三工河组		八道湾组	
宿主矿物	方解石	硅质	方解石	硅质	方解石	硅质	方解石	硅质	方解石	硅质	方解石	硅质
包裹体均一温度均值	95.50	—	94.33	99.54	—	94.73	—	112.80	—	104.33	107.89	—
氧同位素计算温度平均值	96.40		110.51		120.07		113.92		137.47		107.61	

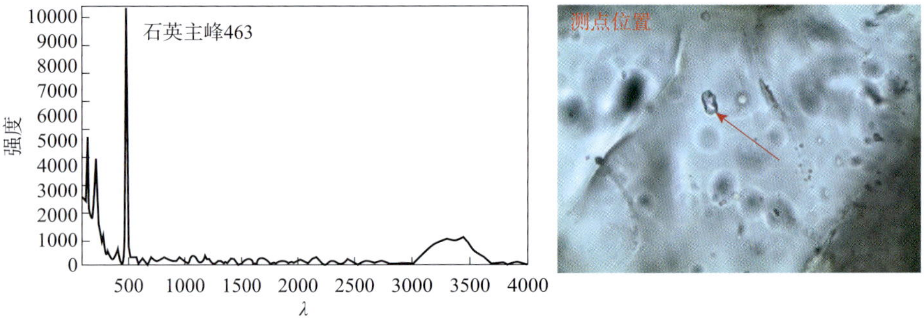

(a)独山1井，齐古组，6414.46m，细砂岩，石英加大边

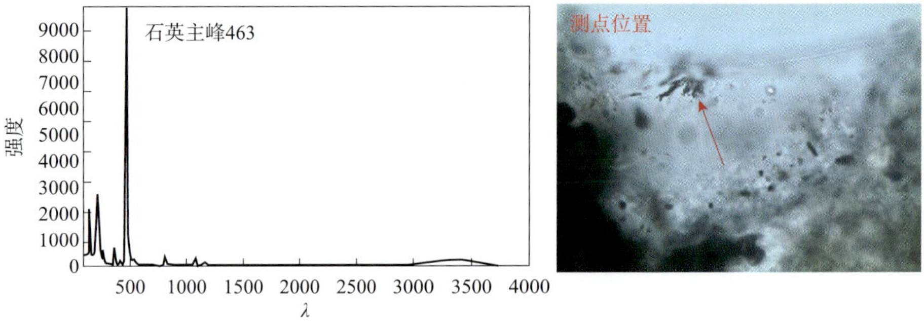

(b)四参1井，头屯河组，4133.3m，中砂岩，石英加大边

图 9-36　准噶尔盆地南缘下组合储层硅质胶结物流体包裹体特征

由于准南下组合储层硅质胶结物含量极低，平均含量仅为0.01%左右，同时硅质胶结程度较低，石英次生加大边不甚发育且宽度较窄［图9-35（a）］，因此其对储层孔隙的阻塞并不明显，因此其对储层物性的影响较小。

3. 黏土矿物胶结作用

前已述及，准南下组合储层内部自生黏土矿物胶结物主要发育伊利石、伊蒙混层、高岭石以及绿泥石等黏土矿物，尽管总体含量较低，但不同类型自生黏土矿物对准南下组合储层物性保存的作用效果不尽相同。

其中自生伊利石对储层物性起到破坏性作用，储层物性随其质量分数增大而降低［图9-37（a）（b）］，且伊利石含量大于20%时孔隙度一般低于15%，这主要归因于其在孔隙中特殊的丝发状或搭桥状的产出状态［图9-38（a）］，其不仅降低了储层孔隙度同时也大大削弱了储层内部流体的渗流能力。但伊蒙混层黏土矿物含量却与储层物性并不呈现典型的相关性［图9-37（c）（d）］，其原因在于伊蒙混层黏土矿物多呈包壳状产出［图9-38（b）］，其晶体形态介于蒙脱石与伊利石之间，一方面伊蒙混层包壳可具有一定的抗压实性使物性保存，但另一方面偏向于伊利石的晶体形态却可造成储集空间的损失，因此整体可呈现非相关性。而高岭石含量与储层物性无明显的相关关系［图9-37（e）（f）］，其原因在于高岭石含量往往反映长石溶蚀的强烈程度，一般储层内部溶蚀作用越发育，自生高岭石含量越高，但所形成的自生高岭石多呈孔隙充填形式产出［图9-38（c）］，其又可堵塞部分孔隙，因此整体上储层物性条件与高岭石含量相关性相对较弱。

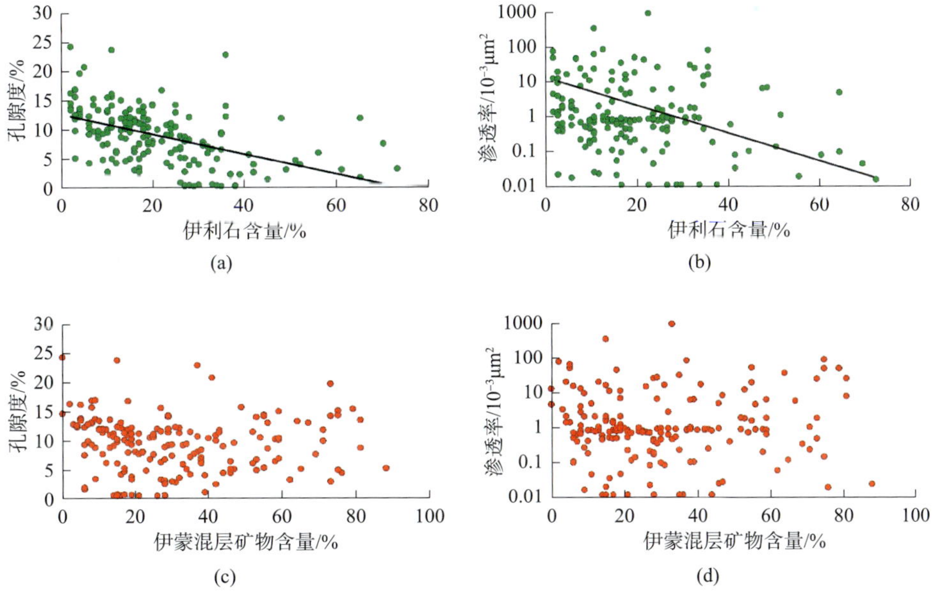

图9-37　准噶尔盆地南缘下组合储层黏土矿物与物性关系

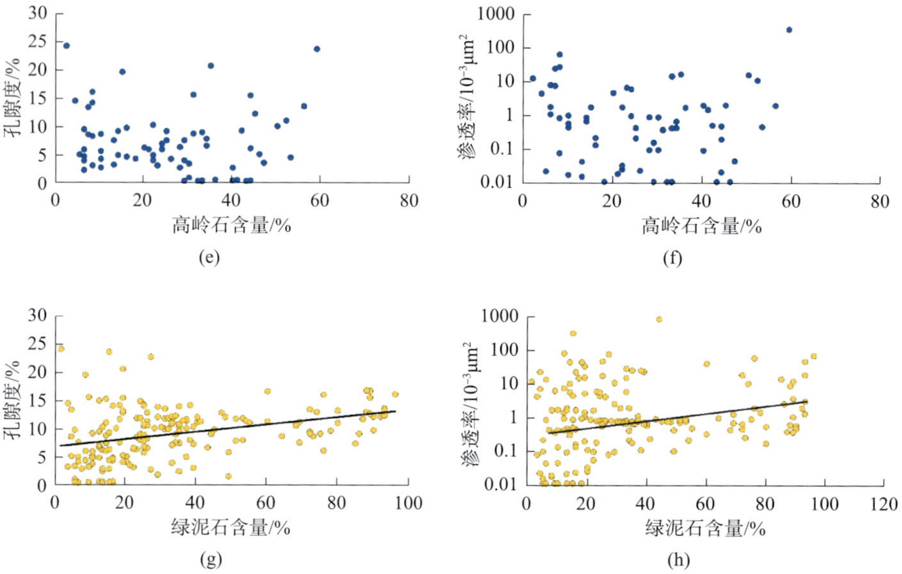

图 9-37　准噶尔盆地南缘下组合储层黏土矿物与物性关系（续）

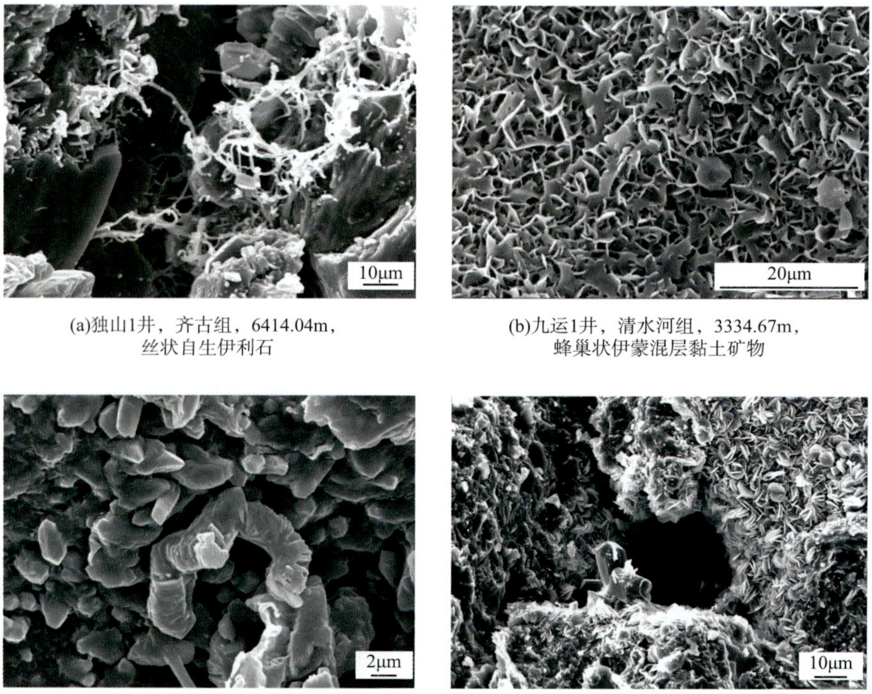

(a)独山1井，齐古组，6414.04m，丝状自生伊利石

(b)九运1井，清水河组，3334.67m，蜂巢状伊蒙混层黏土矿物

(c)台62井，2424.63m，头屯河组，扫描电镜，粒间充填的蠕虫状高岭石集合体，单晶体呈六方片状

(d)西湖1井，齐古组，6073.5m，绿泥石与微晶石英形成后的剩余粒间孔隙

图 9-38　准噶尔盆地南缘下组合储层黏土矿物扫描电镜照片

相较于上述黏土矿物，自生绿泥石含量与下组合储层孔隙度与渗透率均呈现正相关性［图9-37（g）（h）］。究其原因，其孔隙保存机制主要在于抑制石英次生加大、提高储层抗压实性并可促进后期溶蚀作用（Ehrenberg，1993；Bloch，2002）。下组合

自生绿泥石包膜发育处碎屑颗粒以点—线接触为主，且粒间孔隙较为发育［图9-38（d）］，而经历类似埋藏深度但不发育绿泥石包膜的储层中碎屑颗粒多为线接触，说明绿泥石包膜在一定程度上抑制了压实作用。此外，部分绿泥石包膜发育处仅有少量的微晶石英生成，说明绿泥石包膜有效阻止了自生石英胶结物与碎屑石英的共轴生长，孔隙水中过饱和的SiO_2只能以微晶石英的形式沉淀，而微晶石英所占据的孔隙空间要远远小于石英次生加大。此外，绿泥石胶结物往往发育晶间孔，这部分孔隙虽然作为油气储集空间来说用途不大，但是可以作为成岩后期酸性流体的运移通道，被绿泥石胶结物所包裹的碎屑颗粒并没有与孔隙水完全隔离，仍可以发生溶蚀溶解，形成溶蚀粒内孔隙（丁晓琪，2010）。

综上所述，与压实作用相比，胶结作用所损失的孔隙度明显较小，其造成的初始孔隙度损失量多小于50%（图9-28），并且其对储层孔隙的破坏性是可逆的，但在一定情况下可以表现为建设性成岩作用，这主要取决于胶结物的含量、成分及产状等。从含量上看，储层孔隙度随胶结物含量的增加而减少；对于胶结物的成分来说，碳酸盐胶结物可为成岩后期溶蚀溶解作用的进行提供一定物质基础；对于胶结物的产状来说，早期分散胶结作用及早期绿泥石包膜可以在一定程度上抑制压实作用，另外绿泥石包膜还可以抑制次生加大石英的形成从而使粒间孔隙得以保存。

三、溶蚀作用对储层物性的影响

准噶尔盆地南缘下组合储层溶蚀作用相对较弱，溶蚀孔隙度一般在0~10%之间（平均为2.35%）。溶蚀作用对下组合储层物性的影响主要表现在对早期碳酸盐胶结物的溶蚀而使得早期损失的物性得以一定程度恢复，同时还可溶蚀长石及易溶岩屑而形成次生孔隙［图9-39（a）（b）］，进而使得物性条件得以改善。溶蚀作用形成的次生孔隙类型主要为粒间溶孔和粒内溶孔，且溶蚀颗粒边缘呈港湾状或不规则状。

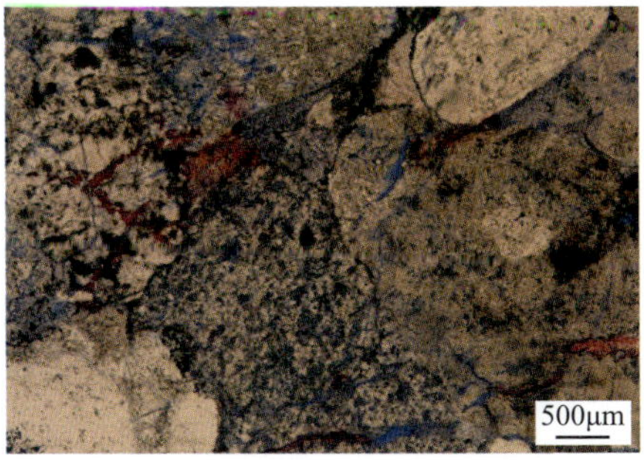

(a)卡8井，八道湾组，4227m，粒内溶孔

(b)卡11井，清水河组，4245.73m，长石及碳酸盐胶结物溶孔

图9-39 准噶尔盆地南缘下组合储层溶蚀作用铸体薄片照片

根据准南下组合储层孔隙度及溶蚀孔隙度百分比垂向变化对比特征（图9-40）来看，溶蚀孔主要发育在深度为400~1800m与3300~4500m的范围内，部分发育在6000m

左右。究其原因，准南下组合储层孔隙度存在两种类型的溶蚀改造，浅层溶蚀主要为储层抬升出露地表或近地表处遭受大气水淋滤溶蚀作用而形成，而深层溶蚀则主要受有机质热演化成熟过程中所释放的有机酸溶蚀改造形成。其中大气水淋滤成因的溶蚀孔主要发育在深度为400~1800m之间，而深层有机酸溶蚀改造成因的溶蚀孔主要发育在深度为3300~4500m之间，部分发育在6000m左右。在深埋条件下，部分储层进入中成岩期，随着有机质逐渐成熟，将释放有机酸（远光辉，2013），使得成岩流体由碱性逐渐变为酸性，储层内部长石、易溶岩屑及碳酸盐胶结物等发生溶蚀作用而形成次生孔隙［图9-39（a）（b）］，使得储层物性得以一定程度改善。值得注意的是，由孔隙度与深度关系可见［图9-40（a）］，头屯河组在深度为500m与1500m以及齐古组在深度为3700m处出现了异常高孔带，孔隙度明显高于相邻深度位置。同时对比溶蚀孔隙度随深度变化关系可见［图9-40（b）］，头屯河组在深度为500m与1500m以及齐古组在深度为3700m位置处均有异常高的溶蚀孔隙发育。由此可见，溶蚀孔隙的存在与储层异常高孔带的发育密切相关。

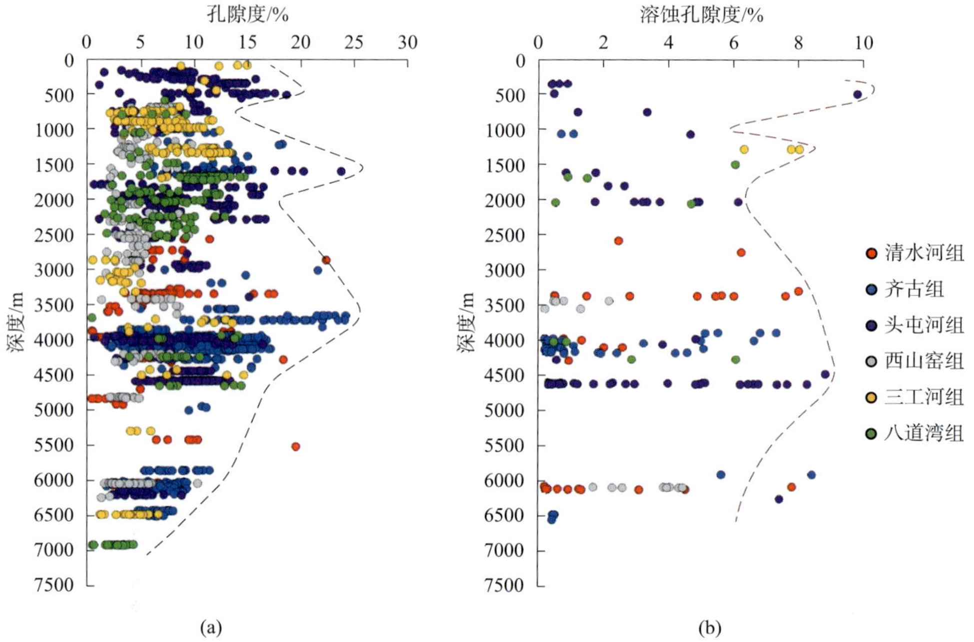

图9-40　准噶尔盆地南缘下组合储层孔隙度（a）及溶蚀孔隙百分比（b）随深度变化特征

四、破裂作用对储层物性的影响

伴随着燕山期和喜山期北天山的持续挤压及逆冲推覆构造活动，准噶尔盆地南缘下组合碎屑岩储层可发生不同程度的机械破碎作用，其形成的裂缝平均约占面孔率总量的7.5%。裂缝一方面本身具有一定的宽度和大小，可以增加储层的储集空间；另一方面裂缝的形成可以极大地改善储层的渗透性，并可作为成岩流体的优势运移通道，促进储层内部溶蚀作用的进行。由岩心及镜下薄片鉴定分析表明，准南下组合储层发育的裂缝多为碎屑颗粒内部的压碎缝、粒内缝及粒缘缝，也可见规模较大的穿粒缝。而准南下组合储层内部裂缝宽度一般不大，通常在0.1~0.5mm之间。此外，还可见到裂缝周围碎屑颗粒的溶蚀现象，说明储层裂缝也具有沟通并促进成岩流体渗流的作用。

准噶尔盆地南缘斜坡带深层砂岩储层所进行的成岩物理模拟实验结果表明（图9-41）（冯佳睿，2014），在地层温度为20~140℃，静岩压力82.5MPa时，成岩样品基本未发育裂缝；在地层温度为300℃，静岩压力为192MPa时，成岩样品明显发生刚性破裂（图9-42）。在快速深埋阶段，在压实作用影响下碎屑颗粒由于受到垂向上的压力而产生破裂，其中在深埋早期，砂岩内部多发育无定向不规则裂纹，裂纹规模较小，长短不一，有的彼此切割；而在深埋晚期，裂隙基本上彼此呈共轭关系，裂隙较窄，且延伸较短（图9-43）。此外，实验得到面孔率与模拟埋深（温度及压力）的关系表明（图9-41），随模拟埋深的增大，岩石样品的总面孔率及原生粒间孔面孔率均逐渐减小趋势，但在模拟埋深为2000~3000m时，伴随着持续的压实作用使得碎屑颗粒产生大量裂缝，因此储层孔径和喉径均表现出明显的增大趋势，储层面孔率也随之增大。而

泥岩 ϕ_B/%	砂岩 ϕ_B/%							流体 ω_B/%		
	岩屑			长石			填隙物			
胶泥	流纹岩	凝灰岩	泥质片岩	钾长石	钠长石	石英	泥质	氯化钙溶液	碳酸氢钠	醋酸溶液
42	4	30	7	7	14	33	5	2	2	2

(a)

温度/℃	静岩压力/MPa	模拟深度/m	釜体编号					
20								
100			⑥					
140	82.5	1000		⑤	④			
180	110.0	2000				③	②	①
220	137.5	3000						
260	165.0	4000						
300	192.5	5000						
340	220.0	6000						

(b)

温度/℃	变温时间t/h	保温时间t/h	釜体编号					
20	20							
100	16	52	⑥					
140	16	32		⑤	④			
180	16	32				③	②	
220	10	32						
260	10	14						①
300	10	14						
340	10	14						
20	10							

(c)

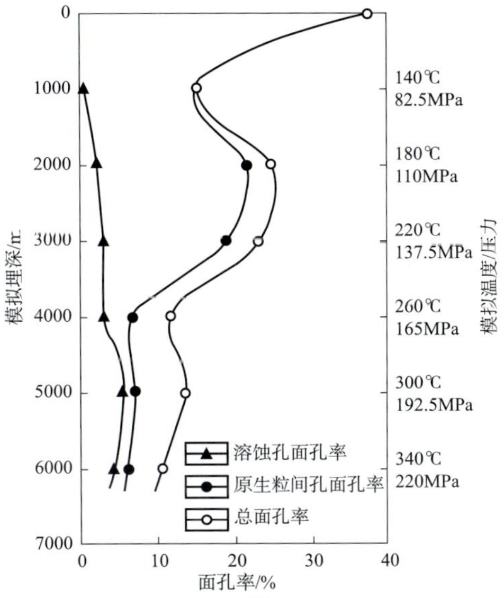

(d)

图9-41 成岩物理模拟实验配比（a）、温度和压力（b、c）及样品孔隙变化曲线图（d）（冯佳睿，2014）

对比现今准南下组合储层地层压力随深度变化可见［图9-44（a）］，随埋深增加地层压力逐渐增大，并在深层条件下储层压力值可达140MPa，而地层温度可达138℃，这表明上述成岩物理模拟实验条件及实验结果对准南下组合储层演化具有良好的类比性，即准南深层下组合储层深埋条件下物性可由于裂缝的发育而得以改善。

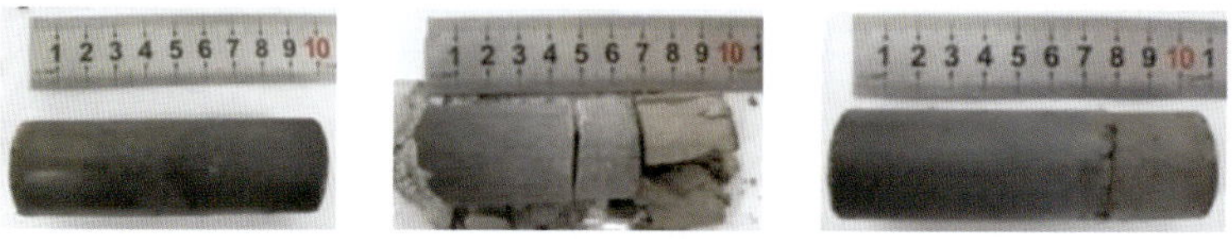

(a)140℃、82.5MPa　(b)180℃、110MPa　(c)220℃、137.5MPa

(d)260℃、165MPa　(e)300℃、192.5MPa　(f)340℃、220MPa

图 9-42　准噶尔盆地南缘侏罗系储层细砂岩成岩物理模拟实验成型效果图（冯佳睿，2014）

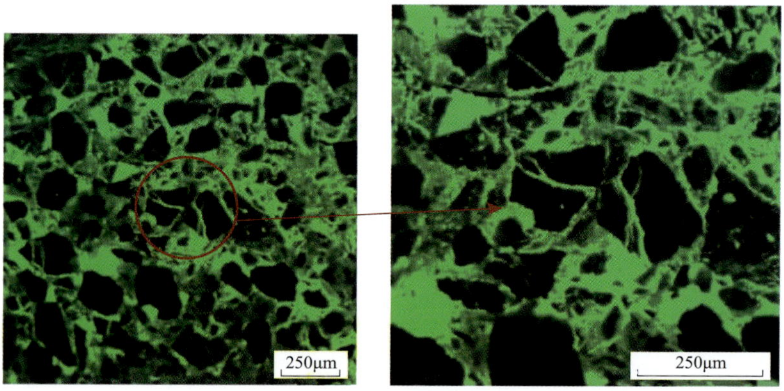

(a)模拟实验条件260°C165MPa

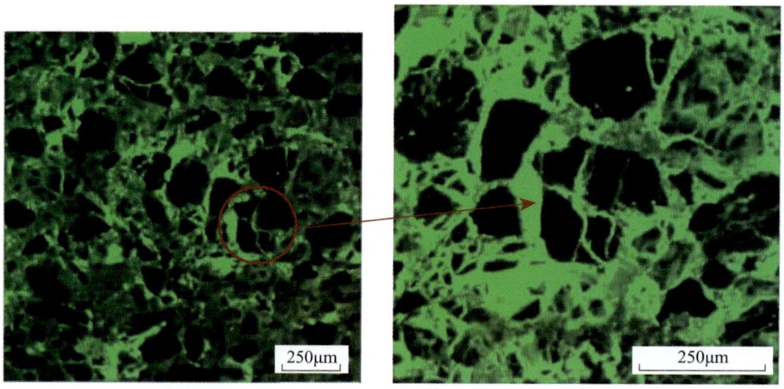

(b)模拟实验条件340°C220MPa

图 9-43　准南下组合储层成岩物理模拟实验细砂岩成岩样品的激光共聚焦照片（冯佳睿，2014）

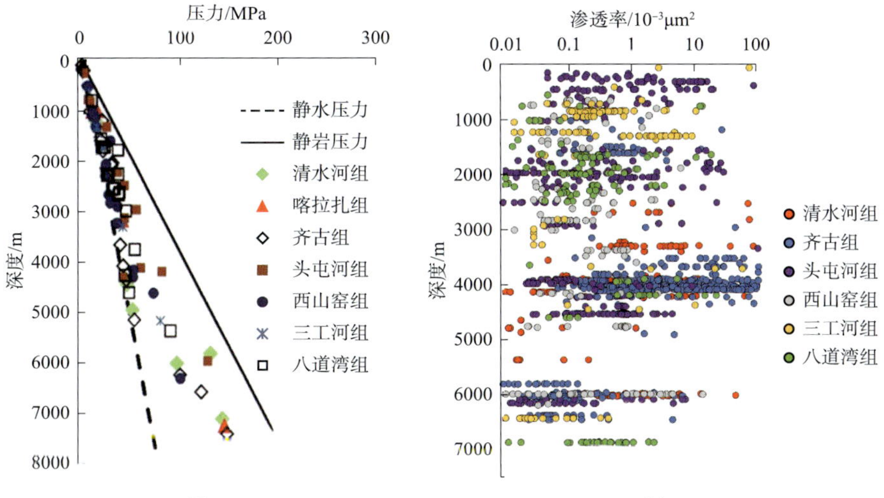

图 9-44 准噶尔盆地南缘下组合储层地层压力（a）及渗透率（b）与深度关系

特别地，准南下组合储层岩心和铸体薄片特征显示（图9-45），其内部可发育大量裂缝，并以穿粒缝和粒缘缝为主，裂缝的出现不仅使得下组合储层储集空间得以增加，更为重要的是可大大提高储层的渗透率。由准南下组合储层渗透率与深度关系变化可见［图9-44（b）］，整体上随着深度增大准南下组合储层的渗透率无明显的差异变化，储层在深层位置部分样品依旧可维持较高的渗透率，说明裂缝对准南下组合储层的物性起到了积极改造作用。

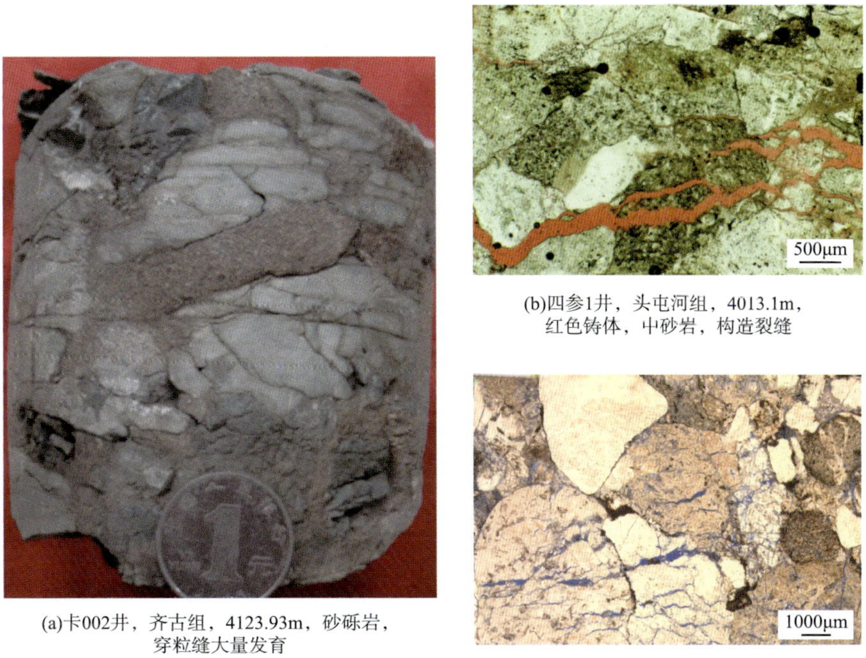

(a)卡002井，齐古组，4123.93m，砂砾岩，穿粒缝大量发育

(b)四参1井，头屯河组，4013.1m，红色铸体，中砂岩，构造裂缝

(c)卡8井，八道湾组，4227m，砂砾岩，穿粒缝大量发育

图 9-45 准噶尔盆地南缘下组合破裂作用铸体薄片及岩心照片

五、煤系地层与非煤系地层储层物性差异

准噶尔盆地南缘下组合各组地层按照是否有煤层发育分为煤系地层和非煤系地层两大类，其中煤系地层包括八道湾组和西山窑组，非煤系地层为三工河组、头屯河组、齐古组和清水河组。物性测试数据对比分析显示煤系地层和非煤系地层的储层物性条件存在较为明显的差异。煤系地层储层孔隙度在0.17%~14.84%之间（平均为4.4%），渗透率在（0.01~17.68）$\times 10^{-3}\mu m^2$之间（平均为0.77 $\times 10^{-3}\mu m^2$）；而非煤系地层储层孔隙度在0.6%~24.35%之间（平均为9.25%），渗透率为（0.01~3810）$\times 10^{-3}\mu m^2$（平均为13.46 $\times 10^{-3}\mu m^2$）（表9-11）。同时结合孔隙度与渗透率交互关系可见（图9-46），煤系储层的物性相较于非煤系储层整体偏差。此外，由图9-47可见，煤系储层的孔隙度和渗透率在各深度位置主体均低于非煤系储层。

表 9-11　准噶尔盆地南缘下组合煤系地层与非煤系地层储层物性特征

项目	层位	孔隙度/%			渗透率/$10^{-3}\mu m^2$		
		范围	平均值		范围	平均值	
煤系地层	八道湾组	0.17~14.84	7.93	4.40	0.01~17.68	0.96	0.77
	西山窑组	1.5~10.6	4.86		0.01~13	0.61	
非煤系地层	三工河组	0.69~14.82	7.59	9.25	0.01~55.54	2.00	13.46
	头屯河组	0.8~23.9	9.03		0.01~97.28	2.07	
	齐古组	2.1~24.35	10.39		0.01~3810	34.68	
	清水河组	0.6~22.5	6.39		0.01~96.1	4.30	

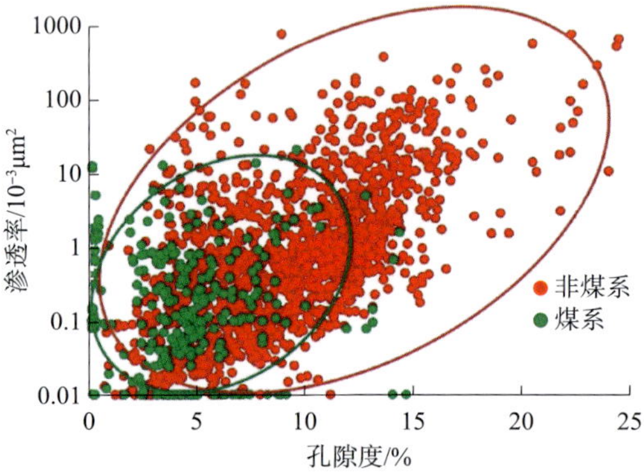

图 9-46　准噶尔盆地南缘下组合煤系地层与非煤系地层储层物性交层图

具体而言，煤系储层未发育浅层异常高孔带，反映其早期酸性地层流体条件下压实作用相对较强，而非煤系地层的浅层部位由于受构造抬升和大气淋滤改造，进而导致其出现浅层异常高孔带。而煤系储层和非煤系储层在深部均存在次生溶蚀异常高孔带，但非煤系储层发育在3600m左右，而煤系储层发育在4000~4500m之间，煤系储层发育深度相对更深，揭示其在深层条件下作为主力烃源岩存在，在有机质成熟过程中释放的有机酸可向非煤系储层相对较浅部位排渗，进而在非煤系储层相对较浅部位形成次生溶蚀带。此外，煤系储层在垂向上渗透率无明显变化，而非煤系储层在4000m左右渗透率出现明显增大，这一现象与其次生溶蚀带及裂缝发育有关。

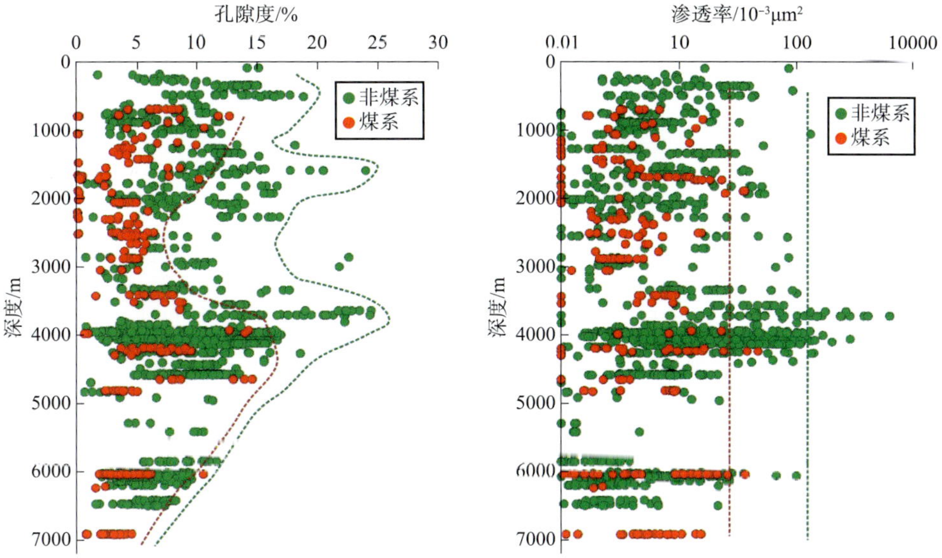

图 9-47　准噶尔盆地南缘下组合煤系地层与非煤系地层储层孔隙度及渗透率随深度变化

值得注意的是，由孔隙度与压实减孔率关系可见［图9-48（a）］，煤系储层的压实减孔率明显高于非煤系储层，其中煤系储层的压实减孔率平均为79.58%（表9-12），而非煤系储层的压实减孔率平均为60.69%（表9-13）。其主要原因是煤系储层在早成岩期处于酸性成岩流体环境，发生早期溶蚀作用，进而导致其抗压实能力较弱。而孔隙度与胶结减孔率关系显示［图9-48（b）］，煤系储层的胶结减孔率明显低于非煤系储层，其中煤系储层的胶结减孔率平均为5.35%（表9-12），而非煤系储层的胶结减孔率平均为11.52%（表9-13）。其原因同样是由于煤系储层在早成岩期成岩流体环境为酸性，导致方解石等碱性条件产出的胶结物形成受到抑制，从而使得煤系储层较非煤系储层的胶结物充填程度较低。由孔隙度与溶蚀减孔率关系可见［图9-48（c）］，煤系储层的和非煤系储层在溶蚀增孔率上差异不大，煤系储层溶蚀增孔率平均为20.09%（表9-12），而非煤系储层的溶蚀增孔率平均为13.39%（表9-13），反映出虽然溶蚀作用对非煤系储层物性改造也具有一定的效果，但由于煤系储层成岩早期处于酸性成岩流体环境，其溶蚀增孔率仍略高于非煤系储层。

表 9-12　准噶尔盆地南缘下组合煤系储层孔隙演化计算

层位	井号	深度/m	初始孔隙度/%	实测孔隙度/%	压实减孔率/%	胶结减孔率/%	溶蚀增孔率/%
八道湾组	卡8	4227.8	33.01	8.5	90.91	1.36	70.00
		4230.2	33.35	7.8	96.77	11.97	35.00
	齐8	1652.35	31.27	5.10	86.13	0.00	15.00
		1669.63	34.50	9.15	77.46	0.00	15.00
		2011.25	33.49	7.69	72.21	5.97	5.00
	昌1	3973.25	37.79	7.20	81.16	1.69	10.00

续表

层位	井号	深度/m	初始孔隙度/%	实测孔隙度/%	压实减孔率/%	胶结减孔率/%	溶蚀增孔率/%
西山窑组	昌1	3399.33	33.07	6.70	65.63	15.12	5.00
		3400.99	34.23	5.10	92.55	1.49	40.00
		3407.25	35.58	8.00	70.21	8.43	5.00
		3509.15	34.28	8.50	69.37	5.83	20.00
		3510.13	34.13	7.30	72.96	5.86	1.00
平均值			34.06	7.37	79.58	5.25	20.09

表 9-13 准噶尔盆地南缘下组合非煤系储层孔隙演化计算平均值

层位	初始孔隙度/%	实测孔隙度/%	压实减孔率/%	胶结减孔率/%	溶蚀增孔率/%
三工河组	30.02	8.67	81.23	14.17	88.00
头屯河组	32.78	8.27	66.85	10.93	16.50
齐古组	35.33	11.50	58.20	11.48	11.06
平均值	34.67	10.85	60.69	11.52	15.59

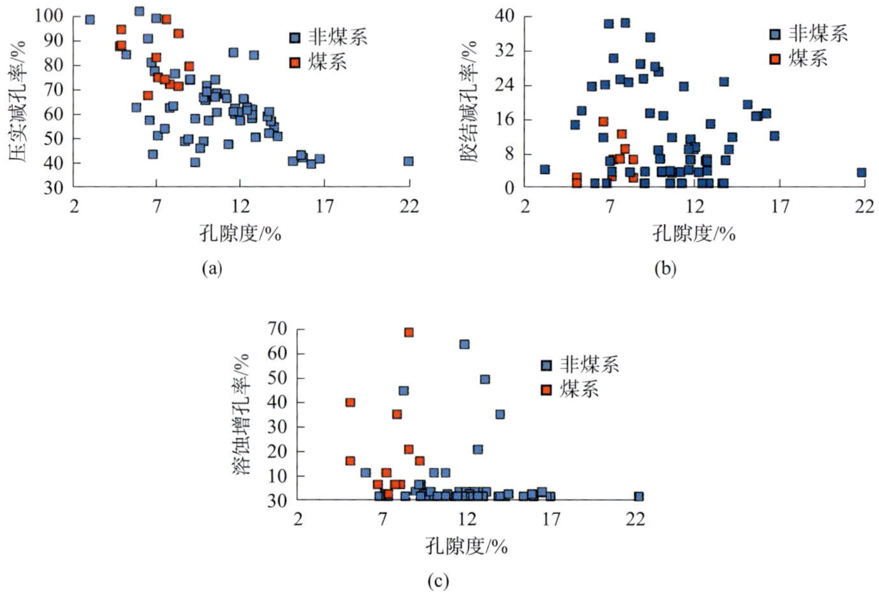

图 9-48 准噶尔盆地南缘下组合储层压实减孔率（a）、胶结减孔率（b）及溶蚀减孔率（c）与孔隙度关系

第五节 地层外部条件对储层物性的影响

一、埋藏史及埋藏方式

埋藏史及埋藏方式是影响储层孔隙演化的重要外部因素之一，埋藏史决定着储层

的现今埋深、所经历的最大埋深、埋藏过程以及埋藏时间，从而影响着各类成岩作用的演化程度和演化序次（朱国华，1994）。

由准南西段高探1井恢复的地温—埋藏史曲线可见（图6-20，图6-21），准噶尔盆地南缘下组合深层储层经历了缓慢持续浅埋、稳定浅埋、波动埋藏和快速深埋四个埋藏演化阶段。其中浅埋藏阶段（包括持续浅埋和稳定浅埋）持续时间久，古地温小于40℃；而在波动埋藏阶段储层存在小幅度抬升，古地温小于70℃；而随后储层进入快速深埋阶段，储层埋藏深度超过5000m，古地温从70℃升至130℃，但是其演化时间很短。这一特征的埋藏演化过程使得非煤系储层在浅埋藏早成岩期压实强度较弱的条件下，有充足的时间进行碱性成岩流体内部碳酸盐和绿泥石包壳等胶结过程，并对储层后期埋藏抗压实性起到抑制作用而使得物性得以一定程度保存，而非煤系储层则由于其早成岩期的酸性流体环境导致胶结作用受到抑制，致使储层抗压实性较差，物性早期损失较大。而现今的深埋藏时限相对较短，且晚期的快速深埋将促使储层内的孔隙水难以排泄并发育欠压实现象并可导致超压的形成，使得储层内孔隙得以一定程度保存。

二、地层超压

地层超压的存在有利于储层物性的保存，主要表现在地层超压可以抑制机械压实作用、粒间压溶作用以及胶结作用的进行，从而有利于原生孔隙的保存；地层超压带酸性流体的释放作用可以导致砂岩中不稳定组分的溶解，从而形成次生孔隙（崔勇，2002）。此外，地层超压还可以导致储层内部微裂缝的产生（王占国，2005）。

由准噶尔盆地南缘下组合深层储层地层压力随埋藏时间变化曲线可见（图6-27），下组合储层地层压力随埋藏时间逐渐增大，在新近纪中—晚期地层压力突然大幅度增加，这与埋藏史中快速深埋阶段相对应（图6-20）。此外，据准南下组合压力系数与深度的关系可见［图6-9（b）］，下组合压力系数主体处于强超压带，部分压力系数甚至大于2。这是由于准南下组合埋藏晚期快速深埋而导致储层内发育欠压实现象，使得地层压力逐渐增大并最终进入现今的超压状态而形成地层超压。此外前期研究表明，准南侏罗系烃源岩在新近纪中晚期进入大量生排烃阶段（曲江秀，2003），因此其也会导致深埋过程中下组合地层超压的形成。而超压的出现能够极大减缓储层的压实强度，并可抑制自生石英生成，以及有利于长石溶蚀作用的发生（赵靖舟，2017），进而使得储层在埋藏过程中物性得以有效保存。

三、古地温

古地温同样会间接地影响储层的物性保存，地层温度每升高10℃，水—岩反应速率增加一倍，地温梯度增加0.2℃/100m对成岩产生效果比增加埋深1000m还要显著

（姜涛，2005）。

由准噶尔盆地南缘下组合6口井大地热流值与埋藏时间关系可见（图6-22），在准南下组合储层的整个埋藏过程中，大地热流值随埋藏时间逐渐降低。此外，准南下组合储层古地温梯度处于持续降低状态（邱楠生，2002），而在相同的地温（T）下，低地温梯度的砂体孔隙度是高地温梯度砂体孔隙度的 $e^{0.0770+0.0042T}$倍（寿建峰，2006）。盆地整体的低地温梯度使得下组合储层在现今埋深条件下地温仍处于90~150℃之间（图6-20，图6-21），如此较低的古地温条件将有效延缓储层成岩作用进程，而这也是下组合储层在现今深埋条件下仍主体处于早成岩晚期—中成岩期的重要原因之一。此外，逐渐减小的地温梯度也使得储层各成岩强度较正常地温梯度条件下减弱，低地温梯度不仅延缓了下组合的压实进程，同时有机质成熟深度的增加也使得储层在3500m以下仍处于有机酸的溶蚀状态而缺乏成岩晚期的铁方解石及铁白云石胶结物。特别的，地温梯度的降低也可减缓有机质成熟的过程，增大了烃源岩生排烃埋藏深度和持续时限，间接延长了储层演化过程中有机酸的释放时间，进而拓展了储层受溶蚀的深度和时间，使得储层深埋条件下仍可被有效溶蚀改造（冯佳睿，2016），这也是促进储层垂向上出现深层异常高孔渗带的重要原因之一，由此下组合储层物性得以进一步保存和改善。

第十章 准噶尔盆地南缘深层下组合油气高产原因分析

准噶尔盆地南缘油气勘探历史悠久，是中国最早开展勘探的地区之一，20世纪30年代独山子油田的发现标志着准噶尔盆地南缘现代石油工业正式起步（雷德文，2012）。准南发育新近系塔西河组、古近系安集海河组和白垩系吐谷鲁群3套区域分布的泥岩（膏泥岩）盖层，相应地构成上、中、下3套储盖组合。其中，下组合是由侏罗系八道湾组、三工河组、西山窑组、头屯河组、白垩系清水河组储集层与白垩系吐谷鲁群盖层形成的储盖组合（杜金虎，2019；何海清，2019；王剑，2021）。长期以来，准噶尔盆地南缘勘探以中、上组合为主要对象，发现了独山子、齐古、卡因迪克等油田以及呼图壁、玛河等气田，并发现了吐谷鲁、霍尔果斯、安集海等含油气构造，累计探明石油地质储量 2719.5×10^4t、天然气地质储量 329.6×10^8m^3。整体而言，中、上组合具备油气成藏条件，但构造相对破碎、储集层横向变化大、圈闭充满程度较低，以中小型油气田为主，因此探索下组合成为在准南寻找大油气田的重要勘探方向（杜金虎，2019）。自2008年开始，中国石油持续探索下组合有利圈闭，先后钻探西湖1井、独山1井和大丰1井，均见良好油气显示，虽因圈闭或工程原因失利，但钻后分析认为下组合具备形成大油气田的有利条件，进一步坚定勘探信心，开展更为细致的综合地质研究、技术攻关和勘探目标评价，随后于2018年部署风险探井—高探1井。2019年1月6日高探1井试油，在下组合白垩系清水河组获日产油1213m^3、日产气 32.17×10^4m^3 的高产油气流，实现了南缘下组合油气勘探首次突破，是准噶尔盆地油气勘探史上的重要里程碑，证实了准噶尔盆地南缘前陆为大型油气富集区，勘探潜力巨大（杜金虎，2019；梁宝兴，2019）。但由于准南下组合勘探程度仍然很低，因此分析高探1井突破带来的启示意义，剖析下组合油气高产条件，对准南下组合加快勘探具有重要指导作用。

第一节 准南下组合高产油气层段基本特征

一、高产油气层段岩性测井标定

在地质工作中对于地层岩性的确定往往是通过露头和钻井取心的观察分析，但是出于成本等考虑，取心井及取心井段的数量常较为有限。而以往对于未取心井段的岩性确定主要依靠录井资料，但是录井资料的可靠程度受人为因素、取样密度影响，导致其在非录井目的层段可靠程度低，录井岩性的划分标准在不同时期也有所差异，使其在实际工作中有时难以达到较好的运用效果（成大伟，2016）。为了弥补取心和录井岩性的不足，很多学者都探讨过应用其他资料，如应用测井资料来识别单井岩性。而测井识别岩性方法归结起来可以划分为四大类：神经网络法（范训礼，1999；卢新卫，1999；张洪，2002；于代国，2005）、交会图法（陈建文，2000；黄布宙，2001；赵建，2003；冯翠菊，2004；王拥军，2006）、构建岩性敏感指示曲线法（于文芹，2006）和成像测井方法（张莹，2007）。各种测井—岩性识别方法都可以快速、准确地辅助识别单井岩性。准南高产井高探1井在出油层段未有取心，严重制约了对油气储层的认识，因此本次研究以交会图版法进行高探1井重点出油层段岩性特征识别。

1. 岩性测井标定交会图版法原理

依据准南下组合的测井解释经验认为，不同区域之间测井曲线对岩性的反应差异较大，同一地区在测井曲线标准化之后可以使用统一标准来划分岩性（成大伟，2016）。通过实践，发现高泉地区自然伽马（GR）、密度（DEN）、声波时差（AC）、地层真电阻率（Rt）和冲洗带地层电阻率（Rxo）测井对不同岩性的响应较为灵敏，所以选择自然伽马和其余四种测井曲线对岩性作交会分析，可找出高探1井周缘井位不同岩性的测井划分标准，从而对高探1井高产油气层段岩性进行标定，找出岩性与油气高产的联系。

2. 岩性测井标定分析

通过交会图版法将高探1井周缘井，即高101井、高102井、高103井、高泉5井和GHW001井等5口井相应层位根据岩心精细描述将岩性划分为砂砾岩类、砂岩+粉砂岩类及泥岩类三大类，并分别耦合出头屯河组、齐古组和清水河组测井岩性解释图版（图10-1~图10-3）。

利用准南西段高泉地区头屯河组111组岩心标定测井数据，在各交会图版中划分出三个区域，分别对应砂砾岩、砂岩+粉砂岩、泥岩区域。自然伽马（GR）—密度（DEN）交会图中，自然伽马值介于45~65API之间，密度值介于2.45~2.65g/cm^{3}之间为砂砾岩类；自然伽马值介于65~78API之间，密度值介于2.45~2.65g/cm^{3}之间为砂岩+粉砂岩类；自然伽马值大于78API，密度值介于2.45~2.75g/cm^{3}之间为泥岩类［图10-1（a）］。自然伽马（GR）—声波时差（AC）交会图中，自然伽马值介于50~64API之间，声波时差值介于55~66μs/m之间为砂砾岩类；自然伽马值介于65~78API之间，声波时差值大于59μs/m为砂岩+粉砂岩类；自然伽马值大于78API，声波时差值大于61μs/m为泥岩类［图10-1（b）］。自然伽马（GR）—地层真电阻率（Rt）交会图中，自然伽马值介于45~63API之间，地层真电阻率值介于0~70Ω·m之间为砂砾岩类；自然伽马值介于63~77API之间，地层真电阻率值介于0~42Ω·m为砂岩+粉砂岩类；自然伽马值大于77API，地层真电阻率值介于0~26Ω·m为泥岩类［图10-1（c）］。自然伽马（GR）—冲洗带电阻率（Rxo）交会图中，自然伽马值介于45~63API之间，冲洗带电阻率值介于0~70Ω·m之间为砂砾岩类；自然伽马值介于63~77API之间，冲洗带电阻率值介于0~32Ω·m为砂岩+粉砂岩类；自然伽马值大于77API，冲洗带电阻率值介于0~32Ω·m为泥岩类［图10-1（d）］。

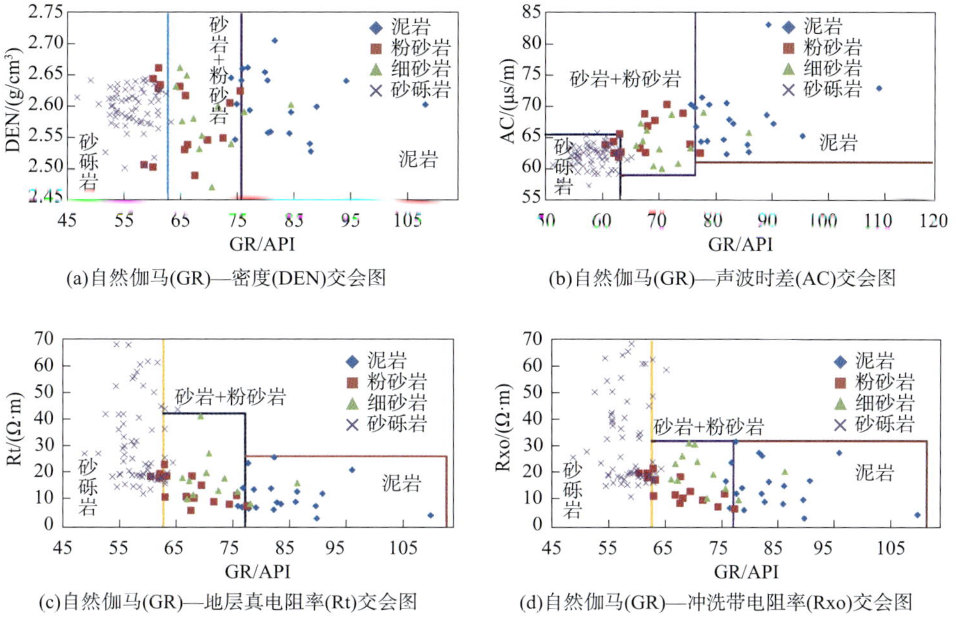

(a)自然伽马(GR)—密度(DEN)交会图　(b)自然伽马(GR)—声波时差(AC)交会图

(c)自然伽马(GR)—地层真电阻率(Rt)交会图　(d)自然伽马(GR)—冲洗带电阻率(Rxo)交会图

图10-1　准南西段高泉地区头屯河组岩性测井解释图版

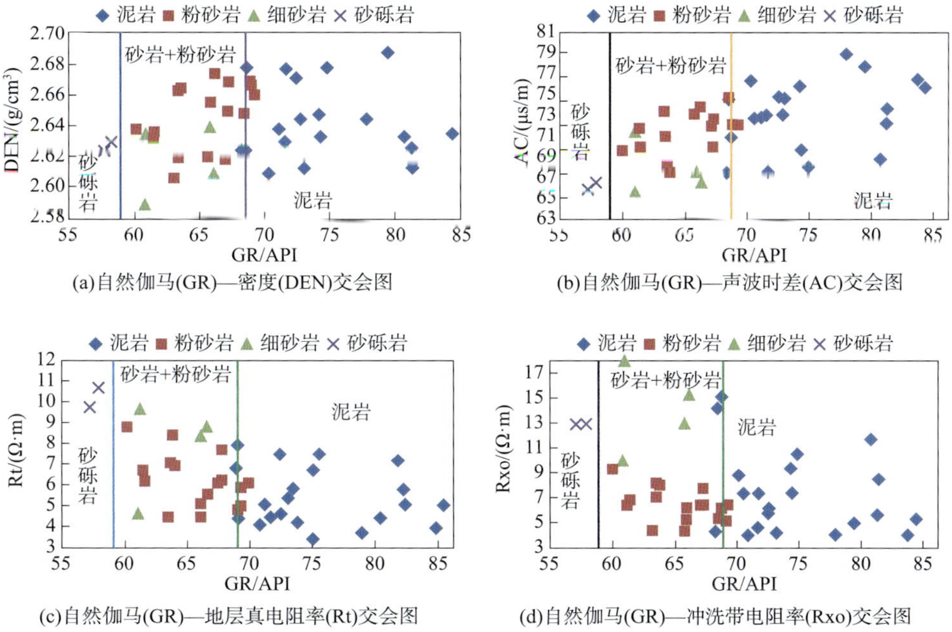

(a)自然伽马(GR)—密度(DEN)交会图　(b)自然伽马(GR)—声波时差(AC)交会图

(c)自然伽马(GR)—地层真电阻率(Rt)交会图　(d)自然伽马(GR)—冲洗带电阻率(Rxo)交会图

图10-2　准南西段高泉地区齐古组岩性测井解释图版

利用准南西段高泉地区齐古组44组岩心标定测井数据，在各交会图版中划分出三个区域，分别对应砂砾岩、砂岩+粉砂岩、泥岩区域。自然伽马（GR）—密度（DEN）交会图中，自然伽马值介于55~59API之间，密度值介于2.58~2.7g/cm^{3}之间为砂砾岩类；自然伽马值介于59~68.5API之间，密度值介于2.58~2.7g/cm^{3}之间为砂岩+粉砂岩类；自然伽马值大于68.5API，密度值介于2.58~2.7g/cm^{3}之间为泥岩类［图10-2（a）］。自然伽马（GR）—声波时差（AC）交会图中，自然伽马值介于50~59API之间，声波时差值大于63μs/m为砂砾岩类；自然伽马值介于59~69API之间，声波时差值大于63μs/m为砂岩+粉砂岩类；自然伽马值大于69API，声波时差值大于63μs/m为泥岩类［图10-2（b）］。自然伽马（GR）—地层真电阻率（Rt）交会图中，自然伽马值介于55~59API之间，地层真电阻率值大于3Ω·m为砂砾岩类；自然伽马值介于59~68.5API之间，地层真电阻率值大于3Ω·m为砂岩+粉砂岩类；自然伽马值大于68.5API，地层真电阻率值大于3Ω·m为泥岩类［图10-2（c）］。自然伽马（GR）—冲洗带电阻率（Rxo）交会图中，自然伽马值介于55~59API之间，冲洗带电阻率值大于3Ω·m为砂砾岩类；自然伽马值介于59~69API之间，冲洗带电阻率值大于3Ω·m为砂岩+粉砂岩类；自然伽马值大于69API，冲洗带电阻率值大于3Ω·m为泥岩类［图10-2（d）］。

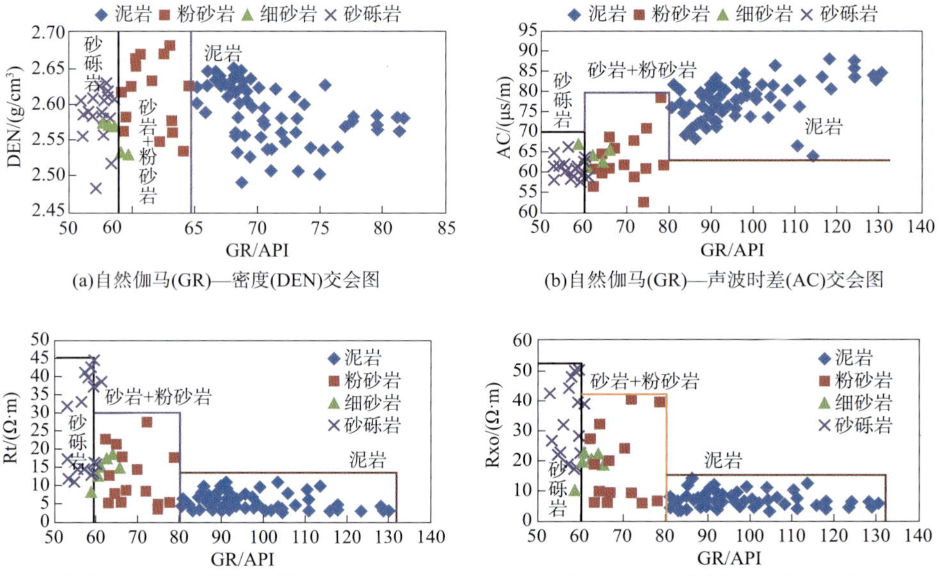

(a)自然伽马(GR)—密度(DEN)交会图　(b)自然伽马(GR)—声波时差(AC)交会图

(c)自然伽马(GR)—地层真电阻率(Rt)交会图　(d)自然伽马(GR)—冲洗带电阻率(Rxo)交会图

图10-3　准南西段高泉地区清水河组岩性测井解释图版

利用准南西段高泉地区清水河组111组岩心标定测井数据，在各交会图版中划分出三个区域，分别对应砂砾岩、砂岩+粉砂岩、泥岩区域。自然伽马（GR）—密度（DEN）交会图中，自然伽马值介于50~62API之间，密度值大于2.45g/cm^{3}为砂砾岩类；自然伽马值介于62~79API之间，密度值大于2.45g/cm^{3}为砂岩+粉砂岩类；自然伽马值大于79API，密度值大于2.45g/cm^{3}为泥岩类［图10-3（a）］。自然伽马（GR）—声波时差

（AC）交会图中，自然伽马值介于50~60API之间，声波时差值介于50~70μs/m之间为砂砾岩类；自然伽马值介于60~80API之间，声波时差值介于50~80μs/m为砂岩+粉砂岩类；自然伽马值大于80API，声波时差值大于63μs/m为泥岩类［图10-3（b）］。自然伽马（GR）—地层真电阻率（Rt）交会图中，自然伽马值介于50~59API之间，地层真电阻率值介于0~45Ω·m为砂砾岩类；自然伽马值介于59~80API之间，地层真电阻率值介于0~30Ω·m为砂岩+粉砂岩类；自然伽马值介于80~132API，地层真电阻率值介于0~14Ω·m为泥岩类［图10-3（c）］。自然伽马（GR）—冲洗带电阻率（Rxo）交会图中，自然伽马值介于55~60API之间，冲洗带电阻率值介于0~52Ω·m为砂砾岩类；自然伽马值介于60~80API之间，冲洗带电阻率值介于0~42Ω·m为砂岩+粉砂岩类；自然伽马值介于80~132API，冲洗带电阻率值介于0~16Ω·m为泥岩类［图10-2（d）］。

通过上述三个地层岩性测井解释图版，将高探1井头屯河组56组及清水河组9组测井数据值投射到所对应地层测井岩性解释图版上，从而获取高探1井头屯河组及清水河组岩性特征，由图10-4~图10-6可见：准南西段高探1井头屯河组和清水河组各测井岩性标定解释为砂砾岩类所占比例最大，数据点大多数落入砂砾岩区域，少量落入砂岩和粉砂岩区域，而基本未落入泥岩区域（图10-4、图10-5），测井解释图版标定解释主要为砂砾岩，并包含少部分砂岩，而头屯河组同样以砂砾岩为主。高探1井清水河组上述测井岩性标定结果与钻井过程中从井底上返的岩屑薄片显示特征也较为一致，均表现为砂砾岩，且清水河组高产油气底砾岩段薄片中可见砾石颗粒较大，砂质颗粒也较多，砂质胶结较松散，砂砾接触关系较好（图10-6）。综上所述，高探1井清水河组高产油气层段岩性应为砂砾岩。

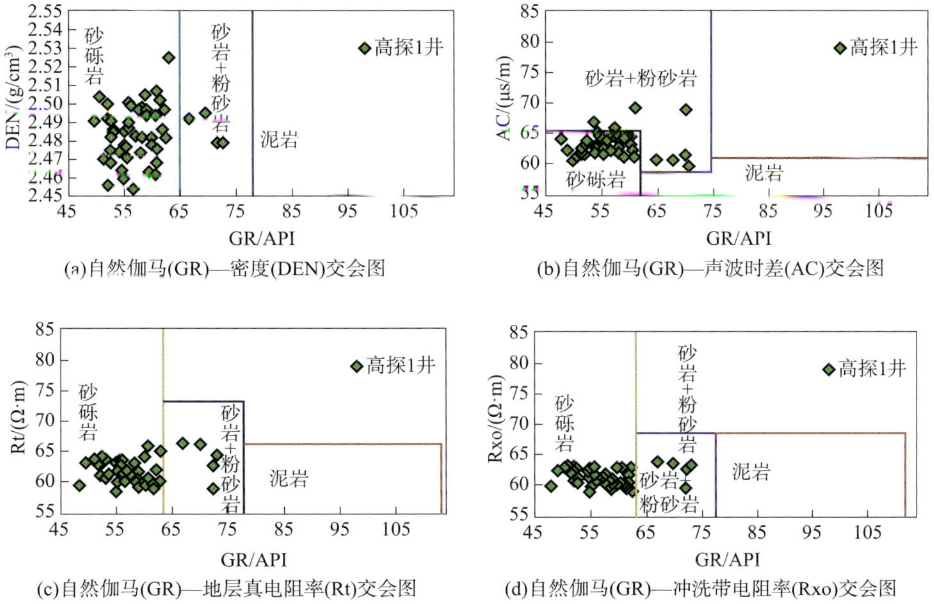

图10-4 准南西段高探1井头屯河组岩性识别图版

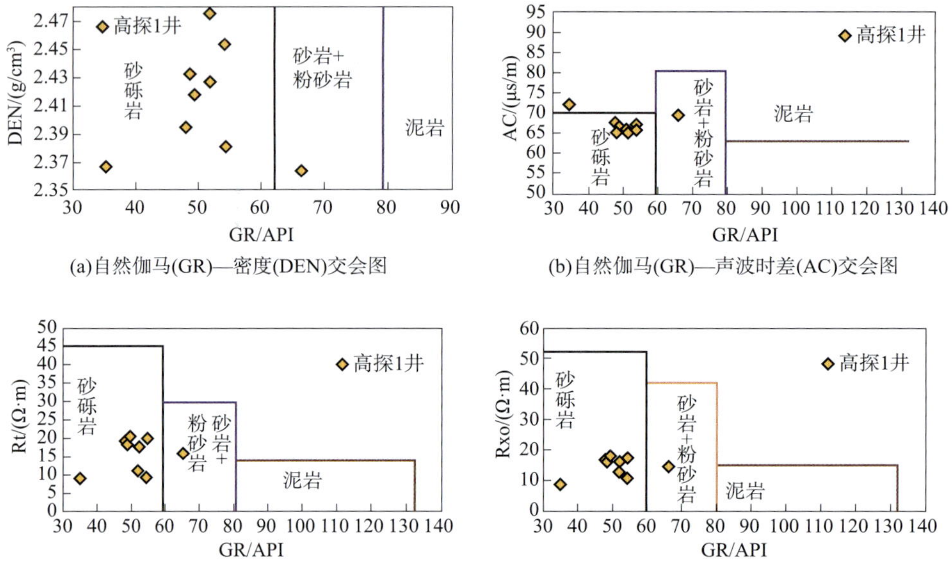

(a)自然伽马(GR)—密度(DEN)交会图
(b)自然伽马(GR)—声波时差(AC)交会图
(c)自然伽马(GR)—地层真电阻率(Rt)交会图
(d)自然伽马(GR)—冲洗带电阻率(Rxo)交会图

图 10-5　准南西段高探 1 井清水河组岩性识别图版

图 10-6　准南西段高探 1 井清水河组底砾岩薄片特征

二、高产油气层段不同岩性储层含油性差异特征

油气中的芳香烃和极性化合物在受紫外光激发时就会自发产生荧光（Barres等，1987；Munz，2001），其荧光光谱可以反映原油的化学组成、物理性质及储层中的含油丰度（Ryder，2005）。而荧光光谱技术应用到油气勘探已有一百多年的历史，如今，利用荧光光谱检测各种不同形式烃类的方法已经非常成熟，可以检测到稀释的或者未稀释的、表面涂层的烃类以及油气包裹体（Liu和Eadington，2005），检测烃类的浓度为10^{-6}或者更低（Ralston等，1996；Liu 和 Eadington，2005）。而常用的储层定量荧光技术，包括QGF、QGF-E、QGF+、TSF、i TSF等系列技术，可用来快速检测储层颗粒内部油包裹体及颗粒表面吸附烃的荧光光谱特征、荧光强度等信息。由于储层定量荧光技术具有快速、简便、经济、灵敏度高、检测荧光波段长、所需样品量少等优点，在油气成藏研究中得以迅速推广（刘可禹，2016）。该技术可以通过连续采集多口井不同深度

的储层样品进行系统的荧光光谱分析，从而根据整个样品的剖面变化和横向变化来识别储层含油气性（Liu等，2003）、判断现今油层和古油层（Liu等，2007）、分析油气性质、追踪油气运移路径（Burruss等，1983；李卓等，2012）、以及烃源岩成熟度（Liu等，2007）等。准南下组合各岩性储层含油性差异分析对于明确优质储层类型及判断油气分布具有重要意义，因此运用储层定量颗粒荧光技术中QGF-E、TSF系列技术对准南下组合储层含油性进行分析，以此来推证准南下组合高产油气成因。

1. 下组合储层萃取液定量荧光（QGF-E）特征

QGF-E代表了储层颗粒表面吸附烃萃取液的荧光特征，将储层颗粒按照处理流程进行清洗得到QGF-E萃取液，利用荧光光度计检测得到的荧光光谱即为QGF-E光谱。QGF-E光谱特征可用QGF-E强度（QGF-E intensity）和最大波长（λ_{max}）这两个参数进行表征。QGF-E光谱代表储层颗粒表面吸附烃的荧光特征，可用于现今油层或残留油层的判定。研究表明，现今油层或残留油层样品的QGF-E光谱具有相对较高的荧光强度，一般在300~400nm之间有明显的荧光峰。因此，QGF-E强度可以反映储层颗粒表面吸附烃的含量，而吸附烃含量与储层含油饱和度呈正相关，QGF-E强度越大，含油饱和度越高；而QGF-E光谱的最大波长（λ_{max}）反映了原油的成分和密度（李素梅，2006；刘可禹，2016）。综合准南下组合36组不同岩性储层样品的QGF-E测试数据可见：砾岩储层QGF-E荧光强度值一般介于100~350pc之间，峰值位于335nm处［图10-7（a）］；砂砾岩储层QGF-E荧光强度值一般介于500~2500pc之间，峰值位于444nm处［图10-7（b）］；中粗砂岩储层QGF-E荧光强度值一般小于200pc，少数达到1000pc，峰值位于444nm处［图10-7（c）］；细砂岩储层QGF-E荧光强度值一般介于100~700pc，峰值位于364nm处［图10-7（d）］；粉砂岩储层QGF-E荧光强度值一般介于20~160pc，峰值位于380nm处［图10-7（e）］。整体而言，砂砾岩储层QGF-E荧光强度值显著高于其他岩性，反映砂砾岩储层含油性及含油饱和度最高，储层物性整体优越；少部分中砂岩储层QGF-E荧光强度值仅次于砂砾岩储层，含油性及含油饱和度较高；细砂岩与中砂岩储层相比，QGF-E荧光强度值整体较低，而砾岩和粗砂岩储层QGF-E荧光强度值均较低，含油性及含油饱和度也较低；粉砂岩储层QGF-E荧光强度值最低，反映其含油性及含油饱和度最低，物性最差。

2. 下组合储层全息扫描荧光（TSF）特征

全息扫描荧光技术（TSF）是利用波长连续变化的激发光扫描得到的发射光谱，其结果可以三维或等值线的形式显示。TSF方法可用于分析原油、储层萃取液以及颗粒中油包裹体的油气性质，如成熟度、API特征及烃类含量等。通常，TSF光谱最大强度（TSFMax）与芳烃含量成正比，随着原油API度的增加，芳烃含量和TSF光谱强度将会减小（李素梅，2007；刘可禹，2016）。TSF光谱的最大激发波长（MaxEx）和最大发射波长（MaxEm）的参数含义与QGF、QGF-E光谱的最大波长（λ_{max}）基本一致，可反映原油的密度和组成（李素梅，2007；刘可禹，2016）。

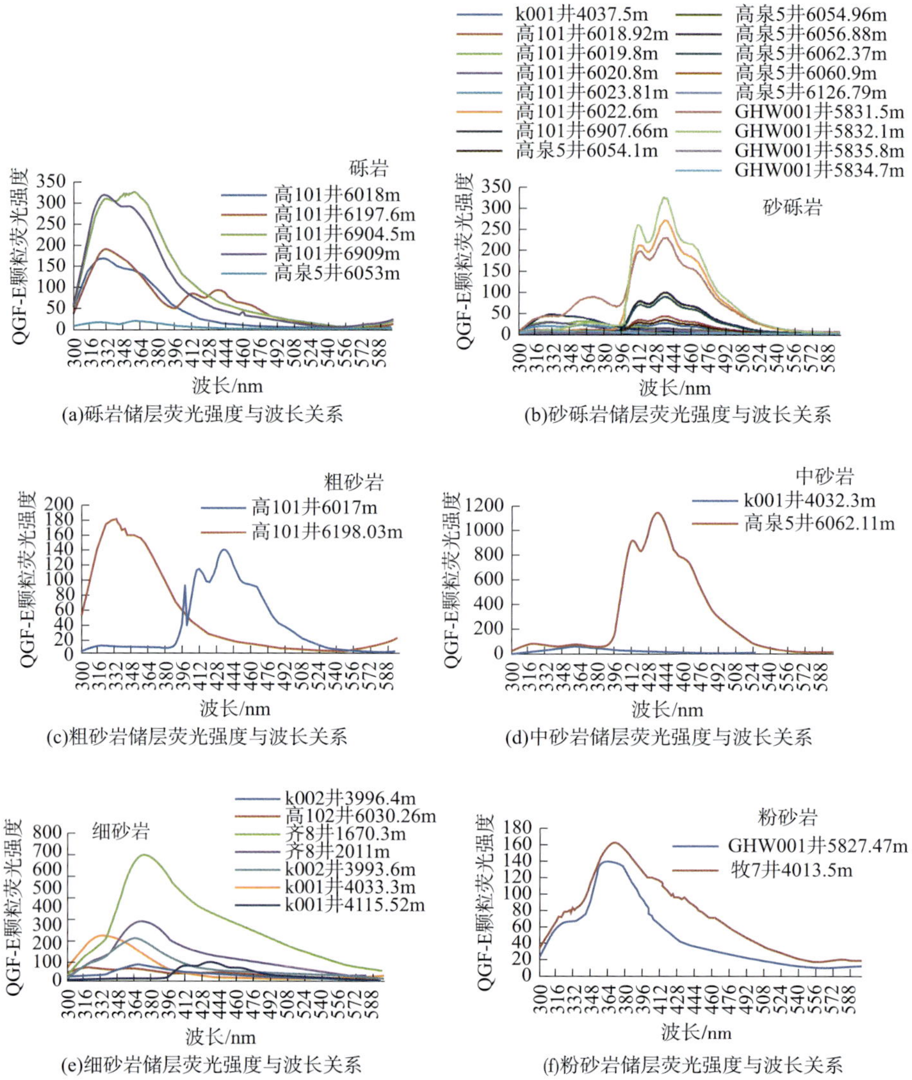

图 10-7　准南下组合各岩性储层颗粒表面吸附烃萃取液荧光特征

准南下组合TSF全扫描三维荧光光谱特征显示，多为单峰型［图10-8（b）~（f）］，表明准南下组合各岩性储层内部原油成因具有一定相似性，但部分样品出现多峰状［图10-8（a）（e）］，反映可存在不同性质的原油。此外，原油的荧光强度一般随成熟度增加而降低，成熟度高的原油荧光强度峰较窄，平面荧光强度等值线直径相对较小（李素梅，2007），如图10-8（a）（c），砂砾岩储层荧光光谱所反映的原油荧光强度峰较窄，成熟度较高；图10-8（b）（d）（f）所显示的粗砂岩、中砂岩和细砂岩储层荧光光谱反映的原油荧光强度峰均随成熟度增加而变窄；而成熟度低的样品荧光强度峰较宽，平面发散，如图10-8（e），原油荧光强度峰较宽，呈发散状，反映其较低的成熟度。

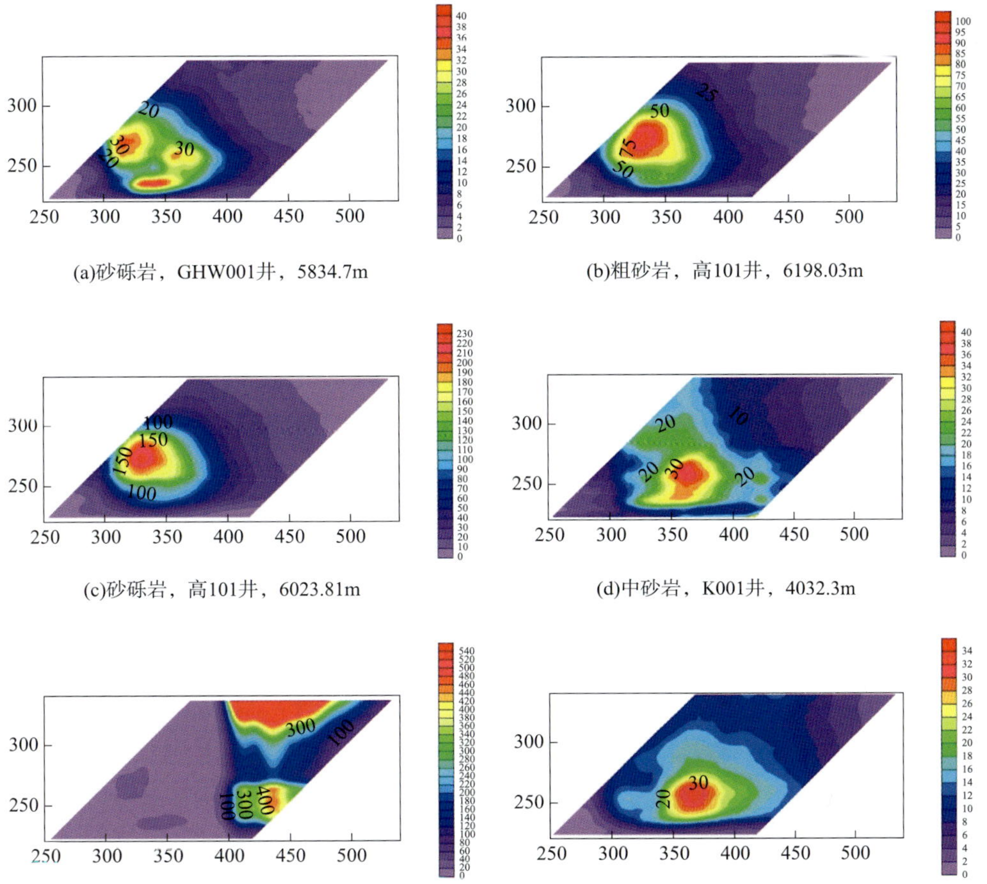

(a)砂砾岩，GHW001井，5834.7m

(b)粗砂岩，高101井，6198.03m

(c)砂砾岩，高101井，6023.81m

(d)中砂岩，K001井，4032.3m

(e)砂砾岩，高泉5井，6054.96m

(f)细砂岩，K002井，3996.4m

图 10-8　准南下组合不同岩性 TSF 全扫描等值线荧光光谱特征

3. 准南下组合储层所含油气性质特征

通过对准南深层下组合取心井39个样品的储层QGF-E及TSF测试，得出各相关测试参数值（表10-1），据此对准南深层下组合储层所含油气性质进行分析。

其中QGF-E强度及与之对应的发射光波长λ_{max}值可反映原油性质特征：一般340nm<λ_{max}<410nm时，反映所含油性质为凝析油—轻质油；400nm<λ_{max}<460nm时，所含油性质为正常油；440nm<λ_{max}<580nm，所含油性质为中—重质油（李素梅，2006；刘可禹，2016）。由图10-9可见，准南下组合储层中，凝析油—轻质油占据较大比例，λ_{max}值介于320~410之间，其中砾岩、细砂岩及粉砂岩储层λ_{max}值均小于380；其余为正常油，λ_{max}值介于410~440之间，其岩性为砂砾岩和中粗砂岩，但未见中—重质油。此外，TSF定量荧光参数R_1=Em360nm/Em320nm与原油性质和成熟度具有较好的负相关性，一般R_1值越大，则原油成熟度越低，原油密度越大：R_1<2，为凝析油—轻质油；2<R_1<3，为正常油；R_1>3，为中—重质油（李素梅，2006；刘可禹，2016）。由图10-10可见，准南下组合储层中，凝析油—轻质油占据较大比例，R_1值介于0.5~2之间，岩性为砾岩、砂砾岩、中粗砂岩及粉砂岩；其余为正常油，R_1值介于2~3之间，以细砂岩为主，但未见中—重质油。综上所述，准南下组合各岩性储层内QGF-E λ_{max}值与TSF R_1值揭示主要以凝析油—轻质油及正常油为主。

表 10-1　准南下组合储层定量荧光参数统计表

井号及深度/m	层位	岩性	QGF-E		TSF				
			λ_{max}/nm	normalized QGF-E intensity/pc	normalized TSF-MAX/pc	Max Ex/nm	Max Em/nm	R_1/nm	R_2/nm
高101，6017	K_1q	粗砂岩	436	86.2	185.9	340	435	0.950	1.007
高101井，6018	K_1q	砾岩	327	98.7	87.4	270	330	0.824	0.869
高101井，6018.92	K_1q	砂砾岩	437	198.7	463.0	334	434	0.852	1.108
高101井，6019.8	K_1q	砂砾岩	360	205.5	207.4	236	351	0.884	1.117
高101井，6020.8	K_1q	砂砾岩	330	165.3	206.9	340	440	0.794	0.838
高101井，6023.81	K_1q	砂砾岩	361	117.7	116.4	236	346	0.937	1.149
高101井，6198.03	J_2t	粗砂岩	331	108.4	98.8	270	330	0.882	0.914
高101井，6904.5	J_1b	砾岩	357	189.3	179.1	274	334	1.031	1.217
高101井，6907.66	J_1b	砂砾岩	333	233.7	226.9	272	332	0.877	0.973
高101井，6909	J_1b	砾岩	330	172.4	167.8	270	330	0.865	1.000
高泉5井，6053	K_1q	砾岩	359	18.7	58.3	220	420	0.884	1.140
高泉5井，6054.1	K_1q	砂砾岩	437	179.3	507.1	340	435	0.780	1.113
高泉5井，6054.96	K_1q	砂砾岩	437	524.7	531.9	318	438	0.739	0.906
高泉5井，6056.88	K_1q	砂砾岩	438	475.8	473.9	318	438	0.809	1.002
高泉5井，6060.9	K_1q	砂砾岩	359	32.5	93.5	220	420	1.000	1.326
高泉5井，6062.37	K_1q	砂砾岩	437	410.4	458.7	320	435	0.832	1.008
高泉5井，6126.79	J_2t	砂砾岩	322	40.3	70.8	220	420	0.608	0.780
GHW001井，5827.47	K_1q	粉砂岩	365	67.4	102.1	220	420	1.700	2.217
GHW001井，5834.7	K_1q	砂砾岩	361	39.9	39.8	236	341	0.711	1.033
GHW001井，5835.8	K_1q	砂砾岩	435	46.9	127.3	340	435	0.683	0.793
k001井，4032.3	J_3q	中砂岩	361	45.1	55.7	220	420	2.029	2.502
k001井，4033.3	J_3q	细砂岩	332	121.9	116.6	272	337	0.957	0.959
k001井，4037.5	J_3q	砂砾岩	436	114.6	319.3	340	435	1.549	1.850
k001井，4115.52	J_3q	细砂岩	440	54.8	148.7	340	435	1.189	1.369
k002井，3993.6	J_3q	细砂岩	363	117.3	99.9	258	363	2.398	2.684
k002井，3996.4	J_3q	细砂岩	365	39.2	34.0	258	368	2.060	2.460
牧7井，4013.5	J_2t	粉砂岩	371	110.6	94.2	258	373	1.834	2.071
齐8井，1670.3	J_1b	细砂岩	374	543.3	484.5	246	371	3.717	4.192
齐8井，2011	J_1b	细砂岩	373	189.6	162.6	258	373	3.242	3.451

续表

井号及深度/m	层位	岩性	QGF-E		TSF				
			λ_{max}/nm	normalized QGF-E intensity/pc	normalized TSF-MAX/pc	Max Ex/ nm	Max Em/ nm	R_1/nm	R_2/nm
高101井，6022.6	K_1q	砂砾岩	436	2246.4	26495.7	322	437	0.806	1.035
高泉5井，6062.11	K_1q	中砂岩	438	671.0	26495.7	336	436	0.769	0.919
GHW001井，5831.5	K_1q	砂砾岩	438	2196.5	26495.7	326	436	1.606	2.080
GHW001井，5832.1	K_1q	砂砾岩	435	2186.9	26495.7	324	434	1.664	2.147
高102井，6030.26	J_2x	细砂岩	325	34.2	48.0	340	435	0.841	0.957
高101井，6197.6	J_2t	砾岩	332	153.3	209.6	340	435	0.860	0.869
高103井，5905.5	K_1q	砂砾岩	434	27.5	113.5	340	435	2.294	2.591
高103井，5905.48	K_1q	砂砾岩	432	16.1	93.3	220	420	2.960	2.770
高103井，5907.4	K_1q	细砂岩	361	14.4	89.6	220	420	2.391	3.209
高103井，5908.69	K_1q	砂砾岩	438	37.3	129.9	340	435	2.349	2.710

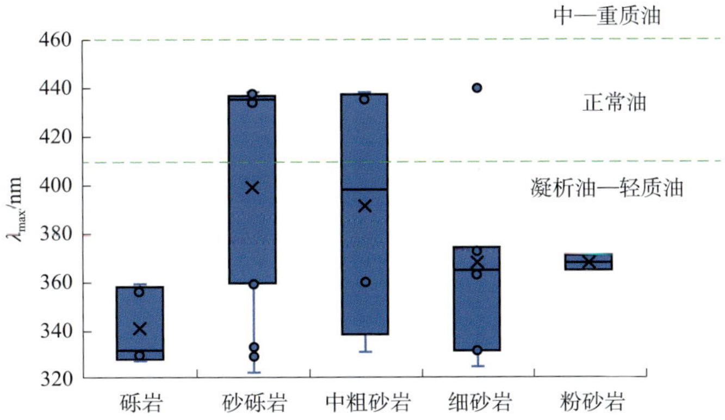

图 10-9　准南下组合不同岩性储层 QGF-E 发射光波长 λ_{max} 显示原油分异特征

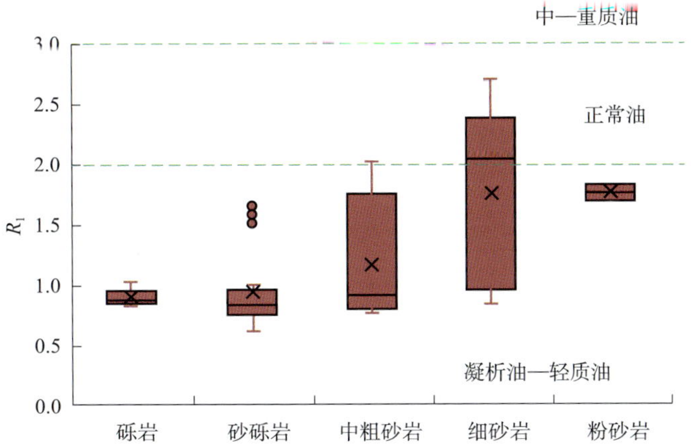

图 10-10　准南下组合不同岩性储层与 TSF 定量荧光参数 R_1 显示原油分异特征

第二节　准南下组合高产油气层段基本特征及高产成因

一、高探1井区高产油气层段特征邻井对比及油气高产成因

截至目前，准南西段高泉背斜构造带共完钻6口探井，包括高探1井、高101井、高102井、高103井、GHW001井和高泉5井。但从钻测井资料解释及试油成果来看，除高探1井在下白垩统清水河组内部获高产油气流外，仅GHW001井具有较好的油气试油效果，而其余探井油气显示均较差，上述特征揭示下组合深层清水河组储层具有较强的非均质性。特别地，油气储量及产量与储层的储集条件密切相关，一般而言储层储集条件越好其内部油气储量越大，而油气的高产也往往取决于储层渗透率大小。

高泉构造带中高探1井基本处于背斜构造的顶端或转折端处，同时高101井、高102井、高103井及GHW001井与高探1井处于同一背斜圈闭的内部，而高泉5井距离高探1井相对较远，相对而言处于另一背斜圈闭的近顶端或近转折端处，且该背斜相较于高探1井所处背斜构造高度偏低。从测井物性解释及岩心样品物性测试结果来看：高泉5井清水河组储层测井解释孔隙度在0.94%~7.78%之间，而实测岩心样品显示清水河组储层孔隙度在2.6%~9.4%之间，平均为4.96%，渗透率在（0.02~96.1）$\times 10^{-3}\mu m^2$之间，平均为$1.47\times 10^{-3}\mu m^2$，整体属特低孔低渗–特低渗储层；高102井尚无清水河组取心，而测井解释显示清水河组储层孔隙度在3.33%~8.19%之间；GHW001井测井解释显示清水河组储层孔隙度在5.73%~9.93%之间，岩心样品测试孔隙度在1.8%~10.1%之间，平均为6.8%，渗透率在（0.51~22）$\times 10^{-3}\mu m^2$之间，平均为$3.85\times 10^{-3}\mu m^2$，整体属低孔低渗储层；高103井清水河组储层测井解释孔隙度在4.37%~5.61%之间，岩心样品测试物性显示孔隙度在4%~5.4%之间，渗透率在（5.74~26.2）$\times 10^{-3}\mu m^2$之间，整体属特低孔低渗储层；高101井测井解释清水河组储层孔隙度在2.61%~5.72%之间，岩心样品测试物性显示孔隙度在2.7%~7.7%之间，平均为4.9%，渗透率在（0.09~7.28）$\times 10^{-3}\mu m^2$之间，平均为$0.18\times 10^{-3}\mu m^2$，整体属特低孔特低渗储层。与上述各井相比而言，高探1井在清水河组高产油气储层段虽无取心资料，但测井解释孔隙度在6.2%~18.4%之间，试井解释渗透率可达$1351\times 10^{-3}\mu m^2$。高探1井清水河组高产层段储层物性特别是渗透率显著高于周围邻井储层，显然如果高产层段储层没有裂缝的出现，将难以维持如此高的油气产量。而前期研究表明有裂缝发育的储层基质渗透率较无裂缝发育的储层基质渗透率一般至少高1个数量级，部分甚至高2~3个数量级（高伟等，2012；高志勇等，2013），因此可推断高探1井清水河组高产油气层段成因的关键在于有效裂缝的发育。

准噶尔盆地南缘构造条件极其复杂，下组合沉积期及其沉积后经历了多期燕山及喜山强烈的构造活动及构造叠加改造，区域内断层和褶皱尤为发育。过井地震剖面

（图10-11）显示高探1井处于背斜构造的顶端，而背斜构造顶端往往是构造裂缝的大量发育区。从准南西段托斯台野外露头剖面可见（图10-12），在齐古组地层背斜顶部构造裂缝极其发育，裂缝表现为多期发育并呈相互切割状，可见由于裂缝的形成可使储层物性得以极大改善。此外，尽管高探1井在清水河组尚无取心资料，但从钻井高产油气层段所上返的岩屑薄片特征来看，裂缝同样较为发育，并且裂缝内部可见典型的油气聚集和荧光显示（图10-13）。

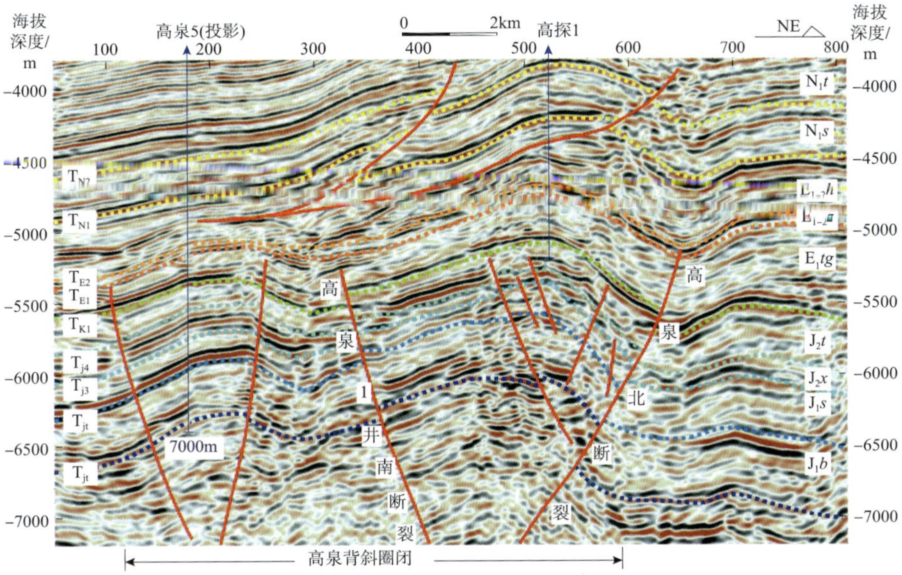

图10-11 过高探1井地震解释剖面

图10-12 准南西段托斯台剖面背斜顶部齐古组砂岩构造裂缝大量发育

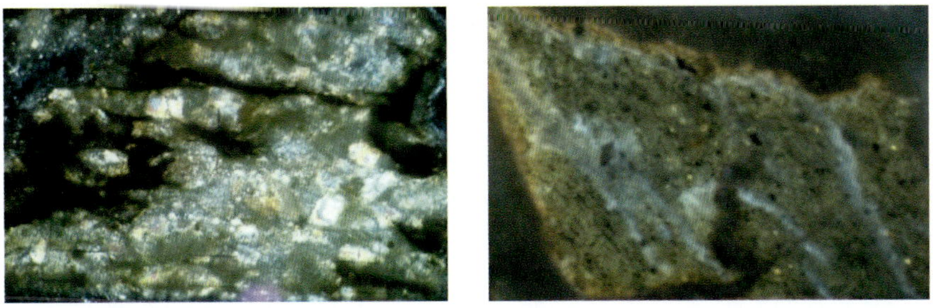

(a)普通薄片，5916~5920m，细砂岩，发育微裂缝

(b)荧光薄片，5768~5775m，粉砂质泥岩，微裂缝中具荧光显示

图10-13 高探1井清水河组高产油气层段钻井返出岩屑剖面特征

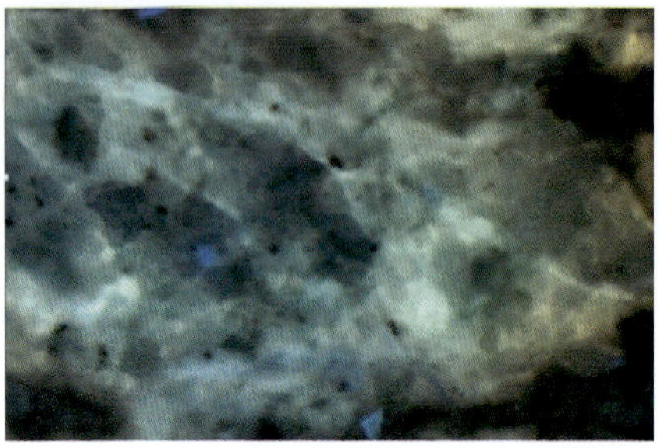

(c)荧光薄片，5768~5775m，灰质粉细砂岩，裂缝中荧光显示

(d)普通薄片，5760~5770m，细砂岩，微裂缝中含油

图 10-13　高探 1 井清水河组高产油气层段钻井返出岩屑剖面特征（续）

表 10-2　高泉构造带各井清水河组深层储层物性及试油结果数据

井号	深度/m	测井孔隙度/%	试井/岩心物性	试油
高探1	5775	6.2~18.4	$1351\times10^{-3}\mu m^2$	油：$194.69m^3$，气：$7.37\times10^4m^3$
GHW001	5845	5.7~9.9	4.6%~10.1%，（0.51~22.1）$\times10^{-3}\mu m^2$	油：$13~124m^3$，气：（0.28~9.77）$\times10^4m^3$
高102	5868	3.3~8.2	—	油：$1.21m^3$，水：$134.57m^3$
高101	6027	2.6~5.7	2.1%~8.7%，（0.09~7.66）$\times10^{-3}\mu m^2$	—
高103	5910	4.4~5.6	4%~5.4%，（5.74~26.2）$\times10^{-3}\mu m^2$	—
高泉5	6063	0.94~7.78	2.6%~9.4%，（0.31~96.1）$\times10^{-3}\mu m^2$	干层

值得注意的是，从试油结果及测井油气解释来看，高泉背斜构造带内部仅高探1井和GHW001井油气显示较好，其中高探1井在清水河5768~5775m深度层段试油日产油194.69m^3，日产气$7.37\times10^4m^3$，属典型的油气层；而GHW001仅在清水河组5832~5838m深度层段试油日产油188.36m^3，日产气$9.76\times10^4m^3$，但含水较高，属油水同层。此外，高102井在清水河组5855~5861m深度层段试油日产油1.21m^3，日产水134.57m^3，属含油水层。相比而言，高101井、高103井及高泉5井在清水河组试油或测井解释均属干层或差油层。

造成上述处于同一背斜构造的高探1井、高101井、高102井、高103井及GHW001井清水河组储层物性及油气富集程度会存在如此大差异的原因在于裂缝发育程度的不同。一般而言，在利用同等型号及尺寸的钻头条件下，裂缝性地层平均钻速要显著高于非裂缝性地层或裂缝发育程度较低的地层。高探1井、高101井、高102井、高103井及高泉5井在清水河组钻井过程中所用的钻头尺寸分别为215.9mm、215.9mm、215.9mm、190.5mm和241.3mm，整体相差不大，而GHW001井在清水河组钻井过程所用的钻头尺寸为311.2~431.8mm，明显更大。而从各井清水河组地层平均钻速来看（图10-14），高探1井在清水河组平均钻速（最大可达2.32m/h）明显要高于其余钻井

（GHW001井由于钻头尺寸不同不具有可比性），揭示位于背斜构造顶部或转折端处清水河组地层裂缝更为发育。造成这一现象的原因在于，褶皱是控制裂缝发育的一个重要构造因素。一般而言，在褶皱的核部和转折端等构造曲率较大的部位裂缝最为发育，在褶皱的翼部，地层弯曲程度较小，裂缝相对不发育（巩磊等，2017）。例如由野外背斜褶皱露头剖面可见（图10-15），在背斜构造顶部或转折端位置（测点2、3、11、12）处地层裂缝十分发育，而随着距轴面距离的增大，裂缝线密度呈指数递减的趋势（巩磊等，2017）。而就高泉构造带而言，除高探1井外，处于同一背斜的高101井和高102井清水河组地层平均钻速相对较高，并显著高于高103井［图10-16（a）］，这一现象与这两口井距高探1井（背斜顶部或转折端处）距离较近相关［图10-16（b）］，而高103井距离背斜转折端较远，裂缝发育程度显著变差，因此钻井钻速明显降低。值得注意的是，高泉5井与高探1井处于不同的背斜构造内，尽管高泉5井同样处于临近背斜的顶部或转折端处，但从地震剖面（图10-11）可见高泉5井所处的背斜圈闭较高探1井所处的背斜圈闭整体更宽缓，褶皱紧闭程度更低。前期研究表明，紧闭型褶皱背斜区域应变及裂缝发育程度要显著高于宽缓型褶皱（Frehner，2011；Li等，2018），因此高泉5井所处背斜构造顶部清水河组钻速显著低于高探1井，甚至低于高103井。

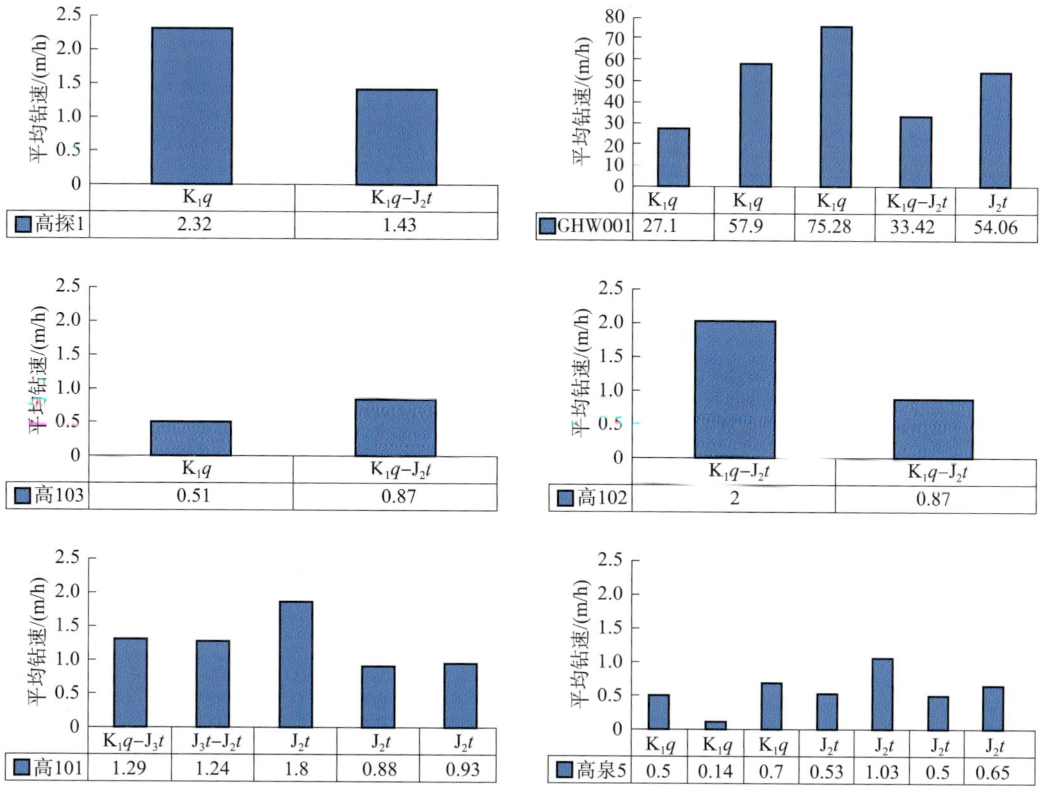

图10-14　高泉构造带各井清水河组及侏罗系地层平均钻速大小特征对比

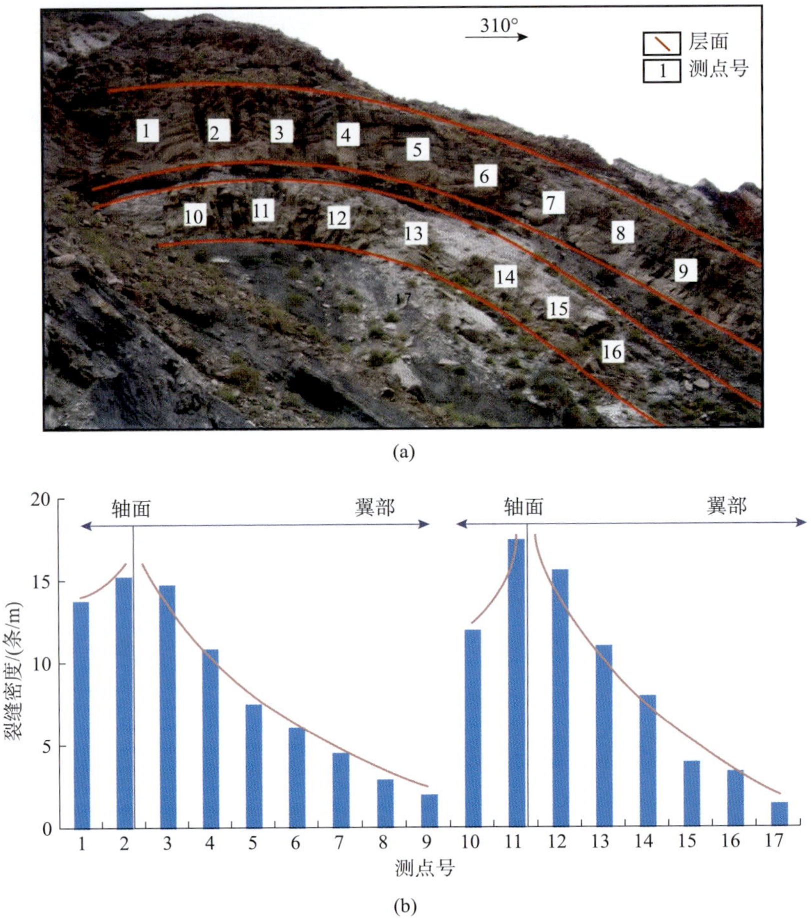

图 10-15 构造裂缝发育程度与褶皱的关系（巩磊等，2017）

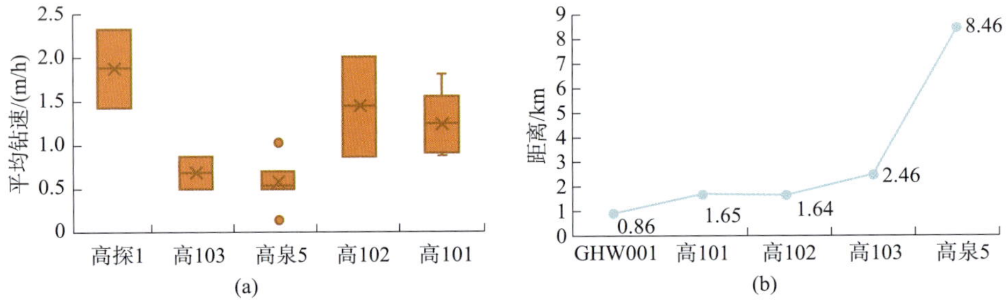

图 10-16 高泉构造带各钻井清水河组地层平均钻速（a）及各井距高探 1 井直线距离（b）

此外，还需要注意的问题是裂缝发育的期次及其与油气运聚成藏期次的匹配关系，只有当裂缝形成期早于油气充注期或与油气充注期相当时，裂缝的发育对于油气聚集才更为有效；而当裂缝形成期晚于油气充注期则可能对油藏起到破坏或调整作用（王鹏威等，2014；芦慧等，2015）。由图 10-17 可见，高泉背斜构造带形成时间早，在燕山构造运动早期即侏罗纪开始便已形成背斜构造，使得中上侏罗统地层未沉积或遭受剥蚀缺失，而在清水河组沉积期及后期至今整个背斜构造持续发育，背斜隆起幅度也逐渐增大。而前期研究表明准南下组合油气来源于侏罗系烃源岩，其生排烃高峰期较晚，为古近纪中晚期至新近纪（杜金虎等，2019；靳军等，2019；刘刚等，2021）。因此，高泉背斜顶部裂缝发育时间早于或近于区域生排烃时间，同时后期破坏性改造程度较弱，且区域整体处于构造高部位，为长期油气运移有利指向区，可满足油气持续充分的充注过程。

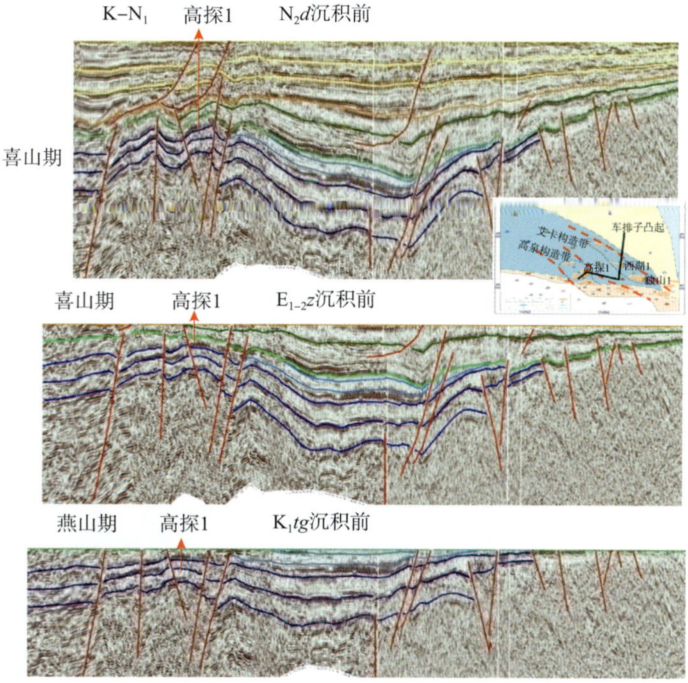

图 10-17　准南西段高泉构造带构造及地层演化地震剖面特征

综上可见，紧闭型背斜构造高部位所诱发的裂缝发育区是高泉构造带深层下组合清水河组油气高产的关键成因。且背斜顶部及转折端处为裂缝最有利发育区，而向背斜翼部裂缝发育程度较差，且紧闭型褶皱背斜较宽缓型褶皱背斜裂缝更为发育，在无后期改造破坏条件下其油气储量及可采程度更为优越。

二、准南下组合清水河组深层油气分布及成藏模式

1. 准南下组合深层清水河组油气分布特征及差异

整个准噶尔盆地南缘甚至延伸到整个盆地腹部地区，下白垩统清水河组与侏罗系之间存在一区域性分布的不整合面。侏罗系顶部与下白垩统清水河组间可存在长达20Ma的持续性风化剥蚀，进而导致盆地范围内发育一套区域性风化黏土层（高崇龙等，2016）。由准南西段高101井取心及盆地腹部石304井（石306井及石南50井等井）取心均可见白垩系与侏罗系间这一特征的风化黏土层（图10-18）。风化黏土层岩心显示由呈现黑褐色—黄褐色的杂色泥岩构成，同时杂色泥岩内部可见植物根须及风化裂缝，

风化杂色黏土层之上为典型的清水河组底砾岩沉积。因此，从清水河组油藏垂向储盖匹配关系来看，清水河组砂砾岩储层上部为厚层区域分布的泥岩盖层，而下部为区域分布的侏罗系风化黏土层。从过高泉背斜构造带的连井油气分布对比剖面可见（图10-19、图10-20），高探1井为典型的背斜构造顶部油气层，而GHW001井为油气层底部和边部的油水同层，并向高102井位置处过渡为含油水层。而高103井、高101井及高泉5井位置处储层物性特别是渗透性较差，本身无含油和生产能力，产液量很低，不具有工业生产价值，因此被认为是干层。因此从连井剖面来看，高探1井区下白垩统清水河组为典型的构造背斜型油气藏，其中底砾岩段为储层段，其上部泥岩段为盖层段，而底部风化黏土层可作为油藏的底板。同时地层水资料显示（图10-19、图10-20），高探1井和高102井清水河组地层水均为$NaHCO_3$型，矿化度分别为15673.66mg/L及15184.41mg/L；而GHW001井在风化黏土层之下侏罗系头屯河组储层内地层水为$CaCl_2$型，矿化度为31325.64mg/L，显然清水河组与侏罗系处于不同的且相互独立的油水系统内，反映白垩系与侏罗系之间的区域风化黏土层具有优越的封闭条件。此外，高探1井如此高产的油气生产条件也反映出储层上部厚层泥岩盖层同样具有优越的封闭能力，且未遭受破坏，使得原生油气藏内部油气得以有效保存。

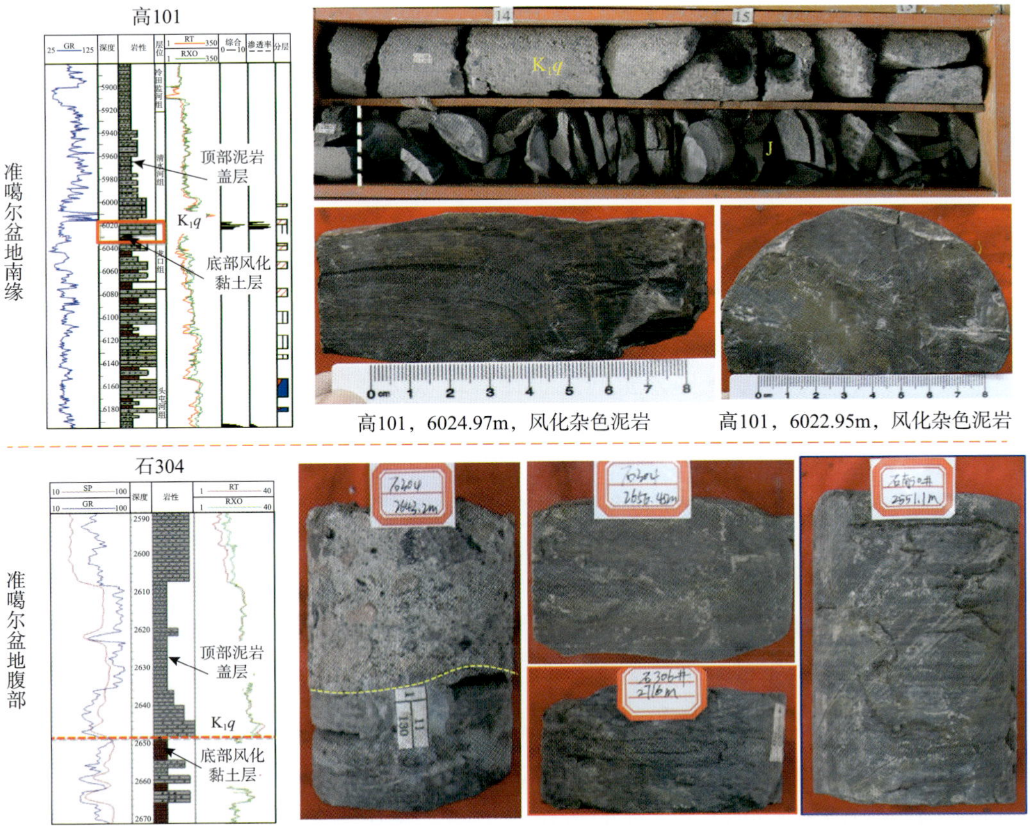

图10-18 准噶尔盆地南缘及腹部地区下白垩统清水河组与侏罗系间发育的风化黏土层

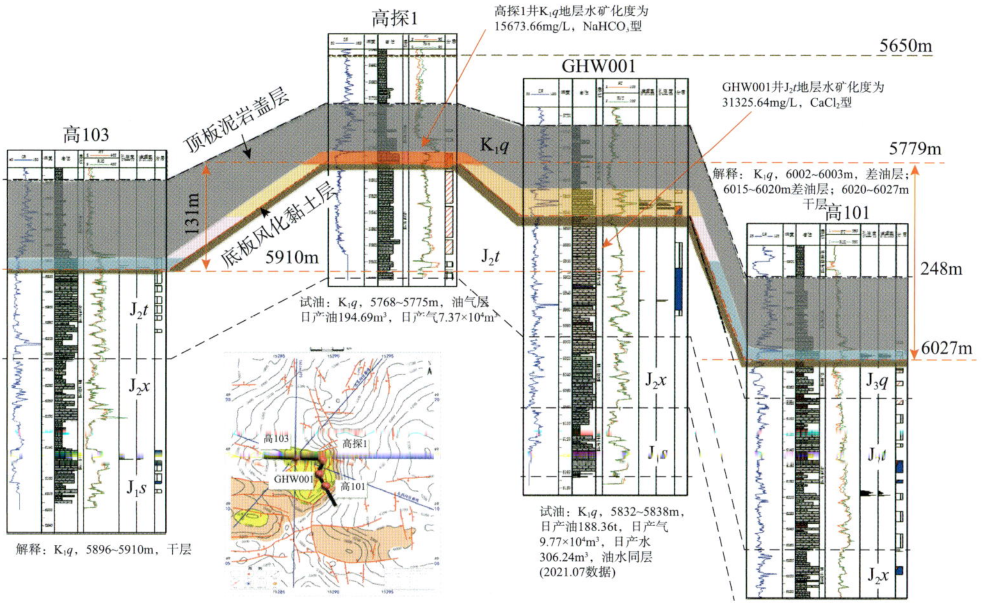

图 10-19　过 103 井—高探 1 井—GHW001 井—高 101 井连井油气分布对比剖面

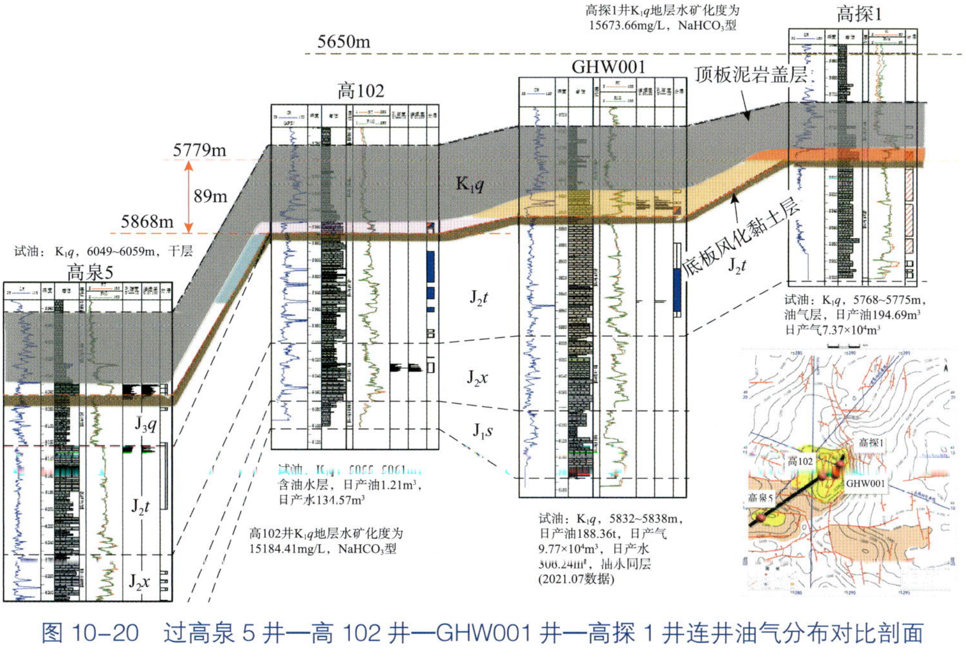

图 10-20　过高泉 5 井—高 102 井—GHW001 井—高探 1 井连井油气分布对比剖面

需要注意的是褶皱背斜是一个空间发育的立体形态，高探1井所处的背斜自高探1井位置处向西方向（即高103井方向）和向南西方向（即高102井方向）为背斜的缓翼，周缘探井清水河组底界与高探1井内部高差在89~131m之间，而向南东方向（即高101井方向）为背斜的陡翼，同样横向距离情况下清水河组底界深度可相差达248m（图10-19、图10-20）。因此造成平面上尽管相距背斜顶部距离接近，但油水分布特征却存在较大差异，例如高102井与高101井虽然平面距高探1井距离大小接近，但油水分布或含油特征却存在较大差异，其中在缓翼一侧油气平面分布范围可较大，但在陡翼一侧油气分布平面面积却较小（图10–19、图10–20）。上述油气分布差异，通过对比高探1井周缘不同钻井内部清水河组储层标准化颗粒定量荧光强度（QGF–E）差异也可有所体现（表10–3，图10–21），一般储层样品标准化QGF–E强度>40pc时可认为是含油（Liu等，2019）。

表10–3　高探1井区各邻井清水河组储层样品标准化QGF–E强度数据

井号	深度/m	层位	岩性	标准化QGF–E强度/pc
GHW001	5827.47	清水河组	粉砂岩	67.4
GHW001	5831.5	清水河组	砂砾岩	2196.5
GHW001	5832.1	清水河组	砂砾岩	2186.9
GHW001	5834.7	清水河组	砂砾岩	39.9
GHW001	5835.8	清水河组	砂砾岩	46.9
高101	6017	清水河组	粗砂岩	86.2
高101	6018	清水河组	砾岩	98.7
高101	6018.92	清水河组	砂砾岩	198.7
高101	6019.8	清水河组	砂砾岩	205.5
高101	6020.8	清水河组	砂砾岩	165.3
高101	6022.6	清水河组	砂砾岩	2246.4
高101	6023.81	清水河组	砂砾岩	117.7
高103	5905.48	清水河组	砂砾岩	16.1
高103	5905.5	清水河组	砂砾岩	27.5
高103	5907.4	清水河组	细砂岩	14.4
高103	5908.69	清水河组	砂砾岩	37.3
高泉5	6053	清水河组	砾岩	18.7
高泉5	6054.1	清水河组	砂砾岩	179.3
高泉5	6054.96	清水河组	砂砾岩	524.7
高泉5	6056.88	清水河组	砂砾岩	475.8
高泉5	6060.9	清水河组	砂砾岩	32.5
高泉5	6062.11	清水河组	中砂岩	671.0
高泉5	6062.37	清水河组	砂砾岩	410.4

距高探1井距离较近的GHW001井清水河组储层样品标准化QGF–E强度最大，反映其位置处清水河组储层含油性更好，并且相较于其他井更接近于油藏内油气顶位置处。而高101井尽管距离高探1井位置相对较近，但储层埋深构造高差较大，使其垂向上距离油气层位置较远，含油饱和度显著降低，但从储层样品标准化QGF–E强度上看仍具有一定含油性（图10–21）。而距离高探1井更远位置的高103井清水河组储层各样品标准化QGF–E强度均小于40pc

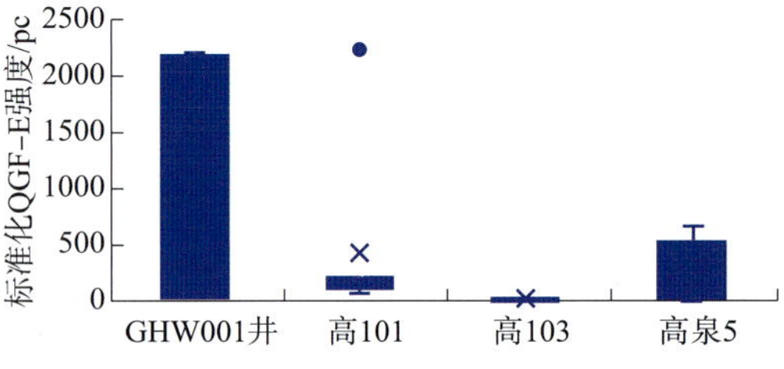

图10–21　高探1井区背斜周缘探井清水河组储层标准化QGF–E强度对比特征

（图10-21），反映其基本不含油，因此高103井位置处清水河组储层可完全脱离油藏内部油气分布区。需要注意的是，从高泉5井清水河组样品标准化QGF-E强度特征来看（图10-21），其含油性要好于高101井，但远差于高探1井和GHW001井，其原因在于高泉5井处于宽缓背斜内部且并未处于背斜正顶点位置，因此油气聚集程度及储层物性可大幅度降低。

综上可见，高探1井在清水河组地层出现油气高产的原因除在于发育裂缝这一关键因素外，还在于其处于区域油气运移的有利指向区，但受控于构造背斜的三维空间展布形态差异及裂缝发育程度差异，背斜圈闭内部油气水分布特征仍存在一定复杂性。但整体而言，越靠近背斜构造高点，即背斜顶点或转折端位置处，越有利于油气的富集与高产。

2. 准南下组合深层清水河组油气成藏及勘探有利区

准南西段高泉构造带下组合整体处于强地层超压的埋藏背景下，但值得注意的是在准南西段北部卡因迪克构造带位置处地层超压不甚发育。由表10-4及图10-22可见，卡字号井区在清水河组内部泥岩声波时差未出现超压条件下的增大现象，地层压力系数一般在1~1.26之间，而在高泉构造带各钻井清水河组地层泥岩声波时差相较于邻近的上下地层而言出现明显的增大现象（图10-22），反映超压的存在且地层压力系数在1.8~2.47之间，属典型的强超压。上述地层超压分布特征说明高泉构造带清水河组发育一套独立的超压封存箱系统，而邻近上下地层内部超压不典型或未出现地层超压。其中清水河组底砾岩上部的厚层泥岩段可形成超压封存箱的箱顶板，而底部与侏罗系间的风化黏土层可形成超压封存箱的箱底板，而侧向封隔层可由封闭性逆断层或由岩性岩相变化带形成。此外，由区域地震预测地层压力系数剖面可见（图10-23），在整个准南西段深层空间内可出现多个超压封存箱系统。而超压封存箱是相对独立的密封单元，流体一般只能在箱体内部运移，箱与箱之间的流体交换有限，且不同箱内的流体性质存在一定差异（徐洪等，2014）。因此准南西段深层各构造背斜圈闭可形成各自独立的超压封存箱体系和独立的油藏系统。

表10-4　高泉构造带和卡因迪克构造带各井清水河组地层压力系数

井号	深度/m	层位	压力系数	井号	深度/m	层位	压力系数
GHW001	5495~5845	K_1h–K_1q	2.15~2.30	卡北1	4125~4350	K_1q	1.08
高探1	5690~5779	K_1q	2.1~2.33	卡东1	4666~4934	K_1q	1.05~1.1
高101	5930~6024	K_1q	2.23~2.28	卡001	3906~4029	K_1q	1.02~1.03
高102	5556~5868	K_1tg	2.2~2.32	卡003	3932~4055	K_1q	1.03
高103	5575~5910	K_1h–K_1q	2.08~2.25	卡8	3791~3928	K_1q	1
高泉5	5906~6063	K_1h–K_1q	2.12~2.16	卡10	3582~3701	K_1q	1.1
西湖1	5808~5968	K_1q	1.8~1.84	卡11	4154~5252	K_1q	1.16~1.26
独山1	5666~5806	K_1q	2.0~2.47				

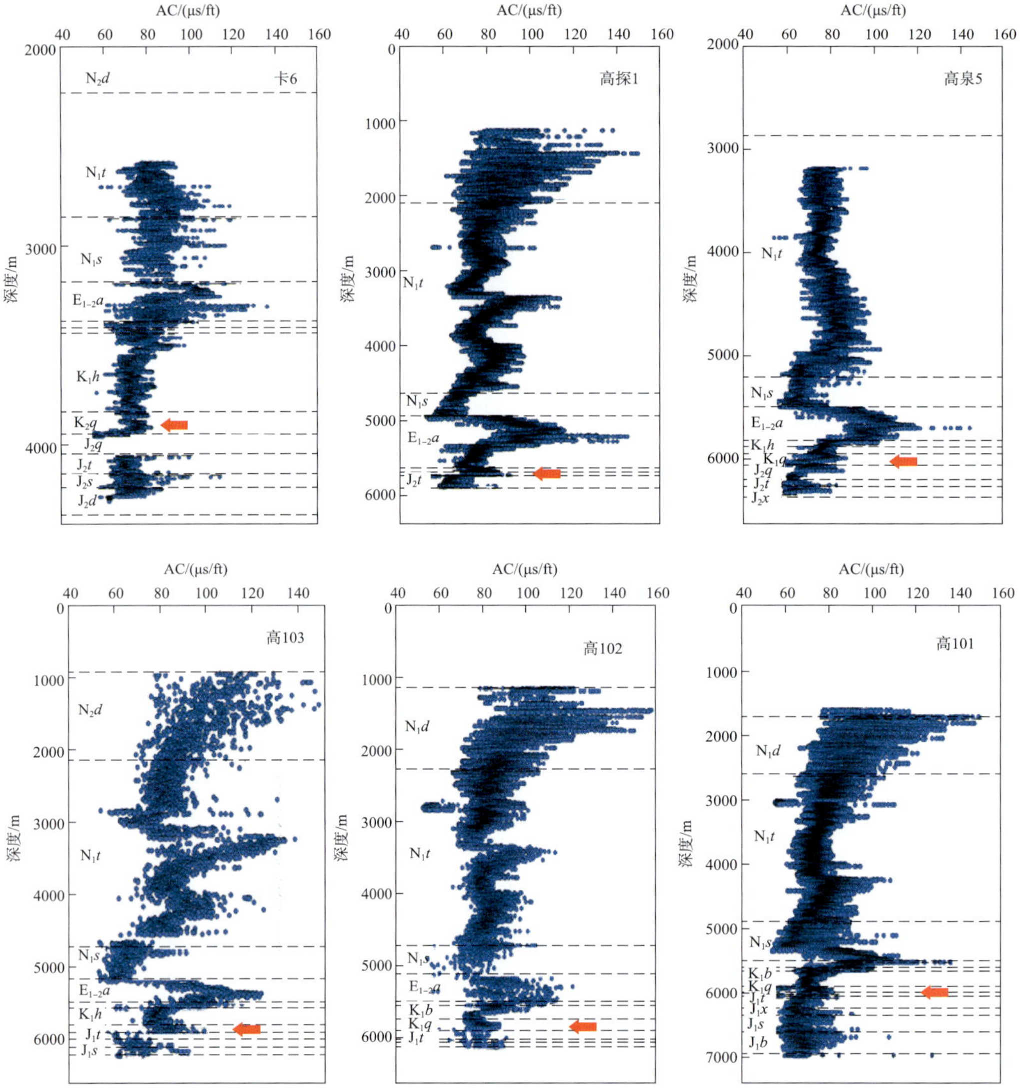

图 10-22　准南西段卡因迪克构造带及高泉构造带各典型井泥岩声波时差垂向变化特征

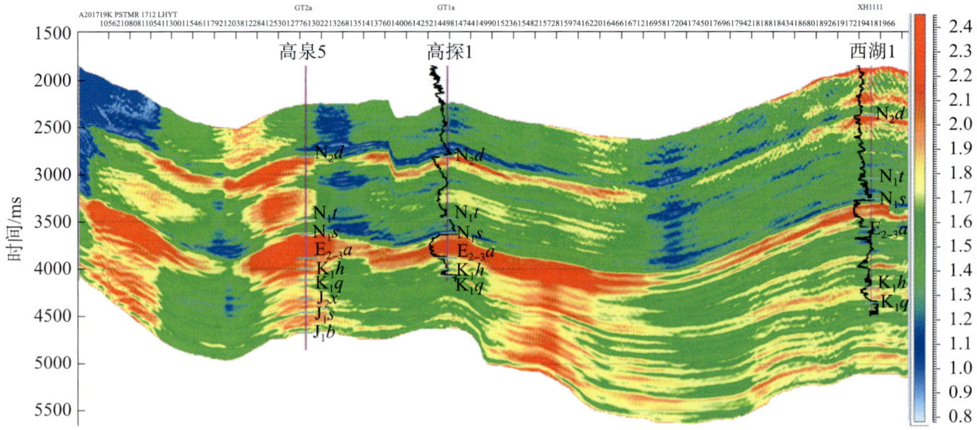

图 10-23　准南西段过高泉 5 井—高探 1 井—西湖 1 井地震预测压力系数剖面

值得注意的是，超压封存箱内所存在的地层超压可促进裂缝的发育，在超压流体演化过程中，当流体压力达到并超过岩石破裂压力时，岩石就会发生破裂而形成超压裂缝。研究表明，当地层压力大于静岩压力的60%时，地层中所形成的裂缝就不会闭合（Waples，1991；徐洪等，2014）。由图10-24可看出，高探1井区各井清水河组地层压力大小均超过静岩压力的60%，因此可推断高探1井所处的背斜顶部裂缝在深层条件下仍处于开启状态，即可有效储集和渗流油气，这也是高探1井能如此高产的重要支撑。此外，超压封存箱内部由于是一个相对独立的地层流体系统，因此可在箱体内部形成热循环对流，而由此造成箱体内部油气往往由深部高温区向浅层低温区循环运聚（袁静等，2000；高崇龙等，2017），并优先在物性较好的层内即背斜顶部裂缝发育区聚集。需要说明的是，清水河组压力封存箱内的顶底板泥岩层或黏土层裂缝不受压力差控制或不发育裂缝的原因在于这两套泥岩地层具有塑性特征，与粗粒地层的应力敏感性不同，需要更大的压力差才能形成裂缝（徐洪等，2014）。

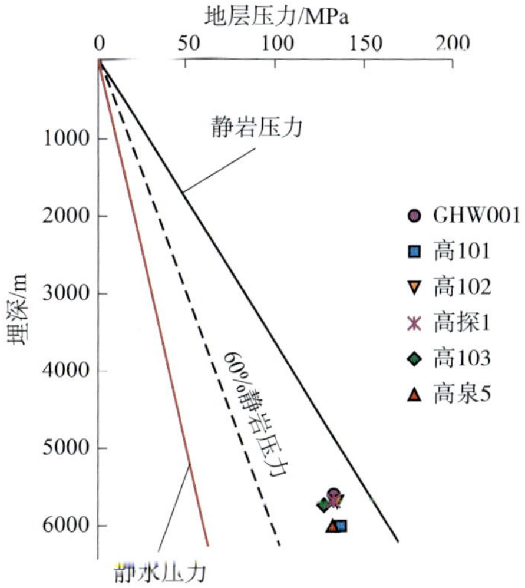

图 10-24 高探1井区各井清水河组地层压力埋深变化特征

综合高泉背斜构造带区域地质条件、储层特征、油气分布及实际生产动态资料对其油气成藏模式进行总结（图10-25、图10-26）：高探1井区清水河组高产油气藏为典型的紧闭型背斜构造油气藏，其中在高探1井所处的背斜顶部或转折端处裂缝尤为发育，储层物性及渗流条件较为优越。而超压封存箱的发育促使裂缝在深层条件下仍处于开启状态。而区域构造高部位条件使得高探1井位置长期处于油气运移聚集的指向区。侏罗系烃源岩生成的油气可沿断层进行垂向运移外，还可沿白垩系与侏罗系间的区域不整合面进行横向输导。特别地，研究表明准南西段深层沿背斜顶部和断裂处的地层所受构造应力强度均比相邻地层更小，而油气多由高应力区向低应力区运移。深层条件下，由于储层物性较浅层整体偏低，多属低孔低渗储层，因此除浮力外，构造应力及热循环对流将加速油气向构造高点即背斜顶部和转折端处运移聚集，并最终使高探1井在清水河组获的高产油气流。其中GHW001井处于油藏内油水同层或含水油层范围内，高102井处于含油水层范围内，而高103井和高101井则处于油藏之外。但相比于高探1井所处的背斜构造，前已述及高泉5井所处背斜为宽缓型，且高泉5井又未绝对处于背斜顶端，因此裂缝发育程度将显著降低，储层物性特别是渗流能力将大幅度减小。值得注意的是，地震剖面显示高泉5井所处背斜在靠近转折端处发育大型断层（图10-25），因此高泉5井位置的背斜油藏除本身油气储集渗流能力相对较差外，聚集的油气可能存在泄露过程，进而综合造成油气显示较差。

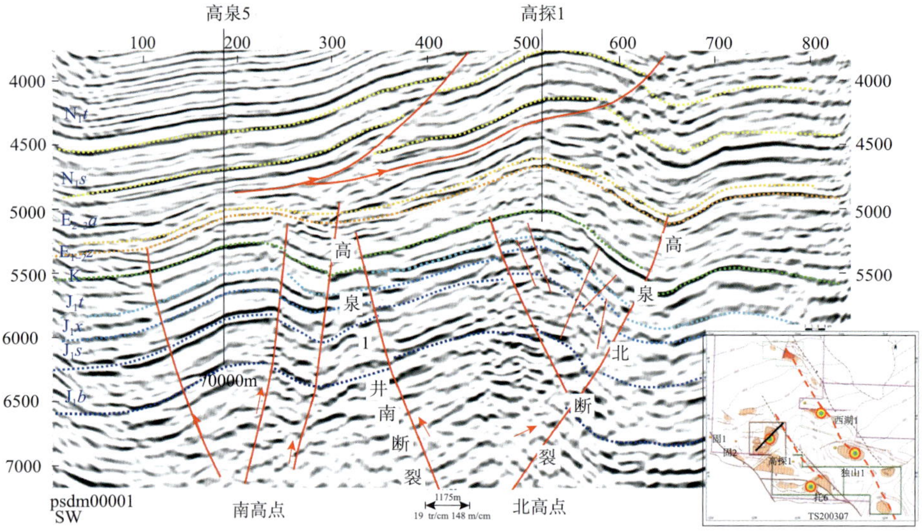

图 10-25　过高泉 5 井及高探 1 井地震地质解释剖面

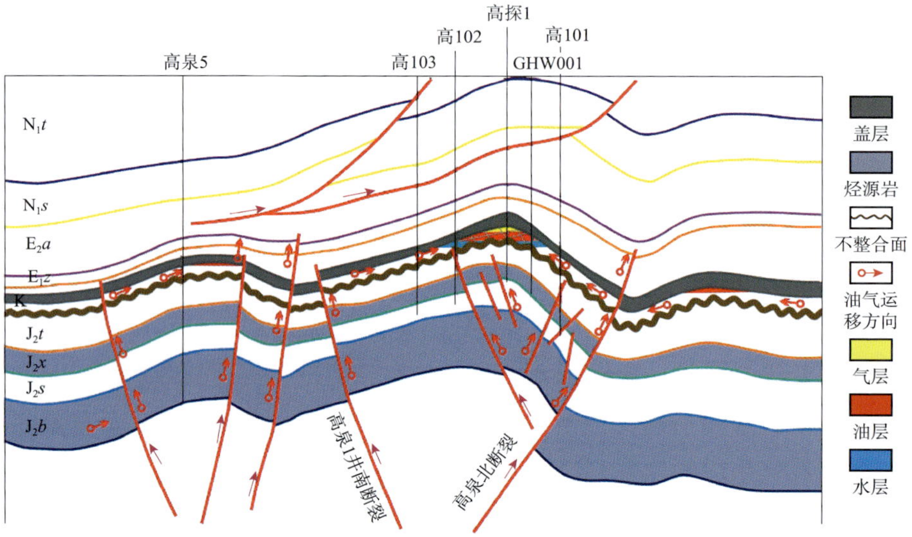

图 10-26　高泉背斜构造带油气藏分布及油气成藏模式

需要进一步说明的是，由于超压封存箱的发育使得高泉背斜深层清水河组油气成藏过程具有幕式成藏的特点，并受控于两种机制：其一是由于超压体系内部能量的积累，剩余压力超过岩石的破裂压力，使得顶板及底板发生破裂，封存箱内部剩余能量得以释放；另一种是外部因素，主要是由于构造活动影响破坏了超压体系能量场的稳定状态，使得活动断裂开启卸压释放（陈中红等，2006；徐洪等，2014）。而由于准南构造活动频繁且构造活动强烈，因此构造活动所诱发的幕式断层开启油气运聚应更为普遍。

综上所述，紧闭背斜超压封存箱体构造高部位低应力区为准南深层下组合清水河组油气有利勘探目标区。但在后期准南深层下组合油气勘探中应注意以下三方面问题：①准南构造条件复杂，但圈闭数量及类型多样，应注重对下组合地层构造的精细解释，优先寻找紧闭型背斜圈闭，并注重对断层封闭性及裂缝分布区及其形成期次的精细解剖和区域刻画；②注重与下白垩统清水河组与侏罗系间的区域不整合面相关的油气分布研究，这一区域不整合面是油气运移的重要通道，并且清水河组底砾岩是整个南缘及腹部地区的有利勘探层位，油气资源潜力大，不容忽视；③深层条件下储层物性整体差于浅层，多为低孔低渗储层，且储层演化受控因素更为多样，储层非均质性更强，需针对重点区块及重点层位进一步进行针对性的储层沉积及成岩非均质性的精细刻画。

参考文献

[1] Dapples E C, Krumbein W C, Sloss L L. Tectonic control of lithologic associations [J]. AAPG Bulletin, 1948, 32 (10): 1924–1947.

[2] Gao C L, Ren Y, Liu B, et al. Reservoir variations and heterogeneities under valley–monadnock palaeo-geomorphology in hinterland area of the Junggar Basin, northwestern China: sedimentary characteristics and diagenetic alterations [J]. Geological Journal, 2021, 56: 170–204.

[3] Morad S, Ketzer J M, De Ros L F. Spatial and temporal distribution of diagenetic alterations in siliciclastic rocks: implications for mass transfer in sedimentary basins [J]. Sedimentology, 2000, 47 (s1): 95–120.

[4] Siever R. Plate–tectonic controls on diagenesis [J]. The Journal of Geology, 1979, 87 (2): 127–155.

[5] Simmons M R. The world's giant oilfield [J]. Hubbert Center Newsletter, 2002, (1): 1–62.

[6] 白国平，曹斌风．全球深层油气藏及其分布规律 [J]. 石油与天然气地质，2014，35（1）：19–25.

[7] 杜金虎，支东明，李建忠，等．准噶尔盆地南缘高探 1 井重大发现及下组合勘探前景展望 [J]. 石油勘探与开发，2019，46（2）：205–215.

[8] 高崇龙，纪友亮，高志勇，等．准噶尔盆地腹部深层储层物性保存过程多因素耦合分析 [J]. 沉积学报，2017，35（3）：577–591.

[9] 纪友亮，高崇龙，刘玉瑞，等．高邮凹陷阜一段油气充注对储层物性演化的影响 [J]. 同济大学学报（自然科学版），2015，43（1）：133–139.

[10] 李忠．盆地深层流体 – 岩石作用与油气形成研究前沿 [J]. 矿物岩石地球化学通报，2016，35（5）：807–816.

[11] 李阳，薛兆杰，程喆，等．中国深层油气勘探开发进展与发展方向 [J]. 中国石油勘探，2020，25（1）：45–57.

[12] 何治亮，李双建，刘全有，等．盆地深部地质作用与深层资源—科学问题与攻关方向 [J]. 石油实验地质，2020，42（5）：767–779.

[13] 潘荣，朱筱敏，王星星，等．深层有效碎屑岩储层形成机理研究进展 [J]. 岩性油气藏，2014，26（4）：73–80.

[14] 张光亚，马锋，梁英波，等．全球深层油气勘探领域及理论技术进展 [J]. 石油学报，2015，36（9）：1156–1166.

[15] 张功成，田兵，谢晓军，等．深层优质碎屑岩储层全生命周期分析方法论 [J]. 石油学报，2019，40（增刊 2）：13–28.

[16] 于兴河，郑浚茂，宋立衡，等．构造、沉积与成岩综合一体化模式的建立——以松南梨树地区后五家户气田为例 [J]. 沉积学报，1997，15（3）：10–15.

[17] 寿建峰，斯春松，朱国华，等．塔里木盆地库车坳陷下侏罗统砂岩储层性质的控制因素 [J]. 地质论评，2001，47（3）：272–277.

[18] 王留奇，赵澄林，刘孟慧，等．油区构造沉积成岩相带研究 [J]. 石油勘探与开发，1992，19（5）：26–31.

[19] 王宇，苏劲，王凯，等 . 全球深层油气分布特征及聚集规律［ J ］. 天然气地球科学，2012，23（ 3 ）：526–534.

[20] 钟大康，朱筱敏，王红军 . 中国深层优质碎屑岩储层特征与形成机理分析［ J ］. 中国科学：地球科学，2008，38（ 增刊Ⅰ ）：11–18.

[21] 远光辉，操应长，贾珍臻，等 . 含油气盆地中深层碎屑岩储层异常高孔带研究进展［ J ］. 天然气地球科学，2015，26（ 1 ）：28–42.

[22] 张荣虎，曾庆鲁，王珂，等 . 储层构造动力成岩作用理论技术新进展与超深层油气勘探地质意义［ J ］. 石油学报，2020，41（ 10 ）：1278–1292.

[23] Xiao W J，Han C M，Yuan C，et al. Middle Cambrian to Permian subduction-related accretionary orogenesis of northern Xinjiang，NW China：Implications for the tectonic evolution of Central Asia［ J ］. Journalof Asian Earth Sciences，2008，32（ 2–4 ）：102–117.

[24] 庞志超，焦悦，袁波，等 . 准噶尔盆地南缘二叠—三叠纪原型盆地性质与沉积环境演化［ J ］. 地质学报，2020，94（ 06 ）：1813–1838.

[25] Allen M B，Sengor A M C，Natalin B A. Junggar，Turfan and Alakol basins as late permian to early triassic extensional structures in a sinistral shear zone in the Altaid orogenic collage，central Asia［ J ］. Journal of Geological Society，1995，152：327–338.

[26] Li D，He D，Tang Y. Reconstructing multiple arc-basin systems in the Altai-Junggar area（ NW China ）：implications for the architecture and evolution of the western Central Asian Orogenic Belt［ J ］. Journal of Asian Earth Sciences，2016，121：84–107.

[27] 何登发，张磊，吴松涛，等 . 准噶尔盆地构造演化阶段及其特征［ J ］. 石油与天然气地质，2018，39（ 05 ）：845–861.

[28] 王磊 . 准南前陆冲断带断裂对油气成藏与保存的控制作用研究［ D ］. 大庆：东北石油大学，2007.

[29] 漆家福，陈书平，杨桥，等 . 准噶尔 – 北天山盆山过渡带构造基本特征［ J ］. 石油与天然气地质，2008（ 02 ）：252–260+282.

[30] 周天琪，吴朝东，袁波，等 . 准噶尔盆地南缘侏罗系重矿物特征及其物源指示意义［ J ］. 石油勘探与开发，2019，46（ 1 ）：65–78.

[31] 朱明，汪新，肖立新 . 准噶尔盆地南缘构造特征与演化［ J ］. 新疆石油地质，2020，41（ 01 ）：9–17.

[32] 张健，汪少华，陈家琪，等 . 变速成图技术在准噶尔盆地南缘冲断带的应用［ J ］. 天然气工业，2010，30（ 04 ）：35–37+140.

[33] 梁舒艺，吴孔友，裴仰文，等 . 准噶尔盆地南缘东段构造解析和构造解释模型建立［ J ］. 古地理学报，2019，21（ 05 ）：817–824.

[34] 吴俊军，游利萍，杨和山 . 准噶尔盆地阜康断裂带构造演化与油气成藏［ J ］. 新疆石油地质，2013，34（ 01 ）：36–40.

[35] 杨文孝，况军，徐长胜 . 准噶尔盆地大油田形成条件和预测［ J ］. 新疆石油地质，1995，16（ 3 ）：201–211.

[36] 陈发景，汪新文，张光亚，等 . 新疆塔里木盆地北部构造演化与油气关系［ M ］. 北京：地质出版社，1996.

[37] 蔡忠贤，陈发景，贾振远 . 准噶尔盆地的类型和构造演化 . 地学前缘［ J ］，2000，7（ 4 ）：431–440.

[38] 郑和荣，李铁军，蔡立国等．中国中西部前陆冲断褶皱带油气地质条件及勘探建议［J］．石油与天然气地质，2004，25（2）：156-161.
[39] 纪友亮，周勇，况军，等．准噶尔盆地车－莫古隆起形成演化及对沉积相的控制作用［J］．中国科学：地球科学，2010，40（10）：1342-1355.
[40] 王熠哲，吴朝东，马健，等．准噶尔盆地白垩纪——新近纪地层颜色韵律与古环境和古气候演化［J］．古地理学报，2019，21（03）：451-468.
[41] 符俊辉．准噶尔盆地南缘早侏罗世叶肢介化石的发现［J］．地层学杂志，1998（02）：50-52.
[42] 邓丽君．准噶尔盆地南部侏罗纪—白垩纪介形类生物地层及界线探讨［D］．北京：中国地质大学（北京），2012.
[43] 赵红格，刘池洋．物源分析方法及研究进展［J］．沉积学报，2003（03）：409-415.
[44] 林潼，王东良，王岚，等．准噶尔盆地南缘侏罗系齐古组物源特征及其对储层发育的影响［J］．中国地质，2013，40（03）：909-918.
[45] 高志勇，周川闽，冯佳睿，等．中新生代天山隆升及其南北盆地分异与沉积环境演化［J］．沉积学报，2016，34（3）：415-435.
[46] 胡鹏，鲍志东，于兴河，等．碎屑重矿物差异与物源演化：以长岭凹陷乾北地区青三段—姚一段为例［J］．中国矿业大学学报，2017，46（2）：375-387.
[47] Roser B P，Korsch R J. Provenance signatures of sandstone-mudstone suites determined using discriminant function analysis of major-element data［J］. Elsevier，1988，67（1-2）.
[48] 杨仁超，李进步，樊爱萍，等．陆源沉积岩物源分析研究进展与发展趋势［J］．沉积学报，2013，31（01）：99-107.
[49] 彭治超，付星辉，刘俊超，等．沉积物源分析方法及研究进展［J］．西安文理学院学报（自然科学版），2017，20（01）：116-121.
[50] 欧浩文，吕嵘，李宇志．准噶尔盆地南缘地区中新生代物源分析［J］．内蒙古石油化工，2008，34（24）：183-185.
[51] 武富礼，姚志刚．碎屑锆石 U-Pb 定年在准噶尔盆地南缘物源研究中的应用［J］．西安石油大学学报（自然科学版），2011，26（03）：6-13+6.
[52] 朱文，王任，鲁新川，等．准噶尔盆地西北腹部燕山期构造活动与沉积响应［J］．地球科学，2021，46（05）：1692-1709.
[53] Dickinson W R. Interpreting provenance relations from detrital modes of sandstones［M］//Zuffa G G. Provenance of arenites. Dordrecht：Springer，1985：333-361.
[54] 朱筱敏．沉积岩石学［M］.4 版．北京：石油工业出版社，2008.
[55] 姜在兴．沉积学［M］．北京：石油工业出版社，2003.
[56] 张丽媛．准噶尔盆地南缘侏罗系储层孔隙演化及主控因素研究［D］．北京：中国石油大学，2013.
[57] 张驰，于兴河，姚宗全，等．准噶尔盆地南缘西段中、上侏罗统沉积演化及控制因素分析［J］．中国地质，2021，48（01）：284-296.
[58] 银晓，罗顺社，李鑫，等．鄂尔多斯盆地姬塬地区延长组长 8 时期物源分析［J］．岩性油气藏，2008（03）：59-63.
[59] 王锦程，李勇，钱赓，等．黄骅坳陷孔南地区孔店组孔三段原型盆地边界恢复［J］．断块油气田，2011，18（03）：305-307.
[60] 程光锁．准噶尔盆地南缘中段构造的平衡剖面研究［J］．地球学报，2008（05）：563-570.

[61] 张多多 . 新疆博格达山北缘大龙口逆冲带构造恢复研究 [D]. 西安：西北大学，2016：60–64.

[62] 马小伟，朱传真，林玉祥，等 . 准噶尔盆地温压系统演化与油气远源成藏 [J]. 石油实验地质，2017，39（4）：467–476.

[63] 饶松，胡圣标，朱传庆，等 . 准噶尔盆地大地热流特征与岩石圈热结构 [J]. 地球物理学报，2013，56（8）：2760–2770.

[64] 张凤奇，鲁雪松，卓勤功，等 . 准噶尔盆地南缘下组合储层异常高压成因机制及演化特征 [J]. 石油与天然气地质，2020，41（5）：1004–1016.

[65] Tingay M R, Morley C K, Laird A, et al. Evidence for overpressure generation by kerogen–to–gas maturation in the northern Malay Basin [J]. AAPG Bulletin, 2013, 97 (4): 639–672.

[66] Mouchet J, Mitchell A. Abnormal pressure while drilling: origins, prediction, detection, evaluation [M]. Paris: Editions Techinip, 1989: 1–255.

[67] Osborne M J, Swarbrick R E. Mechanisms for generating overpressure in sedimentary basins: a reevaluation [J]. AAPG Bulletin, 1997, 81 (6): 1023–1041.

[68] 刘一锋，郑伦举，邱楠生，等 . 川中古隆起超压分布与形成的地温场因素 [J]. 地球物理学报，2015，58（7）：2380–2390.

[69] 罗晓容，肖立新，李学义，等 . 准噶尔盆地南缘中段异常压力分布及影响因素 [J]. 地球科学，2004（04）：404–412.

[70] 邱楠生，杨海波，王绪龙 . 准噶尔盆地构造—热演化特征 [J]. 地质科学，2002（04）：423–429.

[71] 陈景阳 . 准噶尔盆地异常压力演化及成藏机制研究 [D]. 武汉：中国地质大学（武汉），2007.

[72] 郝芳 . 超压盆地生烃作用动力学与油气成藏机理 [M]. 北京：科学出版社，2005，406.

[73] 刘震，曾宪斌，张万选 . 沉积盆地地温与地层压力关系研究 [J]. 地质学报，1997，71（2）：180–185.

[74] 纪友亮 . 油气储层地质学 [M]. 北京：石油工业出版社，2015.

[75] Chipera S J, Goff F, Goff C J, et al. Zeolitization of intracaldera sediments and rhyolitic rocks in the 1.25 Ma lake of Valles caldera, New Mexico, USA [J]. Journal of Volcanology & Geothermal Research, 2008, 178 (2): 317–330.

[76] Gao C L, Ren Y, Liu B, et al. Reservoir variations and heterogeneities under valley–monadnock palaeo–geomorphology in hinterland area of the Junggar Basin, northwestern China: sedimentary characteristics and diagenetic alterations [J]. Geological Journal, 2021, 56: 170–204.

[77] Lima R D, De Ros L F. The role of depositional setting and diagenesis on the reservoir quality of Devonian sandstones from the Solimo˜es Basin, Brazilian Amazonia [J]. Marine and Petroleum Geology, 2002, 19 (9): 1047–1071.

[78] Meshri I D. On the reactivity of carbonic and organic acids and generation of secondary porosity [J]. SEPM Special Publication, 1986, 28: 123–128.

[79] 高崇龙，纪友亮，靳军，等 . 准噶尔盆地莫索湾地区清水河组深层优质储层特征及其物性控制因素 [J]. 吉林大学学报（地球科学版），2017，47（4）：990–1006.

[80] 巩磊，高铭泽，曾联波，等 . 影响致密砂岩储层裂缝分布的主控因素分析—以库车前陆盆地侏罗系 – 新近系为例 [J]. 天然气地球科学，2017，28（2）：199–208.

[81] 赵政璋，李永铁，叶和飞，等 . 青藏高原羌塘盆地石油地质 [M]. 北京：科学出版社，2001.

[82] 郑浚茂，庞明 . 碎屑储集岩的成岩作用研究 [M]. 武汉：中国地质大学出版社，1989.

[83] Beard D C, Wetlpk. Influence of texture on porosity and permeability of unconsolidated [J]. AAPG Bulletin, 1973, 57 (2): 349-369.
[84] 钟大康，祝海华，孙海涛，等. 鄂尔多斯盆地陇东地区延长组砂岩成岩作用及孔隙演化 [J]. 地学前缘，2013，20 (2): 61-68.
[85] 冯佳睿，高志勇，崔京钢，等. 准南斜坡带砂岩储层孔隙演化特征与有利储层评价：基于成岩物理模拟实验研究 [J]. 地质科技情报，2014，33 (05): 134-140+148.
[86] 曲江秀，查明. 准噶尔盆地异常压力类型及成因探讨 [J]. 石油实验地质，2003，25 (4): 333-336.
[87] 王剑，靳军，高崇龙，等. 准南西段侏罗系—白垩系物源特征及沉积背景 [J/OL]. 沉积学报：1-19 [2021-11-14]. https://doi.org/10.14027/j.issn.1000-0550.2021.025.
[88] 于代国，孙建孟，王焕增，等. 测井识别岩性新方法——支持向量机方法 [J]. 大庆石油地质与开发，2005，24 (5): 93-95.
[89] 王拥军，冉启全，童敏，等. ECS 测井在火山岩岩性识别中的应用 [J]. 国外测井技术，2006，21 (1): 13-16.
[90] 于文芹，邓葆玲，周小鹰. 岩性指示曲线重构在储层预测中的应用 [J]. 石油物探，2006，45 (5): 482-486.
[91] 张莹，潘保芝，印长海，等. 成像测井图像在火山岩岩性识别中的应用 [J]. 石油物探，2007，46 (3): 288-293.
[92] Liu K Y, Eadington P. Quantitative Fluorescence Techniques for Detecting Residual Oils and Reconstruting Hydrocarbon Charge History [J]. Organic Geochemistry, 2005, 36 (7): 1023-1036. doi: 10.1016/j.orggeochem.2005.02.008.
[93] Liu K Y, Eadington P, Middleton H, et al. Applying Quantitative Fluorescence Techniques to Investigate Petroleum Charge History of sedimentary Basins in Australia and Papuan New Guinea [J]. Journal of Petroleum Sc ience and Engineering, 2007, 57 (1-2): 139-151. doi: 10.1016/j.petrol.2005.11. 019.
[94] 李素梅，庞雄奇，刘可禹，等. 东营凹陷原油、储层吸附烃全扫描荧光特征与应用 [J]. 地质学报，2006 (03): 439-445.
[95] 李素梅，庞雄奇，孙爱艳. 不同成因原油全扫描定量荧光特征及其影响因素 [J]. 地质学报，2007 (02): 230-237.
[96] Liu B, Bai L, Chi Y. Geochemical characterization and quantitative evaluation of shale oil reservoir by two dimensional nuclear magnetic resonance and quantitative grain fluorescence on extract: a case study from the Qingshankou Formation in Southern Songliao Basin, northeast [J]. Marine and Petroleum Geology, 2019, 109: 561-573.
[97] 高崇龙，纪友亮，任影，等. 准噶尔盆地石南地区清水河组沉积层序演化分析 [J]. 中国矿业大学学报，2016，45 (5): 958-971.
[98] 芦慧，鲁雪松，范俊佳，等. 裂缝对致密砂岩气成藏富集与高产的控制作用—以库车前陆盆地东部侏罗系迪北气藏为例 [J]. 天然气地球科学，2015，26 (6): 1047-1056.
[99] 徐洪，杨玉峰. 明格布拉克油田超压流体封存箱特征 [J]. 现代地质，2014，28 (1): 208-215.
[100] 朱如凯，邹才能，白斌，等. 全球油气勘探研究进展及对沉积储层研究的需求 [J]. 地球科学进展，2011，26 (11): 1150-1161.